数据科学与大数据技术系列

数据科学概论

——从概念到应用

薛 薇 编著

电子工业出版社

Publishing House of Electronics Industry

北京·BEIJING

内 容 简 介

本书引导读者从数据科学基本概念出发，全面了解数据科学相关知识，掌握数据科学中数据处理的流程和方法。本书在理论上突出可读性和完整性，力求兼具一定的广度和深度；在实践上强调对常用技术工具的操作性，力求体现数据科学应用的多样性和代表性。全书共 12 章，可分为三大部分：第 1、2 章是数据科学概述部分；第 3~6 章是数据科学理论基础和重点工具部分；第 7~12 章是数据科学全流程的技术与方法部分（包括数据采集、数据存储与管理、数据可视化、数据分析、数据安全与伦理，以及数据科学的应用与案例）。登录华信教育资源网（www.hxedu.com.cn）可下载本书涉及的案例与示例的全部代码和数据集，以及各章 PPT 和教学大纲等资料。

本书可作为高等院校数据科学相关专业的教学用书，也可作为数据科学相关研究从业人员的参考用书。

图书在版编目（CIP）数据

数据科学概论：从概念到应用 / 薛薇编著. —北京：电子工业出版社，2022.8

ISBN 978-7-121-44133-2

Ⅰ. ①数… Ⅱ. ①薛… Ⅲ. ①数据处理 Ⅳ. ①TP274

中国版本图书馆 CIP 数据核字（2022）第 152495 号

责任编辑：秦淑灵　　　　　特约编辑：田学清

印　　刷：三河市鑫金马印装有限公司

装　　订：三河市鑫金马印装有限公司

出版发行：电子工业出版社

　　　　　北京市海淀区万寿路 173 信箱　　邮编：100036

开　　本：787×1092　　1/16　　印张：28　　字数：705.2 千字

版　　次：2022 年 8 月第 1 版

印　　次：2023 年 8 月第 2 次印刷

定　　价：79.00 元

凡所购买电子工业出版社图书有缺损问题，请向购买书店调换。若书店售缺，请与本社发行部联系，联系及邮购电话：(010)88254888，88258888。

质量投诉请发邮件至 zlts@phei.com.cn，盗版侵权举报请发邮件至 dbqq@phei.com.cn。

本书咨询联系方式：qinshl@phei.com.cn。

前　言

我们已经进入一个蓬勃发展的数字化时代，面临着一个瞬息万变的数字化世界。越来越多的青年学子进入数据科学、大数据技术和人工智能等专业；越来越多的有志之士进入数据处理、数据分析和数据运营等岗位。因此，系统地学习和掌握一些与数据科学相关的知识非常重要，这是一把开启通往未来之门的钥匙。由于数据科学理论体系丰富、技术工具纷杂、应用领域众多，因此提供一本数据科学基础教材和通识读物是非常有必要的。

以大数据和人工智能为代表的一系列新技术与新应用彻底改变了数据处理方式，并使得数据处理具有普遍性、通用性、创新性、价值性。数据科学被从诸多纵向领域中抽象出来，成为一种横向层面的具有一定指导意义的知识体系。本书以数据及其相关概念为出发点，力求从科学的高度，结合数据科学的有关理论基础（数学与统计学、计算机科学及应用领域知识）和重点技术工具（Python、SQL 及实用软件），围绕数据处理全流程（采集、存储与管理、可视化、分析、安全与伦理及应用），进行详略得当且深入浅出的讲解，以使读者可以循序渐进地掌握有关数据科学的理论方法和技术工具，从而能够从整体层面感知数据科学的广度，体验数据科学的深度，感受数据科学的高度；同时在实践层面可以边学边做，为后续专业学习和职业发展打开知识视野并奠定一定实操基础。

作者以多年机器学习、数据挖掘、统计学、计算机语言、数据库系统和统计应用软件等课程的教学经验，以及项目开发与科研实践经验为基础编写了本书，希望能为数据科学的教师和学生，以及从事数据科学相关工作的人员提供一本更加实用的优质教材和通识读物。

1. 本书特点

（1）对知识进行清晰讲解。

数据科学知识体系宏大、内容繁多，具有很强的多学科交叉特征，因此作为入门教材及读物，本书在保证体系架构相对完整的前提下，力求对相关知识内容进行合理的取舍，并根据知识脉络进行编排。对于涉及的知识点，本书力争在讲明基本概念与基本原理的同时指出来龙去脉，说明对数据科学的作用，以及在数据应用中的使用方法，等等，且配以充实的案例和示例，避免罗列空洞的概念和堆砌枯燥的理论。同时对于文字论述，本书力求准确严谨、通俗自然。

（2）对操作进行有效实现。

数据科学是一门实操性很强的科学，不能只重视数据科学的思想性和理论性，忽视数据科学的方法性和实践性。学习者只有边学边做才能对知识点有更加深刻的认知，并在课后练习和工作实践中举一反三，不断提高。作者根据市场调研和教学反馈等信息，将 Python 计算机语言、SQL 数据查询语言和 Tableau 可视化工具作为目前数据科学常用的基本软件，并将网络爬虫、数据管理 Navicat 和大数据平台 databricks 等作为典型工具，本书用专门章节对其进行介绍，可使学习者快速把握这些技术工具的全貌与精髓，从而尽可能地将数据科学的理论方法应用到实践中。登录华信教育资源网（www.hxedu.com.cn）可下载本书涉及的案例与示例的全部代码和数据集，以及各章 PPT 和教学大纲等资料。

2．本书适用对象

本书可作为高校数据科学或数据应用相关专业的入门教材，以每周 2～3 课时、总计约 17 周设计教学进程。全书共 12 章，可分为三大部分：第 1、2 章是数据科学概述部分，是必须讲解的基础内容；第 3～6 章是数据科学理论基础和重点工具部分，可根据先修课情况（如高等数学、线性代数、统计学、计算机基础、计算机语言或数据库系统概论等）选讲或将某些章节作为课后自学与练习；第 7～12 章是数据科学全流程的技术与方法部分，可根据专业需求有所侧重地进行讲解。这种相对灵活的课程安排不仅与大部分数据科学与大数据技术专业课程设置相吻合，还可以满足主流计算机应用、人工智能、统计学及涉及数据应用等相关专业的课程要求。

本书也可作为数据科学与数据应用从业人员的通识读物。在内容设计上，本书尽量避免使用公式定理进行晦涩的论证说明，尽量使用一些经典生动的案例进行直观地分析阐述，旨在使读者能够知其然并知其所以然，使读者在领会有关理论方法的基本原理的同时，能够开拓数据应用领域的视野，提高数据科学的整体认知，发现职业生涯发展方向，并将一些方法付诸实践。

陈欢歌老师参加了本书部分章节的编写和一些文献资料与数据的整理工作，电子工业出版社秦淑灵老师及一些学者同事对本书提出了宝贵建议，在此一并表示感谢。

面对数据科学的宏大体系与深刻内涵，以及迅猛发展并快速迭代变化的技术趋势，作者在搜集资料、设计构思和行文撰写过程中，常感自身知识积累不足，学科视野有限，因此书中难免存在疏漏之处。在此恳请各位同人和广大读者不吝赐教并批评指正。真诚希望与大家携手共同努力，为数据科学的美好未来尽一份微薄之力。

作　者

中国人民大学应用统计科学研究中心

中国人民大学统计学院

目　录

数据与信息概述

人类创造了数据。人类智慧的可贵之处在于，不仅可以发现自然界和人类社会的奥秘，还可以创造出客观世界不曾存在的新事物，如滚轮、拉链、货币、艺术品、汽车和飞机等。其中数据无疑是人类最伟大的杰作之一。数据能够让人们探索一切未知的事物，并展示所有的可能。

有人将数据比喻为工业化经济的石油，也有人将数据比喻为信息化社会的矿藏，还有人将数据比喻为人类文明的土壤。石油、矿藏和土壤都是大自然赋予的，而数据作为人类创造的一种普遍性资源，具有更丰富的内涵与价值。本章将主要讲解数据和信息方面的知识。

1.1 数据的概念、特征和作用

1.1.1 数据的概念

在一般情况下，**我们将数据（Data）定义为记录客观事物的符号集合。**可以从以下几方面深入理解数据的概念。

1. 数据具有普遍性

数据源于人类对客观事物的观察，由于客观事物是普遍存在的，因此数据也具有普遍性。随着人们数据处理能力的不断提高，数据无时不在，无处不在，并且成为人类生存发展的重要资源。同时，由于数据是人类从主观出发利用各种观测手段记录客观事物的符号体系，因此数据是主观认识与客观对象的综合体现。数据符号只有与客观事物相互联系才有实际意义。受到主观认识和观测手段的限制，数据会存在一定偏差。

2. 数据是信息的表现形式和载体

一般而言，我们将数据视为一种未经加工的原始素材。数据在经过数据处理系统加工后，可以对决策产生有价值的信息。换句话说，**信息也可以视为经过加工处理的、有价值的数据。**数据处理系统示意图如图 1-1 所示。从目标结果角度看，数据是信息的表现形式和载体。

图 1-1　数据处理系统示意图

3．数据不等同于数字

数据不仅是数字，数字只是数据的组成部分。除了数字，数据还包括文字、图像、声音、视频等多种类型。同时，数据可通过不同介质来存储和展现。古人利用绳结的个数记录事物的数量，利用绳结的形状和大小区分事物的类别和重要性等；如今除广泛使用纸张作为数据介质外，人们还充分利用数字化技术将大量数据存储在计算机及各种电子存储系统中，并通过个人计算机、平板电脑、智能手机等终端设备展现，其主要介质有硬盘、U 盘和存储卡等数字设备。

1.1.2　数据的特征

通常数据具有以下特征。

1．数据的事实性

数据应具有事实性。只有可以展示事实的数据才有体现信息的根本价值，违背事实的数据是没有价值的。

2．数据的可复制性

数据可以被多次复制。随着数据存储技术的快速发展，一般数据复制工作不会造成数据的损耗，只需要消耗介质。数据复制工作的低成本性和便捷性使得数据可以迅速传播并被反复使用。

3．数据的共享性

当把一个苹果赠予别人时，赠予者便无法与被赠予者共享这个苹果，这是物质的不可共享性。当把一些电能输送到某座城市时，甲家庭消耗了此电能，乙家庭就无法再次消耗甲家庭消耗的电能，这是能量的不可共享性。但是，当把一份数据发送给其他人后，自身数据并没有发生任何改变，赠予者和被赠予者可以共享完全相同的数据，这是数据的共享性。

4．数据的时效性

数据的价值与时间紧密相关。有些数据具有明显的实时性，在产生之初价值最高，随着时间流逝价值逐渐降低，如电网监测数据、突发的重大新闻、战时敌方情报等。有些数据具有明显的历史性。逐步积累起来的历史数据可形成时间序列数据，从而完整地展现某事物在某段时期的发展轨迹，基于此可以发现问题、探索规律、预测未来。

5．数据的开放性与安全性

应该开放的数据没有开放，或者不该开放的数据被泄露，都会损害数据的价值。因此数据价值不仅取决于自身的信息内涵，还取决于数据的开放程度。数据开放性既是社会进步的条件，也是社会健康发展的表征，信息不对称性是诸多社会痼疾的根源。与此同时，对涉及国家利益、企业商业秘密和个人隐私的相关数据应依法保护，以保障数据的安全性。

1.1.3 数据的作用

20 世纪 50 年代中期，计算机技术开始在政府部门、工程管理、银行和商业等重大领域展开应用。与此同时，一些标志性的大型复杂工程不断上马并取得成功，如卫星发射计划、登月计划、大型客机设计制造等。这时一些欧美发达国家从事技术研究和业务管理的"白领工人"人数开始超过"蓝领工人"人数。美国未来学者阿尔文·托夫勒认为这是一个由信息爆炸引发的新一轮社会经济革命。发生这种革命的根本原因在于，数据处理及获取信息工作日趋重要。随后，互联网及移动互联网、大数据及人工智能等发展浪潮进一步推动了这一革命性进程。总结归纳数据的重要作用主要表现在以下方面。

1．数据是一种社会经济资源

在农业化社会，拥有了土地、牲畜、房屋和劳动力等物质资源，就掌握了社会经济发展的命脉；在工业化社会，拥有了石油、煤矿、电力与核能等能量资源，就掌握了社会经济发展的根本；在信息化社会，拥有了数据资源生产、传输、处理和利用的关键能力，就掌握了社会经济发展的核心。数据已经成为构成人类社会经济发展的第三种根本资源。

2．数据是认识世界的基本材料

数据是客观事物存在状态和发展规律的标志，人类只有通过数据才能认识客观事物的本质及其发展变化规律，才能真正感知丰富多彩的世界。同时由于客观事物是广泛联系的，所以数据是人们发现事物相互关系和因果逻辑的重要途径。数据是物质到意识、实践到认识、客体到主体、现象到本质的桥梁，是人类通过主观思维认知客观世界的基本材料。

3．数据是管理决策的依据，是决定企业竞争成败的关键

管理学家亨利·明茨伯格（Henry Mintzberg）明确指出管理活动的核心就是人际任务、信息任务和决策任务。管理活动是确定目标、制定计划、实施计划、监测评估、反馈调整的过程，是一个循环往复、螺旋上升的动态过程。科学管理决策中的每一个环节都需要大量的数据支持。

如果说在工业化社会人们信奉"时间是金钱，效率是生命"，那么在 21 世纪的信息化社会，就应树立"数据是金钱，决策是生命"的科学理念。及时捕获千变万化的数据，准确理解数据中蕴涵的深层含义，并迅速制定符合自身特点的决策发展战略，已成为决定企业竞争成败的关键。

总而言之，每个人、每个企业和每个国家只有具备敏锐的数据意识、清晰的数据思维、良好的数据处理习惯、突出的数据分析能力，才能在大数据时代和数字化世界生存发展。

1.2 数据的尺度与类型

数据的尺度是指数据度量的一般规则，它与数据的类型共同决定了研究数据的方法。

1.2.1 定性数据和定量数据

任何客观事物都有定性和定量两种基本属性。由于数据是记录客观事物的符号集合，所以数据有**定性数据**和**定量数据**之分。

定性数据是对客观事物各种质化属性的文字描述，如描述企业员工的性别、民族、籍贯、文化程度等的具体字符；定量数据是对客观事物各种量化属性的数字描述，如描述企业员工的年龄、销售额、工资等的具体数值。定性数据和定量数据可以刻画同一客观事物的不同方面。

1968 年，美国统计学家史蒂文斯（S.S.Stevens）按照数据的功能特点**将定性数据进一步分为定类尺度（Nominal Scale）数据与定序尺度（Ordinal Scale）数据，两者统称为分类型数据；将定量数据进一步分为定距尺度（Interval Scale）数据与定比尺度（Ratio Scale）数据，两者统称为数值型数据。**

1. 定类尺度数据

定类尺度数据是按照无序的分类标准测度产生的数据。例如，性别中的男、女；职业中的工人、农民、军人等。定类尺度数据是一种最粗略的数据形式，可以使用具体数字指代，但并不改变数据的基本内涵，数字的次序和大小是没有意义的。例如，1 代表男，2 代表女。

2. 定序尺度数据

定序尺度数据是按照有序的分类标准测度产生的数据，如受教育程度中的小学、初中、高中、大学等，产品质量中的一级品、二级品、次品等，可以使用具体数字指代。定序尺度数据不仅可以表示不同分类，还可以反映分类的大小顺序关系，数据的排序是有意义的。

需强调的是，定序尺度数据虽然具有一定的比较特征，但不能明确度量分类之间的数量关系，如无法测度小学和初中、初中和高中是否具有相同的数量差。

3. 定距尺度数据

定距尺度数据是按照一定数量标准测度产生的数据，如气温、海拔等数值。这种数据不仅可以排序，还可以通过算术运算准确计算出各个数据间的差距等。例如，12 号的气温为 30℃，11 号的气温为 28℃，12 号气温比 11 号气温高 2℃。

4. 定比尺度数据

定比尺度数据的主要数学特征是不仅可以进行算术运算，还可以进行比例运算。例如，甲同学成绩为 90 分，乙同学成绩为 30 分，甲同学成绩比乙同学成绩高 60 分，同时甲同学成绩是乙同学成绩的 3 倍。

定距尺度数据与定比尺度数据的根本区别在于，数据 0 的含义不同。定距尺度数据中的 0 和负数有具体的测量意义，如温度 0℃、海拔-5m 等。而定比尺度数据中的 0 表示"没有"或者"无"，负数没有意义。例如，不能说 90℃比 30℃暖和 3 倍，因为没有确定标准的"零"位，定距尺度数据无法进行比例运算。日常使用的摄氏度和华氏度都是定距尺度数据，而物理学中使用的热力学温度是定比尺度数据。

上述四种不同尺度的数据具有递进关系，计量层次上从低到高，测量精度上从粗略到精确。高层次的数据具有低层次数据的全部特性，所以可以将高层次的数据转化为低层次的数据，如可以将考试成绩的百分制转化为优、良、中、及格和不及格等；反之则不可行。在数据处理中，高层次的数据包含的数学特性更多，适用的计算分析方法更多，因此数据层次越高其计算价值越高。

1.2.2 离散数据和连续数据

在定量数据中，数据依据取值特征可分为**离散数据**和**连续数据**。

离散数据通常是通过计数方式获得的一种定量数据。例如，某个学校有多少名学生，某学生学习了几门课程，等等。一般离散数据刻画的事物属性的取值允许跳跃式变化，如某学校的学生从 500 名增加到 800 名。

在一定数字区间内可以任意取值的数据称为连续数据。一般只有连续变化的事物属性才具有产生连续数据的条件，如某名学生的身高和体重、某个城市的气温和公路里程等。

有时为满足数据处理要求，需要对离散数据或连续数据重新进行分组，将其转换为定性数据中的定序尺度数据。例如，按子女人数分组研究居民家庭情况，可分为无子女家庭、独生子女家庭、二孩家庭、三孩家庭等。这种直接按原始数据值排序位置进行的分组称为**单项式分组**。又如，对于学生某门课程考试成绩，将 90～100 分的分组为 A，80～89 分的分组为 B，70～79 分的分组为 C，60～69 分的分组为 D，60 分以下的分组为 E。这种分组称为**组距分组**。组距分组把整个数据取值范围依次分为若干数据区间，区间的距离称为组距，各分组数据值由原始数据值落入的区间决定。

1.2.3 结构化数据和非结构化数据

1. 结构化数据

通俗地讲，**结构化数据**是指符合行列二维表格式的规范化数据，符合 Excel 电子表格和关系型数据库数据表的组织格式要求。表 1-1 为某高校学生数据表，该表中的数据就是典型的结构化数据。

表 1-1 某高校学生数据表

学 号	姓 名	出 生 日 期	学 院	性 别	身 高/cm	体 重/kg
2003005	张三	2002-10-08	统计	男	183	76
2003015	李四	2002-07-15	统计	女	165	53
2002005	王五	2001-11-26	信息	男	176	68
2005016	刘六	2002-11-03	经济	男	172	65
……	……	……	……	……	……	……

结构化数据中的每行数据的属性及顺序都相同。每列数据的类型一致，长度基本整齐，标识基本规范。表 1-1 中的结构化数据可分别从统计学和关系型数据库两个学科角度做进一步讨论和解读。

1）从统计学角度讨论

在统计学中，称表 1-1 中的一行为一个**样本**或一个**个案**（Case），称表 1-1 中的一列为一个**变量**（Variable）或一个**维度**（Dimension）。如果将表 1-1 中的所有"身高"数据视为一个**总体**（Population），那么组成该总体的每个基本单元被称为**个体**，如"身高"数据中的"183""165"等。当然，个体和总体是相对而言的。例如，一所高校相对于一名学生而言是总体，相对于一个省的所有高校而言就是个体。

2）从关系型数据库角度讨论

在关系型数据库理论中，一般称如表 1-1 所示二维表为**数据表**（Table），这是关系型数据库的基本逻辑表示方式；称数据表描述的对象（高校学生）为**实体**（Entity）。数据表不仅存储了具体的数据，还存储了描述这些数据的表头。表头被称为数据表的**表结构**（Table Structure）。数据表的一行被称为一条**记录**（Record）**或者**一个**元组**（Tuple），一列被称为一个**字段**（Field）或者一个**属性**（Attribute）。记录由字段名称和字段取值（Value）组成。一条记录中能唯一区别于其他记录的字段称为关键字段，简称**关键字**（Key），如学号。

数据表中的某个数据是由其对应的行列关系确定的，也就是说数据的语义是由所在行的关键字和所在列的字段名确定描述的，可借助函数直观地表示为 $F(关键字,字段名)=数值$。例如，$F(学号="2003015",姓名)=$"李四"；$F(学号="2005016",身高)=172$；等等。

2．非结构化数据

与结构化数据相对的是非结构化数据。非结构化数据主要包括文字资料、图片、音频和视频信息等。例如，学生的奖惩情况可能包含长短不一的文字说明和数量不同的各种获奖证书图片等资料。非结构化数据在计算机数据库系统中需要用一些特殊技术进行存储处理。

如果简单地将结构化数据理解为有固定结构（统一的类型和长度等）的数据，将非结构化数据理解为没有结构的数据，那么半结构化数据就是指结构不固定的数据。常见的半结构数据有超级文本标记语言（Hyper Text Markup Language，HTML）、可扩展标记语言（Extensible Markup Language，XML）和 JS 语言对象标记法（Java Script Object Notation，JSON）等格式的数据，如表 1-2～表 1-4 所示。

表 1-2 所示为两名学生的姓名、性别、身高和体重的 HTML 格式数据。

表 1-2　两名学生的姓名、性别、身高和体重的 HTML 格式数据

```html
<!DOCTYPE html>
<html>
  <head>
    <meta charset="UTF-8" />
    <title></title>
  </head>
  <body>
    <table border="1" cellspacing="10" cellpadding="20">
      <tr>
        <th>姓名</th>
        <th>性别</th>
```

```
        <th>身高</th>
        <th>体重</th>
      </tr>
      <tr>
        <td>张三</td>
        <td>男</td>
        <td>183</td>
        <td>76</td>
      </tr>
      <tr>
        <td>李四</td>
        <td>女</td>
        <td>165</td>
        <td>53</td>
      </tr>
    </table>
  </body>
</html>
```

表 1-3 所示为两名学生的姓名、性别、身高和体重的 XML 格式数据。

表 1-3　两名学生的姓名、性别、身高和体重的 XML 格式数据

`<student>`
　`<name>张三</name>`
　`<sex>男</sex>`
　`<height>183</height>`
　`<weight>76</weight>`
`</student>`
	`<student>`
	　`<name>李四</name>`
	　`<sex>女</sex>`
	　`<height>165</height>`
	　`<weight>53</weight>`
	`</student>`

表 1-4 所示为描述两名学生有关属性的 JSON 格式数据。

表 1-4　描述两名学生有关属性的 JSON 格式数据

`{  "student": {`
　`"name": "张三",`
　`"age": "18",`
　`"sex": "男",`
　`"address": {`
　　`"province": "江苏省",`
　　`"city": "南通市",`
　　`"county": "崇川区"`
　`}`
　`}`
`}`
	`{  "student": {`
	　`"name": "李四",`
	　`"weight": 53,`
	　`"sex": "女",`
	　`"address": {`
	　　`"province": "北京市",`
	　　`"city": "朝阳区",`
	　　`"county": "东大桥街道"`
	　`}`
	　`}`
	`}`

半结构化数据不符合关系型数据库或其他主流数据表的数据存储模式，但它通过相关辅助标记实现了数据内容的分隔和层次关系的表示。对于同一事物可以设置不同的属性，这些属性的数量、顺序和层次无须一致。半结构化数据是一种比较灵活的、具有自描述性的数据，已经作为数据结构的一种标准，在数据传输、存储、服务接口等方面有普遍应用。

在人类获取的数据中非结构化数据远多于结构化数据，且蕴含着更丰富的信息。随着人类数据技术（如互联网和物联网、云计算、大数据、人工智能等）的快速进步，人们对非结构化数据的转化处理和直接处理能力不断提高，并达到了前所未有的水平。

1.3 数据的表格化

采用简洁直观的方式组织、刻画和展示大批量数据是极必要的。在一般情况下，通过制作数据表格的方式组织数据，也称数据表格化；通过采用各种统计指标刻画数据；通过可视化图形展示数据；通过数据模型探索数据的内在规律。本节将重点讨论数据的表格化和统计指标。

相对于使用文字报告描述一批数据，使用表格描述数据更加直观、集中和易于比较，且对相关的数据逻辑模型设计和数据物理存储方式等有重要作用。

1.3.1 个体数据的表格化

在日常工作与生活中，我们经常会看到针对一个个体的数据的登记表，如某高校学生信息登记表（见表 1-5）、某人户口登记页、某企业员工信息登记表等。

表 1-5 某高校学生信息登记表

我的基本情况	姓名		性别		出生年月		相片
	就读高中		家庭住址				
	住宿	□家里	□亲戚	地址			
		□校内	□校外	电话			
	个人手机			QQ			
我的家庭	成员	姓名	年龄	学历	工作单位	职务	联系电话
	父亲						
	母亲						

类似于表 1-5 的表格常用于个体数据的采集和展现，但若将数据存入计算机数据库中，则需要将其转换成二维数据表的样式，如表 1-6 所示，包括姓名、性别等字段。

表 1-6 二维数据表示例

姓 名	性 别	出生年月	就读高中	家庭住址	住 宿	地 址	电 话	……

从计算机科学的数据仓库理论角度来看，表 1-6 是高校学生情况的实际反映，常被称为**数据粒度较细的事实表（Fact Table）**，是记录所有学生当前状态的台账。表 1-1 也是一张事实表。表 1-5 是半结构化数据的具体体现，采用二维数据表存储并不是最理想的，可进一步考虑选用多张二维数据表存储或采用 JSON 等格式文件存储。

表 1-5 便于展现单个个体数据，并不适合展现批量个体数据。

1.3.2 批量汇总数据的表格化

在日常生活中，对于批量汇总数据大多采用多维统计表的形式来组织和呈现，如表 1-7 所示。

表 1-7 2021 年各学院学生情况统计表

学校名称：高校 1

学院	男			女		
	学生数/人	平均身高/cm	平均体重/kg	学生数/人	平均身高/cm	平均体重/kg
统计	655					
信息						
经济						
......						
合计						

资料来源： 制表人： 审核人：

多维统计表一般是由表标题、表栏、列栏、行栏、数值区和表注部分组成的。
- 表标题：概括说明了表格中统计数据的整体内容。例如，表 1-7 中的"2021 年"。
- 表栏：说明了表格中的统计数据共同具备的性质。例如，表 1-7 中的"高校 1"。
- 列栏：也称列维，说明了表格中某列数值共同具备的性质。例如，表 1-7 中的"男"和"女"，以及"学生数"、"平均身高"和"平均体重"。
- 行栏：也称行维，说明了表格中某行数值共同具备的性质。例如，表 1-7 中的各个学院的名称"统计"、"信息"和"经济"等。
- 数值区：是一批相关统计指标的数值部分的集中描述区域。
- 表注：说明了与统计表相关的其他辅助内容。例如，表 1-7 中的"资料来源"、"制表人"和"审核人"。

统计表数值区中某个数值的语义就是由对应的表标题、表栏、列栏和行栏部分共同确定的。例如，表 1-7 中的"655"的语义为"2021 年高校 1 统计学院男生人数"。

由此可见，**多维统计表是对批量数据提炼精简和直观展示的有效途径**。表中涉及的统计指标的概念将在下文进行讨论。

对多维统计表需进行如下说明。

（1）多维统计表的格式不是唯一的。

如表 1-7 所示的统计表还可以设计成如表 1-8 所示的多维统计表。

表 1-8 2021 年各学院学生情况统计表

学校名称：高校 1

		学生数/人	平均身高/cm	平均体重/kg
统计	男	655		
	女			
信息	男			
	女			
经济	男			
	女			
……	男			
	女			
合计				

资料来源：   制表人：   审核人：

多维统计表的格式实际上是将多个维度的统计指标，合理地布置在表标题、表栏、列栏和行栏中。其中，列栏和行栏可以使用多层结构表示多维数据。

（2）多维统计表是传统数据采集方式——统计报表制度的具体体现。

多维统计表可作为一种传统的数据采集形式，多用于多层级行政管理部门间的数据上报。一般上级单位设计并固定统计表的表标题、行栏和列栏，将表栏的统计时间、统计对象、数值区等留空，由下级部门填写上报。这种数据采集方式也称为统计报表制度。根据实际业务需要统计报表制度在时间上可分为年报、季报、月报、旬报、日报，甚至更细致的小时报等，这些统计报表需依赖计算机系统实现采集和汇总。

（3）多维统计表的计算机存储。

多维统计表的计算机存储往往需要采用关系型数据库中的二维数据表。该二维数据表本质是对如表 1-7 所示统计表多维列栏进行扁平化压缩，对表栏进行冗余化展开的结果。表 1-7 对应的二维数据表如表 1-9 所示。

表 1-9 表 1-7 对应的二维数据表

年　　份	学校名称	学院名称	男学生数/人	男平均身高/cm	男平均体重/kg	女学生数/人	女平均身高/cm	女平均体重/kg
2021	高校 1	统计	655					
2021	高校 1	信息						
2021	高校 1	经济						
2021	高校 1	……						
2021	……							
……								

从计算机科学的数据仓库理论角度来看，相对表 1-1 而言，表 1-9 所示的学生统计表又称为**数据粒度较粗的快照表（Snapshot Table）**，是如表 1-1 所示的事实表在某个时刻数据状态汇总的历史留存。针对快照表可以对不同时期的情况进行分析，并对事物的发展趋势进行预测。

1.3.3　统计指标

多维统计表中的数据是统计指标。**统计指标用于说明客观事物整体数量特征的概念和数值，其中概念部分称为统计指标名，数值部分称为统计指标值。统计指标可以概括表示批量数据的整体情况。**

例如，"2021 年高校 1 统计学院男学生人数 655"就是一个统计指标，其中统计指标名为"2021 年高校 1 统计学院男学生人数"，统计指标值为"655"。

理解统计指标的类型、结构和特征对后续学习数据科学是非常有益的。

1．统计指标的类型

统计指标的类型划分方式如下。

1）绝对指标和相对指标

绝对指标反映的是客观事物整体规模的绝对数量，如 2021 年某地区新生儿 2.35 万人。相对指标反映的是客观事物变化发展的相对程度，如 2021 年某高校男生人数比女生人数多 11%。

2）时点指标和时期指标

时点指标反映的是客观事物在某个时刻整体数量取值。例如，2021 年某地区新生儿 2.35 万人，这个统计指标的计算截止到 2021 年 12 月 31 日 24 时 0 分 0 秒。时期指标反映的是在一个连续时间段内整体数量取值。例如，2021 年北京市财政收入 x 万亿元，这个统计指标计算的是从 2021 年 1 月 1 日起到 2021 年 12 月 31 日止的财政收入累积。不同时间的同时期指标是可以合计的，但不同时间的同时点指标是不可以合计的。

3）截面数据和时间序列数据

截面数据是相同或近似相同时刻的一批统计指标的集合。例如，2021 年我国 31 个省、自治区、直辖市人口数的集合就是一个截面数据。这里的截面指的是省市自治区。

时间序列数据是一批在连续时间内的相同统计指标的集合。例如，2010 年 1 月至 2020 年 12 月我国月进出口贸易总额是一系列的月度指标序列，这就是一个时间序列。

2．统计指标的结构

对统计指标进一步进行结构分析发现，每个统计指标是由 6 个指标单元构成的，即统计时间（Time）、统计对象（Object）、统计分类（Kind）、统计指标名（Indicator）、统计指标值（Value）、计量单位（Unit）。用一个多元函数直观表示为 F(统计时间,统计对象,统计分类,统计指标名,计量单位)=统计指标值，即 $F(T,O,K,I,U)=V$。

例如，"2021 年高校 1 统计学院男生 655 人"的指标单元分别为统计时间：2021 年；统计对象：高校 1；统计分类：统计学院、男；统计指标名：学生人数；统计指标值：655；计量单位：人。

对于一个具体的统计指标而言，统计时间、统计对象、统计指标名、统计指标值和计量单位是必不可少的，否则将无法正确理解统计指标的语义；但统计分类既可以是退化的，也可以是多重的。

例如，"2021 年某地区新生儿 2.35 万人"的指标单元分别为统计时间：2021 年；统计对象：某地区；统计分类：无；统计指标名：新生儿人数；统计指标值：2.35；计量单位：万人。

3．统计指标的特征

通过上述内容可知，统计指标具有多维性，以此出发进行深入探讨，可以发现统计指标的更多特性。

（1）质量统一性。

统计指标反映了客观事物的性质和数量，其中统计指标名是对性质的描述，统计指标值是对数量的刻画。所以统计指标具有质量统一性，在数据处理中简化或省略统计指标名可能导致数据含义不清、使用困难等问题。

（2）历史性。

统计指标可以按照时间维度积累数据。随着时间推移，历史数据成为进行发展分析、规律探索和趋势预测的基础，不会失去存在的价值。

（3）结构性。

统计指标的结构性是指统计指标的多维性和层次性。上文已对多维性有所介绍，而统计指标的层次性是由指标单元的层次性决定的。例如，统计对象"全国"向下可分为多个省、自治区、直辖市等；统计时间"某年"向下可分为 4 个季度、12 个月和 365 天等；统计分类"工业"向下可分为轻工业和重工业，其中"轻工业"向下又可分为纺织业、食品业和服装业等。

（4）动态变化性。

一般个体数据是对客观事物当前状态的记录，数据动态变化后数据的修改是覆盖式的，如某学生身高从 172cm 变为 174cm。历史性的统计指标是累积式的，各个时期的同一统计指标的含义（内涵和外延）经常发生变化。例如，重庆市原属于四川省，后被设立为直辖市，因此四川省的数据在重庆市被设立为直辖市前后的统计口径是不同的，在对不同时期数据进行处理时必须调整统计口径。

需要说明的是，在实际应用中很少使用一个或者几个统计指标研究分析具体的客观事物，一般会使用由一批相关的统计指标组成的整体，即**统计指标体系**，来多角度、多层次地进行描述处理。

1.4　数据的数字化

数据的表格化是数据在实际应用中的逻辑组织形式，而数据的数字化是数据在计算机系统或电子存储系统中的物理存储形式。

1.4.1　二进制与数字化

人类发明并习惯使用十进制数进行计算，并习惯用十进制数表示客观事物，如手机号、银行卡号和商品编码等。科学家在创造早期的机械式及继电式计算机系统时也习惯性地采用了十进制方式。这意味着这些机器必须用 10 个稳定状态的基本元件来表示十进制的 10 个基本数字元素：0,1,2,…,9。但是 10 个稳态的元器件是很难设计开发的，这造成了系统极大的复杂性，并降低了系统的稳定性。

科学家进一步研究发现，大多元件一般只具有两个稳定状态。例如，电路的通和断、电压的高和低、电磁的正和负等。二进制数的采用使得机器系统的物理实现变得容易，运算变得简单高效，可靠性得到极大提高。这一革命性的设计思想在计算机等系统中得到广泛应用，缔造了 20 世纪最为光辉闪耀的科技成果之一。

二进制具有 2 个基本数字元素：0 和 1，同十进制一样，既可以进行数字运算，又可以通过编码来表示各种客观事物。

在数字运算上，二进制数采用逢二进一的方式，可以表示任何数字形式（如整数或小数等），并可转化为任意其他进制的数。在客观事物表示上，长度为 1 的二进制数可区别表示 2 个事物（0、1），长度为 2 的二进制数可区别表示 4 个事物（00、01、10、11），依次类推，长度为 N 的二进制数可区别表示 2 的 N 次方个事物。因此只要由 0 和 1 排列组合的符号串足够长，就可以区别表示世界上的万事万物。

二进制字符串中的每个 1 或 0 称作一个比特位（Binary Digit，bit），它是度量二进制数的最小单位。计算机原理中所说的一个字节（Byte）是计算机中组织和存储数据的基本单位，由 8 个比特位组成，1Byte=8bit。

我们所说的数据的数字化，就是将丰富多彩且千变万化的数据转变为一系列 0 和 1 的编码，并利用各种信息技术进行统一管理和统一处理的过程。基于此，人们能够将客观现实世界纳入计算机系统，并重构为一个全感知、全连接、全场景、全智能的数字世界，在更宽广的时空尺度上实现更高效的协同、更深层的融合，以及更有价值的创造。

1.4.2　文本的数字化

1．英文——ASCII

英文是典型的拼音文字，其基本字符集合由大小写字母、数字符号和一些特殊符号（@、+、*等）组成。英文的基本字符的个数不多，使用 7 个比特位编码就可以表达。但为与计算机系统的按字节处理方式一致，可在高位统一补 0。这样就可以设计一套二进制英文字符的计算机内部编码，我们称之为**机内码**。

为规范不同计算机厂商或不同国家地区的英文机内码设计方案,以使不同的计算机系统的数据可以互相识别，1967 年美国国家标准协会提出了美国信息交换标准代码（American Standard Code for Information Interchange，ASCII）方案，简称 **ASCII** 方案，并逐步成为国际标准。

例如，数字符号 7 的 ASCII 为 00110111。又如，大写字母 D 的 ASCII 为 01000100，小写字母 a 的 ASCII 为 01100001，小写字母 t 的 ASCII 为 01110100，英文"Data"的机内码就是由上述四个字节组成的二进制字符串。这种使用多个字节的延伸编码，统称 ANSI（American National Standards Institute，美国国家标准学会）编码。

2．中文——GBK

中文是典型的象形文字，其基本字符集合由众多汉字和一些特殊符号等组成。

自 1980 年,我国陆续颁布了国家汉字编码标准。例如,1995 年发布的 GBK 对常用的 6763 个汉字进行了编码。之后颁布的 GBK 扩充汉字编码共收录了 21 003 个汉字(包括部首和构件),883 个图形符号,其中吸收了港澳台地区的繁体汉字 BIG5 编码方案中的所有汉字,后续还增加了一些少数民族文字。这套标准的汉字编码方案使用两个字节表示一个汉字的机内码,最多可表示 $256 \times 256 = 65536$ 个基本汉字符号。

计算机键盘设置的特点使得汉字在输入时必须建立一套英文键盘输入规则与汉字的机内码间的对应方法,因此国内学者设计开发了全拼、双拼和五笔字型等汉字输入法。

二进制机内码虽然适合计算机内部的存储和处理,但并不便于直观展示,需要使用一种二进制编码方案来表示汉字或英文。于是人们创造了字形码,又称字模。

汉字的字形码有点阵和矢量两种表示方式。其中用行列的点阵方式表示字形时,一个汉字可以有一个 16×16 的简易点阵(32 字节/汉字)、24×24 的普通点阵(72 字节/汉字)、32×32 的高密点阵(128 字节/汉字)或 48×48 的高密点阵(288 字节/汉字)。点阵的行列数越大,需要的存储字节数越多,字形越清晰。

形象地说,字形码就是将一个字符的笔画落在一个点阵网格上,其中落入笔画的网格记录为 1,未落入笔画的网格记录为 0,这样就得到了一批描述这个字符形状的有序的字节,该字节即这个字符的字形码。计算机字形码示意图如图 1-2 所示。

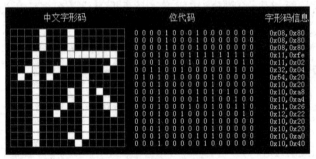

图 1-2　计算机字形码示意图

一个汉字从输入到输出的过程可以简要地描述为先根据汉字的输入法得到这个汉字的机内码,然后根据机内码找到这个汉字的字形码,最后根据字形码将汉字输出到屏幕上显示。

3．世界文字——Unicode

根据德国学者公布的研究成果,目前世界上有记录的文字种类大约有 5560 种。为避免大家各搞一套以至于互不兼容,国际标准化组织(International Organization for Standardization,ISO)提出了一套包含世界主要语言基本字符的二进制编码方案,称为**统一码(Unicode)或万国码**。这套方案将所有基本字符分配在 17 个区域,1 个区域称为 1 个平面(Plane)。ISO 最先定义公布了第一个基本平面的编码方案,这个平面中的字符编码用 2 个字节表示,其他辅助平面的编码方案正在陆续发布中,根据实际情况可采用 2 个字节、3 个字节或 4 个字节表示一个字符。

Unicode 在计算机系统实际存储和传输等处理中面临着以下难题。例如,针对 ASCII 文档,如果每个字符统一使用 2 个以上字节来表示,那么许多比特位将填补为 0,文档至少要扩大 1

倍的空间进行存储，同时网络传输会消耗更大；如果不这样处理，计算机系统就必须有效识别哪些字符是用 2 个字节表示的，哪些字符是用 1 个字节表示的。

全球化的互联网繁荣发展，让 Unicode 方案的推广应用更加迫切。为解决上述问题人们进一步设计了 UTF（UCS Transfer Format）改进方案，分为 UTF-8、UTF-16 和 UTF-32 等。其中，UTF-8 根据每个基本字符的具体情况可以使用 1～4 个字节变长度编码，既能保证文档的存储和传输效率，又能正确地表示各种文字的原貌，成为互联网应用最广泛的编码方案之一。例如，在使用 Windows 记事本软件存储文档时，有多种 Unicode 选项可供选择，如图 1-3 所示。

图 1-3　Windows 记事本软件的不同编码存储方式

1.4.3　数字的数字化

常用的数字一般分为整数和小数。在计算机系统中采用多少字节表示一个数字与计算机安装的操作系统和计算机语言等软件系统有关。

1．整数

一般计算机系统采用 2 个字节表示一般的短整数（Integer），采用 4 个字节表示一个取值范围更大的长整数（Long Integer）（某些 64 位计算机系统开始采用 8 个字节表示整数）。通过二进制最高比特位取 0 或者取 1 来区分正整数或负整数。如果这个比特位直接用来表示数值，就是无符号整数（Unsigned Integer）。

对于 2 字节 16 位的短型整数，如果二进制最高比特位为正负符号位，那么其表示的整数的取值范围是-32768～+32767；如果不设符号位，那么其表示的无符号整数的取值范围是 0～65535。同理，对于 4 字节 32 位的长型整数，有符号位和无符号位表示的整数范围分别是 -2147483648～+2147483647 和 0～4294967295。

2．小数

一般在计算机系统中小数按浮点数的方式表示。浮点数（Float）是指小数点位置不固定的小数。美国电气和电子工程师学会（Institute of Electrical and Electronics Engineers，IEEE）发布了一个解决方案并成为浮点数的行业标准。该方案规定了四种表示浮点数的方式，其中最普遍的是单精度浮点数（Single Float）使用 4 字节 32 位表示，双精度浮点数（Double Float）使用 8 字节 64 位表示。

IEEE 标准指出任意一个浮点数都可以表示为规范化的格式。例如，十进制数 0.234 通过计算可以转换表示为二进制数 0.001110111110，进一步可以表示为规范化形式：1.110111110 乘以 2 的-3 次方。

IEEE 标准规定，对于 32 位的单精度浮点数，最高比特位是表示正负的符号位，后续 8 位表示指数（如-3），剩下的 23 位表示具体有效小数（如 1110111110），所以单精度浮点数的取值范围为$-3.4 \times 10^{38} \sim +3.4 \times 10^{38}$。对于 64 位的双精度浮点数，最高比特位仍是符号位，后续 11 位表示指数，剩下的 52 位表示具体有效小数，所以双精度浮点数的取值范围为$-1.79 \times 10^{308} \sim +1.79 \times 10^{308}$。

3．数字的运算与数字电路

二进制数在计算机内部表示和存储为数字的快速计算铺平了道路。依据以下原则，计算机可进行基本的加减乘除运算，这里仅对其进行简述，更复杂的计算可参考相关专业资料。

- 加法：二进制数的加法按照比特位的运算规则进行，即 0+0=0、0+1=1、1+0=1、1+1=10。
- 减法：减去一个数字也就是加上这个数字的负数，可通过反码和补码来实现。
- 乘法：通过二进制数的移位和累加实现。
- 除法：通过二进制数的移位和累减实现。

可见，计算机的基本数字运算是以二进制数加法运算为基础的。科技人员采用现代半导体技术和工艺设计开发了各种数字存储器和数字电路。其中，构成数字电路的基本逻辑单元又称逻辑门，包括与门、或门、非门、异或门、与非门、或非门等。逻辑门通过控制高电平、低电平等状态来代表二进制数 1 或 0 的输入，并根据不同处理形成 1 或 0 的输出，从而实现比特位上的逻辑运算，如图 1-4 所示。通过组合设计逻辑门可以形成更复杂的集成数字电路，实现更复杂的逻辑运算和逻辑控制。

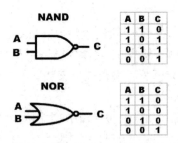

图 1-4 与非门（NAND）、或非门（NOR）符号与逻辑运算

以离散数学和布尔代数等为理论基础，基于二进制数运算体系设计并开发的逻辑数字电路等，使得计算机系统获得了数字运算能力，而且远超人类的运算速度和运算精度。许多学者认为这是计算机系统实现人工智能的一个重要标志。

1.4.4 多媒体的数字化

多媒体的数字化主要指图像、声音、视频的数字化。

1. 图像的数字化

计算机系统中的图像从存储内容上可以分为位图和矢量图两大类。

1）位图

位图在计算机中是由一些按位置排列的、不同颜色的点组成的，这些点称为图像的像素点。例如，一张宽度为 1024 像素，高度为 768 像素的黑白图像包含 1024×768 个像素点。可以使用若干字节表示每个像素点的灰度等属性。

存储位图的图像文件一般由描述这些像素点的基本信息和一些描述文件性质的信息组成。前者是像素文件内容的主体。描述一个像素点的字节越多，存储图像需要的空间就越大。为减少存储空间，提高网络传输效率，人们设计开发了许多图像格式的压缩算法。BMP 格式是 Windows 操作系统中的标准图像文件格式，由于很少使用压缩处理所以存储空间较大，但可以被多种常用的图形图像软件处理；JPEG 格式和 GIF 格式是一种高效的有损压缩位图文件格式；PNG 格式是一种采用无损压缩算法的位图文件格式。

在计算机应用中，人们常用位图数据进行图形的识别和处理。通常可使用将位图数据转换为一个二维数组或矩阵的方式对位图进行分析研究。

2）矢量图

矢量图一般是由一系列点和连线类的图形元素组成的。每个图形元素都是一个独立的实体对象，并带有位置坐标、层次、形状轮廓、颜色和大小等属性的数据描述。

矢量文件实际上存储着某个图像几何画法的参数，在逻辑上可使用 XML 语言、PostScript 语言或自定义描述规则进行定义，在物理上可将这些描述用 ASCII 等方式进行存储。因此，在一般情况下，矢量文件占用存储空间较小但生成速度稍慢。其最大优势在于，生成的图像与显示设备的分辨率无关，图像放大后不会失真。因此，矢量图适用于图形辅助设计、区划地图设计，以及文字、标志和版式设计等应用领域。常见的矢量图的格式有 Adobe Illustrator 软件使用的 AI 格式、CorelDraw 软件使用的 CDR 格式和 AutoCAD 软件使用的 DXF 格式等。

2. 声音的数字化

声音是连续的，早期人们使用模拟信号描述声音数据，之后采用数字方式描述声音数据。在采用数字方式描述声音数据时，需要先按照一定的采样频率，即每秒从连续的声音信号中提取采集声音数据，并组成离散式的声音数据。采样频率的计量单位为次/秒，即赫兹（Hz）。采样频率越高，单位时间内采集的声音数据量越大，声音数据的质量越高。对一些简单的声音信号过度高频采样是一种浪费，一般对应的采样频率为电话语音：8000Hz；收音机广播：22 050Hz；音乐 CD：44 100Hz；数字电视和 DVD：48 000Hz；蓝光高清 DVD 等：96 000～192 000Hz。然后对每个采样点的声音波幅的数值进行量化编码处理，一般可使用 1 字节、2 字节或 3 字节按二进制形式存储。

例如，存储一个采样频率为 44.1kHz、2 字节 16 位量化波幅、双声道、1 分钟的声音数据，大约需要 10.1MB 的空间。微软公司为 Windows 开发的 WAV 格式就采用了上述参数标准，其不足之处在于占用存储空间较大。因此，人们在有效保证声音质量的前提下采用了诸多压缩技术，极大降低了音频文件的存储空间，如 MP3 格式等。

3．视频的数字化

一般来说，视频数据是由一系列图像数据和与之同步的声音数据组成的。通过快速连续播放一幅幅静态独立图像，可以让观察者获得无跳跃感的视频信息。其中每一幅图像称为一帧。每秒播放的帧数越大，图像越流畅，视频质量越高。在一般情况下，电影的播放速度为每秒 24 帧，我国采用的 PAL 制式电视的播放速度为每秒 25 帧。

在计算机中每帧图像数据的存储可采用上述位图方式，声音数据的存储也可采用上述采样和量化编码的方式。由于视频数据量的规模很大，人们根据视频数据的特点设计开发了许多有效的压缩算法，形成了不同的视频存储格式。例如，在视频数据中，许多相邻帧的相似度较高，许多像素点的位置和色彩等数据变化很小或者没有变化，因此就能以某一帧为基础，将相似的帧作为一组进行帧间压缩，每一帧只存储组内对应上一帧有变化的数据，这种压缩算法在一定程度上减少了视频数据的存储空间。

常见的视频数据格式有 MPEG、AVI、MOV、ASF、WMV、RM、FLV 等。其中，人们常用的 MP4 格式是 MPEG 格式的一个版本，可对视频数据中的音频、视频等多种数据进行压缩编码，是一种有损的、压缩比较高的视频数据处理标准。

1.4.5　数字化转型与数字化经济

进入 21 世纪后，数据对人类经济社会的重要作用愈加明显。随着大数据时代的到来，数据的价值更加突出。有识之士认为，如果互联网是生产关系，计算是生产力，那么数据就是生产资料，被比喻为生产活动的根本条件；数据还可以上升到数据资源，被比喻为持续发展的基本要素；数据还可以上升到数据资产，被比喻为有价值、可交易的社会财富。

数字化是世界发展的趋势，数据科学是建立在这个数字化世界上的知识体系。随着以大数据、人工智能、移动互联网、云计算、区块链等为代表的数字化技术的快速发展，创新的数字化产品与服务将不断涌现，数字化平台将不断被推出，从而有效驱动企业数字化转型，全面拉动国家数字化经济与数字化治理。

我们讨论的数字化、数字化转型和数字化经济的主题都是研究和开发数据，是在研究如何从数据中创造价值，使之与土地、劳动、技术和资本等生产要素一起为人类社会经济可持续发展服务。对几个概念归纳总结如下。

数字化通俗而言就是将人类采集的数据转变为一系列的二进制 0、1 编码的形式，并利用信息技术进行统一管理和统一处理，进而将客观现实世界重构成一个数字世界，为企业的数字化转型服务，为政府发展数字化经济和实现数字化治理服务。**数字化转型**是以价值创新为目的，用数字技术驱动业务变革的企业发展战略。数字化转型对于企业而言是一个长期发展过程，不是通过一两个短期的信息技术项目可以实现的。**数字化经济**也称数字经济，将数字化的数据、信息和知识作为关键生产要素，将现代通信网络作为重要载体，将信息技术应用作为提升效率的手段，将经济结构优化作为重要推动力的一系列经济活动。

1.5　信息与信息熵

从数据中获取信息是进行数据处理的基本目标。简明地将信息定义为经过加工处理的、有价值的数据是一个直观层面的定义，它无法解释深层次的信息概念的问题。例如，信息的价值究竟是什么，信息价值的大小如何定量地衡量，等等。本节将尝试回答这些问题。

1.5.1　信息熵：不确定性的度量

1948 年，美国贝尔实验室的科学家克劳德·香农（Claude Shannon，1916—2001）发表了《通信的数学理论》等相关论文，通过研究通信中数据传输等相关问题，首次对通信过程建立了数学模型；并借鉴物理热力学中关于熵的理论，提出了信息熵的概念，以及衡量信息熵的数学公式。

香农的信息论解决了信息量和不确定性的度量问题，奠定了现代信息论的基础，对数据传输技术及数据编码学、数据加密技术及密码学、数据压缩理论等做出了直接贡献，对计算机科学、信息科学、统计学、热物理学、语言学和机器学习等产生了深远影响。

信息论、系统论和控制论被称为 20 世纪最伟大的理论成果，对现代科学思维和科学技术的发展起到了积极作用。信息和信息熵不仅是通信领域中的基本概念，还被广泛应用到数据科学和其他学科领域中。

信息论将信息抽象地定义为事物不确定性的减少，并建立了信息定量测度的数学描述，即信息熵。通过香农的信息熵的数学公式理解信息熵的概念可能会感到吃力，这里先举一个简单的例子直观地说明信息熵的含义。

☞【案例】总统竞选

某国 3 位总统候选人各方面的能力相当，民意测验结果是各占 1/3，很难预料谁会成为最后的赢家，这时总统选举的不确定性最高。然而，某知名报刊披露某位候选人曾有负面行为，这时民意测验结果显示，此位候选人的支持率降至 20%，而另外 2 位候选人的支持率升至 40%，这时总统选举的不确定性相对降低了。如果降低原因全部源于该报刊发布的消息，那么不确定性的减少量就是这则消息的信息量。

这里的关键问题是信息量如何度量。回到通信系统场景下。如果信源可以发送 4 种信号，那么采用二进制编码信号，需使用 2 个比特位发送信号。如果信源可以发送 8 种信号，就需要使用 3 个比特位发送信号。如果信源可以发送 N 种信号，就需要使用 $\mathrm{lb}N$ [①] 个比特位才能实现无损传输。于是定义信息量为

$$I = \mathrm{lb}N \tag{1.1}$$

———————————
① $\mathrm{lb}N$ 即 $\log_2 N$。

在此基础上，香农将不同信号的发送概率引入计算，提出了信息熵（Entropy）的计算公式：

$$E = -\sum_i P_i \text{lb} P_i \tag{1.2}$$

以掷骰子为例介绍信息熵的计算。一个骰子有 6 个面，在规范情况下每个面朝上的概率相等，均为 P_i，$P_i = \frac{1}{6}$（$i = 1, 2, \cdots, 6$）。根据式（1.2）计算出的掷骰子信息熵为

$$E = -\sum_{i=1}^6 P_i \text{lb} P_i = -6 \times \frac{1}{6} \text{lb} \frac{1}{6} = -\text{lb} \frac{1}{6} = \text{lb}6 = \text{lb}N = I$$

可见，信息量 I 是信息熵 E 在不同信号的发送概率相等时的特例。

香农的信息论的重要成就在于，可以通过信息熵度量信息的不确定性。

例如，对于掷骰子问题，假设骰子被动过手脚，每次掷骰子的结果都是数字 6 朝上，即数字 6 朝上的概率等于 1，其他数字朝上的概率等于 0，不具有任何不确定性。此时计算的信息熵等于 0，小于每面朝上概率相等，即不确定性最大时的信息熵。可见，信息熵越大，不确定性越大；信息熵越小，不确定性越小。不确定性是抽象概念，其因信息熵而具有了定量标准。

1.5.2 信息增益：不确定性减少的度量

信息熵及在信息熵的基础上计算出的条件熵、信息增益，展现了更大的价值。下文通过两个例子来说明。

☞【案例】总统竞选

利用信息熵，计算上文总统竞选案例中负面消息的信息量。

负面消息发布前的信息熵为 $-\frac{1}{3}\text{lb}\frac{1}{3} - \frac{1}{3}\text{lb}\frac{1}{3} - \frac{1}{3}\text{lb}\frac{1}{3} = \text{lb}3 = 1.585$，负面消息发布后的信息熵为 $-0.2\text{lb}0.2 - 0.4\text{lb}0.4 - 0.4\text{lb}0.4 = 1.522$，则负面消息的信息量（不确定性的减少量）为 $1.585 - 1.522 = 0.063$。

☞【案例】超市购买行为研究

在信息熵的基础上可以派生计算**条件熵**和**信息增益**，通过此案例对其进行说明。

假设收集到某超市某商品购买情况数据如表 1-10 所示。其中，"是否购买"变量取 1 表示购买，取 0 表示未购买。

表 1-10　某超市某商品购买情况数据

顾 客 编 号	性　　别	婚 姻 状 况	年　　龄	是 否 购 买
1081253	女	未婚	25	1
1060921	男	已婚	45	0
1017336	女	已婚	35	1
1080035	女	未婚	32	1
1089272	男	已婚	50	0
1017338	男	未婚	20	

对数据进行初步统计分析发现购买和未购买的顾客各占 50%；100%的女性顾客购买了商品，100%的男顾客未购买商品；1/3 的已婚顾客购买了商品，2/3 的未婚顾客购买了商品。

- 计算"是否购买"变量的信息熵：$-\dfrac{1}{2}\text{lb}\dfrac{1}{2}-\dfrac{1}{2}\text{lb}\dfrac{1}{2}=1$。

- 计算"是否购买"变量的以"性别"为条件的条件熵：

  对于女性顾客有 $-1\text{lb}1-0=0$；对于男性顾客有 $-0-1\text{lb}1=0$。

  条件熵为 $P_{\text{女}}\times0+P_{\text{男}}\times0=\dfrac{1}{2}\times0+\dfrac{1}{2}\times0=0$，式中，$P_{\text{女}}$ 和 $P_{\text{男}}$ 分别为女性和男性的人数占比。

- 计算"是否购买"变量的以"婚姻状况"为条件的条件熵：

  对于已婚顾客有 $-\dfrac{1}{3}\text{lb}\dfrac{1}{3}-\dfrac{2}{3}\text{lb}\dfrac{2}{3}$；对于未婚顾客有 $-\dfrac{2}{3}\text{lb}\dfrac{2}{3}-\dfrac{1}{3}\text{lb}\dfrac{1}{3}$。

  条件熵为 $P_{\text{已婚}}\times\left(-\dfrac{1}{3}\text{lb}\dfrac{1}{3}-\dfrac{2}{3}\text{lb}\dfrac{2}{3}\right)+P_{\text{未婚}}\times\left(-\dfrac{2}{3}\text{lb}\dfrac{2}{3}-\dfrac{1}{3}\text{lb}\dfrac{1}{3}\right)=-\dfrac{1}{3}\text{lb}\dfrac{1}{3}-\dfrac{2}{3}\text{lb}\dfrac{2}{3}$，式中，$P_{\text{已婚}}$ 和 $P_{\text{未婚}}$ 分别为已婚和未婚的人数占比。

可见，计算考察"性别"前后"是否购买"信息熵的变化量为 $1-0=1$；计算考察"婚姻状况"前后"是否购买"信息熵的变化量为 $1-\left(-\dfrac{1}{3}\text{lb}\dfrac{1}{3}-\dfrac{2}{3}\text{lb}\dfrac{2}{3}\right)$。通常称这里的变化量为**信息增益**。两个信息增益分别度量了考察"性别"和"婚姻状况"两个变量对"是否购买"不确定性的影响。显然，"性别"的信息增益大于"婚姻状况"的信息增益，这意味着"性别"对减少不确定性的作用大于"婚姻状况"，"性别"与"是否购买"的相关性更大。因此，在预测某个新顾客未来"是否购买"该商品时，应更多关注其"性别"。由此可知，在建立预测模型时，信息熵可作为评价变量重要性的依据。

第 2 章

数据科学概述

第 1 章介绍了数据与信息概论，本章将从通俗理解科学的角度入手，将数据与科学结合起来，建立数据科学的基本概念，提取数据科学的主要思想，并从多个角度探讨数据科学知识体系的构成，本章在最后将提出一个数据科学知识体系的基本框架。

对于读者，从各自学科的角度来观察和理解数据科学固然重要，但从科学的高度来审视和把握数据科学的全貌更有意义。

2.1 数据科学的科学观

科学不同于学科，科学要高于学科。从科学的高度而不是从学科的层次来定义数据科学，使得数据科学在处理对象、理论方法、技术工具和应用领域等各方面都具有普遍的意义和深远的价值，符合构建科学知识体系的本质属性。

2.1.1 从科学高度看数据科学

学科是科学的一个相对独立的学术分支或一个专业研究领域。例如，物理、化学等属于自然科学，文学、法学等属于社会科学。特别值得关注的是，在人类创立的学科研究体系中有专门研究科学本身的学科。

例如，科学哲学是属于哲学范畴的一个分支学科，它从哲学的角度研究科学的基础、方法和意义。科学哲学研究的核心问题是什么是科学、科学理论的可靠性及科学的终极目标等。20世纪 60 年代，科学哲学的一项重要研究成果是美国学者托马斯·库恩（Thomas Kuhn，1922—1996）出版的经典著作《科学革命的结构》。他从科学史的角度探讨科学和科学革命的发展规律，首次提出了科学范式理论及不可通约性和学术共同体等概念。

库恩指出，科学范式是科学活动中公认的模式和范例，是科学共同体共同持有的信念、价值、假说、方法、评价标准和技术的总和。库恩认为，所谓科学就是共同认可的成熟范式，从学科走向科学的标志就是共同体及共同范式的形成。科学革命是对传统结构的突破，是新旧范式本质上的转换，两者具有不可通约性，而且不同的科学共同体即使处于同一时代对同一事物也会形成不同的看法。这些观点对于我们审视与评价数据科学具有建设性的意义。

又如，科学学属于社会科学的范畴，是研究科学和科学活动发展规律及其社会功能的一门学科。科学学从整体高度考察科学的社会功能和地位，揭示并运用科学技术的发展规律，分析科学研究的体系结构，预测科学发展的趋势、生长点和突破口，制定科学发展的战略、策略和各项科学决策，为科学研究的组织管理提供最佳的理论和方法，促进科学技术同经济、社会协调发展等。

简明地说，科学（Science）是运用概念、规则和逻辑等思维形式反映现实世界各种现象本质和规律的知识体系，所谓知识体系就是已经系统化和形式化的知识。科学具有可检验性和可解释性，对客观事物具有可预测性等。

学者们进一步指出，科学应具备以下基本特征：一是理论、方法和应用具有普遍意义，二是具有理性客观的事实依据，三是具有逻辑严密的证实和证伪过程，四是结果或结论具有可重复性，五是知识体系具有量化标准。

再次指出，从科学的高度而不是学科的层次来定义数据科学的原因是数据科学在处理对象、理论方法、技术工具和应用领域等方面具有普遍的意义和深远的价值，具有符合构建科学知识体系的本质属性。

2.1.2　通过案例初识数据科学

本书通过自然科学中的生物学研究案例和社会科学中的文学研究案例，来展现数据科学的应用魅力。

☞【案例】孟德尔的豌豆杂交试验

奥地利牧师格雷戈尔·孟德尔（Gregor Johann Mendel，1822—1884）是一位修道院院长，也是当地农业协会的负责人。他一直研究物种遗传的规律，以改良农作物的性状。1856 年孟德尔开始在修道院的小植物园中进行历时 8 年的豌豆杂交种植试验。

孟德尔之所以选择很平常的豌豆做试验，是因为豌豆是一种严格自花传粉的植物，而且容易栽培、生长期短，同时具有容易识别的各种植物性状。孟德尔找到了 34 种豌豆种子，并通过精心挑选，从这些品种中确定了 7 对具有明显差异的性状，包括：子叶的颜色（黄色或绿色）、开花的位置（掖部或顶端）、茎的高度（高茎或矮茎）、未成熟时豆荚的颜色（绿色或黄色）、豆荚的形状（饱满或萎缩）、种皮的颜色（灰色或白色）、种粒的形状（圆形或皱形）。

经过年复一年的播种、收获和分类计算，在种植的 21 000 多株豌豆中，孟德尔发现将高茎豌豆与矮茎豌豆杂交后，将收获的第一批豌豆种子种下，长出来的豌豆都是高茎的，矮茎特征全部消失了。孟德尔将第二批豌豆种子收获后，新长出的豌豆有高茎的也有矮茎的，矮茎特征又重新出现了。统计显示共有 787 棵高茎豌豆，277 棵矮茎豌豆。孟德尔在豌豆的其他性状试验中，也发现了同样的数据规律，即

$$高茎：矮茎=787：277=2.84：1$$
$$圆形：皱形=5474：1850=2.96：1$$
$$黄子叶：绿子叶=6022：2001=3.01：1$$
$$灰种皮：白种皮=705：224=3.15：1$$

呈现出了一种奇妙的近似 3：1 的规律。如何解释这个奇妙的 3：1 的规律呢？

一次看戏归来，孟德尔从演员在幕前与幕后角色的变化中感悟到豌豆性状的奥秘。孟德尔确认，豌豆的高度有高茎和矮茎之分的原因是豌豆中存在两个独立作用的元素：一个元素使豌豆长成高茎，另一个元素使豌豆长成矮茎。在纯种的高茎豌豆或矮茎豌豆中，两个元素是相同的。所以当纯种的高茎豌豆与纯种的矮茎豌豆杂交时，高茎豌豆中的一个高茎元素与矮茎豌豆中的一个矮茎元素结合，由于高茎元素是显性的（在前台演出），矮茎元素是隐性的（在后台准备），因此豌豆呈现高茎特征。

当第一代杂交种子种下后，如果让其自花传粉，杂种豌豆的高茎元素和矮茎元素分离后再结合只有 4 种结合方式：高高、高矮、矮高、矮矮。由于高茎元素是显性的，豌豆植株有三种情况显示高茎特征，一种情况显示矮茎特征，因此得到的豌豆植株展现出高矮比为 3：1 的规律。

1865 年孟德尔将自己的研究成果写成了一篇 3 万余字的《植物杂交实验》论文，并发表。当时英国人正在争相议论达尔文的《物种起源》和演化理论，几乎没有人关心在奥地利一个偏僻的修道院里诞生的一个划时代的研究成果。1900 年三位不同国籍的科学家通过各自独立的研究试验，几乎同时发现了植物遗传规律。在需要在发表的论文中介绍前人的研究时，三个人在文献资料中不约而同地发现了孟德尔的研究成果。敬仰之余三位科学家都在论文中谦虚地说明自己不过是验证了孟德尔的研究成果。

由此可知，**通过长期观察和分析积累数据发现事物本质规律是数据科学研究的根本方法。**

☞【案例】确定《红楼梦》后 40 回的作者

我国历史名著《红楼梦》成书已有 200 多年，从定性的历史考据到定量的文字分析，人们普遍认为曹雪芹只撰写了前 80 回，后 40 回为高鹗续写。但也有一些研究成果表达了不同意见，如 1980 年 6 月在美国召开的首届国际《红楼梦》研讨会上，美国威斯康星大学华人学者陈炳藻提出了不同研究结论。在题为《从词汇上的统计论〈红楼梦〉作者的问题》一文中，作者利用数据分析方法对《红楼梦》前 80 回和后 40 回的用字和用词进行了统计分析。作者将《红楼梦》120 回按顺序编成 3 组，每组 40 回，并将《儿女英雄传》一书作为第 4 组进行比较。从每组中任意抽取 8 万字，分别挑出名词、动词、形容词、副词、虚词 5 种词，通过计算机程序对这些字词进行统计处理。结果显示《红楼梦》前 80 回与后 40 回所用字词的正相关程度达 0.78，而《红楼梦》与《儿女英雄传》所用字词的正相关程度只有 0.32。由此推断《红楼梦》前 80 回与后 40 回的作者均为曹雪芹。

1987 年，华东师范大学学者陈大康在《红楼梦学刊》第 1 期中发表论文《从数理语言学看后四十回的作者——与陈炳藻先生商榷》。该论文指出原研究中存在数据抽样不足、检验项目较少和方差考虑不当等问题，并通过自己的数据采集与分析得出《红楼梦》后 40 回作者另有其人的结论。

类似的文学著作定量分析案例还有很多。例如，分析 16 世纪 90 年代的五幕剧《爱德华三世》是否是莎士比亚的作品；美国学者考证 12 篇署名为"联邦主义者"的文章的作者是美国开国政治家汉密尔顿，还是美国第四任总统麦迪逊；俄国学者研究《静静的顿河》是肖洛霍夫原作，还是抄袭克留柯夫的相关作品；以色列科学家采用数据分析方法研究男性作家与女性作家的写作风格；等等。

上述内容目前基本都被纳入数据科学中的文本分析研究方向。早期的文本分析通常要先对整本著作进行分词处理，然后对词频进行统计计算，从而形成一个有众多行和列的二维表，这种多变量、高维度、稀疏性的原始数据往往是文本分析的数据常态，需要使用有效的方法进行降维处理。另外，选择哪些重要的词汇代表某回的内容去参与数据分析，也是需要精心设计的，对于这方面数据科学的机器学习和深度学习有很多值得借鉴的分析方法。

2.2　数据科学概念

数据科学的产生和发展不是偶然的，是 21 世纪以来在一系列重大技术和典型应用的直接推动下，以及在更广泛的社会发展、经济转型和管理嬗变的综合作用下创立的一门新兴科学。这些重大技术和典型应用进一步促进了数据科学相关理论和方法的深入研究，在充分借鉴总结相关学科理论方法和技术工具的基础上，如计算机科学、数学与统计学及一些应用领域学科等知识，数据科学围绕数据和数据处理这一主旨，逐步形成了自身的基础理论和技术方法，确定了研究方向、学术地位、学科架构和知识体系框架等。

2.2.1　数据科学产生的重大技术背景

数据科学的产生和发展离不开一系列重大技术的支撑，具体如下。

1．新一代移动互联网和物联网技术

新一代移动互联网和物联网技术促进了客观世界和人类社会在更大时空尺度上的连接，使得多源、多类型的数据可以持续地、大规模地产生。

2．云计算技术

云计算技术使得数据的存取效率、安全管理、计算能力、软件开发和服务模式等得到可靠保证。

3．大数据技术

大数据技术使得大数据采集、大数据清洗与整合、大数据存储、大数据分析和大数据应用得以可靠实现。

4．人工智能技术

人工智能技术通过数据挖掘、机器学习和深度学习等方法复兴，并在一些重要应用领域取得突破性进展。

2.2.2　数据科学产生的典型应用背景

众多典型应用直接推动了数据科学的产生和发展，包括搜索引擎、电子商务、金融证券、

交通物流、医疗卫生、生物工程、智慧城市和教育等应用，这里简明介绍其中三项应用。

1．全面发展的电子商务服务

我国全面发展的电子商务服务打通了供应链产业、商品销售渠道、物流配送、社会消费者及支付与金融等跨行业的数据体系，利用互联网、大数据和云计算等先进技术打造了一种全新的商业生态，极大地改变了人们的购买方式和消费习惯。在我国，电子商务实践早已进入寻常百姓家，具体应用也为大家所熟悉。这里要重点指出的是，电子商务服务使得供应商、商品、销售渠道、客户、支付、物流等进行了时空尺度的维度相乘，导致数据爆发式增长，是数据科学应用的主要领域之一。

2．大力推动开展的智慧城市建设

我国大力推动开展的智慧城市建设是一个涉及城市自然、社会、经济、人文等各方面的复杂且巨大的系统工程，与城市的产业升级、社会治理、生态保护、民生改善及基础设施建设密切相关。

智慧城市将开发城市智能作为首要目标，具体包括：城市运算智能（让城市有记忆力）、感知智能（让城市能听见、看见）、认知智能（让城市会思考），以及决策智能（让城市会判断）。智慧城市把城市视为一个完整的生命体，通过城市数字化、网络化、智能化过程，充分利用新一代物联网与互联网、云计算及城市时空大数据等技术，全面实现对城市实体和事件的数字化表达，且与城市的地点、区域和路径等空间位置信息进行联系，进一步努力构建城市大脑，将人类的自然智能与计算机人工智能深度融合，以实现对人和物的感知、控制和智能服务。

智慧城市对于区域经济转型发展、城市智慧管理和市民智能服务具有广泛应用前景，使得人与自然发展更加协调。目前我国的智慧城市建设在公共安全、交通、卫生医疗、环保、地下管网、水务管理等方面均取得了一定成绩。

3．大力推动开展的教育现代化工程

我国大力推动开展的教育现代化工程将教育大数据建设作为驱动新一轮教育变革和发展的动力。华中师范大学的一项研究报告指出，教育大数据是在所有教育活动过程中产生的、依据教育需求采集的一切用于教育发展并能创造巨大潜在应用价值的数据集合。教育大数据具有驱动教育决策科学化、学习方式个性化、教学管理人性化和评价体系全面化的价值潜能。

教育大数据一般可分为教育管理、教育教学、科学研究、室外学习、校园生活、成长经历六大类别。每种类别的教育大数据涉及不同的数据来源、数据主体和数据内容，具体如表 2-1所示。

表 2-1　教育大数据的六大类别

数 据 类 别	数 据 来 源	数 据 主 体	数 据 内 容
教育管理	教育管理活动	学生、教师、学校和相关机构等	教育管理信息、行政管理信息、教育统计信息等
教育教学	教学活动	学生、教师、教育资源和教育设备等	学生和教师的行为与状态信息、教育资源信息、教育设备运行信息等

数据类别	数据来源	数据主体	数据内容
科学研究	科学研究活动	学生、教师、论文、科研设备和科研材料等	科研设备操作信息、论文发表信息、科研材料与消耗信息、导师指导信息等
室外学习	室外教育活动	学生、客观环境和对象等	学习者与客观环境或对象的交互信息，如感知内容、互动记录、活动体验等
校园生活	校园非学习活动	学生、网络、健身设备、刷卡机、社交工具等	餐饮消费信息、上机上网信息、健身洗浴信息、社会交往活动信息等
成长经历	个体成长活动	学生、家长、教师和社会环境等	同个人成长经历有关的环境信息，如家庭经历、校园经历和社会经历等

教育大数据将各种教育资源联系在一起，可极大地激发教育创新能力，培养适应时代发展的创新型人才，助力我国现代化教育事业。

2.2.3　数据科学的定义

目前有诸多专家学者从多个角度对数据科学进行了定义，这些定义是值得我们思考与借鉴的。这里先简明地将**数据科学**（Data Science）定义为关于**数据处理本质规律的知识体系**。

在这个定义中，"数据"点出了数据科学的对象，"数据处理"提出了数据科学的方法论，"知识体系"指出了数据科学的理论学说，"本质规律"要求数据科学对其对象、方法论和理论学说的内在联系性和发展必然性进行概括和总结。

数据科学是一门新兴科学。任何一门科学从意义上的重要性到理论上的完整性都需要人们不断地探索和创新，以期逐步实现更广泛、更全面的科学共识。例如，按照研究对象的不同，科学可以分为自然科学、人文社会科学和思维科学；按照实践关系的不同，科学可以分为理论科学、技术科学和应用科学等。那么数据科学（数据世界）是否与哲学（人类思维）和数学（抽象时空）一样，是一种贯穿各门科学且具有一定指导意义的科学呢？这还需要在理论和实践层面进行深入研究。

2.3　历史观察：探讨数据科学的发展历程

一门科学的发展史是这门科学的重要部分。回顾数据处理（数据科学）发展历程的意义在于，把数据科学放在时间的长河中，以洞察过去、定位现在、发现未来。

2.3.1　古代：从结绳记事到阿拉伯数字

在尚未创造文字时，人们采用结绳记事的方法来保存资料或计算数量，世界其他地区的文明也有类似的记载。我国古代文献《周易·系辞下》中写道："上古结绳而治，后世圣人易之以书契"。《九家易》中写道："古者无文字，其为约誓之事，事大大其绳，事小小其绳，结之多少随物众寡，各执以相考，亦足以相治也"。所以古代的数据处理是零散的、偶发的个别现象。特别是，数据与其他事物互相渗透、纠缠在一起，无法形成独立的概念与学说。

文字使得人类的随性涂鸦逐步上升到对现实世界的理性记录，奠定了数据产生的基本条件。文字使数据摆脱了"结绳记事"中具体事物的附庸状态，逐步从现实世界中独立出来，成为可积累、可传播、可反复使用的有价值的客观存在，为数据概念及其属性、分类和方法等的形成，以及数据科学的产生创造了条件。近现代发明使用的照片、唱片、录音带、电影胶片和电视录像等是人类在图像、声音和视频等方面对数据类型的丰富，是**数据在应用广度上的拓展**。

文字产生之后，随着早期城邦或国家在政治、经济和军事等方面需求的提高，涉及国家总体实力的数据汇总与数据管理逐步提高到统治阶级层面。知己知彼，百战不殆。春秋时期齐国名相管仲（前 723—前 645）将"计数"作为治理国家的七个根本方法之一，他在《管子·七法》中写道，"刚柔也、轻重也、大小也、虚实也、远近也、多少也、谓之计数""不明于计数，而欲举大事，犹无舟楫而欲径于水险也"。古希腊的亚里士多德（前 384—前 322）先后撰写了一百五十余种城邦纪要，内容涉及各城邦的历史、行政、科学、艺术、人口、资源和财富等情况的记录和分析比较，带有一定纪实和数量研究性质，在欧洲这种"城邦政情"（Matters of State）的概念和方法被长期延续下来，直到 17 世纪中叶逐渐被"政治算术"继承并替代。统计学一直将"城邦政情"作为自身发展的源头，至今在"Statistics"（统计学）这个英文词汇中仍然可以找到词根"State"（城邦）的痕迹。这展现了**数据在应用高度上的提升**。

十进制的阿拉伯数字起源于古印度，后来由阿拉伯人传入欧洲。阿拉伯数字笔画简单，书写方便（见图 2-1），便于运算，在经过欧洲学者进一步完善规范后，借助一些简单的数学符号（小数点、负号、百分号及运算符号等）可以明确表示所有有理数，因此逐渐在各国流行，并成为世界各国通用的数字体系。这一历史进程大约从公元 5 世纪到公元 10 世纪才逐步完成。

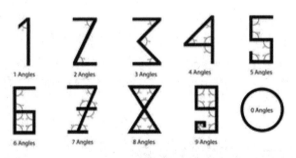

图 2-1　阿拉伯数字

阿拉伯数字在 13 世纪后传入我国。之前我国长期使用"算筹"（见图 2-2）进行计数和计算，直到清朝末年阿拉伯数字才被正式采纳使用。数字的产生和统一使用标志着人类对数据的定量属性有了更加深入的认知，也体现了**数据在应用标准上的逐步统一**。

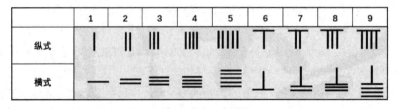

图 2-2　算筹示意图

从结绳记事到阿拉伯数字，文字及数字的产生是一个漫长的历史过程，但却是人类革命性的进步。文字和数字克服了语言交流在时间和空间上的限制，它对语言的超越还在于人类可将数据和认知存储在个体大脑之外。文字及数字是抽象符号，人类在对这些符号进行识别后，可以在大脑中生成对应的虚拟模型和场景，并触发联想和逻辑推理，从而派生了更多新概念和新知识。由此，人类获得了一种全新的学习方式。这种学习方式的最大优势是不需要现实世界有关实物的对照佐证和训练监督，因此人类的抽象思维、对世界的认识概括能力得以快速成长。

2.3.2　古典：政治算术和国势学

17 世纪中叶之后，以 1640 年英国资产阶级革命为先导，在西方工业文明不断发力、封建社会濒临解体的大背景下，欧洲手工业和海洋贸易快速发展，社会面临重大转型，国家竞争和冲突愈加激烈。各国亟须有效的政治改革方针和经营管理策略，这对数据处理的理论方法及综合应用提出了迫切的需求。在这一时期，英国的政治算术学派和德国的国势学派的贡献最为突出。

政治算术学派代表人物威廉·配第（William Petty，1623—1687）在其代表作《政治算术》一书中对荷兰、法国和英国的财富及国力进行了对比，通过大量数字和数据对三国社会结构、经济水平和政治事项进行了分析，并阐明了英国的总体发展潜能和优势，论证了英国控制国际贸易和称霸世界的可能性。在研究方法上，配第试图将政治算术提高到理论方法的高度，而《政治算术》的核心研究方法是**强调使用数据**。在书中他采取了三种获取数据的方法：一是对社会经济现象进行调查和经验观察得到数据，二是运用某种数学方法推算出数据，三是运用数字和符号进行理论推理得到数据。

国势学派以欧洲各国的历史、地理、领土、人口、政治结构、军队、行政、经济、宗教和生产等有关国情国力的资料为内容，以文字、表格和图形为描述手段，记述各个国家的重要事项，研究分析各国目前状态与发展水平。该学派继承并发展了"城邦政情"学说，但在进行国势比较分析中，比较偏重事件性质的解释，不太注重数量计算和数据分析。国势学派的一个重要贡献是在代表作《近代欧洲各国国势学纲要》中首次对国势学名称进行了修订，将其命名为**Statistics**，中文翻译为统计学。

2.3.3　近代：随机现象、概率论与数理统计

18 世纪至 19 世纪欧洲基本上完成了工业革命及近代科学技术革命。以大机器生产为标志的工业革命奠定了社会繁荣发展的经济基础，**而近代科技革命的重要标志是科学体系建立在资料收集和实验观察的基础上，充分利用数学方法进行严谨的推理论证**。一批具有天赋和探索精神的科学家涌现，他们在天文、物理、生物、社会人口和工业技术等领域做出卓著贡献。社会经济的发展与科学技术的进步对数据处理提出了全新的要求。

当时，起源于赌博机遇问题研究的古典概率论在一些著名数学家和有关学者的不断努力下，逐步建立起了知识框架，如大数定律、观测误差理论、正态分布理论和最小二乘法等，形

成了一门研究随机现象规律性的理论——概率论与数理统计。法国数学家波埃尔-西蒙·德·拉普拉斯（Pierre-Simon de Laplace，1749—1827）针对概率论指出：由于现象的发生原因多为我们所不知，或者知道发生原因又常因发生原因受偶然因素或无一定规律因素扰乱而不能计算，因此事物发生的变化只有经长期观察，才能求得其发展的真实规律。

比利时物理学家和数学家朗伯·阿道夫·雅克·凯特勒（Lambert Adolphe Jacques Quetelet，1796—1874）率先将概率论引入政治算术和国势学的社会经济研究，并提出了大数定律，是早期数理统计学派的奠基人。凯特勒在进行有关人口总量、犯罪行为、自杀人数、婚姻情况、神经病患者人数等研究时，对大量数据进行观察、计算和比较，借鉴概率论和大数定律的基本思想，确认表面杂乱无章的、偶然的社会现象与许多随机的自然现象一样具有一定的规律性。进一步，凯特勒认为不仅要记述各种社会经济各种现象的静态总量，还要研究其动态发展，从而揭示大量偶然性背后的内在规律性，并将此作为一般性问题的基本研究方法。

☞【案例】凯特勒的社会犯罪研究

凯特勒的社会犯罪研究以法国凶杀案件分类数据为基础，制作了两张表格（见表 2-2 和表 2-3），并指出从个体来说具有偶然性的犯罪行为从整体的动态过程观察来说却具有一定的规律性。例如，表 2-2 中各年的小计与合计之比基本稳定，表 2-3 中各年的犯财产罪与犯身体罪比例基本稳定。

表 2-2　法国 1826—1831 年按行凶工具分类案件统计表

	1826 年	1827 年	1828 年	1829 年	1830 年	1831 年
凶杀案件合计/件	241	234	227	231	205	266
用枪/件	56	64	64	61	57	88
用小刀/件	39	40	34	46	44	34
用石头/件	20	20	21	21	11	9
用大刀和剑/件	15	7	8	7	12	30
用绞绳/件	2	5	2	2	2	4
小计/件	132	136	125	137	126	165
小计比合计/%	54.77	58.12	55.07	59.31	61.46	62.03

表 2-3　法国 1826—1831 年犯罪倾向情况统计表

	出庭被告者人数	受处罚者人数	受处罚者比被告者/%	犯财产罪/件	犯身体罪/件	犯财产罪与犯身体罪比例
1826 年	6988	4348	62.22	5081	1907	2.7∶1
1827 年	6929	4236	61.13	5018	1911	2.6∶1
1828 年	7396	4551	61.53	5552	1844	3.0∶1
1829 年	7373	4475	60.69	5582	1791	3.1∶1
1830 年	6962	4130	59.32	5296	1666	3.2∶1
1831 年	7606	4098	53.88	5560	2046	2.7∶1

☞【案例】凯特勒的人口学研究

在人口学研究中，凯特勒搜集整理了 5738 名英军士兵的胸围数据。他认为这些生理特征数据都在一个平均值上下波动，可以使用正态分布加以解释，如图 2-3 所示。

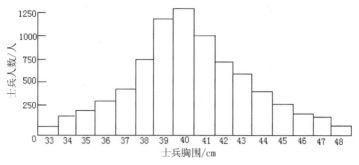

图 2-3　英军士兵的胸围分布

凯特勒运用这个规律，对比检查比利时新兵身高频数曲线，发现比利时新兵身高频数曲线与理论正态分布曲线相差较大，并推测可能是征兵工作中出现了问题。随后的调查证明，确实有不少征兵机构存在伪造数据的现象。

2.3.4　现代：抽样与推断统计

19 世纪末至 20 世纪中叶，社会经济与科学技术继续加速发展，数据处理从描述性方法转换为以推断性方法为重点。推断统计在工农业生产、科学研究、生物医疗等领域发挥出巨大推动作用。

描述性方法一般只有使用大量观察法获取大样本数据，才能保证数据符合理论上的正态分布等，进而才能保证后续分析方法运用的正确性。因此描述性方法在实际生产实践和科学研究中面临很多应用难题，如检验某种产品质量只能获得少量样本等。如何基于样本，尤其是小样本对总体特征进行推断成为推断统计研究的核心问题。

威廉·戈塞（William Sealy Gosset，1876—1937）在都柏林一家酿酒公司担任技师，从事酿造实验和质量检测工作。公司只能提供较少的小麦样品进行酿造实验，而且这些小样本数据一般不服从正态分布，那么使用小样本来推断总体数据是否可靠？误差有多大？这成为棘手问题。戈塞利用大量小样本数据通过反复分析，刻画出了小样本平均数的分布特征，在 1908 年提出了 t 分布及 t 检验的理论方法。1923 年，在英国著名统计学家罗纳德·费希尔（Ronald Aylmer Fisher，1890—1962）进一步修正了 t 分布的数学证明并编制了 t 分布表后，t 分布得到学术界认可并得到广泛应用。

费希尔是这一时期推断统计方法的典型代表。他确立了方差分析理论、点估计与区间估计方法、小样本分布理论、试验设计方法及用他名字命名的 F 分布等，对 20 世纪统计学的发展做出了重大贡献。

这一时期一些机械式和电气式的计算工具和计算设备开始被发明和投入使用，大幅度提高了一些数据处理的工作效率。例如，美国人口调查局的统计人员赫曼·霍列瑞斯（Herman Hollerith，1860—1929）发明了一种用于人口数据处理的穿孔卡片及计算机器。1890 年美国第 12 次人口普查的全部统计工作在这种机器的支持下历时 6 周就完成了。而 1880 年的美国第 11 次人口普查由于基本采用人工方式进行 5000 多万人的数据处理，耗时 7 年才得以完成。1896 年，霍列瑞斯凭借这项技术发明创建了一家制表机器公司，这家公司就是后来著名的国际商业机器公司（IBM）的前身。

2.3.5 计算机时代：技术革命带来的繁荣

20 世纪中叶以后，数据处理的实践方法不断得到完善，各个国家纷纷开始建立统计局和数据局等工作机构，各个大学也纷纷开始建立与数据处理直接相关的统计院系及相关研究机构。与此同时，计算机系统和网络技术的发明应用为数据处理带来了计算技术革命。**这标志着数据处理从单纯的由应用驱动的局面转变为理论方法引导、实际应用推动和计算技术助力整体发展的局面。**

理论方法上，数据处理在统计学方向上的非参数统计、时间序列、多元统计分析、随机过程、贝叶斯理论，以及信息科学方向上的决策理论、信息论等方面继续收获着丰硕的成果。与此同时，计算机科学界在进入 20 世纪 90 年代后提出了数据挖掘（Data Mining）的概念。数据挖掘，简而言之就是对数据库中的海量数据进行数据分析，希望从大量的、不完整的和有噪声的数据中，挖掘出隐含的有价值的信息和知识，也称为数据库中的知识发现（Knowledge Discover in Database，KDD）。这引发了 21 世纪以来人工智能复兴和机器学习方法研发的热潮。

实际应用上，数据处理在政府、行业、企业及自然科学与社会科学研究中发挥着越来越重要的作用。例如，政府应用中的大规模经济普查和人口普查、国民经济核算和宏观经济监测与预测等；行业应用中的保险精算业模型分析、金融证券业风险管理、医疗卫生业流行病控制等；企业应用中的质量与可靠性设计、可行性管理决策、人力资源和企业绩效评价等；自然科学研究中的物理统计、生物统计、医学卫生统计、工程统计、基因遗传学研究、天文气象学研究等；社会科学研究中的计量经济学、人口统计、心理学研究、文学研究、社会学研究等。

计算技术上，计算机系统和网络技术的普及应用为数据处理带来深刻影响，主要体现在以下几方面。

1. 统一数据表示标准

采用二进制的 0 和 1 表示并存储各种数据，采用全球统一标准为文字编码等。

2. 解放算法

计算机系统处理能力按照摩尔定律快速增长，可以支持复杂算法在大规模数据量环境下的计算。

3．普及方法

各种数据处理方法被编制成方便使用的通用性软件，如商业化软件 SPSS、SAS、STATA 和 MATLAB 等，使得一般应用人员不必深入了解各种方法的计算过程，通过配置参数就可以得到各种数据分析结果，数据处理方法得到普及。各种数据可视化方式被编制成方便使用的通用性软件，如 Tableau、Power BI、QlikView 和 Grafana 等。

4．覆盖流程

计算机系统和网络技术可以覆盖数据处理各个环节，为数据处理自动化奠定了基础。

5．构建新型系统

以计算机系统和网络技术为代表的信息技术不仅是一种高速计算工具，还可以构建全新的人机数据处理系统。这个新型系统将深刻影响数据处理的资源配置、业务流程和管理方法等诸多方面，从而引发数据处理和管理决策方式的革新。

2.3.6　大数据时代：奠定数据科学基础

21 世纪以来，互联网、物联网技术与应用飞速发展，网络和智能终端设备将人与人、人与物，以及物与物紧密地连接在一起，人类获取的数据呈现爆发式增长。

大数据中的"大"不是单纯的规模上的大（Large），而是一种全面的大（Big），具有典型的 5V 特征，即 Volume（海量数据规模）、Velocity（高速传递且动态激增的数据体系）、Variety（多样异构的数据类型）、Value（潜力大但密度低的数据价值）、Veracity（有噪声影响的真实数据）。

大数据的产生和发展有几个典型的历程。和许多创新型科学技术类似，大数据技术的实践超前于理论。首先是以电子商务、搜索引擎和网络社交媒体等为代表的互联网应用蓬勃兴起，引起科研与学术界有识之士的关注和研究，许多全新见解和思想方法被提出。其次是一些敏锐的商业咨询机构和社会媒体开始跟进，并在全社会进行宣传。再次是引起政府高度重视，政府不断推出相关政策和规划，积极推出各种科技进步、经济发展、管理升级等配套举措。最后是社会开始出现大量人才的需求，高等院校纷纷建立相关学科专业和研究机构，形成新一轮的技术发展热潮。

1．全球与大数据发展有关的典型事件

☞【事件】科学研究第四范式

2007 年 1 月，图灵奖获得者吉姆·格雷（Jim Gray，1944—2007）根据大规模数据在计算机应用中逐步深入的现象总结提出了科学研究第四范式的观点。他认为，人类科学研究活动已经经历了四个进程：以实践观察为特征的实验科学范式；以模型和归纳为特征的理论科学范式；以模拟仿真为特征的计算科学范式；以大规模数据处理为特征的数据密集型科学发现（Data Intensive Scientific Discovery），我们可视其为一种"数据科学"范式。

☞【事件】大数据正从学术研究领域向经济社会迈进

2008 年年末，信息领域三位资深科学家，卡内基梅隆大学的 R.E.Bryant、加利福尼亚大学伯克利分校的 R.H.Katz、华盛顿大学的 E.D.Lazowska，联合发表了非常有影响的白皮书《大型数据计算：商务、科学和社会领域的革命性突破》（"Big Data Computing: Creating Revolutionary Breakthroughs in Commerce，Science and Society"），该文指明大数据正从学术研究领域向经济社会迈进。

☞【事件】业界眼中的大数据发展

2011 年 5 月，商业咨询公司麦肯锡在题为《大数据：创新、竞争和提高生产率的下一个新前沿》（"Big Data: The Next Frontier for Innovation, Competition and Productivity"）的研究报告中指出，数据已经渗透到每一个行业和业务职能中，并逐渐成为重要的生产因素。人们对于海量数据的运用预示着新一波生产率增长和消费者盈余浪潮的到来。

2012 年 8 月，全球技术研究咨询公司高德纳（Gartner）发布了截至 2012 年 7 月的新兴技术成熟度曲线报告。这份定期发布的报告明确给出了具有新特点、高影响力的新技术发展的一般模式。新兴技术成熟度曲线如图 2-4 所示。

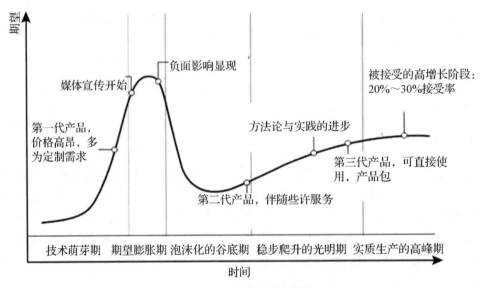

图 2-4　新兴技术成熟度曲线

2012 年年初美国学者维克托·舍恩伯格（Viktor Mayer-Schönberger）出版了充满洞察力的著作《大数据时代：生活、工作、思维的大变革》（*Big Data: a Revolution that Will Transform How We Live, Work, and Think*）。该著作的主要观点是大数据时代已经到来，大数据处理的主要特征：不是基于随机小样本的，而是针对近似总体的；不是基于精确性的，而是针对混杂性的；不是基于因果关系的，而是更多地针对相关关系的。与图 2-4 相对应，图 2-5 显示，2012 年大数据技术即将接近"期望膨胀期"的最高点。

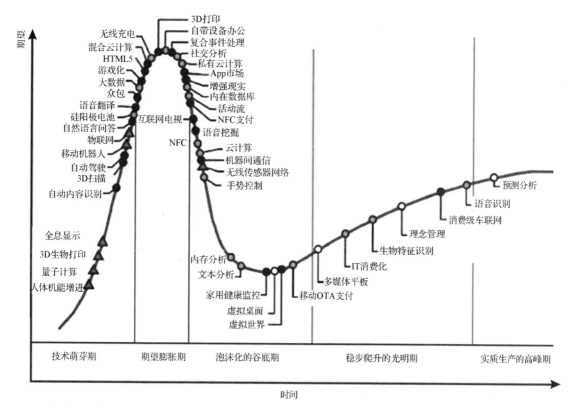

图 2-5　2012 年成熟度曲线中的大数据技术坐标

☞【事件】国家大数据发展战略

2015 年 9 月，我国发布《国务院关于印发促进大数据发展行动纲要的通知》。2016 年 3 月《中华人民共和国国民经济和社会发展第十三个五年规划纲要》发布，该纲要指出，"把大数据作为基础性战略资源，全面实施促进大数据发展行动，加快推动数据资源共享开放和开发应用，助力产业转型升级和社会治理创新。"

从教育方面看，国内高等院校纷纷建立数据科学与大数据技术等相关的学科专业和研究机构。自 2015 年至 2020 年，设立本科数据科学与大数据技术专业的院校共计 693 所。其中，2015 年设立 3 所，2016 年设立 32 所，2017 年设立 250 所，2018 年设立 203 所，2019 年设立 143 所，2020 年设立 62 所。同时国内设置了本科层面大数据管理与应用专业 142 所、人工智能专业 345 所，以及 418 所专科层面的大数据技术与应用专业等，积极培养社会亟须的大数据人才。

同时，国内大型互联网企业，如百度、阿里巴巴、腾讯，银联与大型商业银行、电信运营商，以及国外一些知名企业都相继推出了大数据技术平台、产品和解决方案，以提供大数据创新服务。

2. 全球与数据科学研究有关的重点事件

大数据深刻影响着人们的数据处理思维方式和理论方法，这极大地促进了数据科学的产生与发展。

20 世纪中后期，随着计算机技术和网络技术的兴起，以及计算机数据处理的普及应用，一些学者开始关注数据科学的研究。1974 年，丹麦计算机科学家、图灵奖获得者彼得·诺尔（Peter Naur）在其著作《计算机方法的简明调研》（*Concise Survey of Computer Methods*）的前言中首次明确提出了数据科学的概念，他认为数据科学是"在数据形成后处理数据的科学"。

之后在相当长的一段时间内基于大型数据库的数据挖掘和知识发现技术得到蓬勃发展，成为计算机数据处理的主流应用方向。统计学则比较关注理论与方法研究，虽然在实际数据处理应用方面也取得了一定进展，但由于缺少大量数据与计算工具的直接支持，在实际应用方面相对缺乏突破性进展。随着全球范围的互联网应用的快速发展和大数据技术的兴起，数据科学开始正式进入人们的研究视野。

☞【事件】数据科学的多学科融合

2001 年，美国统计学家威廉·克利夫兰（William S. Cleveland）发表了题为《数据科学：拓展统计学技术领域的行动计划》（"Data Science: an Action Plan for Expanding the Technical Areas of the Field of Statistics"）的计划报告。该计划旨在扩大统计学技术工作的主要领域，使之与计算机科学和当今数据挖掘工作相融合，形成新型的"数据科学"领域。

☞【事件】天体物理学家眼中的数据科学

2009 年 3 月，美国学者科克·博尔内（Kirk D. Borne）等几位天体物理学家提交了一份题为《天文学教育的改革：大众的数据科学》（"The Revolution in Astronomy Education: Data Science for the Masses"）的研究报告。该报告指出，"训练下一代从数据中得到明智的结论对科学、社区、项目、机构、商业、经济的成功都是不可或缺的。对于专家（科学家）和非专业技术人员（其他所有人：大众、教育者、学生、劳动力）都是这样。专家通过比较学习和应用新的数据科学研究来增进我们对宇宙的理解；非专业技术人员作为 21 世纪的劳动力需要具备基础的信息技能，以及在逐渐被数据占领的世界中的终身学习的技能"。该报告从专业领域学科的角度对数据科学的发展提出了建议，展示了数据科学广阔的应用前景。

☞【事件】对数据科学内涵的讨论

（1）2010 年 9 月，美国学者希拉里·梅森（Hilary Mason）和克里斯·维金斯（Chris Wiggins）在《数据科学的一种分类法》（*A Taxonomy of Data Science*）中写道，"有关数据科学家都做些什么，可粗略地按时间顺序来排列，即获得数据、清洗数据、探索数据、建模数据、解读数据等。数据科学很明显是黑客技术、统计学、机器学习、数学知识，以及需要数据分析解读的领域知识的混合。这需要在一个科学环境中进行创造性地决策和开放性地思考"。

（2）2012 年 10 月，美国学者托马斯·达文波特（Thomas H. Davenport）和 D. J. 帕蒂尔（D. J. Patil）在《哈佛商业评论》上发表题为《数据科学家：21 世纪最性感的职业》（"Data Scientist: the Sexiest Job of the 21st Century"）的文章。该文章从广受关注的数据科学家的职业角色和工作内容出发，探讨了一些与数据科学相关的热点问题，诸如，找出丰富的数据源，并与其他数据源（可能是不完整的数据源）连接起来，清理、简化计算结果；数据流动不息，数据科学家能帮助决策者从专门分析转向与数据持续不断的对话；等等。

（3）2013 年，Mattmann C. A. 在《自然》杂志上发表了题为《计算：数据科学的愿景》（"Computing：a Vision for Data Science"）的文章，同期 Dhar V. 在《美国计算机学会通信》（*Communications of the ACM*）上发表了题为《数据科学与预测》（"Data Science and Prediction"）的论文。这两篇文章从计算机科学技术的角度讨论了数据科学的相关内容，将数据科学进一步与计算机科学及其技术专业结合并进行研究。

（4）2017 年，美国自然科学基金委员会设立了"数据科学原理的跨学科研究"（Transdisciplinary Research in Principles of Data Science，TRIPODS）项目，并先后在一些知名大学里建立了 12 所数据科学研究机构。这些机构将各自大学的优势学科作为特色和重点，联合一批优秀学者共同创建了数据科学的整个体系。例如，加州大学伯克利分校 FODA 研究所的子项目"数据科学基础"（Foundations of Data Science），该项目深入探讨了建立数据科学的基础理论，并将该基础理论应用于不同领域的数据科学实践中。又如，麻省理工学院 MIFODS 研究所的跨学科研究课题，该课题的目标是在本校乃至整个学术界促进数学、统计学和计算机科学间的交叉研究和教育互动。

2.4　数据世界：探讨数据科学的对象

从宏观上讲，数据科学的研究对象就是数据世界。随着数据世界概念的引进，从哲学层面上讲，我们面对的世界从自然世界和人类社会的二元系统转变为自然世界、数据世界和人类社会的三元系统，构成世界的基本要素从物质和精神的二元模式转变为物质、数据和精神的三元模式。数据成为连接物质和精神的桥梁，这也是数据具有客观和主观两方面属性的根源。

2.4.1　数据世界和数据科学

数据和由数据构成的数据世界是数据科学的处理对象。在微观上一个数据是数据科学的一个基本元素；在中观上一批数据是数据科学的一个数据集合，可作为某个数据处理应用的研究材料；在宏观上我们所说的大数据是数据科学的总体现象，它构成了数据世界的基础生态。

数据世界是客观现实世界（包括自然世界和人类社会）变化发展的忠实记录者，是客观现实世界的全息映射，构成了一个人类全面了解和深入研究客观现实世界的虚拟空间。更重要的是，在理想状态下这种联系是可以实时在线、镜像对应、双向互动和动态发展的。

数据经过三次里程碑式的迁移形成了三个层面上的数据世界。第一次迁移是数据在现实世界中抽象进化，以文本、图片、声音和影像等数据形式进入数据世界；第二次迁移是数据在数据世界中格式进化，以统一的可高效处理的电子数字化形式进入数字世界；第三次迁移是数据在数字世界中状态进化，从线下静态存储方式进入线上网络空间，处于可实时在线处理的激活状态。因此，数据世界有时也称为数字世界或者网络空间。数据世界、数字世界和网络空间关系图如图 2-6 所示。

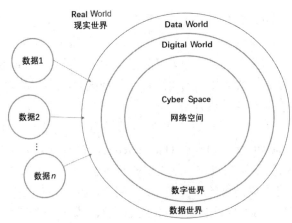

图 2-6　数据世界、数字世界和网络空间关系图

人们可以利用虚拟现实技术（Virtual Reality，VR）和增强现实技术（Augmented Reality，AR）等，观察数据世界的发展变化；可以利用机器人（Robot）技术，在数据世界和客观现实世界穿梭。随着时间、空间和人们认知范围的不断扩大，人类正在进入"人、机、物"三元融合的万物智能互联时代。

数据世界在物理上是由各种数据采集传感器、网络、云计算中心的计算机系统、各类终端设备，以及各种软件等构成的完整体系，人们利用各种信息技术（Information Technology, IT）建造了这个巨大而复杂的系统，所以信息技术是数据科学的支撑技术。数据技术（Data Technology，DT）也称数据处理技术，是数据科学的应用技术，是处理数据的根本方法，在大数据时代背景下它比信息技术更直接、更重要。

2.4.2　数据世界和数字孪生

如上所述，数据世界是客观现实世界变化发展的忠实记录者，是客观现实世界的全息映射，可实现人类对客观现实世界实时在线、镜像对应、双向互动和动态发展的认识和把握，这种状态称为**数据世界与现实世界的"数字孪生"**（Digital Twins）。

从本质上观察，数字孪生技术通过数据驱动和软件定义的方式对现实世界的物理实体及其处理流程进行数字化建模，根据物理实体与数字虚体的映射关系，可以实现虚体仿真和实体创新，进而实现虚实融合，最终服务于现实实体全生命周期中的各种决策。

☞【案例】数字孪生：虚拟新加坡

虚拟新加坡（Virtual Singapore）项目于 2014 年由新加坡国立研究基金会（National Research Foundation，NRF）和 Dassault Systems 联合启动并逐步开发，是数字孪生技术在智慧城市领域中的典型应用。该项目充分利用各种静态数据和实时数据构建了一个动态的三维城市模型和协作数据平台，生成了一个包含语义属性的实景整合 3D 虚拟城市空间。项目覆盖新加坡 718km^2 国土面积、500 万～660 万人口、16 万幢建筑物、5500km 街道，以及主要城市设施（如公交站、路灯、交通信号灯、高架桥）等，可以为不同领域的用户提供可靠高效的服务，并应用于城市能耗、城市与交通规划、水利管理、航空管控、废物处理、社区导航及疾病传播与防控等，可有效解决城市发展中面临的复杂挑战。

数字世界的价值在于，数据资源是可以重复消费的非竞争性资源，对其进行整合后，可以高效配置并全局优化其他资源（土地、人力、技术、资本等）。数字孪生带来的数字化互动是低成本的，利用数字孪生可以快速识别并灵活调整现实世界中的各种运作。正如我们真切感受到的，许多人类生活、生产方面的要素内容甚至相关财富，随着数据的洪流逐步从物理世界迁徙到数据世界。

可以说，**数据科学为我们创建了一个新的世界**，深刻地影响着我们对世界的根本看法，同时必然会创建一些全新的科学理论。

2.5 DIKW 模型：探讨数据科学中的若干基本概念

一门科学的基本理论一般由三部分内容组成：一是基本概念；二是围绕基本概念建立的基本原理；三是由基本概念和基本原理演绎或归纳出来的逻辑结论，即这门科学的本质规律等。

例如，化学的基本理论就是从化学元素的概念开始，再从元素到化合物的概念，然后从无机化合物到有机化合物的概念，从小分子化合物到大分子化合物的概念等，最后建立化学的整个科学知识体系。

因此，厘清数据科学的若干基本概念对明确数据科学的内涵与外延极为必要。

2.5.1 DIKW 模型

数据科学的基本概念体系是构建在对人类认知、数据处理、信息科学、知识工程和人工智能等多个领域的综合研究基础上的，可通过 DIKW（Data，Information，Knowledge，Wisdom）模型来观察。

DIKW 模型认为人类的认知过程是一个数据处理过程，是一个从数据（Data）到信息（Information）到知识（Knowledge）再到智慧（Wisdom）的不断提高升华的形式化过程。涉及数据、信息、知识和智慧四大核心概念，以及它们之间的关系。这些核心概念及其转化关系体现了数据处理的本质规律，奠定了数据科学的理论基础。

DIKW 模型将数据、信息、知识和智慧纳入一个金字塔概念层次架构，如图 2-7 所示。其中数据和信息在第 1 章已做过讨论，为便于进行比较再次将其与其他概念一并罗列如下。

- 数据：记录客观事物的符号集合，是进行数据处理的原始材料。
- 信息：经过加工处理后对决策有价值的数据，信息的本质是不确定性的减少。
- 知识：经过进一步加工处理的、有关联的信息，是人们认识客观世界和精神世界的可验证成果。这些认识成果能够指导人们的决策和实践，初级形态是经验，高级形态是系统性的科学理论。
- 智慧：经过进一步加工处理的、可用于推理和预测的知识，是基于各种知识系统的一种解决问题的能力。这种能力主要体现为对未来总体趋势的预测、符合事物本质的判断与选择，以及可积累的持续性的学习等。

图 2-7　DIKW 模型中的概念关系图

需要说明的是，目前在学术研究领域，对于知识和智慧尚没有统一且公认的定义。从技术角度理解，智慧基本含义为智能，是指通过技术获得智慧的能力；从心理学角度理解，智慧基本含义为心智，是指智力水平或聪慧程度；从哲学角度理解，智慧的基本含义为睿智，即透彻的洞察和深刻的认知，是在一个广阔的视野下对事物间关系的正确理解。这里给出的定义均是结合 DIKW 模型从实际应用角度提出的。可通过以下案例理解数据、信息、知识和智慧的具体含义。

☞【案例】环保主题下的全球升温和气体排放数据与对策

1）数据

长期以来各国政府和相关国际组织一直在对各个国家和世界各地区的环境变化进行监测和研究，并搜集了大量与天气、土地、海洋、自然灾害等相关的基础资料，整理发布了气温、湿度、降水量、大气中各种气体含量、海平面等相关数据。

2）信息

对数据进行初步加工分析得到如图 2-8 所示的信息。由图 2-8 可知，1880—2020 年全球气温始终在升高。

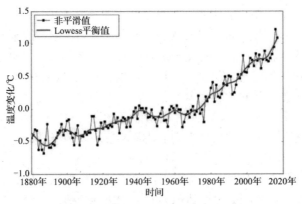

图 2-8　1880—2020 年全球气温变化图

与此同时，地球上出现了病虫害增加、海平面上升、海洋风暴增多、土地沙漠化面积增大等其他严重问题。

3）知识

全球变暖是当今人类社会面临的一个巨大的环境问题。相关研究和关联信息表明，自工业革命以来，人类工业化和现代化活动产生的温室气体排放导致了温室效应，全球气温持续升高，并导致气候异常事件频发。全球变暖与大气中 CO_2 浓度的提高有着密切联系。如图 2-9 所示，1845—2005 年大气中的 CO_2 浓度提高了近 100ppm，地球表面温度提高了约 0.78℃。

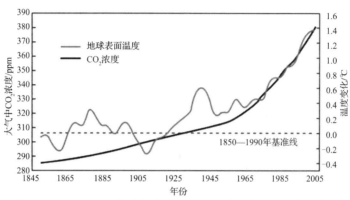

图 2-9　1845—2005 年大气中 CO_2 浓度与地球表面温度变化曲线

4）智慧

研究人员预测，如果地球表面温度按现在的速度继续升高，到 2050 年全球温度将上升 2～4℃，南、北极冰山将大幅度融化，海平面将大幅上升，一些岛屿国家和沿海城市可能会被淹没，其中包括若干著名的国际大城市，如纽约、东京、上海、悉尼等。

为了应对气候变暖给人类经济和社会带来的不利影响，国际社会于 1992 年达成了《联合国气候变化框架公约》，在该公约下于 1997 年签署了《联合国气候变化框架公约的京都议定书》。根据该议定书的规定，未来各国应对包括二氧化碳（CO_2）、甲烷（CH_4）等六大类可导致全球变暖的温室气体进行控制和减排。2015 年 12 月近 200 个缔约方一致同意通过了全球气候变化的新协议《巴黎协定》，目标是在 21 世纪内把全球平均气温升高幅度限制在比工业化前水平高 2℃之内，并寻求将气温升幅限制在 1.5℃之内的措施，同时尽快实现温室气体排放达峰，在 21 世纪下半叶实现温室气体净零排放。

2.5.2　从 DIKW 模型看数据科学

DIKW 模型认为，数据上升到信息、知识和智慧是对内容和认知两个维度的提升，体现了数据处理的一些本质规律。DIKW 概念演化图如图 2-10 所示。

从内容提升维度来看，数据是采集到的来自各个零散部分的原始材料（Gathering of Parts），信息是各个零散部分的数据间形成的关联关系（Connection of Parts），知识是有关联的信息构成的一些整体化规则（Formation of a Whole），智慧是若干知识整体间的接缝（Joining of Wholes）。

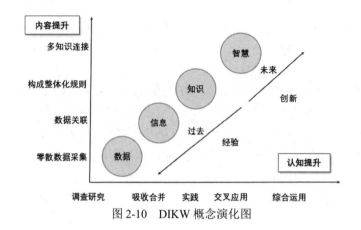

图 2-10　DIKW 概念演化图

从认知提升维度来看，数据是通过调查研究的认知活动得到的（Researching），对数据进行吸收合并的认知活动形成信息（Absorbing），对信息进行实践的认知活动形成知识（Doing），对知识进行交叉运用的认知活动形成智慧（Interacting），智慧作为提炼升华的人类认知可综合运用（Reflecting）在现实世界中。

从时间发展角度来看，DIKW 模型认为数据、信息和知识都是关于过去的经验，而智慧是面向未来的创新。

总之，DIKW 模型提出的核心概念及演化关系对于数据科学知识体系的构建具有重要的启示。它促使我们在数据科学的多个概念层面上进行思考，并围绕核心概念打造这座理论大厦。例如，围绕数据概念建立数据学理论、数据处理方法和大数据理论等，围绕信息概念建立信息论、信息技术和信息系统理论等，围绕知识概念建立知识发现与数据挖掘及知识工程等，围绕智慧概念建立人工智能、机器学习和机器人学，等等。

2.6　维恩图：探讨数据科学的学科交叉性

数据科学的理论基础是数据科学得以成长发展的知识土壤，是支撑数据科学构筑科学大厦的基础。数据科学正处于形成与发展阶段，因此人们希望通过一些直观的方法探索并表示数据科学的学科定位、内容体系。目前对**数据科学的一个基本共识是它是一门交叉性的多门类学科**。数据科学有怎样的学科交叉特点呢？

19 世纪英国数学家约翰·维恩（John Venn）创建的维恩图被广泛用于描述不同类之间的交叉关系和集合运算的基本规律等。这一图形工具是研究人员展示数据科学多学科交叉关系的有效手段。

2.6.1　文献中的数据科学维恩图

2010 年，美国机器学习专家德鲁·康威（Drew Conway）提出了数据科学的维恩图，如图 2-11 所示。

康威认为，数据科学的理论基础主要由三方面的知识构成：一、黑客技术；二、数学与统计学知识；三、领域业务经验。其中，黑客技术和数学与统计学知识的交叉部分为机器学习，数学与统计学知识与领域业务经验的交叉部分为传统研究，黑客技术与领域业务经验的交叉部分为危险领域，三部分的交叉部分是数据科学。

尽管康威提出的维恩图存在一些有待商榷的地方，但它的意义在于使用了一种大家都可以接受的方式讨论数据科学的内容。在这里康威使用了"黑客技术"一词，其更多强调的可能是数据科学需要具备计算机应用与互联网应用的好奇心和探索精神。后续学者们大多用"计算机科学"代替"黑客技术"一词，并提出了多种包括四个圆，甚至更多圆的维恩图。例如，柏林理工学院学者布伦丹·蒂尔尼（Brendan Tierney）提出的以数据处理的多个环节为贯穿线索，以数据处理任务和技术组成的多圆维恩图。又如，悉尼大学华人学者陶大程从数据分析方法角度提出的如图 2-12 所示的维恩图。

图 2-11　康威提出的数据科学维恩图　　　图 2-12　陶大程提出的数据科学维恩图

陶大程认为，数据科学存在于纵横交错的各个领域中，是一门利用数据学习知识从数据中提取有价值的信息，以分析现实现象、挖掘本质和关系的学科。数据科学是数据挖掘、大数据与人工智能结合发展的产物。图 2-12 中的人工智能与机器学习和深度学习的逐层包含关系是学术界比较认可的主流观点。

2020 年图灵奖获得者斯坦福大学计算机科学系学者杰夫里·乌尔曼（Jeffrey Ullman）提出的数据科学维恩图，如图 2-13 所示，更加突出了计算机科学的作用，也代表了一批计算机科学界学者的看法。

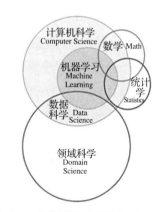

图 2-13　乌尔曼提出的数据科学维恩图

2.6.2　数据科学学科交叉性的总结

学者们提出的各种数据科学维恩图共同表明，数据科学的理论基础主要来源于以下三方面的知识。

一、计算机科学。

计算机软硬件及其他相关的网络工程、电子通信技术、人工智能和信息安全等。

二、数学。

数学可以提供一套形式化的方法，利用此方法可以抽象地研究分析一系列数量变化和空间结构变化等基本问题。数学具有庞杂的分支和众多的研究领域，除代数学、几何学、数论、函数论、数学分析等基础理论外，许多数学分支学科也与数据科学紧密相关，如概率论与数理统计、运筹学优化方法、图论等。

三、领域知识。

领域知识可以包括语言学中的自然语言处理，社会学中的社会网络，心理学、医学与生命科学中的脑科学与神经学等众多方面。一方面，领域知识可以作为数据科学的实际应用环境，形成新的应用知识成果和业务实践经验。另一方面，领域知识对于数据科学的理论方法研究有极大的促进作用，这也是将其标题写为相关"领域知识"而非"领域业务经验"的缘故。

目前，国内外许多高等院校着力建立数据科学的学科专业，并大力培养数据科学人才。从设置数据科学院系的主体来看，基本上来自计算机科学类、数学类，以及数据分析实力相对雄厚的一些相关应用学科，如工商管理、市场营销类学科、生物医学类学科和金融保险类学科等。这从侧面印证和体现了数据科学维恩图描绘的学科交叉和学科分布。

图 2-14 左图为目前较为公认的数据科学维恩图，下文将依托于此对数据科学的学科范畴、学科交叉性等做进一步讨论，并整理成更为清晰简明的数据科学维恩图，如图 2-14 右图所示。

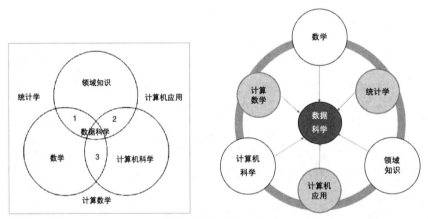

图 2-14　简明的数据科学维恩图

以下对图 2-14 左图中的三个数字做进一步说明。

1）数字 1

图 2-14 左图中的数字 1 为领域知识与数学的交叉区域，可视为统计学范畴。统计学的核心是数据与应用，利用各种数学理论提供了一套面向应用的分析方法，该方法用于具体地处理现实世界中各领域的数据并解决实际问题。其中一些有效的应用知识和理论方法在与计算机科学处理能力结合后成为数据科学的重要内容，如以贝叶斯理论和回归分析方法为基础的各类创新方法和应用等。

2）数字 2

图 2-14 左图中的数字 2 为计算机科学与领域知识的交叉区域，可视为计算机应用范畴。计算机数据处理是计算机应用的重要内容，积累了许多成功应用方法、应用产品和经典工程案例。它与数学和统计学结合形成了知识发现、数据挖掘和人工智能等综合应用，成为数据科学的重要内容，如各种互联网行业应用、计算机智能化应用和计算机可视化应用等。

3）数字 3

图 2-14 左图中的数字 3 为数学与计算机科学的交叉区域，可视为计算数学范畴，涉及计算方法、科学计算、分布式计算等。计算数学重点研究的是数值计算方法，依托计算机提供的强大计算能力，可实现对一些数学问题的快速近似求解。插值法、拟合法和迭代法等许多实用的计算方法，已成为数据科学的重要内容，并在许多应用领域发挥着不可替代的作用。

我们尝试通过维恩图探索数据科学的科学理论板块和知识疆域，从科学哲学角度来讲就是建立数据科学的科学范畴。从数据科学维恩图中可以看到，计算机科学、数学和领域知识是支撑数据科学的理论基石。数据科学从中汲取有益的营养，即数学可提供有效的处理思想和分析方法，计算机科学可提供可靠的存储能力、计算能力、系统支撑、技术工具和算法模型等，领域知识可提供丰富的应用场景、研究课题和特色方法等。

2.7 从数据到模型：探讨数据科学的一般方法

科学的发展离不开科学的方法，科学的方法是推动科学进步的重要手段。人类在长期实践与活动中积累了许多科学研究方法。例如，按认知来源划分的观察法和实验法、假设法与理论法；按抽象思维方式划分的演绎法与归纳法、分析法与综合法；按学科思路划分的物理方法和数学方法等。

在科学的具体实践中，往往采用一系列方法而不是单一方法来进行分析研究。例如，达尔文通过观察法、实验法、分类比较法等提出了生物演化论；牛顿通过演绎法、归纳法、实验法和数学方法等完成了经典力学学说；门捷列夫通过观察法、分类比较法、预言假设法和逻辑分析法等发现了化学元素周期表；等等。

一门科学的一般方法是普遍适用于这门科学并具有一定指导作用的基本方式和手段，它比这门科学的具体方法要高出一个层次。下文对数据科学一般方法进行讨论。

2.7.1 反问题的方法

数据科学一般方法的一个本质特征就是用于反问题模式。

科学观点认为任何事物的发展变化都存在一定的内在自然顺序，如时空顺序、因果顺序等。所谓正问题是按照这种内在自然顺序来研究事物的演化过程和发展规律的，可以理解为从规律推导规律或者从规律推算数据，即因果关系中由因推果的模式。在中小学阶段处理的大多是由因推果的正问题。例如，从公理、定义和定理等推导出其他新定理。又如，在求解一元二次方程问题时，必须给出方程中的系数，以根据掌握的求解条件和求解公式算得方程的解。

反问题是"由果推因"的模式，可以理解为从数据反求规律，也就是根据事物演化的结果从可观测到的现象探求事物本质。因此反问题的方法在生产实践和科学研究中更加普遍。在大学学习和之后的实际工作阶段，面临的更多问题是反问题。例如，在学习回归分析方法时，应根据搜集到的多个变量的数据分析变量间是否存在线性关系或某种非线性关系，然后求出未知方程中的各个参数，并对参数和方程进行评估，最终建立的方程就是反映这个事物本质规律的模型，利用该模型可以对事物发展进行预测等。在人类生产实践和科学研究中类似的应用不胜枚举，如医生根据病人的检测化验结果判断病因并制订诊疗方案，地质工程师根据钻探采样获得的岩石标本推测矿藏的种类和储量，投资经理根据股市行情的波动情况分析股价未来变化走势并确定投资策略，等等。

2.7.2 数据驱动的方法

数据科学面对的数据世界是一个庞大、复杂且动态演化的不确定性系统，采用传统的理论推演、实验观察和计算模拟等研究处理方法很难采集到理论上无偏且无噪声的数据，很难得到确定性的映射关系、可计算的函数模型及明确不变的影响因素，也很难据此计算出精确可靠的各种解。所以应该从根本上建立数据科学的研究与应用方法，从而开创数据科学发展的新局面。

数据驱动的方法是数据科学的重要研究方法。数据驱动就是以数据为核心要素引导完成数据科学研究与应用的全过程。

从系统学角度来说，数据驱动的目标是复杂系统的综合性升级，主要体现在系统外延的扩张、系统内涵的充实、系统内容的改变，以及系统价值和系统效率的提升等方面。事实上，其他传统的目标驱动、问题驱动、流程驱动或经验驱动等业务驱动方法，在系统相对简单明确的条件下，可以更加直接地解决问题。但在当前大数据时代，数据拥有了规模性、高速性、多样性和价值性等新特性。传统研究方法很难全面应对如此复杂的大型系统，因此需要依赖数据驱动不断发现问题、制定目标、解析流程并获得经验与知识，进而更有效可靠地实现复杂系统的升级。

具体来说，数据驱动以数据为核心。首先，需要对研究对象的各种变化进行动态跟踪，持续采集数据并建立趋近总体的大数据体系，从而解决传统研究中数据的系统性偏差、抽样误差、资料不完整等难题；其次，需要对数据进行探索性分析，不断发现研究问题，确定研究方向，获得研究思路。数据是通过定量化方式开展全面精准研究的基础，能够削弱之前研究方法中强调假设、过度简化、能力禀赋依赖等带来的影响。因此从数据出发结合统计分析、机器学习、实时建模及智能处理，可以达成复杂系统升级的目标。

可通过如下案例理解数据驱动的基本含义。

☞【案例】计算机博弈系统

在计算机博弈系统中，传统数据处理方法是通过建立一个专家系统来教计算机下棋。系统开发人员从一个或多个专业棋手的下棋经验和应对思路中提炼出相关规则与知识，开发出相关模型和算法，并将其存储在计算机系统中。在实际对弈时，输入对手的下棋数据，系统根据计算机中的处理规则进行计算，并输出相应的棋步。这种处理方式可表示为

$$输入数据+处理规则=输出数据$$

数据驱动的处理方法是搜集大量对弈棋谱及其胜负结果的数据，让计算机阅读研习这些数据，学会下棋，即由计算机自己产生下棋的处理规则，并根据这些处理规则输出相应的棋步。这种处理方式的核心是基于数据训练机器学习或深度学习的算法模型，可表示为

$$输入数据+算法模型=处理规则+输出数据$$

大数据时代的到来为数据科学的发展提供了重要的契机。数据科学得以突破传统数据采集的局限，突破传统数据分析模型的限制，可以利用海量、多源、全域、实时和交互的数据逼近数据世界的本质规律，并逐步实现数据驱动方法论的革新。

2.7.3　模型化的方法

模型化的方法是通过研究模型揭示原型的形态、特征和本质规律的方法，是现代科学思维的重要方法之一。这里的模型是针对原型而言的，是人们为研究现实世界中的有关问题，对认识对象所做的一种抽象的概括描述。

模型化的方法的基本特点是不直接处理客观现实问题中的具体现象或过程本身，而是设计构造一个与该现象或过程相类似的模型，通过模型来间接地研究该现象和过程。人们根据研究的问题，提出了许多模型分类方法和具体类型。从简明的观点出发，我们将模型分为概念模型、物理模型和数学模型三大类。

1．概念模型

概念模型是指由文字、图示和符号等元素组成的示意图，旨在实现对事物本质规律和过程机理等方面的描述。概念模型的基本特点是直接和简明，通过文字和图示的方式展现概念及概念之间的关系。

例如，在计算机数据库系统设计中普遍采用的实体-关系图，又称 E-R 图（Entity Relationship Diagram），就是一个典型的概念模型。它通过一套表示实体、关系及其属性的图示方法来描述现实世界。E-R 图用矩形框表示实体；用菱形框表示实体之间的关系，线段旁边标注关系的对应类型（一对一 $1:1$、一对多 $1:k$、多对多 $m:n$）；用椭圆形框表示实体或关系的属性，并用线段将其与相应的实体或关系连接起来。数据库系统 E-R 图示意图如图 2-15 所示，该图较好地描述和刻画了实体商店、商品和职工及其关系和属性。

2．物理模型

物理模型是根据相似性仿真原理制成的与真实事物具有一定比例的模型，这个模型在形状、结构和材质等方面与原事物基本相同，可以模拟客观事物的某些功能和性质。

物理模型的基本特点是比较具体和直观。例如，在售楼处可以看到按比例缩小的预售楼盘的物理模型；数字孪生中的虚拟体也是一种数字化的等比例物理模型。1953 年，美国科学家发现了 DNA 分子双螺旋结构，破解了人类遗传信息的构成和传递途径，奠定了分子生物学的基础。我们经常看到的标志性的双螺旋结构就是一个放大的 DNA 分子的物理模型，如图 2-16 所示。

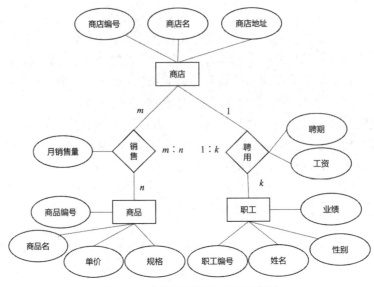

图 2-15　数据库系统 E-R 图示意图

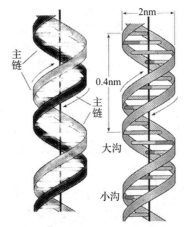

图 2-16　DNA 分子物理模型图

以 DNA 分子物理模型为基础的生物基因测序解析的大数据研究已成为数据科学的一个热点应用领域。

3．数学模型

数学模型是用函数、方程及专用图形或符号等，对处理对象和目标进行规范化描述，并使用数学和数据相关方法刻画其内在联系和本质规律的抽象模型。

数学模型的基本特点是具有抽象性、逻辑性和定量性。数学模型需要有数学方法和相关数据支撑才能有效地建立起来。在采用数学模型解决实际问题时，可以认为观察到的数据都是由某个数学模型产生的。数据处理的主要任务就是找到并应用这个数学模型。

采用数学模型解决某个实际问题，标志着人类在这个领域的研究能力已得到巨大提升，科学知识体系日臻成熟。正如马克思所言，一种科学只有在成功地运用数学时才算真正完善。同时马克思指出，一门学科使用数据和分析数据的程度反映了这门学科的发展程度。

这里所说的数学模型①是一个广义概念，它具有相对丰富的内容和众多的分类。从学科角度来观察，数学模型可以分为应用数学模型、统计学模型、人工智能领域的机器学习模型与深度学习框架，以及源于应用领域学科的一些量化模型。例如，经济学中的投入产出模型、生物学中的遗传算法模型、医学中的影像重建模型、人口学中的生存分析模型等。从模型特征来观察，数学模型可以分为代数模型、几何模型、微分方程模型、规划和优化求解模型、概率模型、图论模型、决策模型等。从模型的函数性质来观察，数学模型可以分为线性模型和非线性模型。

人们通过抽象和概括其掌握的理论、方法及搜集的数据，建立起模型，并通过模型对数据结果进行观察研究和对比分析。进一步，可以继续不断优化完善模型，探索新知识与发现新领域。因此，模型有助于形式化方法向逻辑化和功能化的转化，有助于模拟与类比科学假说的发展，有助于人们更加深刻地认识现实世界。

下面通过一个建立数学模型的案例，来展示研究人员是如何通过对数学模型及其数据的深入研究，发现混沌现象并由此创建混沌理论的。

☞【案例】人口模型、虫口模型与混沌理论

著名人口学家托马斯·罗伯特·马尔萨斯（Thomas Robert Malthas，1766—1834）在分析欧洲和美洲一些地区的人口增长数据后，在其《人口原理》一书中指出，在不控制的条件下，人口每 25 年增长一倍，即按几何级数增长。我们把马尔萨斯的这个观点写成数学公式，将 25 年作为一代，若将第 n 代的人口数记为 x_n，将下一代的人口数记为 x_{n+1}，则马尔萨斯的人口数学模型就是 $x_{n+1}=2x_n$。如果将 x_0 作为起始一代的人口数，那么 x_n 会很快增长，从而引发“人口爆炸”。

生态学研究人员在研究观察了历年某些昆虫数目的变化数据后，建立了与人口模型类似的虫口模型：$x_{n+1}=kx_n$，式中，k 表示某种昆虫的繁殖能力。研究人员发现了类似“人口爆炸”的“虫口爆炸”的情况。由于昆虫总数增长过快会引发资源不足等问题，从而导致下一代昆虫数量减少，因此可对模型进行修正，引入调整机制 $(1-x_n)$。同时，对模型进行无量纲化处理，将昆虫数量取值范围定义在[0,1]区间内，得到非线性的虫口模型：$x_{n+1}=kx_n(1-x_n)$。

可使用 Excel 实现上述数学模型的数据演化和图形展现（文件名：2-1 混沌.xlsx），如图 2-17 所示，图中模型公式与初值为 $x_{n+1}=3.2x_n(1-x_n)$，$k=3.2$，$x_0=0.6$。

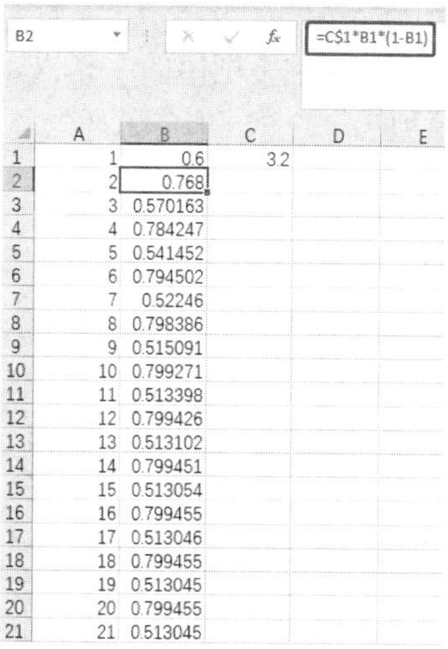
B2 =C$1*B1*(1-B1)

	A	B	C	D	E
1	1	0.6	3.2		
2	2	0.768			
3	3	0.570163			
4	4	0.784247			
5	5	0.541452			
6	6	0.794502			
7	7	0.52246			
8	8	0.798386			
9	9	0.515091			
10	10	0.799271			
11	11	0.513398			
12	12	0.799426			
13	13	0.513102			
14	14	0.799451			
15	15	0.513054			
16	16	0.799455			
17	17	0.513046			
18	18	0.799455			
19	19	0.513045			
20	20	0.799455			
21	21	0.513045			

图 2-17 2-1 混沌.xlsx 文件中的部分数据

① 一些专家学者建议使用“数据模型”这一名称，但该名称容易与计算机中数据库理论中的“数据模型”概念混淆，所以本书采用“数学模型”这一名称。

研究人员对这个模型及数据进行深入观察，当不断改变参数 k 的数值，即不断改变昆虫的繁殖能力，并不断迭代计算 x_{n+1} 时，这个看似简单的数学模型展现出了多种变化效果，如图 2-18 所示。

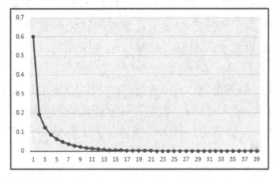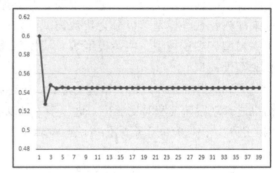

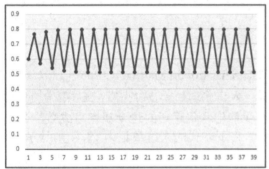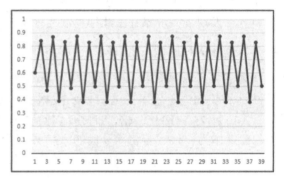

图 2-18   不同 k 值下的虫口变化

图 2-18 左上图中的 $k=0.8$，虫口出现灭绝态；右上图中的 $k=2.2$，虫口出现稳定态；左下图中的 $k=3.2$，虫口出现二周期态；右下图中的 $k=3.5$，虫口出现四周期态。当 $k=3.9$ 时，虫口变化如图 2-19 所示，呈混沌态。

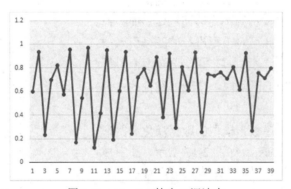

图 2-19 $k=3.9$ 的虫口混沌态

可以利用 Python 编程（文件名：2-2 混沌 K 图.py），通过图形来观察繁殖能力参数 k 与虫口的关系。这里仅给出本示例的 Python 程序。关于 Python 编程的具体内容将在第 6 章讨论，届时可以再回到本章仔细领会以下程序的含义。

```
import matplotlib.pyplot as plt
import numpy as np

k = np.arange(2.5,4,0.0001)
x = 0.6 #初值
N = 600
for i in range(N):
    x = k * x * (1 - x)
    #plt.plot(k,x,",","r",alpha=0.1)
    if i > 500:
        plt.plot(k,x,",","r",alpha=0.1)
plt.show()
```

上述程序绘制的图形如图 2-20 所示。

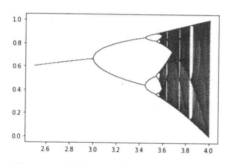

图 2-20　繁殖能力参数 k 与虫口的关系

图 2-20 的横轴为繁殖能力参数 k，取值区间为[2.5,4)，纵轴为繁殖 500 代后的虫口，区间为(0,1)。这里令 $x_0 = 0.6$。

研究人员发现当 k 取值小于 1 或大于 4 时，虫口将逐步减少并走向灭亡；当 k 取值区间为(1,3)时，虫口会趋于一个稳定态；当 k 取值区间为(3,4)时，虫口将处于周期态或混沌态，特别是在混沌态时数据表现出完全随机性的变化，无任何规律可言（可取区间范围内的任意值），如同数据噪声一般。图 2-20 直观地印证了这个结论。

与此同时，人们在许多研究领域发现了各种混沌现象并逐步创立了混沌理论。例如，气象学天气预报的微分方程模型、经济学期货或股票价格的长期变动模型、流体力学的湍流模型，以及自然界几何分形结构等。

混沌理论让我们获得了许多新知识和新方法，使我们进一步思考：某些完全随机变化的现象可能是由规律性本质造成的，不能简单地忽略不计；随机性和规律性不一定是事物外部表象和内部本质的两个互相对立割裂的基本状态，而是事物存在发展的两个连续转换的过程；简单的系统也可以产生复杂的现象，复杂的系统也可能蕴含简单的规律。当现实中存在完全确定性系统和完全随机性系统，存在决定论和概率论迥然不同的科学观时，混沌理论就将这两个长期分裂对立的世界和理论统一起来了。

数学模型并不神秘，它可以复杂而庞大，也可以简单而深刻。

建立数学模型需要具有四个基本要素：算法、算料（数据）、算力和领域知识。

1）算法

在计算机数据处理时代，算法一般是指一种有限、确定、有效并适合用计算机程序来实现的解决问题的方法，是面向应用领域某个特定目标的，基于数据建立起来的一套指令方案。这个定义描述的算法通常是指模型建立过程中使用的算法，也可称为模型算法，如构建决策树模型可以选用的多种算法（如 ID3、C4.5 算法等）。除此之外，还有一种算法是指程序研发过程中使用的算法，称为程序算法，如编写排序程序使用的不同算法（如冒泡法、插入法、堆排序法和桶排序法等）。

2）算料（数据）

算料（数据）是建立模型的材料。如果说一批数据决定了研究问题的疆域，那么模型就会努力发现研究问题的边界和本质。在计算机时代的数据处理中，数据不是散沙式的数据，而是具有一定结构的数据，包括如下结构形式。

- 数据的存储结构，主要涉及数据在文件、数据库、数据仓库、大数据系统中采用的各种外存数据存储方式。
- 数据的计算结构，主要涉及数据在程序算法实现过程中使用的内存数据组织方式，如线性表、栈、队列、数组、树和图等。

在相关程序算法的配合下，这些数据结构可有效提高数据的存取效率和计算处理效率，读者可通过本书后续章节及与数据库理论、数据结构相关的课程进行深入学习。

3）算力

算力即计算力或计算能力，在微观上，是指不同配置的计算机系统在运行相同软件时表现出的处理性能；在宏观上，是指一个组织或地区拥有的计算机系统具有的综合计算处理能力。大数据和人工智能时代，数据量越来越庞大，需要处理的模型越来越复杂。例如，用于自然语言处理的 GPT（Generative Pre-Training）模型，2018 年发布的 GPT-1 约包含 1.17 亿个参数；2019 年发布的 GPT-2 包含的参数超过 15 亿个；最新发布的 GPT-3 包含 1750 亿个参数，其基本训练数据超过 500GB。可见，如果没有强大的算力支撑，就无法建立强大的模型。毫不夸张地说，对于人类信息化社会与数字化经济而言，算力就是生产力。在算力方面，我国近年来始终处于国际顶级水平。IDC 与浪潮集团联合发布的《2020 全球计算力指数评估报告》显示，当前我国在 TOP 500 超级计算机系统中占比接近一半，科学计算基础设施处于全球领先地位。

4）领域知识

利用领域知识可以有效地发现模型研究的问题，确定模型实现的目标，提供数据采集策略和算法实现思路。利用领域知识还可以对建立的模型进行综合评估和逻辑解释，指导模型在应用领域中的实际运作。

需要补充强调的是，数据科学是一门操作性和实践性很强的科学。数据处理的最终目标不仅是通过数据分析建立一个有效的模型，在将数据模型化之后，还需要继续**依靠一系列的技术和工具，将模型算法化、算法代码化、代码软件化、软件产品化、产品平台化、平台运营化，并通过运营逐步实现最优化**。因此必须具有数据工程思维，掌握一定的工程学科方面的知识，如可行性分析、工程设计、项目管理，以及程序设计与开发、数据库与数据仓库、大数据平台、数据可视化技术等，以使数据处理的成果可以切实落地并释放价值，创造效益。

2.8　数据处理流程：探讨数据科学方法论

一门科学的方法论是这门科学运用一定的世界观去认识和改造世界的通用性方法，通常涉及对这门科学主要问题的论述，包括环境、阶段、任务、目标、工具、一般方法和发展趋势等。它通过分析研究和系统概括，最终总结出一套较为根本性的通用原则和解决问题的总体思路。

数据科学是关于数据处理的知识体系，所以数据科学的方法论要围绕数据处理这一主题展开。

2.8.1　传统理念下的数据处理方法论

传统的数据处理受到数据处理水平的限制，由于数据收集能力较弱，所以数据规模较小；由于数据分析方法不足，所以数据分析不够深入；由于数据技术工具较少，所以数据处理效率不高。因此数据处理采用人工手动的方式，包括确定数据处理目标、数据收集与整理、数据分析、撰写数据分析报告等基本环节。传统数据处理方法论基本处理流程如图 2-21 所示。

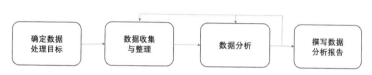

图 2-21　传统数据处理方法论基本处理流程

1．确定数据处理目标

数据处理人员先从实际问题出发，尽量深入地把握发展重点、业务痛点、管理热点和研究难点，了解掌握所需专业知识，确定解决问题的主要任务，明确数据处理的基本目标。

然后根据数据处理目标，梳理数据处理的思路，确定分析问题的角度，建立数据分析的框架，并据此进一步确定收集数据的指标、数量和方法等。

2．数据收集与整理

根据数据收集方法获取数据。这里的数据通常包括实验观察记录、业务部门日常记录、抽样调查（问卷调查）等一手数据，以及统计年鉴或调查报告等二手数据。

根据数据处理目标和数据分析需求，可将数据整理和展现为综合统计指标、表格和图形等形式，从而确保数据质量，即数据的完整性、正确性、一致性和时效性。

3．数据分析

利用可靠的数据分析方法，使用有效的数据分析工具，对数据进行研究分析，探求数据的内在联系和规律。

4．撰写数据分析报告

根据数据分析结果撰写数据分析报告，并将数据分析报告提供给相关人员或相关部门，以辅助决策或应用推广。数据分析报告不仅是数据分析结论的简单呈现，还是对相关研究问题和任务目标的全面总结。一份好的数据分析报告应满足以下要求：首先，客观准确、逻辑清晰和层次分明，以便读者理解；其次，图文并茂，生动形象，以便读者直观感受；最后，有明确的结论和建议，以便读者采纳。

当数据分析结果与预设结果出现小的偏差时，可以重新审视数据、调整分析方法等。如果数据分析结果与预设结果出现较大偏离，就需要重新梳理上述各个环节，甚至可能需要重新进行规划设计。

在数据积累日趋庞杂、数据分析方法日趋复杂、数据处理工作日趋烦琐的情况下，为保证数据处理的成功实施，1977 年美国学者约翰·维尔德·图基（John Wilder Tukey）提出了**探索式数据分析**（Exploratory Data Analysis，EDA）。

探索式数据分析的基本思想是，在初步确定数据处理方向后，对收集到的大量杂乱的数据在尽量减少先验假设的前提下进行探索式处理。通过作图、制表、计算描述统计量、方程拟合等方式，发现数据中的问题，进而明确提出数据分析的目标和框架，然后开展全面深入的数据分析工作。探索式数据分析特别扩充强化了数据整理工作，它将单纯的数据整理演变为对数据的整理加初步探索分析。探索式数据处理方法论示意图如图 2-22 所示。

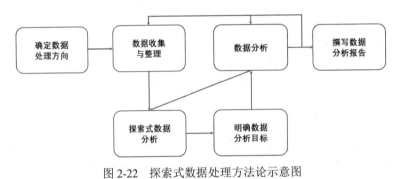

图 2-22　探索式数据处理方法论示意图

2.8.2　计算机时代的数据处理方法论

20 世纪中期以来计算机技术得到革命性的突破与发展，数据处理成为计算机应用中最广泛和最重要的领域之一。数据技术与工具的创新不仅极大地提高了数据处理的存取效率和计算速度，扩大了数据处理的数据规模，丰富了数据分析的技术方法，拓展了数据处理的应用领域等，还让数据处理方法论焕然一新。本节以 CRISP-DM（Cross-Industry Standard Process for Data Mining，跨行业数据挖掘标准流程）方法论为例进行讨论。

20 世纪 90 年代后期，在欧盟委员会的大力支持下数据分析软件厂商 SPSS 公司、信息技术咨询和数据仓库厂商 NCR 公司及作为典型应用客户的戴姆勒-克莱斯勒汽车公司共同成立了一个研究小组，他们希望在当时领先的计算机数据挖掘技术的基础上，制定一套可以被广泛接受的、独立于任何供应商的软件和数据技术产品的通用的标准化数据处理规范。1999 年研究小组正式提交了 CRISP-DM。该流程将数据处理分为六个主要环节：商业理解、数据理解、数据准备、建模、评估、部署。CRISP-DM 流程图如图 2-23 所示。

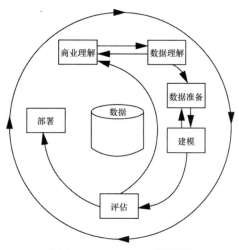

图 2-23　CRISP-DM 流程图

在 CRISP-DM 中，数据位于数据处理的核心位置，一切数据处理只有围绕数据才能有效开展。如图 2-23 所示，各处理环节之间的箭头表示处理过程的基本走向，在理想情况下，按照顺时针方向依次顺序经历六个处理环节；在出现一些意外问题时，可以回溯到前面的某个环节；外圆强调的是，数据处理是一个不断迭代升级的闭环系统。当商业环境、数据内容和部署模型等要素发生较大变化时，应该适时地启动开展下一轮数据处理工作。

1．商业理解

CRISP-DM 没有将数据处理方法论局限在一个科学研究的课题上，而是拓展到一个商业项目的成功开发上。商业理解的基本任务：确定商业目标，发现影响商业目标的主要因素，从可量化的商业角度描述客户的需求；评估商业环境，发现相关的商业资源、成本和收益、约束条件、可行性及风险等；制定项目计划，初步评估项目技术目标和方案，形成一致的术语标准等。

2．数据理解

数据理解第一步是收集数据，利用各种方法获得与目标相关的数据；第二步是描述数据，对数据的总体情况进行刻画，包括数据量、数据类型和数据质量等；第三步是探索数据，通过简明有效的计算分析，形成对数据的初步理解，发现数据中有特征的数据子集，进而提出一些数据分析的初步假设或构想；第四步是对数据质量和数据成本进行评估，由于扩大数据规模和提高数据质量等工作需要增大人力、时间和财力投入，因此需要妥善确定数据质量和数据成本的平衡关系。

3．数据准备

数据准备环节需要将杂乱粗糙的数据打造成可为建模工具所处理的数据集。数据准备中的各项工作可能需要反复实施。数据准备工作主要包括：筛选数据，根据商业目标、业务需求、数据质量和技术约束等要求选择相关数据；清洗数据，对数据进行细致梳理，以满足数据的完整性、正确性、一致性和时效性的质量要求；构造数据，生成衍生变量；集成数据，将各种来源的数据整合；格式化数据，根据建模工具的要求对数据进行格式化转换。

4. 建模

建模环节：首先，根据问题确定具有适用性的多个备用模型；其次，进行测试设计，通常需将数据集分为训练数据、验证数据和测试数据等；最后，建立模型，求解模型参数，并依据可靠、简约、可解释性高等原则选择模型。

5. 评估

建立的模型是不是一个好模型可以从以下方面进行评估。首先，从商业目标方面考察，模型的结果是否符合业务实际情况，是否满足商业理解环节中的预期目标；其次，从模型可解释性方面考察，模型能否正确解释相关业务问题和研究问题；再次，从模型结果方面考察，所得结果是否忽视或遗漏了重要结论；从模型应用风险方面考察，模型应用中可能出现的极端情况和意外情况等；最后，从模型部署条件方面考察，模型应用的预计成本和收益、可升级扩展的能力及其约束等。

6. 部署

部署就是将建立的模型及相关成果交付给客户并投入实际使用的过程。部署环节的首要任务是成果交付。根据初始需求不同，交付的内容可以是一份包括研究过程中的数据、模型及其结论的数据分析报告，也可以是在商业组织中实际运行的相对复杂的模型系统。部署环节的其他任务包括：完成项目报告、制定项目运维计划、监测模型系统实际运行效果并及时反馈，为迭代升级做好准备。

人们通常认为上述六个环节中的建模环节应该是技术含量最高，投入的时间和精力最多的环节，实际上，研发人员的大量时间是花费在数据准备环节中的。其原因是数据质量是保证模型可靠性和项目最后成功的基础。此外，CRISP-DM 的商务理解环节也是非常重要的，该环节决定了项目研发的整体方向。项目的出发点如果有问题，最后的结论可能会"谬之千里"。

2016 年一项对数据科学家的调查发现，数据科学项目主要任务时间分布是收集数据占19%，清理和组织数据占 60%，构建训练数据占 3%，建立数据挖掘模型占 9%，算法调优占4%，执行其他任务占5%。其中，79%的时间用于前期数据准备，这和业界流行的数据处理观点"80%应对数据，20%应对模型"的二八原则是相互印证的。

2.8.3 大数据时代的数据处理方法论

21 世纪大数据时代已然降临。如前所述，大数据时代是数字化技术与大量应用交互推动的必然结果。面对爆发式增长的数据规模，人们逐渐认识到这是一场革命性的变化。对于政府、企业、科研机构和个人来说，任何决策将不再简单地基于经验和直觉，而将日益基于数据和量化分析。

大数据时代的数据处理仍然是建立在计算机系统等信息技术基础上的，与计算机时代的数据处理有许多相同或相通之处，同时呈现出一些重要的新特点。

1．提升数据存取能力

数据的核心地位不会改变，但在大数据时代数据的存储和提取成为一个更关键的问题。为进一步提高数据存取效率，数据存储技术正在从传统的数据库和数据仓库系统向具有并行处理能力的大数据存储系统演化。数据处理不再简单地以一个项目一个项目的形式轮番实施，而倾向于在一个数字化的大数据集成环境中积累地持续发展。

2．提升输出内涵

在保持传统和经典数据分析方法有效性的前提下，充分利用人工智能、机器学习和深度学习等新方法，将数据处理的输出内涵由信息和知识层面提升到更高的智能层面。

3．提升在线处理能力

以 CRISP-DM 为代表的计算机时代的数据处理方法论是一个以业务离线为基本形式的人机交互的数据处理系统，大数据时代的数据处理则希望打造大数据流处理平台和大数据处理中台等综合系统，实现全流程在线的自动化处理方式。

4．提升可视化能力

大规模数据及其复杂数据关系的可视化已成为大数据处理的一项关键能力。它不仅在输出数据处理结果时有重大作用，在数据准备、数据分析和模型评估等环节也会发挥重要作用。

5．提升安全与伦理意识

在大数据时代，数据作为与土地、人力、技术、资本相提并论的第五生产要素，从原始资料上升为有效的资源和可靠的资产，将对国家安全、科研机密、商业竞争和个人隐私等产生深远影响。

据此，将大数据时代的数据处理方法论以如图 2-24 所示的形式展示。

由图 2-24 可知，大数据时代数据处理包括数据采集、数据存储与管理、数据预处理、数据分析、数据可视化、评估应用等环节，且整个处理过程应在数据安全与伦理的规范约束下实现。具体内容将在后续章节深入探讨。

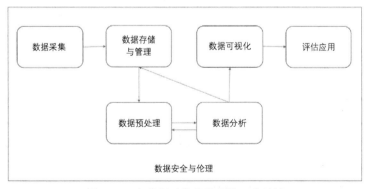

图 2-24　大数据时代的数据处理方法论

2.9 三维视角：总览数据科学

数据科学正处在探索与建立进程中，后续还将有更多新鲜元素不断被纳入数据科学。从理论方法、处理流程和应用领域三个维度立体总览数据科学，对于希望不断成长的学习者来讲是尤为重要的。同时，本节是对前面章节内容的概括总结和对数据科学未来的展望。

2.9.1 从三维视角看数据科学

从理论方法、处理流程和应用领域三个维度立体总览数据科学，具体如图 2-25 所示。

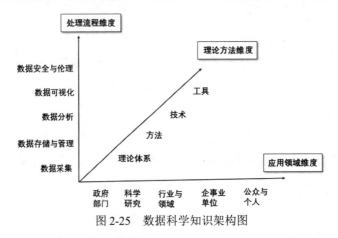

图 2-25 数据科学知识架构图

这里，列举两个场景帮助大家理解图 2-25 的含义。

场景一：某企业研发团队开发制作了一款网络爬虫软件产品。

该场景对应的三维坐标依次为应用领域维度的"企事业单位"，处理流程维度的"数据采集"，理论方法维度的"工具"。

场景二：若干学者提出了神经网络的分析方法。

该场景对应的三维坐标依次为应用领域维度的"科学研究"，处理流程维度的"数据分析"，理论方法维度的"理论体系"和"方法"。

可见，丰富多彩和不断发展的数据科学的内涵和外延可以被囊括在理论方法、处理流程和应用领域三个维度组成的框架内。下文将对三个维度进行进一步讨论。

2.9.2 理论方法维度

从理论方法维度观察数据科学主要包括**数据科学的理论体系、方法、技术、工具等**。

理论体系是以数据科学的基础理论、应用理论和发展史为主体构成的。前文所述的数据科学发展史是对数据科学发展过程与发展规律的历史和经验的总结，在此基础上进行概括和抽象便可形成数据科学的基础理论。以基础理论为指导在各个应用领域开展数据科学的实践活动，并进行理论化地提炼就可形成数据科学的应用理论，同时这些应用的成果和案例又将成为数据科学发展史中的一页。

另外，数据科学具有交叉学科的特征，它将数学与统计学、计算机科学和应用领域等学科的知识作为自身发展的有力理论基础。在这些理论基础的共同作用下，数据科学进一步建立自身的数据学、数据方法学、数据技术学和数据工具学等基础理论。

这里，我们对理论方法维度中的"技术"和"工具"进行适当展开。

技术和工具是数据科学产生和发展的内在动力。工具是技术的表现形式和实现载体，一般有实物化的器具（如个人计算机）和可供使用的事物（如一门外语）之分；技术可以创造工具并操作工具，工具可以实现技术并发扬技术。在数据科学范畴内，通常不严格区分两者，而将其统称技术。

技术作为人类的创造成果或创造性活动具有自然和社会双重属性。所以技术既是人类社会不断发展的产物，也是人类社会不断进步的重要驱动力。人类在经历了农业社会、工业社会和信息社会三个主要阶段后正在向智能化社会迈进。

在农业社会中劳动输出基本依靠人力和部分畜力实现，劳动产出基本依赖人口和牲畜的规模，以及土地、水源和日照等自然资源的获取。由于生活在相对封闭的、自给自足的经济关系中，所以技术发展比较迟滞，信息交流需求较低。比较有代表性的是，金属冶炼技术在漫长的农耕时代中缓慢进化，并逐步改进农业社会的农耕生产工具、军事装备和居民生活条件等。

人类能源开发技术的进步推动了工业社会的繁荣发展。从使用煤炭能源的蒸汽机，到使用石油能源的内燃机，再到电气时代的电动机和发电机等，人类成功实现了大规模煤炭挖掘、石油开采、炸药应用、电力传输网络，并对原子能及绿色能源（如风能、潮汐能和太阳能等）进行研发，这使得大机器生产成为可能，机器动力超越了人力。与此同时，大范围的分工协作、自动化控制、信息交流等需求不断产生，促进了信息化社会的到来。

人类的实践一再证明，新技术的产生本质上与数据的处理、信息的获取、知识的运用和智慧的创造密不可分。因此，信息社会已从以农畜与物质生产、能源与机器生产为主逐步转向以数据、信息与知识的生产开发为主。技术实现了从物质转换、能量转换到数据转换的升级。计算机技术促进了数据处理的革新，互联网技术与物联网技术实现了数据全球化采集与传播，大数据和人工智能技术使得人们的知识生产能力得到跨越式提高。

数据科学主要与**信息技术、数据技术和数字技术**密切相关。一般概念上，信息技术是以计算机信息系统为基础的硬件技术、软件技术和网络技术的总称；数据技术是以数据处理为目标的数据采集、数据存储与管理、数据分析、数据可视化、数据安全和数据应用技术的总称；数字技术是以二进制数字表示为核心的各种技术的总称，所以当今信息技术和数据技术属于数字技术的总体范畴。

目前，人们常用 ABCD+5G 代表主流数字技术，其中，A 是人工智能技术，B 是区块链技术，C 是云计算技术，D 是大数据技术，5G 是移动网络技术等。主流数字技术的互相融合、互相促进形成了技术系列化、工具平台化、运营管理网络化、软件快速迭代化和应用智能化的整体发展态势。因此对于数据科学而言，如果说巨大的市场需求是其不断发展的外部力量，那么技术创新就是推动数据科学不断前进的内在动力。

2.9.3　处理流程维度

从处理流程维度观察数据科学主要包括数据科学的数据采集、数据存储与管理、数据分析、数据可视化和数据安全与伦理等。正如前文所述，处理流程是对数据处理一般方法的规律性体现，对数据科学的应用实践及其理论研究具有普遍性的指导作用，可以体现出数据科学具有的工程性等特征。

据此，可进一步建立覆盖数据科学处理全流程的数据采集学、数据存储与管理学、数据分析学、数据可视化学、数据安全与伦理学及数据工程学等方法学说。后续本书主体内容也是依照这个处理流程展开的。

2.9.4　应用领域维度

从应用领域维度观察数据科学主要包括数据科学在政府部门、科学研究、行业与领域、企事业单位、公众与个人等方面的应用。数据科学应用是数据科学的理论方法与领域知识互相结合的应用成果和经验总结，既体现出数据科学普遍应用的共性，又体现出不同应用领域的实践特色。

例如，从科学研究的分支学科出发，可以建立数据天文学、数据生物学、数据医学、数据金融学、数据经济学和数据新闻学等；从行业与领域的应用出发，可以分别建立工业、农业和商业等行业数据科学应用，以及涉及领域范畴的图像识别应用、语音识别应用和自然语言处理应用等。

了解过去才能理解现在，理解现在才能把握未来。当代统计学家克拉默·劳（Cramer Rao）在《统计与真理》一书中曾经指出，"在终极的分析中，一切知识都是历史；在抽象的意义下，一切科学都是数学；在理性的世界里，所有的判断都是统计"。在大数据与人工智能发展的历史机遇和科学挑战面前，我们需要汲取并汇集人类社会的历史经验、科学知识和理性分析的成果，共同创造"数据科学"的美好未来。

第 3 章

数据科学中的计算机基础

计算机全称是数字式电子计算机系统，是采用数字技术和电子技术研制的计算机系统，不同于早期的机械式计算机或机电式计算机。无论从对人类社会经济的推动力来看，还是从对人类日常工作、学习和生活的影响力来看，计算机都可以称为伟大的发明。

计算机科学（Computer Science，CS）**是利用计算机及其相关技术，系统性研究计算、算法及数据与信息的知识体系**，具体包括计算机科学的理论和方法、技术与工具，以及工程与应用等内容。近年来一些国际学术组织和专家学者建议进一步扩充计算机科学的内涵和外延，构建计算科学。

计算科学、理论科学、实验科学和数据科学成为支撑科学发展的四大支柱。其中，计算科学包含的具体内容有数学基础与计算理论，程序设计语言与算法设计，计算系统，通信与网络，数据管理与信息系统，信息与网络空间安全，电子器件与硬件工程，软件开发与软件工程，人工智能与智能系统，图形、多媒体与可视化，商务信息技术，交叉领域与前沿问题，等等。

本章将从应用角度出发，以一种比较简明的方式，介绍数据科学必要的计算机科学基础知识。如果读者对计算机系统的相关知识比较熟悉，那么可以跳过本章。

3.1　计算机系统概述

计算机（Computer）本质上是一种电子机器系统，又称电子计算机。现代计算机之父冯·诺伊曼（John von Neumann，1903—1957）在研究早期计算机和埃尼亚克系统成果和问题的基础上提出了通用计算机系统的基本系统架构和工作原理，即**计算机系统由硬件和软件组成。硬件由五个基本部分组成（运算器、控制器、存储器、输入设备和输出设备），技术上由电子元件和电子电路构成。计算机系统利用二进制数字 0 和 1 进行信号处理和数据存储，用存储程序代替单指令输入操作。**软件是人们编制的指挥计算机工作的各种程序及相关资源的总称。

现实生活中人们接触到的电子机器越来越多，而计算机与其他种类电子机器的根本区别在于：计算机可以自动、连续、高速和稳定地运行，具有巨大的数据存储能力，具有数学计算和逻辑比较能力，可以按照人们编写的程序工作，可以通过网络协同工作。

下文将从计算机的发展和种类两大方面对计算机系统进行简要概述。

3.1.1　计算机的发展

一般公认最早的计算机是诞生于 1946 年美国宾夕法尼亚大学的埃尼亚克（ENIAC），这个占地 170 平方米质量超过 30 吨的笨重机器，每秒可以执行 5000 次加法运算或 400 次乘法运算，比当时最快的计算工具还快 1000 倍。埃尼亚克最早应用于炮弹飞行轨迹的精确度计算，它可将一条弹道飞行的计算时间由 7～20 小时缩短至 30 秒。

计算机技术在短短的半个多世纪的历程中以突飞猛进的速度发展。

计算机在硬件方面主要经历了电子管、晶体管、集成电路、大规模集成电路和超大规模集成电路的发展。在这个发展过程中，计算机体积越来越小、运算速度越来越快、信息存储量越来越大、成本造价越来越低。未来的计算机硬件技术将不断融合网络通信技术、量子技术、新材料技术和光学技术等最新成果。

计算机在软件编制方面主要经历了计算机机器语言、汇编语言、高级语言和面向对象语言的发展。在这个发展过程中，计算机软件种类越来越丰富、功能越来越强大、应用范围越来越广泛、操作使用越来越方便。未来的计算机软件技术将不断融合网络应用技术、行业应用技术、智能技术、人性化处理技术等最新成果。

3.1.2　计算机的种类

根据计算机硬件规模可将计算机分为不同的型号，主要有巨型计算机、大中型计算机、小型计算机、工作站、微型计算机，以及计算机集群。

其中，微型计算机又称个人计算机（Personal Computer，PC），它进一步可细分为台式机、笔记本机、掌上型微机等。假如计算机系统沿着大型化的垂直方向升级发展，在一台主机中利用新技术和新产品不断增强处理器，不断增加内存和外存等，固然能够逐步提高性能，但开发成本、拥有成本和运维成本也将提高。计算机集群是一种水平方向扩展策略，通过增加多个中低端服务器来提升计算机系统的整体性能和可靠性，在当前大规模数据处理应用中占据主导地位。

因此，**计算机集群**（Computer Cluster）是通过网络将一组计算机系统连接起来，共同协作完成任务的计算机集成系统。在逻辑上，一般可以将计算机集群视为一台计算机系统，系统中的单个计算机通常称为一个节点，节点可以通过局域网本地连接，也可以通过高速网络异地连接。计算机集群可以低成本地集成成千上万的中低端计算机服务器等系统，充分利用并行处理和分布式处理技术，能够有效地实现高性能、高可用性、灵活可扩充性及系统负载均衡的应用目标。

如果说望远镜和显微镜是人类视力的扩展，声呐和雷达是人类听力的扩展，各种机械设备是人类体力的扩展，那么从某种意义可以说计算机系统是人类脑力的扩展，是人类智慧的放大器，人们通俗地将计算机称为电脑不尽科学。

3.2　计算机硬件

计算机系统由硬件和软件组成，本节将简要介绍计算机硬件的组成，以及计算机硬件的基本工作原理。

3.2.1　计算机硬件的组成

计算机硬件（Hardware）是构成计算机系统的电子元件、电子电路及物理设备系统，是计算机工作的物质基础。本节以台式微型计算机为例，逐层分析计算机硬件的基本构成。

我们在面对一套微型计算机系统时，看到的是显示器、主机箱、键盘、鼠标、打印机、音箱和其他计算机外部设备。其中，核心部分是主机箱。打开主机箱可以看到主板、硬盘、USB接口、电源及各种有形线路。主板是计算机系统的关键部件，各种设备通过有形线路和主板上的集成电路有序连接成有机的整体。

主板由中央处理器（Central Process Unit，CPU）、图形处理器（Graphics Processing Unit，GPU）、内存条、各种插卡、各种芯片组、各种设备接口和集成电路等组成。其中，CPU 是计算机进行各种运算处理和控制管理的核心元件，由运算器、控制器、寄存器和缓存等构成。一套微型计算机系统可以设置多个 CPU，CPU 又可分为单核和多核两类。单核 CPU 只包含一组处理单元；多核 CPU 包含多组处理单元，能够支持计算机系统同时处理多个任务，提高计算机系统的并行处理能力。

计算机硬件中应重点关注的是**计算机芯片**。人们熟知的 CPU、GPU 和 NPU（Neural-Network Process Units，神经网络处理器）等统称为计算机芯片，是提供计算机算力的核心部件。芯片技术于 1947 年由美国贝尔实验室发明研制，是将二极管、三极管、电阻和电容等电子元件连接起来的集成电路系统。电子元件小到只有几个原子或分子的纳米制式水平。在芯片材料方面，高纯度硅的纯度小数位通常需达到 11 至 13 个 9。

现代芯片制造极为复杂，需要 1000 多道生产工艺。在芯片设计生产制造过程中会依赖芯片光刻机及 EDA（Electronics Design Automation，电子设计自动化）芯片设计辅助软件系统等。芯片光刻机实际上应称作高精度集成电路投影仪，它将集成电路设计图投影到晶圆表面的光刻胶上，并进行曝光和刻蚀等处理。EDA 芯片设计辅助软件系统在芯片设计过程中起决定性作用，芯片的功能和电子元件的集成度都取决于 EDA 芯片设计辅助软件系统的设计能力。目前我国在专业尖端芯片研制上已具备较高水平，但在大规模低成本的商业化芯片生产方面仍面临一些挑战和机遇。计算机算力的进一步提升目前也面临着量子计算、光计算与生物计算的代际技术冲击。

计算机硬件涉及计算机电子电路和微电子学等众多相关专业知识，对于普通的计算机应用者来说，了解以上内容即可。

3.2.2　计算机硬件的工作原理

为清晰说明计算机硬件的工作原理，先对**内存**与**外存**概念进行介绍。

1．内存和外存

内存的全称是计算机内部存储器，用于临时存储各种程序和数据等。当计算机关闭或者重新启动时，内存中的全部内容将被清空。对于普通的计算机应用者来说，内存一般内置而不可见。

外存的全称是计算机外部存储器，用于永久存储各种程序和数据等。当计算机关闭或者重新启动时，外存中的内容将被保存。硬盘、光盘和优盘等是外存的主要介质。硬盘放置在主机箱的内部，可能会被误认为是内存，但内存和外存不是根据位置划分的，而是根据用途划分的。

无论内存还是外存都涉及存储量的概念。存储量是反映内存和外存存储能力的基本指标，也是影响计算机性能的重要指标之一。度量存储量的基本单位是字节（Byte），由 8 位二进制数组成。1 个字节可以存储 1 个英文字母或 1 个阿拉伯数字。

存储量有多个计量单位，它们的换算关系为 1KB=1024B（Byte）、1MB=1024KB、1GB=1024MB、1TB=1024GB、1PB=1024TB、1EB=1024PB、1ZB=1024EB 等。

例如，互联网数据中心（Internet Data Center，IDC）指出，2020 年我国数据量达到 8060EB，约占全球数据总量的 18%；2025 年全球数据总量将达到 175ZB。

2．计算机硬件的一般工作原理

对于普通的计算机应用者，计算机硬件的一般工作原理可大致归纳为以下四步。

第一步，计算机正常启动后，操作系统软件将自动加载到内存开始运行。

用户通常使用键盘输入程序或数据等。在输入过程中，用户可以在显示器上看到输入的内容。实际上这些内容是直接输入到内存中的，而不是输入到显示器中的。显示器没有存储能力，它只是根据内存中操作系统的规定及时显示内存中的有关信息，以便人们判断输入内容或者输出结果是否正确。

第二步，将内存中的程序或数据等提交给 CPU 处理。

CPU 只能处理内存中的内容，不能直接处理外存中的内容。现在先进的计算机系统在 CPU 的基础上，进一步增强了 GPU 的功能，并结合人工智能的发展增加了 NPU，满足了并行计算和密集计算的需求，可用于处理图像和视频等海量多媒体数据。

第三步，将内存中的程序或数据保存到硬盘或 U 盘等外存中，以便长期保存或者下次使用。以免在关闭主机后，内存被清空，造成信息丢失。

第四步，用户再次打开保存在外存中的信息文件，也就是将信息重新从外存调入内存，可以继续编辑，也可以提交给 CPU 处理，如此循环往复。

需要说明的是，一般将数据从外存输入内存的速度比 CPU 存取内存中的数据的速度慢很多，在大规模数据处理时很容易形成瓶颈。由于内存与外存的容量差异，内存可能无法容纳外存中的数据，这为之后的内存式处理技术和分布式技术等提出了进一步需求。

3.3　计算机软件

计算机硬件不可能脱离软件独自工作，如果将硬件比喻为计算机系统的身体，那么软件就是计算机系统的思想。

计算机软件（Software）**是人们编写的指挥计算机工作的各种程序及相关资源的总称。一个程序就是由计算机处理命令组成的工作步骤的序列。**

软件根据不同用途，一般可以分为**系统软件和应用软件**两大类。系统软件主要由操作系统软件、计算机语言软件、数据库管理系统软件，以及一些维护计算机系统正常运作的软件（如计算机测试与诊断软件、反病毒软件等工具软件）组成。应用软件是使用计算机语言编写的解决特定应用问题的各种软件的总称。

本节仅简要说明系统软件涉及的操作系统、计算机语言及应用软件，与数据库管理系统相关的知识将在第 8 章进行全面阐述。

3.3.1　操作系统

人们经常将系统软件中的操作系统软件简称为操作系统（Operating System，OS）。**操作系统是一种管理和操作计算机硬件、网络和其他软件的软件**，其功能如下。

- 便于用户管理和操作各种硬件和网络。
- 便于用户管理和操作各种软件。

大家可以通过 Windows 操作系统中的"控制面板"和"资源管理器"体会上述两个功能。

操作系统可以看作计算机系统的指挥控制中心和资源管理中心。计算机离开了操作系统就无法运行，因此计算机系统在启动时会自动将操作系统从外存调入内存。许多人望文生义，误将操作系统归属到硬件的范畴。

1．主流的操作系统

主流操作系统一般可分为单任务操作系统和多任务操作系统，以及单用户操作系统和多用户操作系统。单任务操作系统只允许一台计算机在同一时刻运行一个软件，当需要运行其他软件时，需要退出正在运行的软件；多任务操作系统允许一台计算机在同一时刻运行多个软件。例如，使用 Windows 操作系统可在用浏览器软件下载文件的同时使用 Excel 软件进行数据分析。多任务操作系统使用的技术是将 CPU 的处理时间分成足够小的时间段，再分配给多个程序。由于计算机运算速度很快，所以人们感觉计算机在"同时"运行多个软件，执行多个任务。多任务操作系统极大地提高了计算机硬件资源的使用效率。

单用户操作系统只允许一台计算机服务于一个用户，当其他用户要使用这台计算机时，前一个用户必须离开，单个用户独占计算机的全部资源。多用户操作系统允许一台计算机在同一时刻被多个用户使用。一般多个用户通过网络来共享一台计算机的资源。例如，有众多网友同时浏览一台计算机上的网页内容。多用户操作系统一般也是通过 CPU 分时技术等为多个用户"同时"提供网络服务的，所以多用户操作系统也是一种支持网络管理与网络服务的网络操作系统。

早期引领微软公司快速崛起的磁盘操作系统（Disk Operating System，DOS）就是一种单任务单用户操作系统；令微软公司走向辉煌的窗口操作系统（Windows）和苹果公司的 macOS 属于多任务单用户操作系统；Windows 服务器系列、Linux 和 UNIX 等属于多任务和多用户操作系统。Android 和 iOS 是目前智能手机的主流操作系统。

其中，Linux 是一款开源的操作系统，主要由 UNIX 系统简化而来，支持多用户、多任务、多线程和多 CPU 的应用环境，适用于个人计算机、嵌入式系统、网络服务器和计算机集群系统。Linux 有很多社区开发版本和商业版本，被广泛应用，如 CentOS、Ubuntu、RHEL 和 Debian 等。

Linux 操作系统主要由内核、Shell、文件系统和用户应用程序四大部分构成。

- 内核：Linux 操作系统的核心，管理整个系统的各种资源，功能上包括系统调用、内存管理、进程管理、设备驱动程序和网络管理等，决定了系统的性能。
- Shell：Linux 操作系统的用户界面，提供了用户与内核进行人机交互操作的一种接口，采用了命令行解释执行的方式。
- 文件系统：Linux 操作系统在磁盘等设备上存储程序和数据的基本组织方法。Linux 操作系统支持多种主流文件系统的存取，如 EXT 系列、FAT、FAT32、VFAT、HPFS 和 ISO-9660 等。文件系统设定了文件的逻辑结构和物理结构，用户只需按名字调用文件，无须关心文件的具体存储情况。
- 应用程序：Linux 操作系统为用户提供的一些配套软件工具，包括文本编辑器、编程语言、X-Window 图形界面、办公套件和互联网工具等。

2．文件

操作系统以文件（File）形式组织、存储和管理各种软件及其有关资源，并提供对文件的管理。例如，文件查询、浏览、编辑、复制、删除和打印等。不同操作系统的文件系统各有特点。不同的操作系统的文件逻辑结构和物理结构存在一定设计差异。

文件的逻辑结构主要涉及文件系统总体架构、所在文件目录（或文件夹）、文件名和文件属性等。其中，文件名一般由用户命名部分和系统类型部分构成；文件属性包括文件大小（字节数量）、创建日期、创建者和使用权限等。文件的物理结构主要涉及磁盘文件表、文件存储块的指针和文件存储块等，它们规定了文件的存取方法和文件大小的上限等。

典型的文件系统有 Windows 操作系统使用的 NTFS，Linux 操作系统使用的 EXT 系列，大数据系统使用的 HDFS，等等。

3.3.2　计算机语言

计算机语言是一种供人们编写程序并运行程序的软件。程序是由计算机处理命令组成的工作步骤的序列。计算机语言主要有三种类型：机器语言、汇编语言和高级语言。

1．机器语言

一个计算机系统在设计完成后，最基本的处理功能就大致确定了。例如，可以进行加法运算，可以进行逻辑比较，可以进行读磁盘和写磁盘的操作，可以启动和关闭机器。这些最基本的处理功能分别作为一个指令固化存储在 CPU 中。这个指令集就是这台计算机的机器语言。

通常，一条指令由指令的操作代码、参与运算的数据地址代码和结果存放的地址代码组成。操作代码和地址代码都使用二进制形式表示，所以 CPU 可以直接识别用机器语言编写的程序，且执行效率很高。

虽然这些最基本的指令的数量有限，但是如同基本音符经互相组合、有序排列就能形成美妙复杂的乐章一样，基本指令在经合理编写后可以形成具有特定处理功能的计算机程序。但由于指令是用二进制形式表示的，因此对于程序设计人员来说，识读指令并编写程序非常困难，而且当程序出错后，检查修改也相当麻烦。

2. 汇编语言

为了便于编写计算机程序，20 世纪 50 年代初期人们设计开发了计算机汇编语言。汇编语言的显著特征是，使用具体的符号代替指令中的二进制形式的操作代码和地址代码。例如，使用 ADD 表示加法，使用十进制数或数字变量表示数字等。这样做有利于程序设计开发人员直观且方便地识别、记忆和开发程序。使用汇编语言编写的程序称为汇编语言源程序。

由于只能执行机器语言的计算机不能识别并处理汇编语言源程序，因此汇编语言源程序需要先被翻译成机器语言程序，在成为机器语言的目标程序之后，才可提交至计算机执行。这个翻译工作显然不能每次都由人工来完成，而应由使用机器语言事先编写好的"翻译程序"来自动完成。这个"翻译程序"就是计算机汇编语言软件的本质内容。

3. 高级语言

汇编语言中的一条语句就是一条符号化的机器语言指令，也就是说汇编语言中的语句与机器语言指令是一一对应的。这种语言更接近机器语言，不太接近人类创造使用的数学语言、逻辑比较语言及人类的自然语言。

于是，计算机科学家根据自然语言的构造规则，以键盘符号为基本字符，以数学计算和逻辑比较等符号要素为基本词汇，以输入、输出、基本计算、数据组织，以及分支、循环、函数等结构为基本语句，按照一定的词法、语法规则研制开发了丰富多彩的计算机高级语言。高级语言的产生与发展极大地提高了程序开发效率和质量，极大地改善了程序的可读性和可移植性。使用高级语言编写的程序称为高级语言源程序。

同样，高级语言源程序也必须先翻译成为机器语言才可提交至计算机执行。由于高级语言中的一条语句一般对应多条机器语言指令，因此这个"翻译程序"的编写难度和规模都较大，这个"翻译程序"实际就是计算机高级语言软件的本质内容。

高级语言源程序翻译成机器语言的方式有两种：一种是**解释方式**，即直接运行源程序，翻译一句执行一句，边翻译边执行；另一种是**编译方式**，即先把源程序一次性翻译成机器语言，再执行。编译方式比解释方式多一个中间处理步骤，但是执行效率更高。

高级语言软件针对不同的应用问题，有许多种分类。随着高级语言的不断发展和更新迭代，许多高级语言逐步被淘汰。目前在数据科学中使用较广泛的高级语言有 Java、Python、R 及 C 语言系列。这些语言采用面向对象程序设计思路，主要目标是提高程序的重复利用率，进而提高程序的开发效率。对于程序开发人员来讲，这无疑是非常重要的；对于普通的应用人员来说，这是透明的。这部分内容将在后续章节进一步进行介绍。

人们使用计算机语言开发出了多种多样的软件产品，所以可以毫不夸张地说，计算机语言是软件生产的唯一工具。

3.3.3 应用软件

应用软件是使用计算机语言编写的解决特定应用问题的各种软件的总称。

应用软件使得人们只需具有一般的计算机操作技能就可以利用计算机解决实际问题。应用软件让计算机应用变得更简便、更高效，应用面变得更广泛。

应用软件是计算机软件世界中的大家族，种类丰富，功能多样。计算机应用软件可以根据不同的应用领域细分为不同的类型，但在软件的操作使用上，只有两种基本交互方式：一种是**图形化用户界面方式**（Graphical User Interface，GUI），这种方式简单直观，方便使用，如 Windows、Linux 和 macOS 操作系统都提供了图形界面系统，在其中运行的应用软件也会遵从相关的标准模式；另一种是**人机对话方式**，又称命令行交互方式（Command Line Interface，CLI），用户向软件输入操作命令，若命令正确，则计算机完成对应功能；若命令错误，则计算机显示提示，如此逐一执行，如果将一批命令编辑在一起，一次性提交给计算机执行，就称之为批处理方式。

在实际工作中，只要掌握了一种或几种计算机语言，就可利用计算机语言自行开发应用程序，进行探索性的研究，解决感兴趣的问题。如果不太熟悉计算机语言的开发技术，或者使用计算机语言处理比较烦琐，就可以挑选一款成熟可靠的应用软件来解决具体问题。对于大多数普通应用人员来说，后者是一种比较实用的方法。

3.4 计算机网络

计算机网络是利用有形的通信线路和无形的通信介质，将分布在不同地理位置上的计算机系统连接起来的协同工作系统。计算机网络是计算机技术与通信技术相结合的产物。

计算机网络的最大优势是可以实现资源共享，即能使分布在不同计算机系统中的各种数据资源、计算与存储资源等通过网络进行交流与共享。交流的双方或多方不受时空限制，随时随地传递数据或共享算力和存储资源等。例如，用户使用微信在线交流，通过远程登录云计算中心的服务器运行复杂算法，使用网络云盘存储重要文件，等等。

网络传输速度是影响计算机网络资源共享的重要指标，一般采用每秒传输的位数来度量，英文缩写是 bps（bits per second）。

计算机网络一般具有两种主要处理模式：**集中处理和分布式处理**。集中处理是指将分散在不同计算机系统中的各种数据通过网络实时或定期传输到一个称为计算机服务器的核心计算机处理系统中，由计算机服务器集中处理完毕后，将处理结果传输到各个分散的计算机客户端。分布式处理是集中处理的逆向网络处理方式。当传向网络中某台计算机的处理要求很多或者客户需求量很大时，这台计算机可以使用软件技术将大型处理任务分解，或者将多个需求交给网络中其他相对空闲的计算机系统并行处理，以实现负载均衡。

从不同的技术和应用角度，计算机网络可分为多种类型。例如，按照网络交换技术计算机网络可分为电路交换网和分组交换网；按照拓扑结构计算机网络可分为总线网络、星形网络、环形网络和树状网络等；按传输介质计算机网络可分为有线网络（利用同轴电缆、双绞线和光纤等连接）、无线网络（利用各种电磁波连接）。常说的 5G（第五代蜂窝移动无线网络）、卫星网（依靠卫星实现中继传输的网络）、Wi-Fi（将有线网络信号转换为无线信号的局域网技术）等都属于无线网络。

最常见的分类是，按照网络覆盖区域将计算机网络分为局域网、广域网和因特网，下文将进行重点讨论。

3.4.1　局域网、广域网和因特网

1. 局域网

局域网（Local Area Network，LAN）是将某个局部区域内的计算机系统通过网线连接在一起形成的网络。覆盖范围受网线限制相对较小（如几百米之内），但网络传输速度快，一般可以达到 100Mbps 或 1000Mbps，且数据传输质量高。

目前，常见的局域网类型包括以太网（Ethernet）、令牌环网（Token Ring）、光纤分布式数据接口网（FDDI）、异步传输模式网（ATM）等。它们在网络结构、使用介质、传输速度、数据传输格式等方面都有差异，其中应用最广泛的是以太网。

搭建一个局域网，一般需要使用的计算机网络通信设备如下。

（1）网卡。

网卡是插在计算机主板上的网络接口插槽中的，负责将计算机内部数据转换为网络上可以传输的信号，同时接收网络上传来的信号并将其转换为计算机内部数据格式。

（2）线缆。

局域网中的各个计算机系统实现连接的传输介质一般是线缆，线缆的一端与计算机的网卡相连，另一端与局域网通信设备相连。具体的线缆有光纤、双绞线、同轴电缆或电话线等。

（3）局域网通信设备。

常用的局域网通信设备主要有两种：集线器和交换机。集线器（Hub）可以提供多个线缆接口，通过若干由计算机网卡延展出来的线缆将计算机系统连接在一起，形成局域网。集线器内部采用单一总线结构，如果有多个活动的计算机系统连接到集线器上，那么每个计算机系统将平分集线器总的数据传输带宽。

交换机（Switch）同样可以连接计算机系统形成局域网，一些骨干核心交换机的传输速度可以达到 10 000Mbps。与集线器不同的是，交换机内部采用多总线结构。如果有多个活动的计算机系统连接到交换机上，那么每个计算机系统将独占各自总线的数据传输带宽，所以与集线器相比，交换机性能有极大提高。此外，交换机还具备许多集线器没有的功能，如数据过滤、网络分段、广播控制等。交换机的主要性能参数有总带宽、端口数、可管理性（是否支持网络管理软件）、扩展性（是否支持级联和堆叠）等。

一般一台交换机的端口数是有限的，当接入局域网的计算机系统数目超过端口数时，就需要使用级联和堆叠技术将一批交换机连接起来共同工作，以提供大量网络线缆接口，容纳更多计算机系统。

2. 广域网

广域网（Wide Area Network，WAN）是通过将若干局域网相互连接形成的覆盖范围更大的网络系统。

经常使用的将若干局域网连接起来的计算机网络通信设备是路由器（Router）。路由器可以提供多种线缆接口，一些接口通过线缆与局域网上的交换机连接，另一些接口通过防火墙等安全设备与网络服务提供商的公共通信网络的线缆连接，从而实现远距离的计算机系统互联。

广域网中的计算机系统间的通信以计算机地址为目标，通过寻找相关网络通路来实现，这个过程称为"路由"（Routing）。当一个计算机系统向另一个计算机系统发出通信请求时，如果另一个计算机系统不在本局域网中，那么路由器将在其他各个连接的局域网络中按照一定的策略寻找目标计算机，并建立路由将数据传输到目标设备。

在广域网中，网络服务提供商提供的公共通信网络是影响网络速度和传输质量的关键因素。一般网络服务提供商提供的公共通信网络主要有移动通信网、改造的电话网（xDSL）、光纤到户（FTTH）、有线电视网、虚拟专用网络（VPN）和广域以太网等。

在网络建设过程中，局域网一般是由各个单位自己投资建立并管理的，而广域网则要租用网络服务提供商已经铺设好的公共通信网络，以实现大范围地理空间的有效连接。

3. 因特网

因特网（Internet），即俗称的互联网，是一个覆盖全球的广域网系统。因特网的原型是1969年美国国防部为军事研究而建立的名为 ARPANET 的计算机网络。20 世纪 80 年代初期，美国国防部通信局研制完成了 ARPANET 并投入使用，采用的是异构网络的 TCP/IP 协议。1986 年在美国国家科学基金会的支持下，高速通信线路把分布在各地的一些大型计算机系统连接起来，形成的网络被重新命名为 NFSNET。NFSNET 的应用范围由最早的军事国防研究扩展到美国国内的学术机构和高等院校，之后快速介入全球众多商用和民用领域，运营性质也由以科研教育为主逐步转向商业化。

互联网是一个庞大复杂的系统。它通过国际骨干网将各个国家连接起来，又通过国家骨干网将各个城市连接起来，再通过城域网将各个单位和社区连接起来，最后通过单位和社区局域网将用户个人连接起来。20 世纪 90 年代初期，中国成为第 71 个国家级网加入因特网的国家，并逐渐成为因特网的重要应用国家。随着电子邮件、网页浏览、文件传输、远程登录、新闻组、论坛与博客、信息搜索和电子商务等应用的普及，因特网逐步进入政府部门、企业单位、科研教育机构和寻常百姓家，深刻影响着人类的工作、学习和生活。

目前，中国国内已经建成多个提供公共服务的骨干网，如中国公用计算机互联网（CHINANET）、中国金桥信息网（CHINAGBN）、中国联通计算机互联网（UNINET）、中国网通公用互联网（CNCNET）、中国移动互联网（CMNET）、中国教育和科研计算机网（CERNET）

和中国科技网（CSTNET）等。根据中国互联网络信息中心（China Internet Network Information Center，CNNIC）等权威机构发布的信息，截至 2021 年 12 月，我国网民规模达 10.32 亿人，较 2020 年 12 月增长 4296 万人，互联网普及率达 73.0%。

3.4.2　计算机网络的通信协议

计算机的硬件、软件和网络等相关产品都是由不同地区的不同厂商采用不同技术开发研制的。这些不同的系统设备在通过网络进行连接和交流时会出现很大障碍，所以需要为计算机系统的交互制定一系列的标准。

计算机网络的通信协议是一组网络中各种设备以一定的方式交换信息的规定。它对信息交换速率、传输代码、代码结构、控制步骤、出错校验等诸多方面进行了规范。这些协议一般由权威的国际组织或供应商联盟提出，最终形成公认的标准被广泛接受和应用。

1．两个处理过程

数据在网络中由信息源传输到目的地需要经过多种通信设备进行不同的加工处理，总体来讲需要进行数据打包和解压缩两个相反的处理过程。

首先，将需要发送的数据经过一系列处理转变为可以快速传输的底层物理信号，一般是由信息发送方的计算机系统和网络通信设备完成的。其次，网络将这些信号传送给接收方的网络通信设备和计算机系统，它们将这些底层物理信号依次转变为计算机可以识别的数据。

为便于理解，可以将需要发送的数据比喻为生产商生产的糖果，那么这些糖果经过怎样的加工处理才能传输到消费者的手里呢？一般生产商会先为每块糖果加上一层包装纸，纸上写明糖果名称和生产商名称等信息，这部分信息是给消费者看的；然后生产商将若干糖果装入一个包装盒，盒上有糖果名称、生产商名称、总量、生产日期和保质期等信息，这部分信息是给零售商看的；最后生产商把若干糖果盒装入一个包装箱，箱上写好名称、总量和收货人等信息，并交给物流运输公司送往消费者所在城市。之后接收糖果的批发商、零售商、消费者将依次打开不同的包装层，读取不同的信息，最终出现在消费者手中的是最初生产商提供的糖果。

2．OSI 参考模型

为达成计算机网络传输的标准规范，ISO 于 1978 年提出了"开放系统互连参考模型"，即著名的 OSI（Open System Interconnection）参考模型。OSI 参考模型表明对传输的信息需要经过七个处理环节，由顶层至底层依次是应用层、表示层、会话层、传输层、网络层、数据链路层和物理层。

顶层的应用层产生需要传输的数据，经过其他层的依次处理，形成底层的物理层可识别的传输信号。每层都有专门的软件或设备进行封装处理，用来为传输信息增加本层可以识别的标准描述信息，如同为糖果加包装。物理层输出的信号在到达目的地的网络处理设备后，再经过从底层到顶层方向的处理，每层都有对应的软件或设备进行本层可识别的开封处理，最后在应用层还原为原始数据。

这样做的好处是，不同厂商采用不同技术开发的不同层的设备产品只要遵守共同的协议，即产生格式相同的包装层面的信息，就可以被其他设备认同，从而实现信息的传输和交换。

3. TCP/IP 协议

计算机与网络技术的发展规律是实践领跑理论。在实际应用中大行其道的是 TCP/IP 协议。TCP/IP（Transmission Control Protocol/Internet Protocol）协议是传输控制协议和互联网协议的缩写，目前已经成为计算机网络通信协议的事实标准。TCP/IP 协议是一个包含众多网络协议的协议族。在实际应用中 TCP/IP 协议是 OSI 参考模型的简化版本，包括四层，即应用层、传输层、网络层和网络接口层。

- 应用层是用户面对的各种计算机应用软件的统称。ICP/IP 协议在这一层建立了很多协议以支持不同的网络应用。例如，进行万维网（WWW）网页浏览中使用的 HTTP，网络文件共享传输中使用的 FTP，电子邮件发送和接收中使用的 SMTP 和 POP3，等等。
- 传输层主要负责提供应用程序间的通信。
- 网络层负责定义网络地址格式，以使不同类型的数据在网络中通畅地传输。
- 网络接口层负责发送和接收传输信号。

为了实现网络上数据的准确传输，连接到网络上的计算机系统必须有一个唯一的地址，这个地址称为 **IP 地址**。常用 IP 地址是根据 IPv4 制定的，IPv6 也开始逐步实施。IPv4 版的 IP 地址由 32 个二进制位表示，每 8 个二进制位为一组，使用一个整数表示，其取值范围为 0 到 255，所以整个 IP 地址由 4 组整数组成，中间使用小数点间隔，如 192.128.10.1。

3.5 计算机应用的技术模式

一个人使用一台个人计算机进行工作是最简单的一种计算机应用模式。几种主要的在网络环境下的计算机应用的技术模式包括**主机/终端模式**、**客户/服务器模式**、**浏览器/服务器模式**、**云计算模式**、**对等模型**等。

3.5.1 主机/终端模式

早期生产的计算机大多是一种大型的具有网络工作环境的计算机系统。它的基本应用模式是一个**主机**连接多个终端，主机与多个**终端**可以分布在不同的工作地点，形成网络化运行环境。一个终端相当于一台显示器，没有独立的计算处理能力。在工作时用户通过网络连线将键盘输入的信息传送给主机，主机进行处理后，将相关结果通过网络连线传送回终端。这种模式被称为主机/终端模式（Host/Terminal，H/T），简称 **H/T 模式**。

在 H/T 模式中，主机的操作系统是一种多任务多用户系统，能够同时处理多个用户的任务。由于早期的主机系统性能相对较低，所以当用户较多或同时处理多个复杂任务时，系统的运行速度就会较慢。另外，H/T 模式的系统造价较高，早期只有一些大型商业集团、金融机构、政府核心机关和重要科研部门才有条件使用。

随着计算机技术的发展个人计算机系统诞生了。个人计算机系统实际上是对 H/T 模式的否定。这时，每个用户可以自己拥有一个完整的计算机系统，在不同的空间和时间进行相对自主的个性化工作。

3.5.2　客户/服务器模式

沉浸在个人计算机系统中的人们不久后发现在计算机工作中交流和共享是必不可少的，所以必须将大量个人计算机系统重新连接起来，形成互通的网络环境，以共享分布的资源、交流分散的数据。

在这个应用环境中，需要有一个存储和处理能力突出的计算机系统充当核心，以存放共享的程序和数据等资源，为网络中的其他个人计算机系统提供集中的计算和存取等服务，这个计算机系统被称为**服务器**（Server），而其他接受服务的个人计算机系统被称为**客户机**（Client）。这种模式被称为客户/服务器模式（Client/Server，C/S），简称 **C/S 模式**。

C/S 模式中的服务器软件系统能够支持多种服务。专门提供文件存取服务的服务器称为文件服务器，专门提供数据存取服务的服务器称为数据库（仓库）服务器，如 MySQL、SQL Server 和 Oracle 等。

正确区分服务器硬件系统和服务器软件系统是极为必要的。在一个局域网中可以将多个文件服务器和数据库服务器设置在不同的服务器主机上，也可以在一台服务器主机上同时安装不同的服务器软件系统。随着个人计算机组网技术的快速发展，网络操作系统快速成长。网络操作系统在网络安全管理与网络分析监控中发挥着重要作用，已经成为操纵各种网络硬件资源、支撑各种服务器软件运行的基本条件，如 Linux、UNIX 和 Windows 服务器等。

在 C/S 模式中，应用软件一般安装运行在客户机上，数据库服务器安装运行在服务器主机上。客户机通过应用软件频繁进行各种计算处理，然后将计算处理的结果保存在服务器主机中。

C/S 模式不是 H/T 模式的重现，而是 H/T 模式的否定之否定。H/T 模式中的客户端是没有任何处理能力的简单输入/输出系统，它完全依赖主机工作；而 C/S 模式中的客户端是具有 CPU 处理能力的完整个人计算机系统，可以脱离主机系统独立工作。这种既可以集中共享又可以单独处理的 C/S 模式，是数据库技术与局域网技术普遍应用的必然结果。通常认为 C/S 模式具有显著的"胖客户端"特征，也就是说客户端计算机承担了较多软件维护和计算处理等工作，高性能的服务器端反而比较清闲。

随着广域网的应用，特别是因特网应用的快速普及，客户机用户急速增多，C/S 模式面临着两个难题。

- 第一，在 C/S 模式中，由于开发的应用软件安装在众多的客户机上，当程序需要修改升级时，就出现了如何为大量远程客户重新安装调试软件，如何控制应用软件的维护成本等问题。
- 第二，在 C/S 模式中，客户机应用软件与数据库服务器的连接通常采用在线（Online）方式，即客户端成功连接数据库服务器后，只要客户端应用程序没有退出，即使没有进行任何数据处理，就要占用一定的网络带宽。因此在大量的远程客户同时在线工作时，必然会形成巨大的网络带宽消耗，进而使整个系统无法正常稳定地工作。

3.5.3 浏览器/服务器模式

Web 技术又称 WWW（World Wide Web）技术，可以有效克服 C/S 模式的一些弊端，促使浏览器/服务器模式开始得到广泛使用。

Web 技术要求如下。

- 在客户端统一安装具有通用功能的浏览器软件，用于解析和展示网络页面。目前主流的浏览器软件是 Chrome 和 Edge 或 IE 等。
- 页面按照 HTML 规范进行编写，并预先存储于服务器上。
- 在服务器端安装 Web 服务器。Web 服务器负责对服务器上的网页进行管理，对客户端提交的网页浏览请求进行分析，并负责向客户端发送相关的 HTML 网页和其他信息。

当客户端启动浏览器软件时，会向 Web 服务器发送网页浏览的请求。Web 服务器接收请求后通过网络将服务器上的相关网页发送到客户端。客户端的浏览器软件根据 HTML 规范，将网页转换成直观显示的网页画面。同时，客户端的用户通过网页的超级链接发起对其他网页的浏览请求。这种模式被称为浏览器/服务器模式（Browser/Server，B/S），简称 **B/S 模式**。

B/S 模式有效解决了 C/S 模式面临的如下两个难题。

（1）B/S 模式在一定程度上解决了软件升级后的安装难题。

当网页内容发生变化时，只需更新服务器上的内容，大量分散的客户端仍然可以使用原浏览器软件浏览新的网页，不必进行本地软件安装升级工作。通常认为 B/S 模式具有"瘦客户端"的特征。

从本质上讲，B/S 模式将业务处理程序与业务展示程序分离开来。不同的业务处理程序可以放置在服务器上，相似的业务展示程序可以使用客户端的浏览器软件来处理。这样，业务处理程序在变化时只涉及服务器上的一次性程序变动，而业务展示程序则可以不变。C/S 模式是将全部业务处理程序与业务展示程序集中放置在客户端，仅将需要共享处理的数据资源放置在服务器上，造成了软件升级后的维护问题。

（2）B/S 模式解决了广域网中大量客户同时在线使用服务器的难题。

B/S 模式在网络连接上采用了会话（Session）技术。当服务器端完成客户端的网页存取请求后，将不再保持与客户端的网络连接。如果客户端再次发出需求，那么将重新建立网络连接，有效节省了网络带宽资源，极大减轻了网络压力。

B/S 模式下出现的新问题是大量珍贵的数据资源原本并不是按照网页格式保存的，而是按照数据库系统或数据仓库系统格式存储的。数据库系统或数据仓库系统是当前大规模数据管理的首选，是不可能被网页文件取代的。

解决该问题的最直接的思路：一方面，先让网页能够方便地访问数据库并存取数据，然后进行数据展示；另一方面，支持将网页中客户端填写的数据方便地存储到数据库中。这样，原来的"静态页面"通过与数据库技术结合就成了"动态页面"。

人们也将这样的 B/S 模式称为三层 C/S 模式，即浏览器软件、Web 服务器和数据库服务器。在这个网络应用模式中，客户端仍然使用统一的浏览器软件，而服务器端需要安装 Web 服务器软件和数据库服务器软件。同时，需要人们编写一些转换程序，以将数据库中的数据转换为网页格式发送给客户端；并将网页中的数据抽取出来，转换为数据库的格式存储在数据库中。这项技术称为公共网关接口（Common Gateway Interface，CGI）技术，主要有 ASP（Active Server Pages）、JSP（Java Server Pages）和 PHP（Page Hypertext Preprocessor）等程序实现技术。

B/S 模式的根本进步在于平衡了网络计算处理能力。不难发现，在 H/T 模式中，计算处理工作都是由主机完成的，终端几乎不做任何实质的计算处理工作，于是工作重心偏于主机一端；C/S 模式则将应用软件安装在客户端上，服务器中仅安装数据库等若干服务器软件，大部分计算处理工作是由客户机完成的，主机几乎不做任何实质的计算处理工作，于是工作重心偏于客户机一端；在 B/S 模式中，浏览器软件在客户端对网页内容进行解释和显示，同时主机端除处理大量网页请求之外，还通过 CGI 处理数据库系统进行数据存取和计算等业务，从而使网络中不同的计算机系统都有效地忙碌着，均衡分担计算处理工作。

B/S 模式也存在一定的局限性。例如，由于所有业务处理都必须经 Web 服务器发送和接收，因此对网络的带宽和服务器的安全稳定性等有较高要求。

3.5.4　云计算模式

网络应用的蓬勃发展带动了网络建设的热潮。众多政府部门、中小企业和科研院校等纷纷投入大量财力购置网络、存储设备、服务器和系统软件等，投入大量人力开发应用软件，并进行运营维护，于是各种机房、计算中心、信息中心和 IDC 纷纷建立起来，为网络应用提供运营支撑和管理服务。

这种网络应用状况存在两个明显的问题：一个是各个单位投入较大，都从底层的网络基础建设开始，逐步到最高层的应用软件开发，整体工程周期长且成本高；另一个是资源利用率较低，通常网络、硬件和软件等应用资源都会按照业务最大峰值设计购置，当业务处于一般工作状态时大量资源处于空闲状态，随着业务的增长，某些资源又可能面临资源配置的天花板。

于是人们提出了云计算模式。云计算模式的设计思路与电力服务方式类似，即各单位用电不必自购发电机，甚至自建小型发电厂，通过若干大型综合型发电厂提供的用电服务，按需用电并按期付费即可。云计算（Cloud Computing）把一批服务器及相关计算机资源链接并整合起来，构成了一个大型资源池，并以高性能和低成本的服务方式为用户按需提供多种计算机资源服务。这些资源通过互联网即可方便申请、快速部署并投入应用。

1. 云计算的种类

一般根据部署云计算的方式对云计算进行分类，主要包括公有云、私有云、混合云。

（1）公有云。

公有云是公开提供给用户使用的商业化云计算系统。云计算提供商拥有和提供相关资源并进行运营管理。用户通过发出请求获取服务资源，并按照定制的服务内容支付费用。

（2）私有云。

私有云是一个单位独立拥有并自己运营使用的云计算系统。这些单位（如重要政府部门、关键金融机构和有实力的大型企业等）出于数据隐私、安全性和服务质量等特殊要求建立私有云，仅供内部人员使用。

（3）混合云。

混合云是公有云和私有云结合部署的方式。一个单位通过 VPN 等网络连接方式，可以把自有的私有云与商业化的公有云连接在一起，从而形成混合云。

一般情况下，各单位既有一般日常业务水平下的云计算基本需求，又有短期业务高峰水平下的云计算突发需求。混合云的优势在于，允许用户根据自己的基本业务需求部署私有云的计算机资源。在短期业务高峰时申请使用公有云的计算机资源，当业务高峰过去就可以去除这部分支出。因此，用户可以将成本比较低、运维难度比较低且安全性要求比较高的计算机资源保留在私有云中，同时尽量使用公有云提供比较复杂的云计算服务，以最大限度地发挥混合云的价值。

2. 云计算的服务

云计算可提供三种类型的服务，即基础设施即服务、平台即服务、软件即服务。

（1）基础设施即服务。

基础设施即服务（Infrastructure as a Service，IaaS）是指为用户提供包括服务器、网络、存储和数据空间等计算及资源。这些资源不是以物理实体方式提供的，而是以资源配置方式提供的。因此用户不必为网络应用中的基础设施部分投资，并可根据业务情况动态调整基础设施的工作负载。

（2）平台即服务。

平台即服务（Platform as a Service，PaaS）是指提供支持开发应用软件和应用服务的平台系统。对于简单的云平台，如发送短信服务的云平台系统，用户可以利用平台提供的短信服务 API 开发手机身份验证和广告推送等功能，并按条数收取费用。对于复杂的云平台，如云开发工作平台，可以支持开发团队实现工作的在线化，支持人员在线、开发环境在线、代码在线和协同在线等。

（3）软件即服务。

软件即服务（Software as a Service，SaaS）是指提供应用软件和应用服务系统。这些软件和相关数据都存储运行在云计算系统中，软件可以充分利用云计算系统的高性能处理资源，并通过网络将处理结果传送到用户计算机上。这样用户就可以低成本地使用最新版应用软件，还可以随时随地通过网络连接云端的应用软件。当用户的计算机系统出现问题时，由于应用软件和相关数据存储在云端，因此不必担心丢失。典型的云应用软件有微软的云办公软件 Office365 等，典型的云应用服务有百度的云盘服务等。

云计算提供的服务及各种管理的角色划分如图 3-1 所示。

图 3-1 涉及"中间件"概念，这里略加说明。中间件（Middleware）是在网络应用环境中处于用户应用系统和系统软件（如操作系统或数据库服务器等）间的一种系统软件。它可以接收用户应用系统的处理请求，调用系统软件的基础功能提供网络通信、资源管理和事务处理等服务。它屏蔽了诸多系统差异、标准不同和数据分散等问题，不必开发多种接口程序。例如，当前 Web 服务器中配置的数据库协同处理中间件可以根据用户 Web 页面提交的数据处理请求连接访问不同供应商的数据库服务器，从而进行数据存取等处理，用户无须编写不同的数据库访问处理程序。

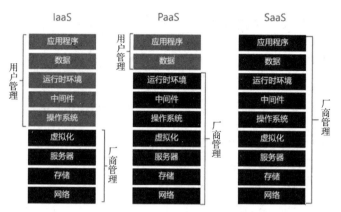

图 3-1　云计算提供的服务及各种管理的角色划分

3. 云计算的特征

云计算具有虚拟化、按需服务、可扩展性、超大规模和高可靠性等特征。

（1）虚拟化。

云计算最基本的特征就是虚拟化。所谓虚拟化就是计算机物理资源经过虚拟化技术配置处理后形成计算机资源的逻辑资源池，从而向云计算用户提供服务。

当用户提出逻辑资源的服务请求时，该资源服务将在云端运行，用户无须关心其物理位置、物理环境和物理运行状态，只需接收运行服务结果。虚拟化技术对用户屏蔽了物理资源的处理复杂性，将原本属于用户的大量服务器端管理工作移交给了云计算提供者，极大地降低了用户的总体拥有成本和运行维护成本等。

虚拟化技术主要有**虚拟机技术**和**容器技术**。

虚拟机技术的代表性软件系统是 VMWare 和 OpenStack 等。通常在一个计算机系统中只可以安装一个操作系统管理相关计算机资源，虚拟机技术通过安装运行诸如 VMWare 的软件系统可支持在一个计算机系统中安装配置多个不同的操作系统，从而形成多台独立的、逻辑化的虚拟服务器，也称虚拟机（Virtual Machine）。这些虚拟机可以正常安装运行各种服务器软件和应用软件，并可共享使用这个计算机系统的部分或所有 CPU、内存和外存等资源。

容器技术是一种轻量级的虚拟化技术，代表性软件系统是 Kubernetes（也称 K8S）和 Docker等。容器软件创建的是某个独立的容器（Container），优势在于无须虚拟整个操作系统，只需虚拟一个小规模的应用环境，在这个特定的应用环境中可以方便地部署和运行某个特定的系统或应用，且占用资源更少、启动更快、运行更高效、环境移植与管理维护更方便。

云计算中的虚拟技术可形象地表述为如图 3-2 所示的形式。

如果网络应用逐步向云计算模式发展是一个主流方向，那么采用虚拟化技术将会成为云计算的主要发展方向之一。这个发展趋势使得云计算系统的研发与运维更倾向于采用容器技术。

（2）按需服务。

云计算模式可以让用户随时随地提出并获取计算机资源服务，只需按照可计量的服务支付租金。这使得用户从高资产投入和低资产利用率的矛盾中解脱出来，获得云计算的高效服务。人们将其形象地对比为"在家请客吃饭"和"到饭店吃自助餐"。云计算更像根据客人喜好自由选择的按需就餐、按需计费的"到饭店吃自助餐"。

图 3-2　云计算中的虚拟技术

（3）可扩展性。

云计算模式中的实际物理资源或虚拟逻辑资源可以快速地水平扩展，因此整体资源和用户资源具有强大的增减弹性。云计算用户不必担心资源规划和资源数量，可以在服务协议范围内获得最大的计算机资源支撑。

（4）超大规模。

大型云计算系统可能包含数十万台甚至数百万台服务器等资源，小型的私有云也会包含数百台或者数千台服务器，云计算模式可以整合这些资源，从而为用户提供前所未有的服务能力。

（5）高可靠性。

云计算在基础设施方面，可以提供成熟的部署、监控和安全技术；在能源支持、制冷控制和网络连接等方面，具有冗余设计和异地灾备设计，可以有效消除单点故障；在计算机资源方面，海量资源可以保证硬件、软件和数据等冗余备份服务，同时，虚拟化技术可以将物理资源和逻辑资源分开，当物理资源发生故障时，可以方便地将相关逻辑资源恢复或迁移。

3.5.5　对等模式

对等模式又称对等连接或对等网络模式，与 H/T 模式、C/S 模式、B/S 模式和云计算模式的根本区别在于，对等模式是一种无中心模式。有中心模式与对等模式示意图如图 3-3 所示。

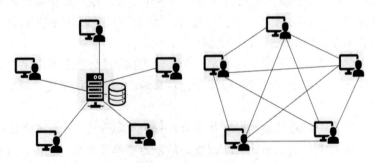

图 3-3　有中心模式与对等模式示意图

对等模式中没有设置处于中心地位的服务器系统，每一个用户既可以发挥客户端的作用，也可以发挥服务器端的作用。也就是说对等模式中的计算机系统可以作为服务器为其他计算机提供服务，也可以作为其他任意计算机的客户端获得服务。因此对等模式中的计算机系统的作用与地位都是平等的，是典型的去中心化的网络应用模式。

例如，在文件存取服务中，人们可以直接连接到其他某个授权的计算机上进行文件交换，不必连接到集中存放文件的服务器系统上去浏览并下载文件。后续章节介绍的区块链系统就是采用对等模式构建的。

3.6 计算机应用

随着计算机技术的飞速发展，计算机应用已经延伸到各行各业，并且融入了人们的生活，成为人们日常工作、学习和生活中的重要工具。计算机应用是计算机技术与各个应用领域互相结合的成果，已经成为计算机科学的重要组成部分，并且具有一定交叉学科的性质。

本节将对计算机应用中的科学计算、数据处理与大数据、人工智能、过程控制等应用方向进行讨论。

3.6.1 科学计算

科学计算又称数值计算或数学计算等。计算机技术在科学计算方面的应用就是利用计算机系统运算方面的高速度、高精度和可重现性等能力，解决科学研究和工程技术中的复杂的数学运算问题，如高阶矩阵与行列式计算、迭代计算、多变量高次方程求解等。科学计算是计算机最早期的应用领域，在军事、气象、工程、科学研究等方面有众多成功案例。

☞【案例】花旗银行的经济预测模型

米歇尔·沃尔德罗普（Mitchell Waldrop）所著的《复杂》一书曾介绍了美国桑塔费研究所（Santa Fe Institute）与花旗银行的一项科研合作。由于第三世界债务危机，花旗银行一年中损失了数以十亿计的资产，且有也许永远无法收回来的 130 亿美元的巨额债务，因此希望通过银行金融学家建立的经济运行与预测模型探究这个问题。

该类经济运行和预测模型极其复杂，包括规划连接模型、联邦储备局跨国模型、世界银行全球发展模型、国家商贸模型和全球最优化模型等。其中，规划连接模型涉及约包含 4500 个方程式和 6000 个变量的科学计算。

然而，如此复杂的模型却遭到了包括总裁约翰·里德在内的众多管理者们的质疑。因为通常这些计算机模型产生的有价值的信息还不如银行管理者们的经验判断。花旗银行期望桑塔费研究所的众多跨学科的科学家采用最新的复杂系统理论探讨和解决以上问题。其中，值得一提的是里德的助手，一位数理统计学学者尤金尼亚·辛格对这些模型的评价观点。辛格指出，在世界面对风险和不稳定因素时，现存的新古典经济学理论和基于此理论的计算机模型无法提供重要的决策信息。因为几乎所有经济模型都倾向于假设这个世界处于永远不会远离静止不变的经济均衡状态，经济社会突变和政治时事骚动是可以不必考虑或忽略不计的随机因素。然而，这些随机因素恰恰是一个银行家希望了解和掌握的最重要的信息。因为这种小概率且难以预测的不寻常事件往往会引发连锁负面反应甚至颠覆性变化。这也被著名学者纳西姆·塔勒布称为**黑天鹅事件**（Black Swan Incidents）。

计算机科学计算一般包括建立模型、设计求解算法和计算机实现三个主要步骤。模型、算法和计算是解决科学计算问题的基本要素，也是计算机科学计算应用的关键点。

3.6.2 数据处理与大数据

计算机技术在数据处理方面的应用是使用计算机系统完成数据的采集、存储、分析和可视化等一系列过程，实现将数据提炼为信息、知识和智能的目标。

数据处理是计算机应用最为广泛的领域。在我国，政府部门以电子政务、智慧城市和网络办公等为主题逐步展开数据处理应用；各类型企业以数字化转型、智慧制造、电子商务、企业资源计划（Enterprise Resource Planning，ERP）、供应链管理（Supply Chain Management，SCM）和客户关系管理（Customer Relationship Management，CRM）等为主题大力推进数据处理应用；公众及个人多使用网络社交、手机支付、远程教育、家庭理财及各种 App 等参与到数据处理中来。所以单位和人员既是数据处理的主体也是数据处理的对象。

目前数据处理已经步入大数据时代。随着大数据的发展，数据处理的规模、速度、复杂性和价值等得到不断提升与突破，大数据成为数据科学产生与发展的重要推动力，这使得数据处理达到了一个前所未有的高度。在狭义层面，首先，大数据是一个复杂的大型数据集合，即大数据数字化的集成形态具有 5V 特点；其次，大数据的开发利用可以成为数据资源和数据资产，数据资源是指大数据可利用的自然属性，数据资产是指大数据可交易的商业价值。在广义层面，随着大数据应用的快速发展，大数据拥有了更加宽泛的内涵，包括大数据理论、大数据技术、大数据应用、大数据产业与生态四方面的内容，广义层面的大数据概念图如图 3-4 所示。

图 3-4　广义层面的大数据概念图

1．大数据理论

大数据理论主要从计算机科学、统计学与数学及相关应用领域中汲取营养，构建数据科学理论体系，建立对数据世界的创新认知。数据科学理论使得大数据系统成为探索自然世界和人类社会发展的新视角和新高度。

2．大数据技术

大数据技术是促进大数据发展最活跃的因素。其关键技术主要包括大数据采集技术、大数据存储与管理技术、大数据分析技术、大数据可视化技术、大数据平台技术、大数据安全技术等，有关内容将在后续章节介绍。

3. 大数据应用

大数据应用在我国呈现出快速推进与发展的局面。其中，多领域应用场景的综合开发成为带动大数据发展的重要引擎。大数据应用按照不同的数据处理对象可分为结构化数据应用、半结构化数据应用、非结构化数据应用和混合数据应用。大数据应用按照不同的应用主体可分为公众与个人应用、企业与行业应用、政府应用、时空综合应用等。

4. 大数据产业与生态

大数据产业与生态是指大数据事业及其相关环境形成的共生系统，主要包括大数据市场需求、数据交易、政策法规、人才培养、产业配套与行业协调、区域协同与国际合作等要素。例如，在我国规划建设的八个国家级大数据综合试验区中，京津冀三地共建一体化试验区已经初步形成了北京侧重科技和研发，强化大数据创新和引导；天津侧重设备制造与集成，强化带动和支撑；河北侧重大数据存储与管控，强化承接和转化的产业生态。

大数据的价值之一在于数据对象的变化。 大数据在规模上逐步逼近从量变到质变的过程。数据对象逐步从小样本到大样本，再到近乎全样本，这引发了数据内容、数据结构、数据存储和数据分析等发生根本变化。在互联网和云计算的共同作用下，网络传输、硬件支撑和软件处理的独立的产品性质开始淡化，并逐步向平台化、服务化和同质化转变，而数据则向资源和资产转化，其核心价值地位日益凸显。

大数据的价值之二在于数据分析方法的进化。 人们通过利用大数据建立的创新模型、算法和技术工具深入分析挖掘大数据集合并创造价值。在人工智能技术的催化作用下，不断从大数据中获取信息、知识和智能，这是大数据资产实现增值的根本途径。

大数据的价值之三在于数据关系的演化。 数据的跨界关联是大数据呈指数级增长的主要原因。数据系统从内嵌于程序发展到独立的数据文件系统，再发展到数据库、数据仓库、分布式数据系统、大数据系统和数据湖系统等，与之对应的是数据在开发者个人、开发团队、应用部门、企业内部、行业之间乃至城市与国家之间关联共享成果。互联网和物联网的广泛应用使得大数据以一种时空结合的全息方式将人与人类社会、自然世界更加紧密地联系在一起，并以一种规范化的形式不间断地积累着数据资源，孕育着巨大的商业价值。所以要充分利用大数据的关联性去发现数据价值，只利用数据改进局部业务并不能体现大数据的优势。大数据可以让人们进行更广阔的跨界创新。

3.6.3　人工智能

算力无疑是人工智能的重要标志之一。计算机在算力上的突破和对人类算力的超越让科研人员在计算机发展初期就对计算机人工智能寄予厚望。许多著名科学家都参与了这一重要过程，如被称为计算机之父的艾伦·图灵（Alan Mathison Turing，1912—1954）和冯·诺依曼，控制论创建者诺伯特·维纳（Norbert Wiener，1894—1964），以及信息论创建者克劳德·香农（Claude Shannon，1916—2001）等。

我们可以从人工智能的发展轨迹中体会科研人员对人类智慧本质不懈追求的精神，也能发现人工智能技术的主要内容和成长脉络，这对以后人工智能的可持续发展具有重要借鉴与指导意义。

1. 起步发展阶段

1956 年夏天，以约翰·麦卡锡（John McCarthy，1927—2011）为代表的美国贝尔实验室的研究人员在达特茅斯会议上提出了人工智能（Artificial Intelligence，AI）的概念，并将其定义为制造智能机器的科学与工程。

当时科研人员希望以强大的计算机系统为后盾，开发出具有强人工智能或称人工通用智能（Artificial General Intelligence）的智能机器。该智能机器具有听（语音识别和机器翻译等）、看（文字识别和图像识别等）、说（语音合成和人机对话等）、学习（知识表示和机器学习等）、思考（逻辑推理和人机对弈）和行动（机器人和自动驾驶等）的能力。

在之后的十多年间，人工智能在数学定理证明、自然语言理解、棋类对弈程序和机器人等方面取得一些进展。但由于人工智能在基本原理、计算机算力、算法模型和知识表示等较多方面与实际需求存在较大差距，因此研究陷入困难境地。例如，跳棋的规则和状态空间相对简单，国际象棋的行棋规则和变化相对复杂，而围棋的状态空间数量远远超过已知世界的原子总数，以至于用当时最先进的计算机系统运行状态空间穷举搜索算法寻求最佳对弈方案不具有可行性。

2. 初步应用阶段

20 世纪 70 年代初期及之后的十多年间，人工智能经过起伏发展，在研究策略上逐步从强人工智能走向弱人工智能或称人工狭义智能（Artificial Narrow Intelligence），即从一般逻辑推理转向特定领域专业知识的开发与应用，最典型的应用是专家系统（Expert System）。专家系统对某个领域有关专家的知识与经验进行总结整理，采用 if-then 形式规范化知识表示，模拟人类专家进行推理、判断和决策。

专家系统通常由用户界面、知识库、推理引擎、解释器、综合数据库、知识获取等子系统构成。其基本工作流程是非专家用户通过用户界面输入问题，推理引擎将非专家用户输入的问题与知识库中的各个规则条件进行匹配，并把有关问题和结论等信息存放到综合数据库中，解释器将综合数据库中的信息整理成一致性的建议并通过用户界面呈现给用户。专家系统工作流程示意图如图 3-5 所示。

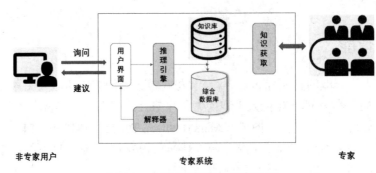

图 3-5　专家系统工作流程示意图

专家系统在医疗、地质勘探、农业、教育和军事等众多领域获得了比较广泛地应用，其中不少专家系统在功能上可以达到甚至超过同领域中人类专家的水平，并取得较好的经济效益。专家系统的主要问题是专家的知识获取和升级比较困难，甚至存在知识冲突；对于一些默认的常识性知识的管理比较困难；系统的推理方式比较单一，在知识内容较多时会出现自相矛盾的推理等。因此人工智能发展再度陷入低谷阶段。

3. 快速发展阶段

20 世纪 90 年代中期以后，互联网、云计算和大数据技术迅猛发展，呈现出如下局面。

- 数据资源不断涌现并被广泛处理，从数据中发现价值成为共识。
- 数据挖掘与知识发现、机器学习与深度学习等受到重视并得到广泛应用。
- 计算机算力继续延续着摩尔定律的发展模式并得到大幅度提升。

以 2020 年年底苹果公司发布的新款笔记本 M1 芯片为例，该芯片集成了 160 亿个晶体管，内置 8 核 CPU、8 核 GPU 和 16 核 NPU。其中，GPU 可进行每秒 2.6 万亿次的浮点运算，NPU 可进行每秒 11 万亿次的操作处理。尽管如此，这样的算力仍无法与大型计算机系统比拟，仅相当于我国天湖计算机系统算力的三十万分之一。

总之，人工智能技术在算料、算法和算力的全面支持下进入一个全新的快速发展阶段。我国《人工智能标准化白皮书（2018 版）》也给出了对人工智能的一个定义：**利用数字计算机或者由数字计算机控制的机器，模拟、延伸和扩展人类的智能，感知环境、获取知识并使用知识获得最佳结果的理论、方法、技术和应用系统。** 目前弱人工智能（一般认为并非拥有真正意义上的智能）在许多专业领域取得了显著成果。

例如，1997 年 IBM 公司开发的国际象棋对弈系统深蓝（Deep Blue）击败了当时的世界冠军；2010 年苹果公司开发的智能语音助理可以支持自然语言输入，调用手机系统自带的天气预报、日程安排等应用，同时能够不断学习新的语音和语调，提供对话式的应答服务；2016 年 DeepMind 公司利用深度学习开发的 AlphaGo 围棋对弈系统击败了世界围棋顶级选手；2016 年中国香港汉森公司开发的人形机器人索菲亚（Sophia）具有一定的语言交流和表情互动能力；同时，诸多推荐系统、信用分析、智能客服、知识图谱和人脸识别等功能在商业上获得成功应用。**机器学习和深度学习逐渐成为人工智能的主流技术。**

学习能力是人类智能的一个非常重要特征。与前期专家系统的 if-then 知识表示方法不同，机器学习利用大量的数据来"训练"有关算法，使得这些算法可以从数据中主动学习知识并自动建立规则，进而完成推理和预测等任务。这里以机器判断一个人的体重是否正常为例进行简要说明。

☞【案例】机器判断体重是否正常

基于大量人体身高和体重数据的研究，人们将身体质量指数（Body Mass Index，BMI）作为度量体重是否正常的标准。据此可建立一个最简单的专家系统知识库，诸如：if BMI<18.5 then 体重过小；if BMI>=18.5 and BMI<24 then 体重正常；if BMI>=24 and BMI<28 then 体重过大；if BMI>=28 and BMI<32 then 肥胖；if BMI>=32 then 过胖。专家系统在运行时先要求用户输入自己的身高和体重数据，然后系统自动根据计算规则得到相应的 BMI 值，并依据知识库给出用户体重情况的结论。

机器学习与上述专家系统的实现思路不同，它是基于大量与身高、体重和判断结论相关的数据，通过各种机器学习算法自动学习并发现身高、体重和判断结论间的数量关系（知识），并通过建立的预测模型实现对用户体重是否正常的判断。

机器学习汇集了众多学科的模型算法，并以人工神经网络（Artificial Neural Networks）为基础，经过数十年的发展形成了深度学习的基础架构。人工神经网络借鉴人类大脑神经元的构造形态，建立了关于神经元连接的输入层、输出层和数据传播机制。深度学习中的"深度"通常是指神经网络中有多个层次。当前深度学习中的神经元层次已超过千层，相关模型参数也超过百亿级别。

4．未来发展趋势

人工智能未来发展主要体现在以下方面。

（1）近年来全球人工智能处于快步发展阶段，许多人工智能技术与应用取得突破性进展，一些弱人工智能逐步得以实现，人们希望通过深度学习、强化学习和迁移学习等不断逼近强人工智能，使得人类可以从专业智能逐步向通用智能迈进。

（2）一些学者构想的人工智能是一种人机协同的智能增强型系统。人工智能的最终目标始终是以人为本并为人类服务。人类在处理抽象性、情绪化与非逻辑性等问题上有着不可逾越的优势，而人工智能在复杂计算、快速输入/输出、重复处理、海量记忆等方面具有绝对优势。所以通过人机交互，人类指导下的人工智能系统将会发挥其特长，达到全新的智能化高度。

（3）一些学者提出人工智能在功能上的进化可以分为单一反应型、有限记忆型、心智型、自我意识型。

• 单一反应型（Reactive Machine AI）。

单一反应型，是指人工智能是最基本的人工智能系统，它只能处理当前的具体问题，没有记忆能力，无法利用过去的知识。这种最基本的人工智能无法在专业领域以外发挥作用，也无法与环境进行交互进而成为环境的一部分，如棋牌对弈系统。

• 有限记忆型（Limited Memory AI）。

有限记忆型，是指人工智能具有短暂的记忆，可以存储过去的数据并选择未来的行为。例如，汽车自动驾驶系统可以使用传感器快速采集道路环境数据，并利用这些数据进行即时驾驶判断。这些数据可综合运用到其他场景中。

• 心智型（Theory Of Mind AI）。

心智型，是指机器具有感知环境和他人心理状态的能力。人工智能通过互动和交流等可以感受到周围气氛、表情和意图等复杂变化，从而理解人类预期，并据此调整自身行为。这是当前人工智能系统存在较大差距之处。

• 自我意识型（Self-Aware AI）。

自我意识型，是指人工智能具有自我感知和自我进化能力，是人工智能发展的最高级层次。虽然距离技术现实还需要进行长期探索，但是这一预期存在可能性及较大争议性。

3.6.4　过程控制

过程控制又称自动控制或实时控制。计算机系统收集传感器获取的实时数据并在快速分析处理后将有关信息反馈给控制设备，控制设备自动调节控制对象的后续处理过程或工作状态，从而实现提高生产效率、产品质量和自动化处理水平等目标。

过程控制的关键在于快速采集实时数据、快速响应和进行自动化处理，在电力、冶炼和化工等工业生产及侦察、监测和预警等军事领域都有广泛应用。

近年来随着互联网和物联网的快速发展，大规模实时数据的应用场景不断出现在商业应用与日常生活中，如城市交通治理、金融交易风险控制、客户个性化网络服务和汽车自动驾驶等。这类海量实时数据被称作流数据，其处理技术是大数据系统的一个主要研究方向。

在上述四个计算机应用中，科学计算侧重于算力，数据处理和大数据侧重于研究数据世界的深刻变化，人工智能聚焦于与模型和算法有关的问题，而过程控制则体现了计算机系统在自动化生产领域中对实时流数据的处理需求。除此之外，计算机应用还有许多非常成功的实践领域，如计算机网络与通信、多媒体应用、电子商务、嵌入式系统、电子游戏和计算机辅助系统（CAD/CAM）等，这些应用成为带动世界科技发展的活跃力量。

本章至此告一段落。人类在算料、算力和算法方面的持续积累逐步汇聚成数据处理的巨大力量。在数据科学理论方法的指引下，人类通过构建网络化数字世界，正在使用一种大数据模拟的方式，逐步逼近人类智能的本质，逐步接近现实世界的本质。而实现这一目标，不是数据科学在某个细节和局部的进步，而是一种整体跨越。

第 4 章

数据科学中的数学与统计学基础

数学是关于数与形的科学，反映了人类对时间和空间本质的认知。数学与哲学在科学体系中具有独特的地位。哲学对各学科具有引导和指导作用，而数学对各学科具有支撑和构建作用。哲学从一门学科中退出意味着这门学科诞生；而数学进入一门学科乃至主导一门学科意味着这门学科已经逐渐成熟。数学严谨、简约而纯粹，其高度的概括抽象性与其广度的普遍应用性是相辅相成的。正如我国数学家华罗庚指出的：宇宙之大，粒子之微，火箭之速，化工之巧，地球之变，生物之谜，日用之繁，无处不用数学。

数学是一门历史悠久的科学。 数学理论起源于公元前 600 年至公元前 300 年的古希腊，以数学家欧几里得的《几何原本》为重要标志，至今已有 2600 多年的发展进程。早期古希腊数学学派的基本观点认为，数学是现实的核心，万物皆数。

数学是一门博大精深的科学。 总体而言，数学中研究数的部分属于代数学范畴，研究形的部分属于几何学范畴，沟通数与形且涉及极限运算的部分属于分析学范畴。这三大数学主体内容通过数与形的概念，与其他具体理论方法互相渗透并互相结合，如今已经形成分支众多的数学研究领域。

2000 年，华中科技大学出版社出版了由我国 200 余位数学界专家学者编著的《现代数学手册》，该书分为五卷，编入了 100 多个分支。其中"经典数学卷"包含 16 个分支和 4 个附录，如微积分、高等代数、矩阵论和微分几何等；"近代数学卷"包含 21 个分支，如数理逻辑、组合数学、图论和拓扑学等；"计算机数学卷"包含 24 个分支，如数值分析、数值代数、近代密码学和并行与分布计算中的模型与算法等；"随机数学卷"包含 19 个分支，如概率论、数理统计、随机过程和多元统计分析等；"经济数学卷"包含 20 个分支，如计量经济、金融数学、精算数学和非线性规划等。全书以应用为导向对数学全貌进行了系统性的论述，我们从中可以窥得数学科学的整体轮廓。

2008 年，美国普林斯顿大学出版社出版了《普林斯顿数学指南》，该书在国内分三册翻译出版。全书分为八大部分："引言""现代数学的起源""数学概念""数学分支""定理与问题""数学家""数学的影响""看法与建议"。其中，最重要的是"数学分支"部分，该部分介绍了 26 个现代前沿数学分支在 20 世纪后期的主要进展与成果，我们从中可以窥得数学科学的发展前沿。

数学和统计学与数据科学有着紧密联系，它是数据处理的理论方法库。本章围绕若干大学数学有关内容，结合数据分析中的一些实例仅选取数学知识体系中的几个点对数据科学如何使用数学的理论方法进行简明通俗的讲解。本章尽量避免数学方式的"定义—定理—证明—推论"的论述，更多地注重问题的来源、数学的基本思想和解决问题的直观思路等方面。

4.1 微积分与数据科学应用

微积分是数学中最经典的篇章之一，已成为人类探索科学奥秘的重要的数学工具。它是现代数学诸多分支的基础，是一把打开高等数学之门的钥匙，在数据处理领域具有广泛而深入的应用。正如科学家冯·诺伊曼指出的：微积分是近代数学中最伟大的成就，对它的重要性无论做怎样的评估都不会过分。

4.1.1 微积分的产生背景

微积分思想方法由来已久，近代导致微积分学说产生的直接原因源于 17 世纪的两类主要研究：一类是关于复杂曲线函数的研究，另一类是关于复杂运动变化的研究。

1．关于复杂曲线函数的研究

法国数学家笛卡儿于 1637 年前后创立的坐标系及解析几何学，建立了代数与几何之间的桥梁，成为近现代数学的重要基础工具之一。这极大地促进了当时对于复杂曲线函数的深入研究，并有效促进了微积分学说在 17 世纪下半叶的初步形成。

求解由直线、三角、平面和立方体等构成的函数相对简单，求解其周长、面积和体积等并非十分困难，而求解曲线的长度、曲线围成的面积与曲面围成的体积，以及求解曲线的割线、切线与法线，并获取曲线函数的最大值和最小值等却十分棘手。这里的曲线函数是指多维空间上任何形式的曲线、曲面或曲面体等。德国数学家戈特弗里德·威廉·莱布尼茨（Gottfried Wilhelm Leibniz，1646—1716）是从这方面入手建立积分和导数等概念并创立微积分学说的。

2．关于复杂运动变化的研究

早期学者对于最简单的匀速直线运动有确定的数学描述公式，即距离等于速度乘以时间。但是当速度变化而且是持续变化时，一切开始变得复杂。速度变化而且持续变化的运动在自由落体运动、钟摆摆动、小球滑下斜面的加速运动、炮弹飞行的最大射程和最佳角度，以及流体力学和天体运行等物理学研究中非常普遍，但是利用当时的数学知识无法破解这些难题。英国著名科学家艾萨克·牛顿（Isaac Newton，1643—1727）是从这方面入手建立导数和微分等概念并创立微积分学说的。

当时许多著名学者已经开始从各自领域关注和研究与微积分有关的问题。例如，17 世纪上半叶近代天文学研究取得长足的进步，德国天文学家约翰尼斯·开普勒（Johannes Kepler，1571—1630）通过长期数据观测和研究，在 1619 年提出了行星运动三大定律（轨道定律、面积定律和周期定律）。其中，周期定律是指行星绕太阳一周的时间的二次方与其运行轨道长半轴的三次方成正比。开普勒的研究依据是观测搜集到的如表 4-1 所示的数据。这也是通过数据处理发现天文学规律的成功案例。

表 4-1　开普勒周期定律数据表

行　　星	周期/年	长半轴距离	周期²/距离³
水星	0.241	0.39	0.98
金星	0.615	0.72	1.01
地球	1.000	1.00	1.00
火星	1.88	1.52	1.01
木星	11.8	5.20	0.99
土星	29.5	9.54	1.00
天王星	84.0	19.18	1.00
海王星	165	30.06	1.00

　　开普勒虽然使用了无穷小和无穷大等概念，由于涉及行星的椭圆轨道、引力和重心等方面的复杂问题，受条件限制他无法给出定律的数学推导与证明。根据后来牛顿发现的力学三大定律和万有引力定律，借助微积分学说中的微分方程，即可推导出开普勒的三大定律。牛顿在《自然哲学的数学原理》等重要文献中论述总结了这些观点。牛顿的伟大贡献在于创立了一套完整的经典力学理论体系，统一了近代天体力学和一般机械力学的研究范畴，同时以微积分学说深刻探索揭示了客观世界的数学本质。

　　在此值得一提的是，可以将牛顿的研究视为一种典型的理论演绎的方法，属于正问题的思路；将开普勒的研究视为一种典型的数据归纳的方法，属于反问题（详见 2.7.1 节）的思路。后者必须依靠长期大量的数据观察与分析提出可解释的模型，进而不断逼近科学本质，为牛顿的物理规律发现和第一性原理（First Principle Thinking）的创立指出了方向。这种数据驱动的方法已经成为近现代科学研究与发现的主流趋势。

4.1.2　微积分的基本思想方法

　　微积分应对上述复杂问题的基本思想方法是，把原本复杂的处理对象切分为一些相对简单的子部分。如果这些子部分仍然无法处理，就继续切分下去。微积分的超凡之处在于，把切分发挥到极致，从而达到无限的程度。例如，将体切分为面，将面切分为线，将线切分为点。随后逐一解决这些无穷小的问题，这些无穷小的问题会比原本复杂的初始问题容易处理。最后将全部无穷小问题的结果重新整合起来，汇总为初始问题的答案。所以微积分总体上可分为两个内容：切分和整合，数学术语称为微分和积分。牛顿和莱布尼茨等科学家的一个重要贡献是认识到微分和积分是构成微积分学说的两个侧面。通过如下示例加以说明。

☞【示例】基于 $y = x^2$ 直观理解导数和微分

　　对于一个边长为 x 的正方形，它的面积为 $y = x^2$。若增加正方形的边长，增加值为 Δx_0，则边长变为 $x + \Delta x_0$，正方形的面积变化为

$$\Delta y = \left(x + \Delta x_0\right)^2 - x^2 = 2x\Delta x_0 + \left(\Delta x_0\right)^2$$

　　上述公式的几何表示形式如图 4-1 所示。当 Δx_0 逐渐变小并趋近于 0 时，微分将 Δy 记为 $\mathrm{d}y$，Δx_0 记为 $\mathrm{d}x$，$\left(\Delta x_0\right)^2$ 作为高阶无穷小就退化为一个点，可以忽略不计，从而得到微分公式：

$dy = 2xdx$，相应导数的表示方式为 $\dfrac{dy}{dx} = 2x$。因此，可以将导数直观地理解为原函数的"变化率"。

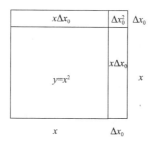

图 4-1　$\Delta y = 2x\Delta x_0 + (\Delta x_0)^2$ 的几何表达形式

☞ **【示例】以求曲线 $y = x^2$ 与直线 $x = 0$ 至 $x = 10$ 和 x 轴围成的阴影面积（见图 4-2 左图）为例，直观理解积分**

按照微积分的思想方法，可尝试将区间 $[0,10]$ 切分为 10 个小区间，每个小区间的宽度为 1（见图 4-2 右图），每个小区间取中间点 $x_i + 0.5$，据此可求出每个小矩形的高度为 $y_i = (x_i + 0.5)^2$，然后求出 10 个小矩形的面积，最后汇总为

$$0.5^2 + 1.5^2 + 2.5^2 + 3.5^2 + 4.5^2 + 5.5^2 + 6.5^2 + 7.5^2 + 8.5^2 + 9.5^2 = 332.5$$

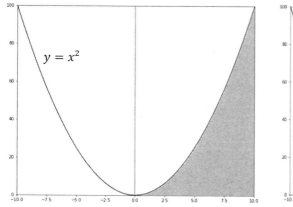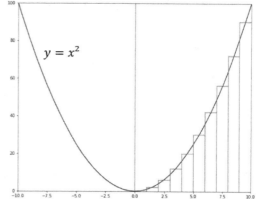

图 4-2　对 $y = x^2$ 直观求积分

按照微积分的思想方法，可再次尝试将区间 $[0,10]$ 切分成 $n(n \to \infty)$ 个小区间，每个小区间的宽度记为 dx，无限趋近于一个点 x_i。据此可求出每个小矩形的高度为 $y_i = (x_i)^2$，然后求出阴影面积等于 n 个小矩形的面积，最后汇总为

$$\sum_{i=1}^{n} y_i dx = \sum_{i=1}^{n} x_i^2 dx = \sum_{i=1}^{n} \left(i \times \frac{10}{n} \right)^2 \times \frac{10}{n}$$

$$= \frac{1000}{n^3} \sum_{i=1}^{n} i^2 = \frac{1000}{n^3} \left(1^2 + 2^2 + \cdots + n^2 \right) = \frac{1000}{n^3} \times \left(\frac{n(n+1)(2n+1)}{6} \right)$$

$$= \frac{1000}{6} \times \left(1 + \frac{1}{n} \right) \left(2 + \frac{1}{n} \right) = \frac{1000}{3}, \quad n \to \infty$$

通过研究总结，牛顿和莱布尼茨提出了一般性的牛顿–莱布尼茨公式来求解面积问题，即利用不定积分求出 $f(x)$ 的反导数 $F(x)$，记为 $F'(x) = f(x)$，或者：

$$F(x) = \int f(x)\mathrm{d}x$$

求出 $F(x)$ 后，求解面积问题就可以转化为求解定积分问题，公式记为

$$\int_a^b f(x)\mathrm{d}x = F(b) - F(a)$$

对于上例中的 $f(x) = x^2$，有 $F(x) = \dfrac{1}{3}x^3 + C$，于是可得

$$\int_0^{10} x^2\mathrm{d}x = F(10) - F(0) = \frac{1000}{3}$$

莱布尼茨还精心设计创造了微积分的符号系统，大多都被沿用至今。其中，$\int$ 是英文"Sum"首字母"S"的拉长变形符，表示对于微分的累积。

微积分学说从产生到逐步完善，是以牛顿和莱布尼茨为代表的一批科学家共同创造的，经历了一个相当漫长的发展时期。抽象地描述运动变化现象离不开函数的连续性问题，而抽象地描述函数连续性离不开极限理论等。其间类似于无穷小时而为零时而非零的不严谨使用等一系列关键问题始终困扰着数学界的学者。直到 19 世纪中叶，在法国数学家柯西和德国数学家魏尔斯特拉斯等人的努力下，严格的极限理论和连续函数等重要概念被建立起来，微积分理论才得以摆脱"趋于"和"逼近"等模糊的几何直观，并被普遍接受和应用。

微积分（Calculus）是研究函数的微分、积分及有关概念和应用的数学分支，是数学的一个基础学科。其中，微分学的主要内容有极限理论、导数、微分和微分方程等；积分学的主要内容有不定积分和定积分等。微积分理论在极大促进数学发展的同时，极大促进了众多相关领域的进步，如天文学、物理学、化学、生物学、医学、工程学和经济学等。计算机的出现进一步促进了微积分理论在众多领域全面深入的应用。

要学好微积分，就要适应从初等数学到高等数学的跳跃性变化。要将原来静态的、有限的数学概念，提升到动态的、无限的抽象层次上，深刻领会从量变到质变的思维模式，从原始问题入手，从整体上把握基本原理，理解微积分应用的本质。

4.1.3 梯度下降法及数据科学应用示例

梯度下降法（Gradient Descent）的主要应用是求出某个函数在取最小值时对应的自变量取值。梯度下降法在机器学习和深度学习的神经网络等算法模型中有着非常普遍的应用。例如，通过损失函数对模型进行优化求解，损失函数的自变量一般是模型的参数，而函数值是基于误差的损失值，优化求解的目标是找到损失值最小情况下的参数取值。

通过学习微积分知识我们了解到，在一定条件下可以先对函数求导数（如果是多元函数则求偏导数），且令导数函数等于零，然后求解，即可得到函数极值下的自变量取值点。这个方法在理论上是没有问题的，但在大规模数据的实际应用环境中却存在一些问题。

首先，函数中的自变量较多，如深度学习的人工神经网络模型中的参数有成千上万个，而

且数以亿计的参数也并不罕见，直接使用一般的方程组求解非常困难。其次，实际应用中的函数一般比较复杂且领域差异较大，许多都是非线性的，使用上述方法很难形成普遍适用的一般性算法等。后续产生的梯度下降法是一种遵从微积分基本概念，基于初值并通过不断迭代搜索的数值计算，来求解函数极值下自变量取值的实用方法。

1．梯度概念

梯度是一个向量（详见 4.2.1 节），有大小也有方向。梯度的概念与一个函数及函数的某个初始取值有关。例如，对于二元函数 $f(x,y)$，分别对 x 和 y 求偏导数，求得的梯度向量就是 $\left(\dfrac{\partial f}{\partial x},\dfrac{\partial f}{\partial y}\right)$，记为 $\nabla f(x,y)$。在取值点(x_0,y_0)的具体梯度向量为 $\left(\dfrac{\partial f}{\partial x_0},\dfrac{\partial f}{\partial y_0}\right)$，记为 $\nabla f(x_0,y_0)$，其他多元函数的情况以此类推。

从几何意义上讲，梯度的方向就是函数值增大最快的方向，沿着这个方向可以更快地找到函数的最大值。反之，与梯度方向相反的方向，即 $-\nabla f(x_0,y_0)$ 的方向，函数值减小最快，沿着这个方向可以更快地找到函数的最小值。假如我们置身于山峰上的某一点，到达山脚的方式可以是绕行盘山公路，也可以是从山间小路穿行，而梯度下降法是先计算当前位置的梯度，然后沿着负梯度方向走一段路并判断是否到达山脚。如果没有到达山脚，就计算当前位置的梯度再走一段路。因为负梯度方向就是下山最陡峭的方向，所以可以最快到达山脚。

2．梯度下降法算法

设有一个 n 元函数 $f(x)=f(x_1,x_2,\cdots,x_n)$，从一个初始点 $x^{(t=0)}=\left(x_1^{(t=0)},x_2^{(t=0)},\cdots,x_n^{(t=0)}\right)$ 开始，基于一个步长（与学习率 $\rho>0$ 有关），构建一个迭代过程 $x^{(t)}-\rho\nabla f(x)$，可将第 $t+1$ 次迭代展开为

$$\begin{cases} x_1^{(t+1)}=x_1^{(t)}-\rho\dfrac{\partial f}{\partial x_1}\bigg|_{x_1=x_1^{(t)}} \\[2mm] x_2^{(t+1)}=x_2^{(t)}-\rho\dfrac{\partial f}{\partial x_2}\bigg|_{x_2=x_2^{(t)}} \\[2mm] \cdots\cdots \\[2mm] x_n^{(t+1)}=x_n^{(t)}-\rho\dfrac{\partial f}{\partial x_n}\bigg|_{x_n=x_n^{(t)}} \end{cases} \tag{4.1}$$

从梯度下降法的迭代公式来看，自变量的下一个取值点的选择与当前点和它的梯度及步长的设置有关。一旦达到迭代收敛条件，迭代就结束，当前取值点就是所求点。

3．梯度下降法示例

对函数 $f(x)=x^2-2x+16$ 进行数值计算，已知该函数的最小值为 15，对应的自变量 x 的取值点为 1，函数的梯度为 $\nabla f=2x-2$，如图 4-3 所示。

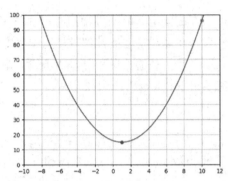

图 4-3　函数 $f(x)=x^2-2x+16$ 的函数图形和最小值

设置起始点 $x_{t=0}=10$，学习率 $\rho=0.2$，进行 30 次迭代，有

$$x_{t=1}=10-0.2(2\times10-2)=6.4$$
$$x_{t=2}=6.4-0.2(2\times6.4-2)=4.24$$

$$......$$
$$x_{t=29}=1.00000332$$
$$x_{t=30}=1.00000199$$

以上过程可以通过编写 Python 程序实现。迭代 30 次后可以看到自变量 x 的取值点趋近于 1。可以给定一个收敛条件，即在 $|x_t-x_{t+1}|<0.0001$ 时结束迭代。此时，发现示例运算中迭代到 21 次时满足收敛条件。

这里仅给出具体的 Python 程序。关于 Python 编程的具体内容将在第 6 章讨论，届时可以再回到本章仔细领会如下程序的含义。

```
x0=10;p=0.2
for t in range(30):
    x1=x0-p*(2*x0-2)
    print(t,x0)
    if abs(x0-x1) < 0.0001:
        break
    x0=x1
```

函数 $f(x)=x^2-2x+16$ 的梯度下降法示意图如图 4-4 所示。

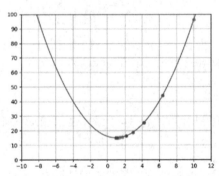

图 4-4　函数 $f(x)=x^2-2x+16$ 的梯度下降法示意图

　　梯度下降法是一种无约束优化算法。当然在实际应用中梯度下降法比上述示例要复杂得多，需要考虑更多情况。例如，学习率 ρ 设置得过小会影响迭代效率，设置得过大会导致在极值点附近震荡或者遗漏极值点。又如，在多峰函数中某个函数极值点可能仅仅是局部最优而不是全局最优，所以应该随机选择函数上的多个初值点进行迭代计算。

　　以下将通过一个示例展示梯度下降法在实际数据分析中的应用。

☞【示例】基于大学生身高数据建立对体重的预测模型

　　现收集到 300 名大学生的身高（单位为 cm）和体重（单位为 kg）的数据。根据数据建立一个线性回归方程，利用身高（x）来预测体重 y：$y = ax + b$。

　　为求出方程中参数 a 和 b 的数值，可构造一个关于均方误差的损失函数，将问题转为求损失函数最小时的参数 a 和 b 问题。这里将损失函数定义为 $L(a,b) = \dfrac{1}{N}\sum_{i=1}^{N}e_i^2 = \dfrac{1}{N}\sum_{i=1}^{N}\left(y_i - (ax_i + b)\right)^2$，$N = 300$。式中，$e_i$ 是体重 y 的实际值与其预测值的残差，$e_i = y_i - (ax_i + b)$。进一步可求得损失函数 L 的梯度：$\left(\dfrac{\partial L}{\partial a} = \dfrac{-2}{N}\sum_{i=1}^{N}x_i e_i, \dfrac{\partial L}{\partial b} = \dfrac{-2}{N}\sum_{i=1}^{N}e_i\right)$。

　　假设 $a_0 = 0.0$，$b_0 = 0.0$，$\rho = 0.1$，代入具体身高和体重数据，可得到下一个 a 和 b 的值为 $a_{t+1} = a_t - \rho\left.\dfrac{\partial L}{\partial a}\right|_{a=a_t}$，$b_{t+1} = b_t - \rho\left.\dfrac{\partial L}{\partial b}\right|_{b=b_t}$。经过不断迭代，最终根据收敛条件可得到 a 和 b 的最优值，从而得到体重的预测模型。统计学中的更快捷的求解方法是最小二乘法。由于这里的损失函数并不复杂，因此令偏导数等于零，即可直接求解。

　　在机器学习应用中梯度下降法有不同的计算策略，如批量梯度下降法（Batch Gradient Descent，BGD）、随机梯度下降法（Stochastic Gradient Descent，SGD）、小批量梯度下降法（Min-Batch Gradient Descent，MBGD）等。

4.2　线性代数与数据科学应用

　　向量和矩阵等概念是线性代数的核心内容，也是高等代数的基础知识，既是对现实世界的客观反映，也是人类思维的抽象创造，在数据科学中有着非常广泛的应用。

4.2.1　向量与向量空间及应用示例

1. 向量及其表示

　　向量（Vector）是一种有方向、有大小的量。没有方向只有大小的量称为纯量。物理学中将力、动量和位移等在现实世界中具有方向和大小的量称为矢量，将只有大小没有方向的量称为标量。由此可知，数学中的向量是对全部有方向且有大小的量的抽象与概括。

　　使用几何方式，可将向量表示为一个带箭头的线段，箭头代表向量的方向，线段长度代表向量的大小。所有向量构成的集合称为向量空间。我们非常熟悉的直角坐标系系统具有描述方

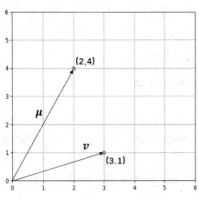

图4-5 向量的几何表示示意图

向和大小的基本能力，是表示向量的常用方式，它也是一个向量空间。**直角坐标系可以使用两个点表示向量的起点和终点，起点到终点的方向为向量的方向，起点到终点的距离为向量的大小。**由于向量与起始位置无关，所以为便于表示，通常将坐标原点作为起点，这样就可以直接使用终点坐标唯一地表示向量，如图4-5中的 $\boldsymbol{\mu}$ 和 $\boldsymbol{v}$ 所示，其中(2,4)和(3,1)分别称为 $\boldsymbol{\mu}$ 和 $\boldsymbol{v}$ 的两个分量（坐标），可分别记作 (μ_1,μ_2) 和 (v_1,v_2)。因 $\boldsymbol{\mu}$ 和 $\boldsymbol{v}$ 包含两个分量，所以称其为二维向量或二元向量。

向量也可以用代数方式表示，如二维向量 $\boldsymbol{\mu}$ 可表示为

$$\boldsymbol{\mu} = \begin{bmatrix} \mu_1 \\ \mu_2 \end{bmatrix}$$

若无特殊说明，则向量 $\boldsymbol{\mu}$ 表示列向量。包含 n 个分量或元素的向量 $\boldsymbol{\mu}$ 称为 n 维向量，在几何上其方向指向 n 维空间中坐标为 $(\mu_1,\mu_2,\cdots,\mu_n)$ 的点，代数表示为 $\boldsymbol{\mu}^{\mathrm{T}} = [\mu_1 \quad \mu_2 \quad \cdots \quad \mu_n]$，式中，T表示转置，$\boldsymbol{\mu}^{\mathrm{T}}$ 就是行向量。

2．向量运算

向量空间不仅包含向量元素，还包含向量的处理规则（或称结构），这些处理规则是关于向量加法和向量数乘的基本定义，对应得到的新向量仍属于这个向量空间。

例如，2个二维向量 $\boldsymbol{\mu}$ 和 $\boldsymbol{v}$ 进行加法的规则表示为 $\boldsymbol{\mu}+\boldsymbol{v} = [\mu_1+v_1 \quad \mu_2+v_2]^{\mathrm{T}}$，在几何意义上表示为两个向量 $\boldsymbol{\mu}$ 和 $\boldsymbol{v}$ 按照一定的规则（如平行四边形法则）形成的新向量 $\boldsymbol{\mu}+\boldsymbol{v}$，如图4-6左图所示。

又如，纯量 a 和一个二维向量 $\boldsymbol{v}$，两者的向量数乘表示为 $a\boldsymbol{v} = a[v_1,v_2]^{\mathrm{T}} = [av_1,av_2]^{\mathrm{T}}$，在几何意义上表示为纯量 a 和向量 $\boldsymbol{v}$ 按照一定规则（如同向按比例伸缩等）形成的新向量 $a\boldsymbol{v}$，如图4-6右图所示。

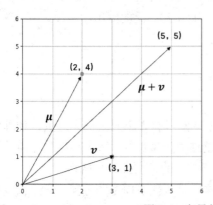
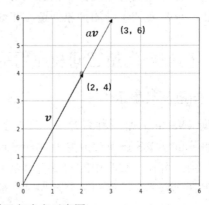

图4-6 向量加法和数乘的几何意义示意图

对于向量空间，德国著名数学家戴维·希尔伯特（David Hilbert，1862—1943）在进行有关研究时构造定义了向量内积的概念。两个 n 维列向量 $\boldsymbol{\mu} = [\mu_1, \mu_2, \cdots, \mu_n]^{\mathrm{T}}$，$\boldsymbol{v} = [v_1, v_2, \cdots, v_n]^{\mathrm{T}}$ 的内积表示为

$$\boldsymbol{\mu}^{\mathrm{T}}\boldsymbol{v} = [\mu_1, \mu_2, \cdots, \mu_n]\begin{bmatrix} v_1 \\ v_2 \\ \vdots \\ v_n \end{bmatrix} = \mu_1 v_1 + \mu_2 v_2 + \ldots + \mu_n v_n \tag{4.2}$$

内积也称为**数量积或点积**，本质是一种线性组合，计算结果是一个纯量。内积也可以采用两向量夹角和向量长度的纯量表示：

$$\boldsymbol{\mu}^{\mathrm{T}}\boldsymbol{v} = |\boldsymbol{\mu}||\boldsymbol{v}|\cos\theta_{\mu v} \tag{4.3}$$

$|\boldsymbol{\mu}||\boldsymbol{v}|\cos\theta_{\mu v}$ 可以看作内积的几何表示，等于向量 $\boldsymbol{\mu}$ 和 $\boldsymbol{v}$ 的大小，也称模 $|\boldsymbol{\mu}|$ 和模 $|\boldsymbol{v}|$，与它们的夹角余弦 $\cos\theta_{\mu v}$ 的乘积。向量 $\boldsymbol{\mu}$ 的模定义为 $|\boldsymbol{\mu}| = \sqrt{\mu_1^2 + \mu_2^2 + \ldots + \mu_n^2}$，几何上对应向量起点到终点的距离。在式（4.3）的基础上，夹角余弦 $\cos\theta_{\mu v}$ 可表示为

$$\cos\theta_{\mu v} = \frac{\boldsymbol{\mu}^{\mathrm{T}}\boldsymbol{v}}{|\boldsymbol{\mu}||\boldsymbol{v}|} = \frac{\sum_{i=1}^{n}\mu_i v_i}{\sqrt{\sum_{i=1}^{n}\mu_i^2}\sqrt{\sum_{i=1}^{n}v_i^2}} \tag{4.4}$$

式（4.4）也称夹角余弦距离，在数据科学中常用来度量空间中两个点的相似性。夹角余弦距离越大两个点的相似性越小。

上述定义有助于我们深入探讨向量的正交性等更多性质。显然，如果两个向量内积等于 0，那么这两个向量是互相正交的。进一步，若将向量 $\boldsymbol{\mu}$ 用点表示，向量 $\boldsymbol{v}$ 用有向直线表示，则两者的点积 $\boldsymbol{\mu}^{\mathrm{T}}\boldsymbol{v}$ 为点 $\boldsymbol{\mu}$ 在有向直线 $\boldsymbol{v}$ 上的投影（Projection），示意图如图 4-7 所示。

在增加了内积的处理规则后，向量空间就升级成了内积空间，再增加一些完备性定义，就成功构造了希尔伯特空间。希尔伯特空间在数据科学的支持向量机算法中有具体应用。

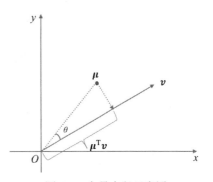

图 4-7　向量内积示意图

这些数学空间的定义与建立使得相关数学概念具有了本质性和一致性的数学描述，而且可以严谨、简明与逻辑自洽地表示许多数学问题，这使得数学理论以系统化的方式持续积累地发展。因此先从整体上理解这些数学空间及其定义系统是非常重要的。

4.2.2　矩阵与线性变换及应用示例

1. 矩阵的概念

通俗地说，一个矩阵（Matrix）是由 m 行 n 列个元素构成的集合，常见的矩阵元素均属于实数域，因此称矩阵 $\boldsymbol{A}_{m \times n}$ 为实矩阵：

$$A = \begin{bmatrix} a_{11} & a_{12} & \cdots & a_{1n} \\ a_{21} & a_{22} & \cdots & a_{2n} \\ \vdots & \vdots & & \vdots \\ a_{m1} & a_{m2} & \cdots & a_{mn} \end{bmatrix}$$

观察矩阵行和列的结构，可以得到 n 个 m 维的列向量和 m 个 n 维的行向量。这样矩阵就与上文讨论的向量建立了联系：列向量即 $m \times 1$ 的矩阵，行向量即 $1 \times n$ 的矩阵；当 $m = n$ 时，称之为 n 阶方阵。观察方阵的斜向结构，可以得到对角矩阵（$a_{ij} = 0$）（只有对角线上有非 0 元素）和上下三角矩阵的定义；观察对角矩阵的元素，可以得到单位矩阵（$a_{ii} = 1$）等；观察矩阵整体与部分的结构，可以将一个矩阵划分为多个子矩阵等。进一步从实际意义观察，矩阵与数据二维表、计算机语言的数组和一幅图像的点阵像素数据等都有对应关系。

2．矩阵的乘法

矩阵和向量、矩阵和矩阵之间可以定义各种运算，其中矩阵的乘法具有重要作用。

设有矩阵 $A_{m \times p}$（$m \times p$ 维的矩阵）和矩阵 $B_{p \times n}$（$p \times n$ 维的矩阵），$m \times n$ 维的矩阵 C 为矩阵 $A_{m \times p}$ 和矩阵 $B_{p \times n}$ 的乘积，记为 $C = AB$，则矩阵 C 中第 i 行第 j 列的元素为

$$(AB)_{ij} = \sum_{k=1}^{p} a_{ik} b_{kj} = a_{i1} b_{1j} + a_{i2} b_{2j} + \cdots + a_{ip} b_{pj} \tag{4.5}$$

矩阵乘法运算规则示意图如图 4-8 所示。

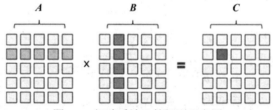

图 4-8　矩阵乘法运算规则示意图

矩阵 A 的第 i 行元素与矩阵 B 的 j 列元素逐一相乘并相加，结果作为矩阵 C 第 i 行 j 列的数据元素。

在特殊情况下，如果 $n = 1$，那么矩阵的乘法可视为矩阵 $A_{m \times p}$ 与矩阵 $B_{p \times 1}$（p 维列向量，记为 v）的乘法，其结果为一个 $m \times 1$ 维的矩阵，即列向量，记为 μ，可重新记为 $Av = \mu$。

这里给出一个矩阵乘法的示例，以拓展矩阵乘法的应用场景。

☞【示例】斐波那契数列

意大利数学家斐波那契（Fibonacci）于 1202 年提出了一个以自己的姓名命名的斐波那契数列。该数列以递推方式定义为 $F(0) = 0$，$F(1) = 1$，$F(n) = F(n-1) + F(n-2)$。式中，n 为自然数且 $n \geq 2$。

斐波那契数列具有许多深层次的性质。例如，当 n 趋近无穷大时，$F(n)/F(n+1)$ 就是黄金分割；其任意项的代数表达式让数学家发现无理数也可以表示自然数及其数列：

$F(n) = \dfrac{1}{\sqrt{5}}\left[\left(\dfrac{1+\sqrt{5}}{2}\right)^n - \left(\dfrac{1-\sqrt{5}}{2}\right)^n\right]$。我们可以根据矩阵乘法的结合律，使用矩阵简单地表示

斐波那契数列，从而把数列的线性递推问题转化为矩阵的 n 次幂运算问题：

$$\begin{bmatrix} F(2) \\ F(1) \end{bmatrix} = \begin{bmatrix} 1 & 1 \\ 1 & 0 \end{bmatrix}\begin{bmatrix} F(1) \\ F(0) \end{bmatrix}, \quad \begin{bmatrix} F(n) \\ F(n-1) \end{bmatrix} = \begin{bmatrix} 1 & 1 \\ 1 & 0 \end{bmatrix}^{n-1}\begin{bmatrix} F(1) \\ F(0) \end{bmatrix}.$$

可以看到，对于向量和矩阵而言，它们的元素不仅是实数域中的数字形式，在数学中它们的元素是广义的，可以是函数、多项式和方程等。

3．利用矩阵求解线性方程组

矩阵乘法的一个实际用途就是求解线性方程组。早期使用矩阵的一个主要目的就是为求解线性方程组提供一个简明的符号表示形式。

$$\begin{cases} a_{11}x_1 + a_{12}x_2 + \ldots + a_{1n}x_n = b_1 \\ a_{21}x_1 + a_{22}x_2 + \ldots + a_{2n}x_n = b_2 \\ \cdots\cdots \\ a_{m1}x_1 + a_{m2}x_2 + \ldots + a_{mn}x_n = b_m \end{cases} \tag{4.6}$$

若将若干未知数 $x_1, x_2, \cdots, x_n$ 和常量 $b_1, b_2, \cdots, b_m$ 分别视为两个列向量 $\boldsymbol{x}$ 和 $\boldsymbol{b}$ 的分量，将方程组的系数表示为矩阵 $\boldsymbol{A}_{m\times n}$：

$$\boldsymbol{A} = \begin{bmatrix} a_{11} & a_{12} & \cdots & a_{1n} \\ a_{21} & a_{22} & \cdots & a_{2n} \\ \vdots & \vdots & & \vdots \\ a_{m1} & a_{m2} & \cdots & a_{mn} \end{bmatrix}, \boldsymbol{x} = \begin{bmatrix} x_1 \\ x_2 \\ \vdots \\ x_n \end{bmatrix}, \boldsymbol{b} = \begin{bmatrix} b_1 \\ b_2 \\ \vdots \\ b_m \end{bmatrix}$$

则式（4.6）可等价表示为 $\boldsymbol{Ax} = \boldsymbol{b}$。

随着矩阵理论研究的深入，人们可以依据矩阵运算求解方程组，如计算矩阵的逆等；也可以依据矩阵的一些性质，探讨方程组的齐次或非齐次、有解或无解、有唯一解或有无穷解等问题，如计算矩阵的秩、相关性和基础解系等。由此，在求解线性方程组这一应用场景中，矩阵建立了一套数学描述系统和处理方法，这是线性代数的一个重要分支。

4．利用矩阵实现数据的线性变换

矩阵乘法的一个重要用途是现实数据的线性变换。为便于理解，我们从以下几个层次展开讨论。

（1）矩阵左乘向量。

为便于理解，对于矩阵 $\boldsymbol{A}_{m\times n}$ 左乘矩阵 $\boldsymbol{B}_{n\times p}$，先假设矩阵 $\boldsymbol{B}$ 为 $n\times 1$ 维的矩阵，即 n 维列向量，记为 $\boldsymbol{v}$，有 $\boldsymbol{Av} = \boldsymbol{\mu}$，$\boldsymbol{\mu}$ 为 m 维列向量。

从数据角度来看，矩阵 $\boldsymbol{A}_{m\times n}$ 对应一张 m 行 n 列的二维表，其中包含 m 个个案，每个个案都有 n 个变量（详见 1.2.3 节）。对于矩阵 $\boldsymbol{A}_{m\times n}$ 和向量 $\boldsymbol{v}$ 和 $\boldsymbol{\mu}$，若有 $\boldsymbol{Av} = \boldsymbol{\mu}$，则意味着将 m 个点依次投影到 $\boldsymbol{v}$ 的方向上，$\boldsymbol{\mu}$ 就是 m 个点在有向直线 $\boldsymbol{v}$ 上的投影。

为便于理解，我们仅观察二维矩阵：

$$Av = \begin{bmatrix} a_{11} & a_{12} \\ a_{21} & a_{22} \end{bmatrix} \begin{bmatrix} v_1 \\ v_2 \end{bmatrix} = \begin{bmatrix} a_{11}v_1 + a_{12}v_2 \\ a_{21}v_1 + a_{22}v_2 \end{bmatrix} = v_1 \begin{bmatrix} a_{11} \\ a_{21} \end{bmatrix} + v_2 \begin{bmatrix} a_{12} \\ a_{22} \end{bmatrix} = v_1 a_1 + v_2 a_2 = \mu \qquad (4.7)$$

例如，$\begin{bmatrix} 1 & 2 \\ 3 & 4 \end{bmatrix} \begin{bmatrix} 1 \\ 2 \end{bmatrix} = \begin{bmatrix} 1 \times 1 + 2 \times 2 \\ 1 \times 3 + 2 \times 4 \end{bmatrix} = 1 \begin{bmatrix} 1 \\ 3 \end{bmatrix} + 2 \begin{bmatrix} 2 \\ 4 \end{bmatrix} = \begin{bmatrix} 5 \\ 11 \end{bmatrix}$，点 $(1,2)$ 和点 $(3,4)$ 在 $[1\ 2]^T$ 上的投影

分别为 5 和 11。

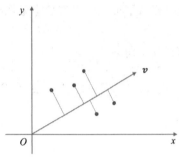

图 4-9　矩阵和向量的乘积示意图

矩阵和向量的乘积示意图如图 4-9 所示，$Av = \mu$，μ 是矩阵 A 中的 5 个点在 v 上的投影。

进一步观察式（4.7）可知，矩阵 A 左乘列向量 v 相当于进行了数乘和加法的组合运算，这种运算操作被称为**线性组合**，即矩阵 A 中的各个列向量 a_1 和 a_2 乘以各自的权重 v_1 和 v_2 并相加的结果是列向量 μ。

（2）矩阵右乘向量。

为进一步简化前述问题并便于对比，对于矩阵 $A_{m \times n}$ 左乘矩阵 $B_{n \times p}$，假设矩阵 $A_{m \times n}$ 为 $1 \times n$ 的矩阵（简化为数据表中仅包含一个个案），即 n 维行向量，改记为 v。将矩阵 $B_{n \times p}$ 改记为 $W_{n \times p}$，则有 $vW = \mu$，μ 为 p 维行向量。

仍以二维矩阵为例。矩阵 W 右乘行向量 v。因为有

$$vW = \begin{bmatrix} v_1 & v_2 \end{bmatrix} \begin{bmatrix} w_{11} & w_{12} \\ w_{21} & w_{22} \end{bmatrix} = \begin{bmatrix} w_{11}v_1 + w_{21}v_2 & w_{12}v_1 + w_{22}v_2 \end{bmatrix} = v_1 \begin{bmatrix} w_{11} & w_{12} \end{bmatrix} + v_2 \begin{bmatrix} w_{21} & w_{22} \end{bmatrix} = \mu$$

所以，几何上可视为点 v 分别在列向量 $\begin{bmatrix} w_{11} \\ w_{21} \end{bmatrix}$ 和 $\begin{bmatrix} w_{12} \\ w_{21} \end{bmatrix}$ 上进行了两次投影。

接下来，观察改变矩阵 W 时的各种情况。

☞【示例】指定行向量 $v = [2\ \ 2]$，观察它乘以不同矩阵 W 的情况

① W 为单位矩阵：$vW = [2\ 2] \begin{bmatrix} 1 & 0 \\ 0 & 1 \end{bmatrix} = [2\ 2]$。

② 改变矩阵 W：将 w_1 伸长一倍，$w_1 = [2\ \ 0]^T$，计算结果为 $[4\ \ 2]$。

③ 改变矩阵 W：将 w_1 和 w_2 同时伸长一倍为 $w_1 = [2\ \ 0]^T$，$w_2 = [0\ \ 2]^T$，计算结果为 $[4\ \ 4]$。

④ 改变矩阵 W：将 w_1 缩短，$w_1 = \begin{bmatrix} \dfrac{1}{2} & 0 \end{bmatrix}^T$，同时将 w_2 伸长，$w_2 = [0\ \ 3]^T$，计算结果为 $[1\ \ 6]$。

示例计算的几何意义如图 4-10 所示。

可见，如果 w_1 和 w_2 同时扩大或缩小相同倍数，那么算得的向量 μ 与原向量 v 的方向相同，但长度进行了相应伸缩，相当于对向量 v 实施了伸缩操作；否则，向量 μ 的方向和长度都不同于向量 v，相当于对向量 v 同时实施了旋转和伸缩操作。

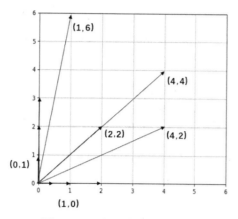

图 4-10　示例计算的几何意义

进一步，如果想直接将向量 v 顺时针旋转 $45°$，旋转后其方向与 $w_2 = \begin{bmatrix} 0 & 1 \end{bmatrix}^{\mathrm{T}}$ 的方向是重合的，那么应乘以怎样的矩阵 W 呢？可以推导证明矩阵 W 和运算结果为

$$vW = \begin{bmatrix} 2 & 2 \end{bmatrix} \begin{bmatrix} \cos45 & \sin45 \\ -\sin45 & \cos45 \end{bmatrix} = \begin{bmatrix} 2 & 2 \end{bmatrix} \begin{bmatrix} \dfrac{\sqrt{2}}{2} & \dfrac{\sqrt{2}}{2} \\ -\dfrac{\sqrt{2}}{2} & \dfrac{\sqrt{2}}{2} \end{bmatrix} = \begin{bmatrix} 0 & 2\sqrt{2} \end{bmatrix}$$

这里矩阵 W 也称为旋转矩阵。可以看到，向量 v 乘以旋转矩阵 W 相当于改变了向量 v 的方向并没有改变其大小。实际应用问题中也会涉及矩阵 W 的求解问题。

总之，通过对向量 v 的旋转和伸缩，可使其映射为以矩阵 W 的各个列向量为基坐标的向量空间中的另一个向量 μ，从而实现对数据的线性变换。

4.2.3　特征值与奇异值及数据科学应用示例

特征值与特征向量是矩阵理论中的重要概念，定义是设有 n 阶方阵 A，n 维列向量 v 和纯量 λ。若 $Av = \lambda v$，则称 v 是 n 阶方阵 A 的特征向量（Eigen Vector），λ 是特征向量 v 的特征值（Eigen Value）。

为理解特征值和特征向量，仍从 $Av = \lambda v$ 着手。这里先指定一个 n 阶方阵 A，然后选择不同的列向量 v 与 n 阶方阵 A 相乘。如果仍将 n 阶方阵 A 与一个 n 行 n 列的二维数据相对应，那么 Av 就表示将 n 个数据点投影到 n 维向量 v 表示的方向上，得到的 n 个投影点均落在向量 v 表示的直线上。若将 n 个点也视为向量（向量方向与向量 v 的方向相同），这些向量的大小依次是 $\lambda v_1, \lambda v_2, \cdots, \lambda v_n$。这些向量可视为对向量 v 实施方向不变的不同伸缩操作的结果。伸缩程度与特征值 λ 有关。

并非任意向量 v 都具备这个特征，只有具备这个特征的向量才称为 n 阶方阵 A 的特征向量。需要通过一定的推导计算，才能求得 n 阶方阵 A 的特征值和对应的特征向量。对于 n 阶方阵 A，可求出 n 个大于 0 的特征值：$\lambda_1 \geq \lambda_2 \geq \lambda_3 \geq \cdots \geq \lambda_n > 0$ 及它们对应的单位特征向量 $v_1, v_2, v_3, \cdots, v_n$。具体求解过程读者可参考有关书籍。

这里仅给出一个用 Python 编写计算特征值和特征向量的程序（文件名：4-1 求特征值和特征向量.py）。关于 Python 编程的具体内容将在第 6 章讨论，届时可以再回到本章仔细领会以下程序的含义。

```
import numpy as np                        #调入程序包
jz=np.array([[4,-2],[1,1]])              #创建矩阵 jz
Lamda,Evct = np.linalg.eig(jz)          #求矩阵 jz 的特征值和对应的特征向量
print(Lamda)
[3. 2.]
print(Evct)
[[0.89442719 0.70710678]
 [0.4472136  0.70710678]]
```

上述程序创建了一个矩阵 jz，为 $\begin{bmatrix} 4 & -2 \\ 1 & 1 \end{bmatrix}$，求得矩阵的两个特征值分别为 3 和 2，它们对应的特征向量约为 $[0.894 \quad 0.707]^{\mathrm{T}}$ 和 $[0.447 \quad 0.707]^{\mathrm{T}}$（此处小数点后保留 3 位数）。

求出 n 阶方阵 A 的 n 个大于 0 的特征值和对应的特征向量后，意味着得到了矩阵 V：

$$V = [v_1 \, v_2 \cdots v_n] = \begin{bmatrix} v_{11} & v_{21} & \cdots & v_{n1} \\ v_{12} & v_{22} & \cdots & v_{n2} \\ \vdots & \vdots & & \vdots \\ v_{1n} & v_{2n} & \cdots & v_{nn} \end{bmatrix}$$

在本质上实现了对 n 阶方阵 A 中的 n 个数据点的 n 次投影，即对 n 阶方阵 A 中的数据整体的旋转和伸缩。如果 n 阶方阵 A 是对称矩阵，那么特征向量 $v_1, v_2, \cdots, v_n$ 是正交的，可作为向量空间的一组新的基坐标。n 阶方阵 A 中的 n 个数据点在由这组基坐标组成的空间中将呈现不同于原来的、经过旋转和伸缩操作后的新的分布形态，这对数据的进一步分析是十分重要的，以下将通过两个示例说明。

☞【示例】主成分分析

现收集到一批学生的两门课程的成绩（分别记为 X_1 和 X_2）。以 X_1 和 X_2 为坐标轴观察学生的成绩数据点（每个点对应一名学生的成绩）的分布（见图 4-11）。可知，数据点在 X_1 轴和 X_2 轴两个方向上的方差都比较大，需要同时考虑 X_1 和 X_2 才能"定位"到某名学生的成绩。这时如果将坐标轴旋转一个角度得到 Y_1 轴和 Y_2 轴，并再次观察数据点，将发现数据点在 Y_1 轴方向上的方差远远大于在 Y_2 轴方向上的方差，如图 4-11 所示。

此时，仅考虑 Y_1 轴就可以"定位"到某名学生的成绩（学生们在 Y_2 轴上的取值很接近，因差异很小可以忽略），即将数据由原来的二维降为一维。这就是数据科学中经常用到的数据降维。

现在的问题是如何确定 Y_1 轴和 Y_2 轴呢？由上文的讨论可知，可以通过线性变换来确定。线性变换前、后变量间的关系表示为

$$\begin{cases} Y_1 = a_{11}X_1 + a_{12}X_2 \\ Y_2 = a_{21}X_1 + a_{22}X_2 \end{cases}$$

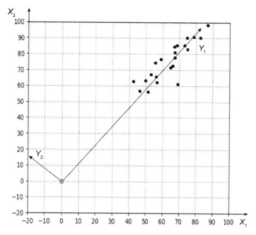

图 4-11　学生成绩的主成分分析示意图

用矩阵表示为

$$\begin{bmatrix} Y_1 \\ Y_2 \end{bmatrix} = XA = \begin{bmatrix} X_1 & X_2 \end{bmatrix} \begin{bmatrix} a_1 & a_2 \end{bmatrix} = \begin{bmatrix} X_1 & X_2 \end{bmatrix} \begin{bmatrix} a_{11} & a_{21} \\ a_{12} & a_{22} \end{bmatrix}$$

如何求出系数矩阵 A 呢？这里略去具体推导证明过程，只给出结论：a_1 和 a_2 就是两门课程成绩的相关系数矩阵 R 的特征值 $\lambda_1 \geqslant \lambda_2 > 0$ 对应的特征向量。相关系数矩阵 R 为

$$R = \begin{bmatrix} 1 & r_{12} \\ r_{21} & 1 \end{bmatrix}$$

式中，r_{12} 与 r_{21} 相等，且为两门课程成绩 X_1 和 X_2 的相关系数（可依据相关系数的计算公式，通过对 X_1 和 X_2 的具体数据进行计算得到）。可见，相关系数矩阵 R 是个对称矩阵，其特征向量是正交的。该方法称为主成分分析法，称 Y_1 为第一主成分，移 Y_2 为第二主成分。对于该示例来说，数据在第二主成分 Y_2 上的取值差异很小，是可以忽略的，只需考虑第一主成分 Y_1 即可。

☞【示例】人脸图像数据的压缩

一幅黑白图像实际上是一个由一组灰度数值构成的矩阵。本示例采用的数据来自数据科学竞赛网站 Kaggle 的公开数据集。数据是一批人员的人脸图像，为 96×96 的点阵像素数据，可视为数据矩阵 X。数据实际是以展平为一行记录的形式存储的，共有 $96 \times 96 = 9216$ 个变量，记为 $X_1, X_2, \cdots, X_{9216}$，数据维度较高，要求的存储空间较大。图 4-12 所示为两条记录被转化为图像显示的结果。

 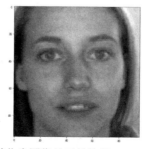

图 4-12　两条记录被转化为图像显示的结果

下文将利用矩阵的奇异值分解来压缩图像的存储空间。将上述人脸 96×96 的点阵像素数据视为矩阵 $\boldsymbol{X}$，通过对矩阵 $\boldsymbol{X}$ 的分解来解决数据压缩问题。为此，可以简单推导证明特征值和特征向量与 n 阶方阵 $\boldsymbol{A}$ 之间的关系。根据定义，所有求出的特征值和特征向量都应满足：$\boldsymbol{A}\boldsymbol{v}_1 = \lambda_1\boldsymbol{v}_1,\ \boldsymbol{A}\boldsymbol{v}_2 = \lambda_2\boldsymbol{v}_2,\ \cdots,\ \boldsymbol{A}\boldsymbol{v}_n = \lambda_n\boldsymbol{v}_n$，即满足：

$$\boldsymbol{A}[\boldsymbol{v}_1\ \boldsymbol{v}_2\cdots\boldsymbol{v}_n] = [\boldsymbol{v}_1\ \boldsymbol{v}_2\cdots\boldsymbol{v}_n]\begin{bmatrix}\lambda_1 & \cdots & 0 \\ \vdots & & \vdots \\ 0 & \cdots & \lambda_n\end{bmatrix}$$

简记为 $\boldsymbol{AP} = \boldsymbol{P\Lambda}$。式中，$\boldsymbol{P} = [\boldsymbol{v}_1\ \boldsymbol{v}_2\cdots\boldsymbol{v}_n]$；$\boldsymbol{\Lambda} = \begin{bmatrix}\lambda_1 & \cdots & 0 \\ \vdots & & \vdots \\ 0 & \cdots & \lambda_n\end{bmatrix}$，为对角矩阵。

于是有

$$\boldsymbol{A} = \boldsymbol{P\Lambda P}^{-1} \tag{4.8}$$

式中，$\boldsymbol{P}^{-1}$ 表示矩阵 $\boldsymbol{P}$ 的逆矩阵。由此可知，任何一个方阵只要存在特征向量和特征值，就可以分解为特征向量矩阵 $\boldsymbol{P}$ 与特征值对角矩阵 $\boldsymbol{\Lambda}$ 和特征向量逆矩阵 $\boldsymbol{P}^{-1}$ 的乘积，这样就得到了一个方阵分解的方法。这样的矩阵分解只适用于方阵，为便于处理一般化问题，进一步推导证明得到对任意 $m×n$ 维的数据矩阵 $\boldsymbol{X}$ 的分解有

$$\boldsymbol{X} = \boldsymbol{U\Sigma V}^{\mathrm{T}} = \boldsymbol{U}_{(m×m)}\boldsymbol{\Sigma}_{(m×n)}\boldsymbol{V}^{\mathrm{T}}_{(n×n)} \tag{4.9}$$

式中，$\boldsymbol{\Sigma}$ 是一个 $m×n$ 维的对角矩阵，对角线元素 $\sigma_i\ (i=1,2,\cdots,\mathrm{rank}(\boldsymbol{X}))$ 称为奇异值；$\boldsymbol{U}$ 是 $m×m$ 维的方阵，包含 m 个正交向量，称为奇异值 σ_i 的左奇异向量；$\boldsymbol{V}^{\mathrm{T}}$ 是 $n×n$ 维的转置矩阵，其中向量也是正交的，称为奇异值 σ_i 的右奇异向量。该方法称为矩阵的奇异值分解。

关于矩阵的奇异值分解的算法，这里给出一个用 Python 编写的计算示例与结果（文件名：4-2 计算奇异值及其矩阵.py）。关于 Python 编程的具体内容将在第 6 章讨论，届时可以再回到本章仔细领会以下程序的含义。

```
import numpy as np                        #调入程序包
jz=np.array([[4,-2],[1,1],[3,2]])         #创建矩阵 jz
U,cigma,V = np.linalg.svd(jz)             #计算矩阵 jz 的奇异值及其矩阵
print(U)                                  #矩阵分解中的 U
[[-0.83224513  0.52801195 -0.16903085]
 [-0.15323697 -0.51208663 -0.84515425]
 [-0.53280999 -0.67747373  0.50709255]]
print(cigma)                              #矩阵分解中的 Σ
[5.17400518 2.28684726]
print(V)                                  #矩阵分解中的 Vᵀ
[[-0.98195639  0.18910752]
 [-0.18910752 -0.98195639]]
```

上述程序创建的矩阵为 $\begin{bmatrix}4 & -2 \\ 1 & 1 \\ 3 & 2\end{bmatrix}$，矩阵分解中的 $\boldsymbol{U}$、$\boldsymbol{\Sigma}$、$\boldsymbol{V}^{\mathrm{T}}$ 如上所示。

现对每一个 96×96 的点阵像素数据矩阵 X 进行奇异值分解。分解后分别选取 Σ 中前 5 个、前 10 个、前 15 个和前 20 个最大奇异值及对应的向量，强制令其余奇异值及对应向量均等于 0。然后利用保留的数据重新绘制人脸图像，效果如图 4-13 所示。

当仅选取 Σ 中前 5 个、前 10 个和前 15 个最大奇异值及对应的向量时，人脸灰度数据的信息丢失较多，图像有一定失真（图 4-13 中各组图像的前三张）。当选取前 20 个最大奇异值时，人脸图像的清晰度改善明显（图 4-13 中各组图像的第四张）。这意味着其余 76 个奇异值及对应的向量均是可以省略的。因此 96×96 点阵像素数据矩阵 X 可近似表示为

$$X = U\Sigma V^{\mathrm{T}} \approx U_{(96 \times 20)} \Sigma_{(20 \times 20)} V_{(20 \times 96)}^{\mathrm{T}}$$

从数据存储角度看，经过奇异值分解后，仅需用 $96 \times 20 + 20 + 20 \times 96 = 3860$ 个变量存储图片，记为 $U_1, U_2, \cdots, U_{1920}, C_1, C_2, \cdots, C_{20}, V_1, V_1, \cdots, V_{1920}$。

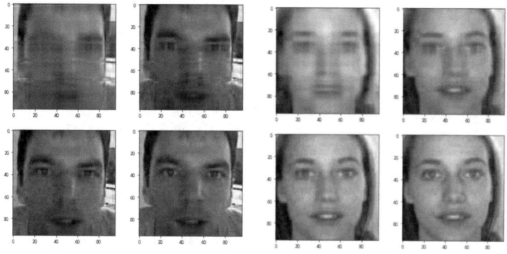

图 4-13　减少像素变量的人脸图像效果

4.3　统计学与数据科学应用

《韦氏大词典》将**统计学**定义为一门关于**数据收集、分析、解释和展现**的学科。该定义强调统计学的研究对象是现实世界中的具体数据，而非数学逻辑中的抽象符号，这使得统计学与数学区分开来。虽然两者的最终目标都是探索发现世界的本质规律，但统计学不同于数学之处是，数学是对没有量纲的符号系统使用演绎推理的方法来实现其目标，而统计学是对有计量单位的实际数据使用以归纳为主的方法来实现其目标。所以数学偏重于理论，统计学偏重于应用。

近代统计学从统计实践上升到统计理论，形成了一门相对系统的学科，距今已有 300 多年。它的形成与近代概率论和数理统计的研究与发展密切相关，也与人类数据处理能力的不断提高密切相关。统计学发展至今积累了丰富的理论和方法，是人类进行现代科学研究的最重要工具之一。2013 年，英国剑桥大学学者苏斯伦德（Sutherland）等在《自然》杂志发表的题为《解读科学观点时应该知道的 20 个事实》的文章中提到的科学事实大多与统计学的思想方法相关。

一门方法性学科成功发展的重要标志是能够与众多应用领域相结合，形成一些具有广阔发展前景的前沿性学科。对于统计学来说，经济统计、物理统计、生物统计、医学统计和商务统计等都是其标志性的发展成果。统计学为应用领域提供指导性的分析方法和工具，应用领域基于专业知识对分析结果的内在机理进行解释，并促进统计学理论方法的丰富与创新。

本节仅对统计学若干重点内容进行简要介绍，主要涉及描述统计、概率和概率分布、推断统计和多元统计分析，更详细的内容大家可在相关课程中学习。

4.3.1 描述统计要点

统计学的研究对象是数据，数据的一个基本特征就是大量。因此统计学的首要任务就是，针对不同类型的数据变量，通过数据、表格和图形等将大量数据概括性地描述出来。这些数据、表格和图形既是对原始数据的汇总综合，也是对其代表的客观事物的概括描述，这就是描述统计的目标。

1. 使用数字描述

使用数字描述通常需要度量一批数据（也称变量）的总量、集中趋势、离散程度，以及变量间关系等。数值型数据（详见 1.2.1 节）和分类型数据（详见 1.2.1 节）的描述有一定差异。

（1）总量的度量。

总量的度量：对于数值型变量可以计算总量（Sum）、最大值（Max）和最小值（Min）等；对于分类型变量可以计算总个数（Count），各个类别的频数、累计频数和比例等。

（2）集中趋势的度量。

集中趋势的度量：对于数值型变量可以计算算术平均数、加权平均数、几何平均数、众数、中位数和分位数等；对于分类型变量可以计算众数、中位数和分位数等。

（3）离散程度的度量。

离散程度的度量：对于数值型变量可以计算极差、平均差、方差、标准差和离散系数等；对于分类型变量可以计算异众比率和四分位差等。其中，方差和标准差的定义为

$$\sigma^2 = \frac{\sum_{i=1}^{N}\left(X_i - \bar{X}\right)^2}{N} \tag{4.10}$$

$$\sigma = \sqrt{\frac{\sum_{i=1}^{N}\left(X_i - \bar{X}\right)^2}{N}} \tag{4.11}$$

式（4.10）和式（4.11）表明，变量 X 的离散程度越大，该变量的取值差异越大。如果一个变量 X 的方差或标准差为 0，那么这个变量的所有数值完全相同。通常，一个变量的方差或标准差越大，其包含的信息量越大，数据分析的价值越高。

（4）变量间关系的度量。

两个数值型变量 X 和 Y 间可能存在线性相关或者非线性相关，也可能没有明显的相关性。对于线性关系可通过计算简单相关系数进行度量，简单相关系数的定义为

$$r = \frac{\sum_{i=1}^{N}\left(X_i - \bar{X}\right)\left(Y_i - \bar{Y}\right)}{\sqrt{\sum_{i=1}^{N}\left(X_i - \bar{X}\right)^2 \sum_{i=1}^{N}\left(Y_i - \bar{Y}\right)^2}} \tag{4.12}$$

简单相关系数 r 的取值范围为 $[-1,1]$，$r > 0$ 表示正相关，$r < 0$ 表示负相关，$|r|$ 表示变量间相关程度的强弱。若 $r = 1$ 则为完全正相关，若 $r = -1$ 则为完全负相关，若 $r = 0$ 则为线性不相关。

下文通过一个示例说明相关性的意义和实际应用。

☞【示例】从相关系数观察人类身份识别

2020 年 5 月国内出版了希腊社会学家尼古拉斯·克里斯塔基斯（Nicholas A. Christakis）的《蓝图》一书。该书在探讨人类身份识别问题时提出，人类与其他哺乳动物相比的一个不同点是，人类脸部的识别程度远远高于其他哺乳动物。社会学家认为这是人类为建立社会回报和奖惩机制长期进化的结果。

研究人员收集了大量反应面部特征的以鼻子为例的数据，以及反应非面部特征的以手为例的数据，分别记录手和鼻子长度与宽度并进行相关性分析，绘制的散点图如图 4-14 所示。

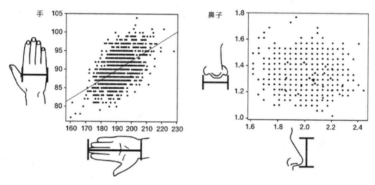

图 4-14　手和鼻子中的相关数据的散点图

由图 4-14 可知，手的长度与宽度的相关性远高于鼻子的长度和宽度的相关性。一方面，研究者认为，负责人类脸部特征的基因需要具备充足的多样性，以使得人类脸部形成更多差异以提高辨识度，其他非脸部特征则不需要具备较高的辨识度。另一方面，数据展现的是长鼻子不一定宽，短鼻子不一定窄，鼻子的长度和宽度的线性相关性几乎为 0，但手的长度和宽度具有比较明显的正相关。鼻子长度和宽度的不相关性可能源于脸部特征需由不同或较多的基因控制。而手的长度和宽度具有明显正相关的原因可能是由于手没有身份识别的进化需求，控制手长度和宽度的基因基本相同或者较少。从这个例子可知，应用领域的专业知识对于数据分析是至关重要的。数据研究有助于印证理论研究，理论研究能够更好地解释数据的表征。

2．使用表格描述

正如 1.3 节所述，原始数据在经过分类汇总后可形成统计指标，对于一批统计指标可使用统计表进行表格化表示。值得一提的是，统计学中经常使用的列联表（又称列联表）可以视为统计表的一种简化形式，是针对两个分类型变量取值情况的展示表，如表 4-2 所示。

表4-2 列联表举例

态 度	收 入			
	高	中	低	合计
非常支持	f_{11}	f_{12}	f_{13}	$n_{1.}$
非常支持	f_{21}	f_{22}	f_{23}	$n_{2.}$
态度持中	f_{31}	f_{32}	f_{33}	$n_{3.}$
比较反对	f_{41}	f_{42}	f_{43}	$n_{4.}$
强烈反对	f_{51}	f_{52}	f_{53}	$n_{5.}$
合计	$n_{.1}$	$n_{.2}$	$n_{.3}$	n

表 4-2 展示的是不同收入人群对某项政策认可程度调查的结果。表 4-2 中的 f_{ij}（$i=1,2,\cdots,5$, $j=1,2,3$）为对应行列的人数；$n_{i.}$，$n_{.j}$，n 分别为行合计、列合计和总计。在问卷调查中经常使用列联表对数据进行汇总。针对列联表数据的分析方法有多种。

3. 使用图形描述

数值型变量的图形描述可分为对单变量和多变量两种情况的展示。对于单变量，可绘制直方图、茎叶图、折线图和箱线图等；对于多变量，可绘制散点图、气泡图和雷达图等。气泡图和雷达图示例如图 4-15 所示。

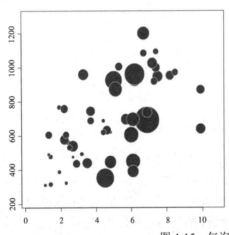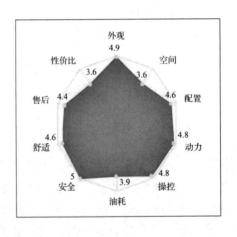

图 4-15　气泡图和雷达图示例

图 4-15 左图为气泡图。若横坐标表示身高，纵坐标表示体重，气泡大小表示体脂率，气泡图可以直观展现体重随身高变化的规律及相应体脂率高低的分布特点等。图 4-15 右图为雷达图，全面展现了某型号汽车的各性能指标的特点。

对于分类型变量，可绘制柱形图（又称条形图）（见图 4-16）、饼图和环形图等。

数据可视化是统计图形的升级，受益于数字化技术的快速发展。在从小数据环境转到为大数据环境后，数据内容的展示方式、原理方法和技术工具等都发生了重大变化，而且还在较快地发展，在后续的章节将专门进行讨论。

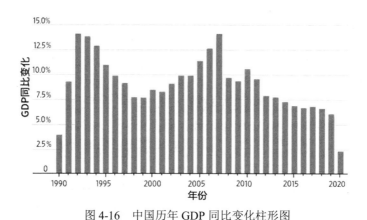

图 4-16　中国历年 GDP 同比变化柱形图

4.3.2　概率与概率分布要点

统计学的研究对象是数据，所有数据反映的都是现实世界。人类通过实践与研究认识到，现实世界具有不确定性。例如，产品的使用寿命、股票的价格、小麦的亩产、运动员的成绩和某网页的浏览人数等。因此，统计学的一个重要任务是描述并处理不确定性。基于此应在数据处理中引入概率论，并将有关变量视为随机变量进行研究，探索离散型随机变量或连续型随机变量的概率分布及性质。概率论为统计学理论奠定了坚实的基础，对统计学发展有巨大的推动作用。

1. 概率

概率论和数理统计是数学的一个分支，与统计学深度融合发展。概率论是从事件和概率的定义出发构建相关知识体系的。简而言之，**事件是某个过程的结果，概率是对某个结果出现的可能性的度量**。概率论中经常使用抛硬币、掷骰子和取彩球等直观实例来讲解相关内容，其实生活中与概率有关的案例比比皆是，下文用一个有趣的示例加以说明。

☞**【示例】"三个臭皮匠，赛过诸葛亮"的概率解释**

大家常说的"三个臭皮匠，赛过诸葛亮"也可以使用概率知识来验证。皮匠是"裨将"（副将）的谐音。假设事件 A 为诸葛亮决策正确，事件 B_1 为甲副将决策正确（事件 $\overline{B_1}$ 表示甲副将决策错误），事件 B_2 为乙副将决策正确（事件 $\overline{B_2}$ 表示乙副将决策错误），事件 B_3 为丙副将决策正确（事件 $\overline{B_3}$ 表示丙副将决策错误），且概率依次为

$$P(A) = 0.8, \quad P(B_1) = 0.75, \quad P(B_2) = 0.72, \quad P(B_3) = 0.70$$

三个副将决策正确与否的样本空间有：甲乙丙都对，甲对乙对丙错，甲对乙错丙对，甲错乙对丙对，甲错乙错丙对，甲错乙对丙错，甲对乙错丙错，甲乙丙都错。根据事件的互斥性原则，应使用概率加法定理进行计算；同时，三个副将决策过程若相互独立，则可以按照概率乘法定理计算。三个副将决策正确事件的概率：P（三个副将决策正确）=P（甲乙丙都对）+P（甲对乙对丙错）+ P（甲对乙错丙对）+ P（甲错乙对丙对）= $P(B_1)P(B_2)P(B_3) + P(B_1)P(B_2)P(\overline{B_3}) +$

$P(B_1)P(\overline{B_2})P(B_3) + P(\overline{B_1})P(B_2)P(B_3) = 0.831 > P(A)$。

这就是利用概率知识对"三个臭皮匠，赛过诸葛亮"的验证。

2．概率分布

随机变量有许多不同的取值，对随机变量进行多次观察可以得到每个取值的概率。根据每个取值及其概率的对应关系可以得到这个随机变量的概率分布（函数）。因此从概率的角度出发，可以深入探讨随机变量的性质。例如，计算随机变量的一些数字特征，包括期望、方差、峰度系数和偏度系数等。特别是在认为一个变量服从某种概率分布时，可以使用已经掌握的此类随机变量的理论知识，对它进行更进一步的分析处理。

随机变量根据变量的取值类型一般分为**离散型随机变量**和**连续型随机变量**。刻画顾客购买和不购买的两点分布，刻画顾客购买对多个品牌无差异消费上的均匀分布，刻画一段时间内公园进园人数的泊松分布，等等均属于离散型随机变量。刻画公交车站乘客等车时间的指数分布，刻画人的身高、体重情况的正态分布，等等均属于连续型随机变量。最常见的正态分布的概率分布函数为

$$f(x) = \frac{1}{\sqrt{2\pi\sigma^2}} e^{-\frac{(x-\mu)^2}{2\sigma^2}}$$

(4.13)

式中，μ 为期望，σ 为标准差。正态分布概率分布图形为钟形曲线，如图 4-17 所示。

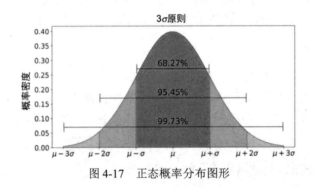

图 4-17　正态概率分布图形

图 4-17 中不同灰度阴影的面积对应变量落入各区间的概率，直观展现了正态分布的对称性，也体现了正态分布的 3σ 原则，即三个标准差原则。以一群人的身高（近似服从正态分布）为例，假设期望 $\mu=170$，标准差 $\sigma=2$，从这群人中随机挑选 100 个人，对其身高进行观察，有 68 个人的身高在 $[170-1\times2,170+1\times2]=[168,172]$ 区间（1 个标准差范围 $\mu\pm\sigma$）内，有 95 个人的身高在 $[170-2\times2,170+2\times2]=[166,174]$ 区间（2 个标准差范围 $\mu\pm2\sigma$）内，几乎所有人的身高都在 $[170-3\times2,170+3\times2]=[164,176]$ 区间（3 个标准差范围 $\mu\pm3\sigma$）内。根据概率分布函数，可以利用 4.1.2 节讨论的微积分方法算得某人身高落入任意身高区间的概率。

4.3.3　推断统计和多元统计分析要点

1．推断统计

统计学的研究对象是数据，在数据处理实践中人们在获取数据时经常面临两大难题：一个

是客观条件的限制，如数据规模宏大且复杂导致的数据采集成本过高、周期过长或采集能力达不到等；另一个是主观因素的否决，如无法对全部产品进行安全质量、使用寿命和性能方面的破坏性测试。这些因素会导致人们无法获得完整的数据。

为此人们提出了抽样理论，抽样理论包括抽样概念、抽样方法和抽样分布等内容。人们可以利用抽样获得的部分数据推断总体的基本特征，如推断总体的平均值、方差和比例等，这些都是推断统计的核心内容。

因此，推断统计首先要在概念上有效区分样本数据与总体数据。在统计学中，与样本有关的一套数字特征被称为**样本统计量**，与总体有关的一套数字特征被称为**总体参数**。二者在符号上有明显区分，通常样本统计量用英文字母表示，总体参数用希腊字母表示。

使用样本统计量推断总体参数通常采用两套思路：一套是**参数估计**，进一步可分为点估计和区间估计，其中，区间估计更加稳妥且使用广泛；另一套是**假设检验**，其基本思想方法是先为总体参数预定一个假设值，然后基于样本数据计算检验统计量，并在小概率事件原理的基础上采用反证方式验证假设是否成立。

在对总体进行推断时通常需要以概率的形式表示推断的置信度或假设检验的可靠性。因此需在**总体分布**、**样本分布**的基础上引入**抽样分布**，在正态分布基础上派生的卡方分布、F 分布和 t 分布等。这些都是推断统计学习中的知识要点。

在许多实际应用中，推断统计的一个难点在于推断的置信度与准确度之间的权衡。置信度大一些可能准确度就要降低一些，准确度大一些可能置信度就要降低一些。解决这个问题不仅是对二者的简单取舍，还需综合考虑样本容量及实际问题的精度要求等方面。

在现代互联网和大数据技术的支持下，我们可以获得许多应用场景的大样本或接近总体的数据，这对于推断统计理论方法产生了巨大的推动作用。

2．多元统计分析

统计学的研究对象是数据，这些数据一般都是多元的，也就是数据集中包含多个变量或多个维度。对于多元数据，不仅需要进行描述统计和推断统计，还需要采用各种多元统计分析方法进行深入研究，以发现数据间的相互影响关系、发展变化的规律性及事物的内在结构等。多元统计分析方法包括：回归分析、方差分析、因子分析、判别分析、聚类分析、多元时间序列分析等。这些方法既是统计知识的学习要点也是学习难点。目前这些具有通用性的统计分析方法已集成在许多成熟的数据（统计）分析软件包中，如 SPSS 和 SAS 等，计算机语言 Python 和 R 等系统中也有配套的程序包可以调用。

4.3.4　贝叶斯思维在数据科学中的应用

贝叶斯思维内容丰富，贝叶斯推断是推断统计的另一大流派。本节仅对贝叶斯思维中的核心概念等进行简单介绍，主要涉及基于条件概率的贝叶斯定理，以及如何基于贝叶斯思维解决现实问题。

1. 条件概率和贝叶斯定理

条件概率可记为 $P(A|B)$，表示在事件 B 发生的条件下，事件 A 发生的概率。根据概率的定义，可以计算条件概率 $P(A|B)=\dfrac{P(A\cap B)}{P(B)}$。同理，也可以计算 $P(B|A)=\dfrac{P(A\cap B)}{P(A)}$。式中，$P(A\cap B)$ 为事件 A 和事件 B 同时发生的概率。$P(A)$、$P(B)$、$P(A\cap B)$ 示意图如图 4-18 所示。

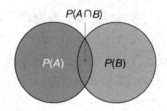

图 4-18　$P(A)$、$P(B)$、$P(A\cap B)$ 示意图

于是得到：$P(A\cap B)=P(A|B)P(B)=P(B|A)P(A)$。进一步有

$$P(A|B)=\frac{P(A)P(B|A)}{P(B)} \tag{4.14}$$

式（4.14）称为贝叶斯公式，也称贝叶斯定理，由英国数学家托马斯·贝叶斯（Thomas Bayes，1702—1761）提出。下文通过两个示例讨论贝叶斯定理在实际中的应用。

☞【示例】男司机、女司机，谁开车更安全

某地有 10 000 名司机，男司机 8000 名，女司机 2000 名，上年各司机的交通事故记录表如表 4-3 所示。经统计得该地上年共发生 500 起交通事故，其中，男司机发生交通事故 420 起，女司机发生交通事故 80 起。

表 4-3　上年各司机的交通事故记录表

司 机 名	性　　别	上年是否发生交通事故
司机一	男	无
司机二	女	无
司机三	男	有
……	……	……
司机万	男	无

根据表 4-3 中的数据，依据贝叶斯定理，可以计算出再次发生事故时司机为女性或男性的概率，进而推断出男司机开车更安全，还是女司机开车更安全。

设事件 A_1 为司机为男性，事件 A_2 为司机为女性，分别计算某地一名司机为男性和女性的概率：

$$P(A_1)=\frac{8000}{8000+2000}=0.8, \quad P(A_2)=\frac{2000}{8000+2000}=0.2$$

设事件 B 为发生交通事故，计算上年 10 000 名司机发生交通事故的概率：

$$P(B)=500/(8000+2000)=0.05$$

分别计算上年男司机和女司机发生交通事故的概率：

$$P(B|A_1) = 420/8000 = 0.0525, \quad P(B|A_2) = 80/2000 = 0.04$$

分别计算再次发生事故时司机为男性和女性的概率：

$$P(A_1|B) = \frac{P(B|A_1)P(A_1)}{P(B)} = 0.0525 \times \frac{0.8}{0.05} = 0.84$$

$$P(A_2|B) = \frac{P(B|A_2)P(A_2)}{P(B)} = 0.04 \times \frac{0.2}{0.05} = 0.16$$

由于再次发生事故时司机为男性的概率大于司机为女性的概率，因此女司机开车更安全，上述数据支持女司机开车更安全的结论。

☞【示例】流行病中的"假阳性"

根据医学观察，某种流行病的发病率为千分之一（0.001）。医学专家研发了一种用于检测这种疾病的试剂。对于患者，试剂的准确率为 99%（0.99）；对于正常人员，试剂的误报率为 1%（0.01）。若一名检测者的检验结果为阳性，则此人确诊得病的概率是多少？

设事件 A 表示确诊得病，则 $P(A) = 0.001$，这是根据经验得到的一般性结论，是先验概率。再设事件 B 表示检验结果为阳性，此时概率为条件概率 $P(A|B)$，即在检测检验结果为阳性条件下确诊得病的概率。相对于前者，这是事件 B 发生后事件 A 发生的概率：$P(A|B) = \dfrac{P(A)P(B|A)}{P(B)}$，式中，$P(B|A) = 0.99$。如何计算试剂检测阳性的概率 $P(B)$ 呢？这里需要引入全概率公式。

条件概率示意图如图 4-19 所示。

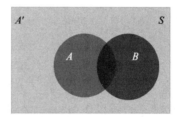

图 4-19　条件概率示意图

图 4-19 中的 A' 表示事件 A 不发生。根据图 4-19 可知，$P(B)$ 可展开为 $P(B) = P(A\cap B) + P(A'\cap B)$，其中，$P(A\cap B) = P(B|A)P(A)$，同理有 $P(A'\cap B) = P(B|A')P(A')$，整理得 $P(B) = P(B|A)P(A) + P(B|A')P(A')$，该公式称为**全概率公式**。结合式（4.14）有

$$P(A|B) = \frac{P(A)P(B|A)}{P(B|A)P(A) + P(B|A')P(A')} \tag{4.15}$$

对于该示例有 $P(B) = P(B|A)P(A) + P(B|A')P(A') = 0.99 \times 0.001 + 0.01 \times 0.999 = 0.011$。

检测结果为阳性确诊得病的概率为

$$P(A|B) = \frac{0.001 \times 0.99}{0.011} = 0.09$$

是事件 A 发生的后验概率，意味着即使检验结果呈现阳性，此人确诊得病的概率也只有 0.09。

这个结果似乎与我们的直觉相差很大，其原因如下：首先，$P(A|B)$ 不等同于 $P(B|A)$；其次，结合式（4.15）来看，对于一名被检测者，因为流行病发生的概率 $P(A)$ 很低，即使出现了非常有力的证据 $P(B|A)$（值较大）事件发生的后验概率 $P(A|B)$（检测结果阳性下确诊得病的概率）也不一定很高。因此尽管阳性结果是一个重要的辅助信息，但不足以完全确诊，还应做进一步检测，这在医学上称为"假阳性"。

2. 贝叶斯思维

贝叶斯定理丰富了概率及总体参数的界定。随着贝叶斯定理的深入应用，人们对贝叶斯思维有了更加深刻的认识。

贝叶斯定理是为解决逆向概率问题提出的，与之对应的是正向概率问题。例如，已知袋子里面有 N 个白球和 M 个黑球，从中任意取出一个球，求摸出黑球或者白球的概率的问题就是正向概率问题。逆向概率问题与此相反，其设定的前提条件是事先并不知道袋子中黑球与白球的比例，需要根据若干次摸出黑球、白球的信息反推袋子中黑球与白球的比例。

古典概率论认为一定发生的事件是必然事件，一定不发生的事件是不可能事件，对于随机事件，可以根据其发生可能性的大小，即概率，进行度量。具体方法就是进行多次试验，如 N 次，观察某个随机事件出现的次数，如 M 次，则该事件发生的概率可用 M/N，即频率，来估计。频率（Frequncy）是否可以作为概率（Probability）的估计值呢？依据大数定律，在试验次数 N 足够大时，频率会逐步趋近概率。上述观点被称作概率论的频率学说，其关键思想是，概率是事物客观性和内在决定性的具体体现，是可以通过反复试验和长期观察得到的。例如，多次不断且正规地抛掷质地均匀的硬币，正面向上或反面向上事件发生的频率将接近其真实概率 0.5。

贝叶斯概率学说的观点与此不同。它从逆向概率问题的研究出发，在推断时会预先主观地设置一个先验性的初值，称为先验概率，然后根据后续得到的数据信息对初值进行调整，得到一个后验概率，最终将后验概率作为当前推断结果。例如，在抛掷硬币的试验中，可以将正面向上事件发生的先验概率主观预设为 0.9，然后根据若干组试验数据对其进行调整，得到后验概率。事实上，后验概率也可以作为"下一个先验概率"，这个过程可以不断反复进行，最终可以得到正面向上事件发生的概率估计值接近 0.5。因此对于抛掷硬币来说，不必担心抛掷手法等随机因素的影响，只需依据最近的抛掷结果进行调整计算即可。贝叶斯概率学说极大地丰富了概率及总体参数的界定，更加适用于现实中无法进行大量多次重复试验的应用场景，具有更宽泛的适用性。

那么，如何利用数据信息调整先验概率得到后验概率呢？贝叶斯定理 $P(A|B) = \dfrac{P(A)P(B|A)}{P(B)}$ 给出了最直接的计算方法。这里将 $P(A)$ 称为事件 A 发生的先验概率，是在观察到事件 B 之前设定的；将 $P(A|B)$ 称为后验概率，是在观察到事件 B 发生之后对事件 A 发生的概率的重新评价；将 $\dfrac{P(B|A)}{P(B)}$ 视为一个与事件 B 相关的调整比率，于是有

$$\text{后验概率} = \text{先验概率} \times \text{调整比率}$$

如果调整比率大于 1，就意味着事件 B 的出现进一步提升了认为事件 A 发生的"信心"；如果调整比率小于 1，就意味着事件 B 的出现削弱了认为事件 A 发生的"信心"。由此可见，贝叶斯概率学说认为，概率可以是一种不确定的和可变的主观信念。可以先预设一个主观判断，再去搜集证据，发现有利证据时主观信念上调，发现不利证据时主观信念下调。这与人类的一些思维方式非常相似。

下面重新审视前述的"男司机、女司机，谁开车更安全"示例。

☞【示例】男司机、女司机，谁开车更安全

贝叶斯定理体现的贝叶斯思维是**利用数据调整先验概率得到后验概率，并依据后验概率进行判断**。对本示例来说，研究男司机开车更安全还是女司机开车更安全是从发生一次交通事故是男司机的可能性大还是女司机的可能性大的角度进行的。因此，需要先预设是男司机的概率，即先验概率，然后用数据调整先验概率得到后验概率。同理，也可以先预设是女司机的概率，然后用数据去调整这个概率得到后验概率。若男司机开车发生交通事故的后验概率大于女司机开车发生交通事故的后验概率，则可得出女司机开车更安全的结论，因为数据提供了一个强有力的证据；反之，则男司机开车更安全。

首先，以司机中男性（或女性）的比例 0.8（或 0.2）作为发生一次交通事故时司机是男性（或司机是女性）的先验概率：$P(A_1) = 0.8$，$P(A_2) = 0.2$。

其次，根据收集到的上年交通事故的实际信息可知，$P(B|A_1) = 0.0525$，$P(B|A_2) = 0.04$，即男司机发生交通事故的概率为 0.0525，稍高于总体水平 0.05（$P(B) = 0.05$）；女司机发生交通事故的概率为 0.04，稍低于总体水平。

最后，利用这些数据信息对先验概率进行调整得到后验概率为 $P(A_1|B) = P(A_1)\dfrac{P(B|A_1)}{P(B)} =$ $0.8 \times \dfrac{0.0525}{0.05} = 0.84$，$P(A_2|B) = P(A_2)\dfrac{P(B|A_2)}{P(B)} = 0.2 \times \dfrac{0.04}{0.05} = 0.16$。发生事故时司机为男性的概率从 0.8 调高到 0.84，发生事故时司机为女性的概率从 0.2 降低到 0.16。

由于男司机开车发生交通事故的后验概率大于女司机开车发生交通事故的后验概率，因此可以认为女司机开车更安全。

20 世纪中叶计算机技术的发明为贝叶斯理论的实施创造了有利条件。目前基于贝叶斯思维的分析方法在机器学习、自然语言处理、图像识别、推荐系统、投资策略分析等数据处理领域得到了广泛应用。

4.4　集合论与数据科学的应用

4.4.1　集合论与罗素悖论

集合论（Set Theory）是数学的一个重要分支。19 世纪末至 20 世纪初，德国数学家格奥尔格·康托（Georg Cantor，1845—1918）创立了集合论。与传统的有限集合不同，康托是以无穷集合和超穷数的研究为基础创建这一数学理论的。同时，康托依据集合论对数学的无穷和连续等主要问题进行了探索，尽管这种方法引起了争议，但康托始终坚信自己的观点，并取得了开创性的成果。集合论是 20 世纪最伟大的数学理论之一。后续许多学者将集合论和逻辑学等作为基本理论，构建了具有统一基础的公理化数学体系。

按照直观朴素的理解，**集合通常是指具有相同属性事物的全体。集合中的各个事物称为这个集合的元素，含有有限个元素的集合称为有限集合，含有无限个元素的集合称为无限集合，不含有任何元素的集合称为空集。**

集合可以进行多种运算，如 $A \cup B$，$A \cap B$，$A - B$，$A \oplus B$，$\sim A$，等等，计算结果示意图对应图 4-20 中的灰色区域。

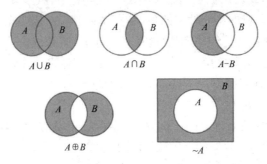

图 4-20　集合运算示意图

1. 集合的性质

集合具有如下两个主要性质：

- 集合具有普遍性。对于涉及的具体的或抽象的事物，其任意一个属性都可以用来构造一个集合，如男性人口数和自然数等。例如，集合 X 可表示为 $X = \{1,2,3,4,5,6\}$。
- 集合本身可作为元素构成一个集合，即集合的集合也是一个集合，如集合 $Y = \{\{1,2\},\{3\},\{4,5,6\}\}$。

2. 罗素悖论

罗素悖论在集合论的发展中是一个不可回避的话题。伯特兰·罗素（Bertrand Russell，1872—1970）是英国著名的逻辑学家和数学家。由于康托在对集合及集合元素进行定义时采用的是直观自然的表述方式而非严格的数学定义，因此存在一些深层次的问题。罗素使用理发师悖论的比喻指出了其中一个问题，并推动了集合论从朴素集合论提升为更加规范的公理集合论。

罗素指出，集合论在自含式集合中可能存在逻辑矛盾。自含式集合是指一个集合本身可以作为这个集合的一个元素。例如，集合 X 的定义是一切正数，表示为 $X = \{1,2,\cdots\}$。集合 Y 的定义为一切非正数，该集合中的元素可以包括 -1 和 -2 等，也可以包括鼠标、键盘、香蕉、苹果等，还可以包括由 -1 和 -2 构成的集合。依次类推，由于集合 Y 本身也符合一切非正数的要求，因此集合 Y 也可以作为这个集合的一个元素，即集合 Y 可表示为 $Y = \{-1,-2,\cdots,\{-1,-2\},\cdots,Y,\cdots\}$。这就是罗素悖论的前提条件：一个集合作为一个元素可以属于这个集合，即 $Y \in Y$。

进一步可以构建出两种集合 S_1 和 S_2：

- 集合 S_1 是一切具有自含式集合的集合，如上述集合 Y，其特征是 $Y \in Y$。
- 集合 S_2 是一切不具有自含式集合的集合，如上述集合 X，其特征是 $X \notin X$。

总结上述表示为 $S_1 = \{x \mid x \in S_1\}$，$S_2 = \{x \mid x \notin S_2\}$。

基于此针对集合 S_2 有罗素悖论：集合 s 是否属于 S_2？

当假设 s 属于 S_2 时，根据 S_2 的定义有 s 属于 S_2，则 s 必须满足 $s \notin S_2$，所以 s 不属于 S_2；当假设 s 不属于 S_2 时，即 s 满足 $s \notin S_2$，根据 S_2 的定义有 s 属于 S_2。

罗素悖论被提出后，许多数学家纷纷对其进行深入研究，包括康托本人，并提出了一些改进方案。例如，提出了集合论的 ZF（Zermelo–Fraenkel，分别指数学家 Ernst Zermelo 和 Abraham Fraenkel）公理和 NBG（von Neumann–Bernays–Gödel Set）公理系统等，对集合定义加以规范来消除悖论，在保证知识体系逻辑严谨的前提下，保证集合论仍具有广阔的发展前景和应用价值。集合论的发展以 1908 年为界限，之前为朴素集合论阶段，之后为公理集合论阶段。20 世纪 60 年代随着模糊集理论和粗糙集理论的创新应用，集合论进入全新的发展阶段。

4.4.2　粗糙集与数据科学应用示例

粗糙集（Rough Set）理论于 20 世纪 80 年代初期由波兰理工大学学者 Z. 波拉克（Zdzisław Pawlak）创立，是一套在信息系统环境下利用不完整的数据和知识进行决策的理论。从数学的角度来看，粗糙集是研究集合的；从计算机科学的角度来看，粗糙集是研究数据挖掘和知识发现的；从人工智能的角度来看，粗糙集涉及决策算法的研究；从综合角度来看，**粗糙集是利用集合论、计算机系统和人工智能技术进行数据处理的**。

粗糙集的研究对象主要是信息系统环境下的知识库，旨在依据知识库得到用于预测的推理规则。下文通过一个简明的决策表示例来讲解粗糙集的基本问题和主要概念。

☞**【示例】一家超市收集了一些老客户对一款新产品的购买情况的数据，并希望借此研究对这款产品感兴趣的客户类型**

客户购买新产品情况的数据表如表 4-4 所示。

表 4-4　客户购买新产品情况的数据表

客户 ID	性　　别	距超市距离	购　买　否
$x1$	男	远	未购买
$x2$	男	中	购买
$x3$	女	远	未购买
$x4$	女	近	购买
$x5$	男	近	购买
$x6$	男	中	未购买
$x7$	女	中	购买

1. 论域、决策属性、条件属性和值域

以表 4-4 为例讨论相关概念，主要包括：论域 U、决策属性 D、条件属性 C、值域 V。

- 表 4-4 中的"客户 ID"是粗糙集理论的研究对象，它是一个非空有限集合，称为**论域 U**，在本示例中可表示为 $U=\{x1,x2,\cdots,x7\}$。
- "购买否"是客户的属性，将作为决策判断的一个分类结果，称为**决策属性 D**。
- "性别"和"距超市距离"也是客户的属性，是决策判断的若干依据，称为**条件属性 C**。显然，条件属性可以有多个。

属性字段可构成一个非空有限集合 A：$A=C\cup D$。在本示例中，$A=\{$性别,距超市距离,购买否$\}$，$C=\{$性别,距超市距离$\}$，$D=\{$购买否$\}$。

- V 称为**值域**，是论域 U 子集的集合。这些子集可以是 U 的全集也可以是空集。进一步，V_a 表示在属性 a 上有相等的值域。对于本示例有

$$V_{性别}=\{\{x1,x2,x5,x6\},\{x3,x4,x7\}\}$$
$$V_{距超市距离}=\{\{x4,x5\},\{x2,x6,x7\},\{x1,x3\}\}$$
$$V_{购买否}=\{\{x1,x3,x6\},\{x2,x4,x5,x7\}\}$$

2. 知识库、粗糙集、下近似集合和上近似集合

在以上概念的基础上，粗糙集理论提出了有关知识库的定义：**对论域集合 U，找到任意属性对 U 的划分，即可得到一个关于 U 的知识库。**

例如，"性别"属性将客户 U 划分为男和女两类，记为 $R_{性别}=\{$男,女$\}$，"距超市距离"属性将客户 U 划分为近、中、远三类，记为 $R_{距超市距离}=\{$近,中,远$\}$，"性别"属性和"距超市距离"属性的交叉将客户 U 划分为男近、男中、男远、女近、女中、女远六类，记为 $R_{性别,距超市距离}=\{$男近,男中,男远,女近,女中,女远$\}$，"购买否"属性将客户 U 划分为未购买和购买两类，记为 $R_{购买否}=\{$未购买,购买$\}$。结合决策属性 D 和值域 V_a，将从基本数据中得到如下四个关于客户 U 的知识库：

$$U/R_{性别}=\{\{x1,x2,x5,x6\},\{x3,x4,x7\}\}$$
$$U/R_{距超市距离}=\{\{x4,x5\},\{x2,x6,x7\},\{x1,x3\}\}$$
$$U/R_{性别,距超市距离}=\{\{x5\},\{x2,x6\},\{x1\},\{x4\},\{x7\},\{x3\}\}$$
$$U/R_{购买否}=\{\{x1,x3,x6\},\{x2,x4,x5,x7\}\}$$

将上述四个知识库的并集记为 K_1：

$$K_1=(U/R_{性别})\cup(U/R_{距超市距离})\cup(U/R_{性别,距超市距离})\cup(U/R_{购买否})$$

若剔除 K_1 中的决策属性 D，则可得到仅包含条件属性 C 的知识库 K_2：

$$K_2=(U/R_{性别})\cup(U/R_{距超市距离})\cup(U/R_{性别,距超市距离})$$
$$=\{\{x1,x2,x5,x6\},\{x3,x4,x7\},\{x4,x5\},\{x2,x6,x7\},\{x1,x3\},\{x5\},\{x2,x6\},\{x1\},\{x4\},\{x7\},\{x3\}\}$$

如果论域 U 上的某个子集可以使用知识库的基本集合或基本集合的并运算来表示，就称这个子集为精确集，否则就称其为**粗糙集**。

为更好地理解粗糙集的概念,下面将上述问题简化,仅保留"性别"条件属性,且假设有如表 4-5 所示的三种情况。

表 4-5 针对性别的新产品购买情况数据表

客户	性别	购买否	客户	性别	购买否	客户	性别	购买否
$x1$	男	未购买	$x1$	男	未购买	$x1$	男	未购买
$x2$	男	未购买	$x2$	男	未购买	$x2$	男	未购买
$x3$	男	未购买	$x3$	男	未购买	$x3$	男	未购买
$x4$	男	未购买	$x4$	男	购买	$x4$	男	未购买
$x5$	女	购买	$x5$	女	购买	$x5$	女	未购买
$x6$	女	购买	$x6$	女	购买	$x6$	女	购买
$x7$	女	购买	$x7$	女	购买	$x7$	女	购买

各情况的条件属性 C 只有"性别",不包含决策属性 D "购买否"的知识库均为

$$K = U / R_{性别} = \{\{x1, x2, x3, x4\}, \{x5, x6, x7\}\}$$

- 对于表 4-5 左表有 $U / R_{购买否} = \{\{x1, x2, x3, x4\}, \{x5, x6, x7\}\}$。我们关心的购买者集合 $X = \{x5, x6, x7\}$,$X \in U$,因为可以用知识库 K 的基本集合精确表示,所以该集合是一个精确集。

- 对于表 4-5 中表有 $U / R_{购买否} = \{\{x1, x2, x3\}, \{x4, x5, x6, x7\}\}$。我们关心的购买者集合 $X = \{x4, x5, x6, x7\}$,$X \in U$,因为无法用知识库 K 的集合精确表示,所以该集合是一个粗糙集。粗糙集可以用知识库的中的元素近似表示。这里可使用知识库 K 中的 $\{x5, x6, x7\}$ 近似地表示粗糙集 $X = \{x4, x5, x6, x7\}$,且称 $\{x5, x6, x7\}$ 为 $\{x4, x5, x6, x7\}$ 的下近似集合,记为 $\underline{X}$。**下近似集合就是包含于某个集合的最大的集合。**

- 对于表 4-5 右表有 $U / R_{购买否} = \{\{x1, x2, x3, x4, x5\}, \{x6, x7\}\}$。我们关心的购买者集合 $X = \{x6, x7\}$,$X \in U$,因为无法用知识库 K 中的集合精确表示,所以该集合是一个粗糙集。仍可以使用知识库 K 中的 $\{x5, x6, x7\}$ 近似地表示这个粗糙集,且称 $\{x5, x6, x7\}$ 为 $\{x6, x7\}$ 的上近似集合,记为 $\overline{X}$。**上近似集合就是包含着某个集合的最小的集合。**

回到表 4-4 所示的数据情况。对于"购买否"中未购买的子集 $X = \{x1, x3, x6\}$,$X \in U$,由于无法用知识库 K_2 的基本集合或者基本集合的并运算表示,所以 X 不是精确集而是知识库 K_2 的一个粗糙集。在 K_2 中找到粗糙集 X 的上近似集合为 $\overline{X} = \{x1, x3\} \cup \{x2, x6\} = \{x1, x2, x3, x6\}$,粗糙集 X 的下近似集合为 $\underline{X} = \{x1, x3\}$。

总之,只要确定了一张数据表中的论域 U、决策属性 D、条件属性 C,就可以构造知识库 K,并得到粗糙集 $X \in U$ 的上近似集合 $\overline{X}$ 和下近似集合 $\underline{X}$,这是生成决策推理规则的基础。

3. 生成决策推理规则

对于表 4-4 所示的数据,我们感兴趣的是决策属性 D 中的未购买者集合 $X = \{x1, x3, x6\}$,$X \in U$,它是个粗糙集。基于 X 的上近似集合为 $\overline{X} = \{x1, x2, x3, x6\}$ 和下近似集合为 $\underline{X} = \{x1, x3\}$ 可生成关于顾客特征与"未购买"或"购买"关系的推理规则,相应步骤如下。

第 1 步：找到集合 X 的正域集合、负域集合和边界域集合。

- 集合 X 的正域集合记为 $\mathrm{POS}(X)$，即集合 X 下近似集合。$\mathrm{POS}(X) = \underline{X} = \{x1, x3\}$。
- 集合 X 的负域集合记为 $\mathrm{NEG}(X)$，定义为 $\mathrm{NEG}(X) = U - \bar{X}$。$\mathrm{NEG}(X) = U - \{x1, x2, x3, x6\} = \{x4, x5, x7\}$。
- 集合 X 的边界域集合记为 $\mathrm{BND}(X)$，定义为 $\mathrm{BND}(X) = \bar{X} - \underline{X}$。$\mathrm{BND}(X) = \bar{X} - \underline{X} = \{x1, x2, x3, x6\} - \{x1, x3\} = \{x2, x6\}$。

由此可见，$\mathrm{POS}(X)$、$\mathrm{BND}(X)$、$\mathrm{NEG}(X)$ 是三个不相交的集合，它们的并集构成了整个论域 U。换句话说，整个论域 U 被上近似集合 $\bar{X}$、下近似集合 $\underline{X}$ 划分为三个不相交的集合 $\mathrm{POS}(X)$、$\mathrm{BND}(X)$、$\mathrm{NEG}(X)$。对于本示例来说，正域集合 $\mathrm{POS}(X) = \{x1, x3\}$ 是肯定未购买者，负域集合 $\mathrm{NEG}(X) = \{x4, x5, x7\}$ 是肯定购买者，边界域集合 $\mathrm{BND}(X) = \{x2, x6\}$ 是不确定者。如果边界域集合 $\mathrm{BND}(X)$ 是空集，那么集合 X 是对于相关知识库的一个精确集，反之，就是一个粗糙集，这也是定义粗糙集的一个角度。

第 2 步：根据正域集合、负域集合和边界域集合，得到对决策属性 D 的推理规则。

对于正域集合 $\mathrm{POS}(X) = \{x1, x3\}$：

- IF(性别=男 and 距超市距离=远) THEN 肯定未购买。
- IF(性别=女 and 距超市距离=远) THEN 肯定未购买。

可以看出，性别取值对该决策推理规则没有影响，称为是冗余的。因此，可将两条推理规则简化为

$$\text{IF(距超市距离=远) THEN 肯定未购买}$$

对于负域集合 $\mathrm{NEG}(X) = \{x4, x5, x7\}$：

- IF(性别=女 and 距超市距离=近) THEN 肯定购买。
- IF(性别=男 and 距超市距离=近) THEN 肯定购买。
- IF(性别=女 and 距超市距离=中) THEN 肯定购买。

同理，前两条推理规则可以合并为

$$\text{IF(距超市距离=近) THEN 肯定购买}$$

对于边界域集合 $\mathrm{BND}(X) = \{x2, x6\}$：

$$\text{IF(性别=男 and 距超市距离=中) THEN 不确定}$$

至此，基于表 4-4 的决策推理规则生成完毕。基于这些决策推理规则可以对不同类型的顾客是否购买新品进行预测。

在众多条件属性 C 中，发现影响决策属性 D 的重要的条件属性，剔除不重要的条件属性，从而使推理规则更加简洁易用，是在实际数据处理中经常遇到的。对此，可以通过基于粗糙集的属性约简实现。

4. 基于粗糙集的属性约简

属性约简就是去除对于决策属性 D 不重要的条件属性 C'（$C' \in C$）。

有多种基于粗糙集进行属性约简的方法，其中比较直接的方法是计算条件属性的重要性度

量 σ。条件属性 $C'(C' \in C)$ 的重要性度量 $\sigma(C')$ 的定义为

$$\sigma(C') = \gamma_C(D) - \gamma_{C-C'}(D) \qquad (4.16)$$

式中，$\gamma_C(D)$ 称为条件属性 C 对决策属性 D 的依赖度，定义为

$$\gamma_C(D) = |\text{POS}_C(X)|/|U| \qquad (4.17)$$

是集合 X 的正域集合元素个数与论域集合元素个数之比。$\gamma_{C-C'}(D)$ 是条件属性 $C-C'$ 对决策属性 D 的重要性。$\sigma(C')$ 的基本设计思想是先计算条件属性 C 的依赖度 $\gamma_C(D)$，然后计算条件属性的重要性度量 σ。若某个条件属性 C' 对决策属性 D 有重要影响，则剔除条件属性 C' 后的依赖度 $\gamma_{C-C'}(D)$ 较之前应有较大变化，即 $\sigma(C')$ 越大，说明去除的条件属性 C' 越重要，不能去除；若 $\sigma(C')$ 为 0 或很小，则说明条件属性 C' 不会影响分类决策，可以约简去除。

在本示例中，$|U| = 7$，$X = \{x1, x3, x6\}$，$X \in U$。

先计算条件属性 $C = \{性别, 距超市距离\}$ 对决策属性 D 的依赖度：$\gamma_C(D) = |\text{POS}_C(X)|/|U|$。$C = \{性别, 距超市距离\}$ 相应的知识库为

$$\{\{x1, x2, x5, x6\}, \{x3, x4, x7\}, \{x4, x5\}, \{x2, x6, x7\}, \{x1, x3\}\}$$

$\text{POS}_C(X) = \{x1, x3\}$，$|\text{POS}_C(X)| = 2$，因此，$\gamma_C(D) = 2/7$。

然后计算条件属性"性别"的重要性度量 $\sigma(性别)$。

计算 $(C = \{性别, 距超市距离\}) - \{性别\}$ 对决策属性 D 的依赖度：$\gamma_{C-\{性别\}}(D) = |\text{POS}_{C-\{性别\}}(X)|/|U|$。$C = \{性别, 距超市距离\} - \{性别\}$ 相应的知识库为 $\{\{x4, x5\}, \{x2, x6, x7\}, \{x1, x3\}\}$，$\text{POS}_{C-\{性别\}}(X) = \{x1, x3\}$，$|\text{POS}_{C-\{性别\}}(X)| = 2$，有 $\gamma_{C-\{性别\}}(D) = 2/7$。所以，$\sigma(性别) = \dfrac{2}{7} - \dfrac{2}{7} = 0$。

最后计算条件属性"距超市距离"的重要性度量 $\sigma(距超市距离)$。

计算 $(C = \{性别, 距超市距离\}) - \{距超市距离\}$ 对决策属性 D 的依赖度：$\gamma_{C-\{距超市距离\}}(D) = |\text{POS}_{C-\{距超市距离\}}(D)|/|U|$。$(C = \{性别, 距超市距离\}) - \{距超市距离\}$ 相应的知识库为 $\{\{x1, x2, x5, x6\}, \{x3, x4, x7\}\}$，$\text{POS}_{C-\{距超市距离\}}(X)$ 为空集，$|\text{POS}_{C-\{距超市距离\}}(X)| = 0$，有 $\gamma_{C-\{距超市距离\}}(D) = 0$。所以，$\sigma(距超市距离) = \dfrac{2}{7} - 0 = \dfrac{2}{7}$。

可见，条件属性"距超市距离"的重要性 $\sigma(距超市距离) = \dfrac{2}{7}$，大于"性别"的重要性 $\sigma(性别) = 0$，因此，可以将"性别"属性剔除。在变量很多的大数据集合中，属性约减可有效剔除低关联度属性，提升运算效率和存储效率。

粗糙集理论还有许多应用内容和发展前景，如与粗糙集的数学理论有关的研究、在数据预处理方面的应用、与属性约简算法有关的研究、粗糙集模型的扩展、与其他理论方法（如模糊数学、证据理论、概率统计理论与信息论、神经网络等）的结合应用等。

4.5 图论与数据科学的应用

4.5.1 欧拉和哥尼斯堡七桥问题

莱昂哈德•欧拉（Leonhard Euler，1707—1783）是 18 世纪欧洲著名的数学家和物理学家。作为近代数学的先驱之一，欧拉在数学的诸多领域中做出了卓越贡献。至今仍在使用的用来描述变量之间的关系的"函数"一词及其符号 $f(x)$，以及众多数学分支中出现的欧拉定理、欧拉方程、欧拉常数和欧拉公式等，都得益于欧拉的杰出创造，欧拉对于图论及拓扑学也有深远影响。

图论是数学的一个分支，与几何学和离散数学等知识范畴相关。欧拉在这方面的工作起源于著名的"哥尼斯堡七桥问题"。哥尼斯堡又译为柯尼斯堡（Konigsberg，今位于俄罗斯加里宁格勒）。普雷格尔河（Pregel）将哥尼斯堡分为南区、北区和东区，河中的一个小岛是市民周末休闲购物的圣地，有七座桥梁将三个城区和岛区连接起来（见图 4-21）。

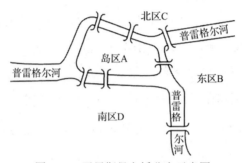

图 4-21　哥尼斯堡七桥分布示意图

有好奇的市民提出了一个"七桥问题"，即如何能够不重复且不遗漏地一次走完七座桥，并最终回到起点。人们纷纷进行试验，通过一般数学计算，得出共计应有数千种走法。但是具体哪种走法符合要求，在相当长的时间内始终没人能够给出正确的答案。

1736 年，欧拉向圣彼得堡科学院递交了名为《哥尼斯堡的七座桥》的论文，该论文解答了这个问题，同时开启了人们对数学的一个全新分支——图论与拓扑学的研究。

欧拉将这个实际问题抽象化，建立了一个与之对应的数学模型。他将三个城区和小岛设计为一个节点，而将连接它们的桥梁设计为节点间的通路，最终将哥尼斯堡七桥问题转换为一个简明的几何问题。哥尼斯堡七桥问题的数学模型如图 4-22 所示。

欧拉的这一设计非常精巧且关键，它体现了利用数学知识处理现实问题的一些基本思想方法：解决一个难题不是单纯依靠多么深奥的理论、复杂的公式和大量的计算，而是抓住问题的本质，设计合适的数学模型。于

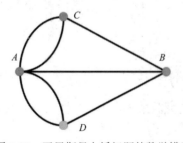

图 4-22　哥尼斯堡七桥问题的数学模型

是，七桥问题就转化为一笔画图形的处理问题了。

欧拉通过实地考察和理论研究，最终证明并不存在市民们期望的走法，哥尼斯堡七桥问题

是无解的，并提出并证明了具有广泛意义的欧拉路径，即一个图形要想一笔画完必须符合两个条件：第一，图形是封闭连通的；第二，图形中的奇点的个数为 0 或者为 2。欧拉对节点的性质进行了研究，并定义连接到一个节点的连线数量为这个节点的度数。如果度数是奇数，就称此节点为奇点；如果度数是偶数，就称此节点为偶点。

一个图形要想一笔画成，所经过的中间节点必须都是偶点，也就是说有来路必须有另一条回路，而奇点只可能出现在起点或终点。在哥尼斯堡七桥问题中，小岛节点 A 的度数是 5，其他城区节点 B、节点 C 和节点 D 的度数均为 3，都是奇点，因此无法一笔完成。

4.5.2　图论的发展沿革

图论（Graph Theory）的研究对象是图，主要研究图的理论、方法和应用。与实际生活中的图片和图像等概念不同，**图论中的图是由若干给定的点及连接两点的线构成的图形**。图中的点可以代表任何事物，图中的线（又称边）可以表示事物间的联系，这样图就可以抽象而直观地描述事物间的关系和它们形成的结构。

与传统的平面几何与立体几何不同，图论关注的重点是点和边的规模、关联及结构等，不考虑对连线的曲直形状、相对位置和大小度量等。例如，图论不讨论两条直线是否平行，一个长方形的面积是多少，以及两个三角形是否全等，等等问题。在图论中，图 4-23 中的两个图是等价的。

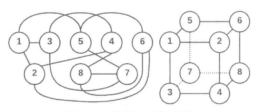

图 4-23　图论中的等价图

图论建立了顶点、边、度、同构、有向/无向图、边的权重、路径/最短路径、环、树、连通图、子图和网络等基本概念，并研究开发了许多有效算法。图论在发展过程中借鉴相关学科的方法，逐步完善了自身知识体系。

图论的产生和发展经历了近三百年，大体上可以划分为如下三个阶段。

第一阶段，从 1736 年到 19 世纪中期。以欧拉的哥尼斯堡七桥问题为先导，一些学者开始对若干孤立的图论问题进行探讨分析，并取得了一些零散的研究成果。这些问题集中在游戏中的迷宫线路和行棋走法等方面。

第二阶段，从 19 世纪中期到 1936 年。这一时期图论在理论上的研究不断深入，在图的连通性、嵌入、染色问题、矩阵表示及网络流等方面得到拓展。同时在实际应用方面更加注重一些现实问题的研究。例如，1847 年，德国学者将图论中有关树的概念方法应用于电力网络方程组的研究，这是图论首次被应用于工程技术领域；1857 年，英国学者独立提出了图论中树的概念，并将其应用于有机化合物分子结构的同构体研究；1936 年，匈牙利数学家哥尼格发表了《有限图与无限图的理论》，这一重要著作被认为是第一部图论学术专著，标志着图论在理论方法上日臻成熟，也标志着其独立的学科地位的确立。

第三阶段，1936 年以后。由于社会经济与科学技术的快速发展，图论在生产管理、交通运输和军事等领域被大量应用。20 世纪 50 年代计算机和网络通信技术诞生并普及，这为图论大规模的应用提供了有力支持。例如，在 1840 年前后提出的"四色猜想"，直到 1976 年才由美国学者借助计算机系统通过大量计算和判断得以证明。网络化技术的发展也极大促进了社会经济全面网络化的进程。例如，移动社交网络、交通物流网络、通信网络、电力网络、商业网络、生物进化网络和计算机程序调用网络等大量实际问题随之涌现，这为图论开辟了广阔的应用前景。

与此同时，图论与各个相关学科进一步融合渗透，逐步形成拓扑图论、代数图论、结构图论、算法图论、随机图论、极值图论等分支。图论的网络理论的建立和计算机系统的深入运用，以及与规划优化理论方法的互相结合，使得图论成为当前数学领域中发展最快的分支之一。

4.5.3　图论与数据科学应用示例

图论采用图的方式表示事物及事物间的二元或多元关系，所以在数据处理中具有相当广泛的应用。

1. 图论与搜索引擎

搜索引擎是大数据处理的一个典型应用。用户输入查询关键字后，搜索引擎可以快速响应，并依次列出与关键字匹配的网页信息。这个处理过程中的一个主要问题是，与关键字相关的网页不止成千上万，应该依据什么将更加重要的网页放在靠前的位置呢？

许多搜索引擎服务商利用图论的方法解决这个问题。其中，早期较为知名的是页面排名算法 PageRank，其基本思路是将每个网页看作一个节点，将这个网页的所有超链接看作边。在图论中边可以有方向，链接进来的边的数量称为入度，链接出去的边的数量称为出度。入度可以作为页面排名的依据，入度越大，链接进来的网页数量越多，说明这个网页的重要性越高。在不考虑竞价排名等因素的情况下，可以按照入度确定页面排名，并根据其倒序展示搜索结果。

2. 图论与风险控制

企业的用户运营是事关企业命脉的重要工作。特别是在移动互联网时代，利用手机网络高效传播的特性，通过老客户推荐发展新客户，快速提升注册用户数量，是许多企业采用的有效方式之一。企业给予发展规定数目新客户的老客户一定物质奖励，会极大促进拉新活动的成效。这已成为许多企业特别是互联网创新企业吸引客户注册企业网站、下载 App 和关注微信公众号及加入用户营销群的常用手段。

与此同时出现一些黑产团伙，他们借助网络的虚拟性和隐蔽性，利用卡号资源注册大量僵尸客户，套取企业的奖励积分、优惠券、奖品或红包等，这给企业造成了一定损失。这些黑产团伙可以利用虚拟 IP 地址和群控设备等技术手段避开网络和硬件系统的检测。这种欺诈型客户与自然正常注册客户混杂在一起，无论利用传统关系型数据库系统对客户注册表等进行分析，还是利用常规统计方法进行分析，都不易直接方便地发现这种欺诈行为。

针对此种情况，利用图论的方法，从新老客户发展关系的角度去挖掘，可以清晰而快速地发现问题。图论用于风险控制的示意图如图 4-24 所示。

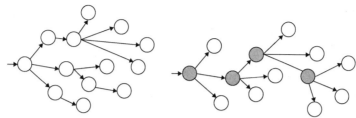

图 4-24　图论用于风险控制的示意图

以图 4-24 为例，一个节点表示一个客户，有向边表示客户之间邀约和被邀约的关系。假设推广活动规定发展三名新客户便可获得奖励。通常自然状态下的客户的受邀注册模式是比较发散的，每个客户邀约新客户的数量是不确定的，如图 4-24 左图所示。但在图 4-24 右图中，实心节点表示的客户都分别邀约了三名新客户，并呈现出具有时间顺序的链条形状的邀约模式，这意味着很可能存在欺诈行为。若得到这些受邀新客户基本上没有交易记录，也没有继续发展下游新客户等信息，则可以进一步表明存在欺诈行为。

可见，学习一些图论的基本方法，掌握一些图论的软件工具，对不断破解难题并创造价值是十分有益的。

3．图数据库与知识图谱

图数据库（Graph Database）是以图论和数据库系统理论为基础设计开发的软件系统。图数据库是以图（节点和边）为基本处理对象，来进行数据存储、数据查询和数据分析等操作的。其主要优势在于，可以对具有复杂关系的大规模数据实现图形可视化和高效率处理。

Neo4j 是一款比较流行的图数据库系统。Neo4j 图数据库界面如图 4-25 所示。图 4-25 中的节点标签为人员，关系类型有同事、喜欢、夫妻、管理和认识，包含的属性关键字有姓名、年龄和兴趣爱好等，可基于图对其进行展现、统计和推导等。

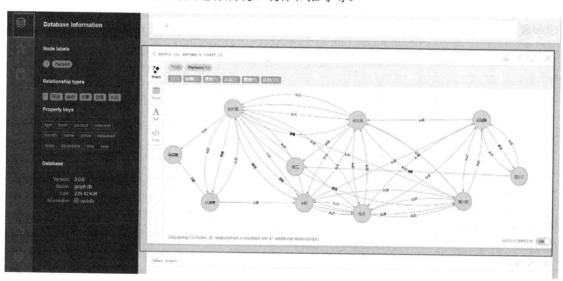

图 4-25　Neo4j 图数据库界面

我国科技公司和研发团队自主研发的系统，如 HugeGraph、GeaBase 和 TuGraph 等也具有一定技术领先优势。

图数据库系统属于一种非关系型数据库系统，其技术和应用都有一定特色。图数据库系统一般具有如下主要特点。

- 使用图的方式直观表示数据和数据之间的关系，支持可视化的图处理。
- 可以基于图进行高效的数据关联查询，支持主流图数据库系统查询语言 Gremlin 或 Cypher 等。
- 提供主流的图分析算法，如搜索与遍历、最短路径、社区发现、节点中心性、页面排名等，并支持用户算法的定制与扩展。
- 具有分布式的大规模数据处理能力，支持多种数据库系统和大数据系统作为后端数据存储。对于大数据环境下的社交网络、推荐应用、电商交易、金融风控、网络营销、可信预测与团伙识别，以及知识图谱等业务问题，可保证亿级以上的数据处理能力。

此外，图数据库系统在知识图谱（Knowledge Graph）方面的应用也非常重要。知识图谱是一种特殊的图数据，图中的节点对应现实世界中的某个实体或某个概念，每条边或属性对应现实中的一条知识。知识图谱采用语义网络的图表示方法具有直观的表达能力，可以方便地利用语义逻辑对现实世界中的实体、概念、属性及它们之间的关系进行建模，构建知识模型系统。在此架构上，人们可以让机器按照一定规则，进一步推导出知识图谱中没有明确表示的潜在知识。知识图谱在自然语言理解、问答系统、推荐系统、信息检索、金融风控、司法刑侦和医疗诊断等方面均有成功应用。

第 5 章

数据科学中的 SQL 基础

计算机系统与数据库系统已成为首选的数据资源存储、管理与服务的核心系统。在此基础上，要实现对大量且复杂的数据的定义、查询和应用等，还需设计开发一套简便且高效的数据操作与管理工具，SQL 应运而生。随着需求的不断变化，SQL 持续优化升级，目前已成为主流关系型数据库系统、数据仓库系统、大数据系统等数据操作的标准语言，也是数据科学应用的常用工具之一。

5.1 SQL 概述

数据查询是所有数据库系统的基础功能，从根本上体现了一个数据库系统的数据处理性能和数据操作易用性等特征。

自 20 世纪 70 年代数据库系统产生以来，不同数据库开发商提供了不同类型的数据库系统产品，形成了数据查询方式的多样化局面。同时，同一数据库系统在面向不同的应用者时，开发了不同的数据库查询方式。例如，1978 年，IBM 公司开发的实例查询系统（Query by Example，QBE）是一种直接在数据表栏目界面通过配置查询参数实现数据库查询的系统。对于非专业的数据库应用人员而言，该系统也是比较直观和友好的。

1974 年，IBM 公司开发了数据库结构化查询语言（Structured Query Language，SQL）。1980年以后的若干年间，美国国家标准学会（American National Standard Institute，ANSI）和 ISO 先后颁布了 SQL 标准，并根据数据库系统的技术发展不断推出了新的标准版本。SQL 已成为数据库领域公认的数据查询语言。

5.1.1 SQL 的优点

SQL 成为数据库系统的标准语言主要因为具有如下优势。

1. SQL 功能丰富

SQL 最初是为满足数据查询的基本需要而创建的，之后根据更多处理需求，逐步形成了可满足数据库全程处理的计算机语言。SQL 功能丰富，可以实现建立数据库、定义数据表、增加数据、删除数据、更改数据、查询数据、数据库管理、数据库维护、数据库安全性控制等一系列操作。

SQL 为数据库应用和数据库管理奠定了坚实的基础。在此基础上，不同数据库系统厂商在遵循 SQL 标准的同时，提供了一些个性化的 SQL 语句，这极大地丰富和发展了 SQL 的功能。

2．SQL 风格简洁统一

SQL 不仅功能全面，而且在语法设计上十分简洁，且具有统一的格式。例如，SQL 的基本查询语句的语法格式：

SELECT　　数据表的列名或列名表达式

　　FROM　　　数据表或视图

　　WHERE　　条件表达式

非常接近日常英语。其核心功能主要通过若干英文动词实现，如上述的 SELECT，以及下文将要讨论的 CREATE、ALTER、DROP、INSERT、UPDATE、DELETE、GRANT、REVOKE 等。用户只要掌握了这些常用语句，就可以方便快捷地完成数据定义、数据操纵和数据控制等基本任务。

3．SQL 适合各种数据库系统人员使用

对于数据库系统的一般应用用户来说，SQL 是一种易于掌握的使用标准化的声明性语言。用户只需利用 SQL 声明自己想做什么，即"要什么"（What），无须刻画"如何做"（How），呈现出高度的非过程化特质，语言简洁明了，方便易学。用户可以通过人机对话方式逐句输入 SQL 并执行，从而方便地实现对数据的查询、分析和管理等。

对于使用计算机语言开发数据库应用系统的技术人员来说，可以将 SQL 语句直接嵌入 Java 语言和 C 系列语言等程序中，从而实现对数据库系统的操作。对于数据库管理员来说，可以将 SQL 语句嵌入数据库脚本程序或存储过程，从而实现对数据库的批处理。

4．SQL 适应大数据发展

SQL 是在关系型数据库系统中产生并发展起来的。随着大数据分布式框架系统的兴起，如 Hadoop、Spark 和 Flink 等，SQL 的应用基础环境发生了一定变化，但作为数据管理和数据应用的基本工具，其重要作用始终没有改变。

例如，早期的 Hadoop 主要由 HDFS 和 MapReduce 处理系统构成，并未在 HDFS 上建立配套的数据库系统，因此数据处理任务需要使用比较烦琐的 MapReduce 编程等方式实现。后来基于 HDFS 的 Hive 数据仓库和 HBase 数据库系统应运而生，这些系统及之后的 Spark SQL、Flink SQL 等系统均支持扩充的 SQL。用户可直接使用熟悉的 SQL 对数据进行各种处理，无须关心系统如何将 SQL 转化为 MapReduce 程序，如何提交给 Hadoop 执行等底层技术细节。

大数据系统的蓬勃发展并不会消灭或完全取代原有的数据库系统和数据仓库系统。根据不同的应用需求，它们将形成一个综合的数据存储生态，发挥各自的优势。从这个意义上讲，SQL 依然是必须了解并掌握的关键的数据处理工具。

SQL 的应用离不开一个具体的数据库系统环境，这里推荐使用开源数据库系统 MySQL。MySQL 是一个主流的关系型数据库系统，将 SQL 作为访问数据库的标准化语言。MySQL 产

品化程度较高，软件系统规模小、速度快、功能强、成本低。MySQL 拥有社区开源版本，支持在多种操作系统环境下安装使用，具有广泛的用户基础，是目前大多数中小型数据处理系统的主要数据库系统工具。下文将基于 MySQL 讨论 SQL。

5.1.2　MySQL 和 SQL 入门

本节讨论 MySQL 的目标并非希望读者成为一名优秀的数据库管理员（DataBase Administrator，DBA），而是希望读者基于 MySQL 学习 SQL，从而获得管理数据的通用的必备能力。

1. MySQL 的安装

登录 MySQL 官网下载安装包。在下载页面上［本节选择具有通用性公开许可证（General Public License，GPL）的 MySQL 开源社区版］依次单击"MySQL Community (GPL) Downloads"→"MySQL Installer for Windows"→"Windows(x86, 32-bit),MSI Installer"→"Download"选项。这里选择安装的是 Windows 10 操作系统下的 MySQL 8.0.22.0 社区版，安装包名为 mysql-installer-community-8.0.22.0.MSI。

MySQL 的安装过程非常简单，只需按照提示单击"Next"按钮或"Execute"按钮即可。应注意以下几个要点。

- 在如图 5-1 所示的安装类型界面中，建议选择"Server only"单选按钮。

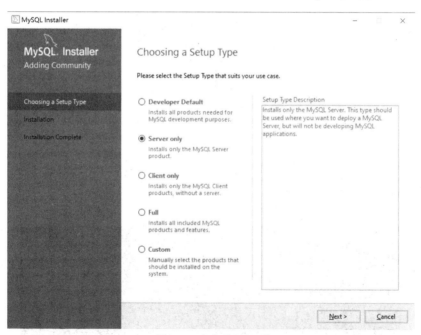

图 5-1　安装类型界面

- 在如图 5-2 所示的窗口中正确设置数据库系统的根用户账号和密码。

根用户是能够控制整个系统的具有最高权限的用户，即"超级用户"。

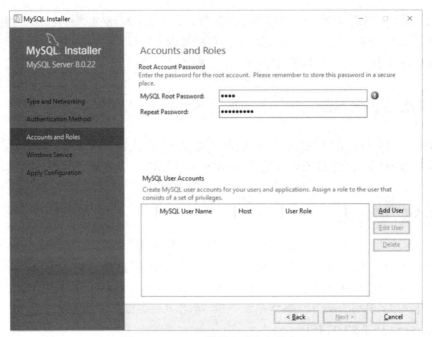

图 5-2　MySQL 数据库系统安装窗口

　　系统成功完成安装后，Windows 操作系统菜单项中将增加若干选项，其中 MySQL 启动菜单如图 5-3 所示。

图 5-3　MySQL 启动菜单

　　单击"MySQL 8.0 Command Line Client"选项，启动 MySQL，正确输入根用户账号和密码，进入 MySQL 人机对话界面。MySQL 人机对话界面如图 5-4 所示。

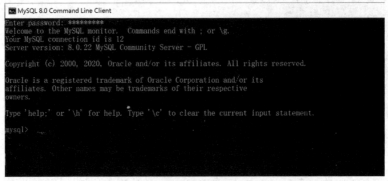

图 5-4　MySQL 人机对话界面

图 5-4 中的"mysql>"是 MySQL 命令行提示符，可在此输入数据库系统命令及 SQL 语句。

2．第一个 SQL 查询示例

一个数据库系统中可以包含多个数据库，一个数据库中可以包含多个数据表。**数据表是存储数据的基本逻辑单元，由数据表的结构和数据记录组成。**

先使用 SQL 创建数据库和数据表，然后添加一些数据记录，并使用数据查询语句进行浏览查询。这里给出一个 SQL 的示例（文件名：5-1 第一个查询示例.txt）。该示例程序的主要功能如下。

- 创建并显示名为 MyDB 的数据库。
- 在 MyDB 数据库中创建名为 Customers 的数据表，其中字段为客户号、姓名、性别、年龄、城市、手机号。该数据表记录了客户的基本信息。
- 向 Customers 数据表中添加 5 条记录。
- 查询 Customers 数据表的内容。

```
CREATE DATABASE MyDB;              #创建名为 MyDB 的数据库
SHOW CREATE DATABASE MyDB;         #显示创建的数据库
USE MyDB;                          #打开数据库
CREATE TABLE Customers (           #创建名为 Customers 的数据表
    客户号 VARCHAR(10) NOT NULL,
    姓名 VARCHAR(10) NULL DEFAULT '匿名',
    性别 VARCHAR(2) NULL,
    年龄 INT NULL,
    城市 VARCHAR(20) NULL,
    手机号 VARCHAR(11) NULL DEFAULT '暂无'
);
SHOW CREATE TABLE customers;       #显示创建的数据表

INSERT INTO Customers(客户号,姓名,性别,年龄,城市,手机号)
VALUES
( 'C0011', '张三', '男', 36, '上海', '13901239876' ),
( 'C0012', '李四', '女', 25, '杭州', '13811236789' ),
( 'C0013', '王五', '男', 33, '广州', '13701253456' ),
( 'C0014', '刘六', '女', 46, '武汉', '13611255678' ),
( 'C0015', '陈七', '女', 26, '北京', '13501237879' );

SELECT  客户号,姓名,性别,年龄,城市,手机号   #查询全部数据
  FROM  Customers;
+--------+------+------+------+------+-------------+
| 客户号  | 姓名  | 性别  | 年龄  | 城市  | 手机号        |
+--------+------+------+------+------+-------------+
| C0011  | 张三  | 男   |   36 | 上海  | 13901239876 |
| C0012  | 李四  | 女   |   25 | 杭州  | 13811236789 |
| C0013  | 王五  | 男   |   33 | 广州  | 13701253456 |
| C0014  | 刘六  | 女   |   46 | 武汉  | 13611255678 |
```

```
| C0015   | 陈七  | 女   |   26 | 北京  | 13501237879 |
+--------+------+------+------+------+-------------+
5 rows in set (0.04 sec)
```

```
 SELECT  *                #*表示所有字段名
   FROM  Customers
   WHERE  性别 = '男';      #按条件查询数据
+--------+------+------+------+------+-------------+
| 客户号  | 姓名  | 性别  | 年龄  | 城市  | 手机号        |
+--------+------+------+------+------+-------------+
| C0011   | 张三  | 男   |   36 | 上海  | 13901239876 |
| C0013   | 王五  | 男   |   33 | 广州  | 13701253456 |
+--------+------+------+------+------+-------------+
2 rows in set (0.04 sec)
```

```
 SELECT  *  FROM  Customers WHERE  性别 = '男';  #也可写为一行
```

需要说明的是：

- 在 MySQL 中，SQL 语句中的关键词和变量名对大小写不敏感。
- "#" 为单行注释标识符。
- 一条 SQL 语句须使用英文分号（;）作为结束符。

3. SQL 的帮助系统

可使用 help 命令获得系统帮助：mysql> help；也可通过输入 help 加具体命令名了解某命令的详细用法。例如：

```
mysql> help CREATE DATABASE;
```

5.2　SQL 的数据定义和应用

本节将通过一个示例讲解和展示 SQL 的数据定义功能。

☞【示例】商品营销供应链

建立一个描述客户情况、商品、商品订单、商品供应商的供应链数据库。该数据库包括四张数据表（数据文件名分别为 5-goods.txt、5-orders.txt、5-suppliers.txt、5-customers.txt），其中包括的字段如图 5-5 所示。

其中客户表 Customers 已经建好（详见 5.1.2 节），后续章节将以该数据库为例讨论 SQL 的数据定义语句和其他数据操纵语句。为使读者快速掌握 SQL 的数据定义语句，将先给出相关概念和 SQL 语句列表，然后给出本示例的 SQL 实现程序。数据定义语句包含许多参数，本节只给出关键部分，其他内容可使用 help 命令等查看学习。

客户表Customers					
客户号	姓名	性别	年龄	城市	手机号

商品表Goods					
商品号	名称	供应商号	大类	规格	价格

商品订单表Orders								
订单号	客户号	员工号	员工姓名	订单日期	商品号	数量	单价	金额

供应商表Suppliers					
供应商号	供应商名称	地址	主供商品	联系人	联系电话

图 5-5 供应链数据库中的数据表

5.2.1 SQL 数据定义语句

1. 相关概念

数据定义就是对数据库系统中的基本对象（如数据库、数据表、数据视图和数据索引等）进行规范的定义。

- **数据库**（DATABASE）：可以直观地理解为一个存储数据的大型仓库。
- **数据表**（TABLE）：是存放数据的基本单元。关系型数据库的数据表是一个按行和列组织的二维表格，如表 1-1 所示。
- **数据视图**（VIEW）：是一张基于若干数据表生成的虚拟表。可以使用 SQL 语句对有关数据表进行数据操作，从而形成一个数据视图。

与对数据表进行操作相比，对数据视图进行操作更灵活和高效。例如，某个数据表的数据量很大，且经常只需查询某部分数据，将这些数据放置在数据视图中可极大提高查询效率。那么为什么不可以将这些数据导入一个数据表之中呢？这里需要明确一个概念，即数据视图和数据表的本质是不同的。数据表是物理存储的，而数据视图是基于数据表之上的一种虚拟表。形象地说，数据视图的内部只存储着指向相关数据的链接。

使用数据视图的优势有很多。例如，针对不同数据库应用人员的不同数据需求创建不同的数据视图，可以简化 SQL 语句对多个数据表的复杂连接操作。此外，在管理上可以仅授予用户访问和修改视图的权限，从而保证原始数据表的数据安全等。

- **数据索引**（INDEX）：是对数据表中的一列或多列进行排序后构造指向原始记录位置的索引指针。基于索引存储表的查询可以极大提高数据查询效率。

对于 5.1.2 节中的 Customers 数据表，若希望查询年龄大于 30 岁的客户，数据库系统需要进行全表扫描，即从数据表第一个记录开始进行条件比对，得到第一个满足条件的记录后再继续向后查找，直到查询完最后一条记录。现在为 Customers 表增加关于年龄字段的索引，假设相应的索引存储表如表 5-1 所示。

表 5-1　索引存储表示例

年　　龄	索　　引
25	2
26	5
33	3
36	1
46	4

这时若要查询年龄大于 30 岁的客户可依据如表 5-1 所示的索引存储表实施。数据是按年龄排序的，可以选择多种优化的查询策略。例如，可以采用二分查找策略，从中间记录开始比较。若中间记录的年龄小于 30 岁，则继续向下二分查找，上半部分数据就不必扫描了。若中间记录的年龄大于 30 岁，则向上继续二分查找。当匹配到第一个大于 30 岁的客户时，由于数据是排好序的，后续客户一定均大于 30 岁，因此无须继续扫描。之后，通过对应的索引可以找到相应的记录行，进而提取其他字段数据。可见，基于数据索引的数据查询无须进行全表扫描，在数据量较大时无疑会极大提高数据查询效率。

比较常见的索引类型包括唯一索引、普通索引、组合索引等。

（1）唯一索引：是对数据表中取值唯一（Unique）的字段建立索引。意味着数据表中的所有数据在该索引字段上不能出现重复值，但可以出现空值。一个数据表可以建立多个唯一索引。

与唯一索引有类似特征的是数据表的主键。主键是数据表的一个字段或多个字段的组合。主键值能唯一区分和标识数据表中的每一行记录，因此取值唯一且非空。一个数据表只能有一个主键。

（2）普通索引：是对数据表的一般字段建立索引。该索引字段的数据取值可以为空，且没有唯一性的限制要求。

（3）组合索引：是对数据表的多个字段建立组合索引，常用于数据组合查询，其效率一般高于多个单字段索引的组合。组合索引的字段指定顺序会影响查询效率。

针对不同的数据字段类型、数据规模和业务查询方式等可以采用不同的索引方法（如 B 树和哈希等）创建不同的索引。有关内容将在第 8 章讨论。

需要注意的是，数据索引提高查询效率是有一定代价的。例如，在对数据表进行增、删、改的同时需要更新索引存储表，这会降低某些数据操作的效率；数据索引会消耗一定的存储空间，所以它是一种以空间换时间的查询优化策略。

2．SQL 数据定义语句

SQL 数据定义语句如表 5-2 所示，表中符号<>表示其中的内容是必填项，符号[]表示其中的内容是可选项，...表示其他选项。

表 5-2　SQL 数据定义语句

分　类	语　句	功　能
数据库定义语句	CREATE DATABASE <数据库名>st	创建指定名称的数据库
	SHOW DATABASES	显示所有数据库
	SHOW CREATE DATABASE <数据库名>MyTest	显示指定名称的数据库
	USE <数据库名>	使用指定名称的数据库
	DROP DATABASE <数据库名>	删除指定名称的数据库
数据表定义语句	CREATE TABLE <数据表名>	创建指定名称的数据表
	SHOW TABLES	显示所有数据表的结构
	SHOW CREATE TABLE <数据表名>	显示指定名称的数据表结构
	ALTER TABLE <数据表名>[修改选项]	修改指定名称的数据表的结构
	DROP TABLE <数据表名>	删除指定名称的数据表
数据视图定义语句	CREATE VIEW <视图名> AS [视图选项]	创建指定名称的数据视图
	DROP VIEW <视图名>	删除指定名称的数据视图
数据索引定义语句	CREATE INDEX <索引名> ON <数据表名> …	对指定数据表创建指定名称的数据索引
	ALTER TABLE <数据表名> [DROP] …	对指定数据表删除或修改其中的数据索引
	DROP INDEX [索引名] ON <数据表名>	删除指定数据表上的指定索引

5.2.2　SQL 数据定义应用

对于前述示例，可先在数据库 MyDB 中分别建立三张表：商品订单表 Orders、商品表 Goods、供应商表 Suppliers。然后浏览数据库 MyDB 和其中的数据表，根据需要修改表结构。接下来，对商品表 Goods 建立视图，对 Customers 建立索引。本节 SQL 示例程序文件名为 5-2 创建数据表.txt。

1.　创建 Orders 数据表、Goods 数据表和 Suppliers 数据表

```
USE MyDB;  #MyDB 数据库在 5.2.1 节已建立，这里可以直接使用
CREATE TABLE Orders(
    订单号 VARCHAR(10) NOT NULL,
    客户号 VARCHAR(10) NOT NULL,
    员工号 VARCHAR(10) NOT NULL,
    员工姓名 VARCHAR(10) NULL,
    订单日期 DATETIME NULL,
    商品号 VARCHAR(10) NULL,
    数量 INT NULL,
    单价 NUMERIC(10, 2) NULL,
    金额 NUMERIC(18, 2) NULL);

CREATE TABLE Goods(
    商品号 VARCHAR(10) NOT NULL COMMENT '非空唯一',
    名称  VARCHAR(20) NULL,
```

```
    供应商号 VARCHAR(10) NOT NULL,
    大类 VARCHAR(10) NULL,
    规格 VARCHAR(20) NULL,
    价格 NUMERIC(10, 2) NULL);

CREATE TABLE Suppliers(
    供应商号 VARCHAR(10) NOT NULL,
    供应商名称 VARCHAR(20) NULL,
    地址 VARCHAR(20) NULL,
    主供商品 VARCHAR(20) NULL,
    联系人 VARCHAR(10) NULL,
    联系电话 VARCHAR(11) NULL);
```

需要说明的内容如下。

（1）创建表和创建数据库的前提是，该用户被数据库管理员授予了相应权限。

（2）数据表名和每列数据的字段名由用户命名，字段的数据类型也须由用户设定。

MySQL 数据库系统可选的数据类型主要如下。

① 字符类型。

- CHAR(n)：固定长度的字符串，需指定字符个数，最大字符长度为 255。
- VARCHAR(n)：可变长字符串，需指定最大字符个数，最大字符长度为 255。
- TINYTEXT：小文本，最大字符长度为 255。
- TINYBLOB：小二进制块，最大字符长度为 255。
- TEXT：文本，最大字符长度约为 65K。
- BLOB：二进制块，最大字符长度约为 65K。
- MEDIUMTEXT：中长文本，最大字符长度约为 16M。
- MEDIUMBLOB：中长二进制块，最大字符长度约 16M。
- LONGTEXT：长文本，最大字符长度约为 4.3G。
- LONGBLOB：长二进制块，最大字符长度约为 4.3G。

② 数值类型。

- TINYINT：1 个字节的整数。
- SMALLINT：2 个字节的整数。
- MEDIUMINT：3 个字节的整数。
- INT：4 个字节的整数。
- BIGINT：8 个字节的长整数。
- FLOAT：4 个字节的浮点数。
- DOUBLE：8 个字节的双精度浮点数。
- DECIMAL(M,D)：自定义长度定点数，其中 M 为数值的总长度，D 为小数位数。

③ 日期时间类型。

- DATE：年月日，用 3 个字节存储。
- TIME：时分秒，用 3 个字节存储。

- YEAR：年，用 1 个字节存储。
- DATETIME：年月日和时分秒，用 8 个字节存储。
- TIMESTAMP：时间戳，用 4 个字节存储。

④ 枚举类型。

- ENUM(<枚举列表>)：如 ENUM('Yes','No')表示包含'Yes'和'No'的枚举类型数据。

（3）在创建数据表时，可以使用一些子语句为数据表及数据表中的相关字段增加一些主要的约束定义，主要包括如下几种约束。

- NOT NULL：定义某列数据没有空值（NULL）。
- UNIQUE：定义某列中的每个数据值必须是唯一的。
- PRIMARY KEY：定义数据表中的某一列或若干列为主关键字段（**主键**）。正如前文所述，主键的数据值是某行数据的区别性标识，是 NOT NULL 和 UNIQUE 的组合，会自动创建，具有唯一索引。
- DEFAULT：定义某列在出现空值时用默认值替代。

例如，使用有约束的子语句重新定义 Goods 数据表：

```
DROP TABLE Goods;
CREATE TABLE Goods(
    商品号 VARCHAR(10) PRIMARY KEY COMMENT '主键',
    名称  VARCHAR(20) UNIQUE,
    供应商号 VARCHAR(10) NOT NULL,
    大类 VARCHAR(10) DEFAULT '待定',
    规格 VARCHAR(20) NULL,
    价格 NUMERIC(10, 2) DEFAULT 0.00);
```

（4）可以根据已有数据表创建一个新表。

例如，使用 Goods 数据表创建一个畅销商品表 top_Goods，数据表的结构完全相同：

```
CREATE TABLE top_Goods AS SELECT * FROM Goods;
```

（5）可以将相关 SQL 语句编写成一个数据库脚本文件，文件的类型是文本文件。之后使用 SOURCE 语句直接调用文件名，即可执行该文件中的所有 SQL 语句。例如：

```
SOURCE D:/mydb.txt;              #注意使用正斜杠
```

表示执行 D 盘上名为 mydb.txt 的数据库脚本文件。

2. 显示 MyDB 数据库中的数据表和数据表结构

```
SHOW TABLES;                     #显示 MyDB 数据库中的数据表
```

```
| orders          |
| suppliers       |
| top_goods       |
+-----------------+
5 rows in set (0.03 sec)
```

```
SHOW CREATE TABLE customers;  #显示数据库中 Customers 数据表的结构
DESC customers;               #显示数据库中 Customers 数据表的信息
```

```
+--------+-------------+------+-----+---------+-------+
| Field  | Type        | Null | Key | Default | Extra |
+--------+-------------+------+-----+---------+-------+
| 客户号 | varchar(10) | NO   |     | NULL    |       |
| 姓名   | varchar(10) | YES  |     | 匿名    |       |
| 性别   | varchar(2)  | YES  |     | NULL    |       |
| 年龄   | int         | YES  |     | NULL    |       |
| 城市   | varchar(20) | YES  |     | NULL    |       |
| 手机号 | varchar(11) | YES  |     | 暂无    |       |
+--------+-------------+------+-----+---------+-------+
6 rows in set (0.00 sec)
```

3. 修改畅销商品表 top_Goods 数据表的结构

```
ALTER TABLE top_goods ADD 存量 INT;                                    #向数据表添加名为存量的字段
ALTER TABLE top_goods MODIFY COLUMN 存量 FLOAT;                        #修改存量字段的数据类型
ALTER TABLE top_goods DROP COLUMN 存量;                                #删除数据表中的存量字段
#将大类字段类型修改为枚举型
ALTER TABLE top_goods MODIFY COLUMN 大类 ENUM('家电','水果','食品','其他');
ALTER TABLE top_goods ADD PRIMARY KEY (商品号);                        #将商品号作为数据表主键
ALTER TABLE top_goods DROP PRIMARY KEY;                                #删除数据表中的主键
DROP TABLE top_goods;                                                  #删除畅销商品表 top_Goods
```

4. 定义 Goods 数据表的数据视图

数据视图是基于若干数据表生成的一张虚拟表。这里使用 SQL 建立 Goods 数据表的数据视图：

```
CREATE VIEW Goods_view AS
  SELECT 商品号,名称 价格
    FROM Goods
    WHERE 大类 = '家电';
DROP VIEW Goods_view;  #删除数据视图 Good_view
```

需要说明的是，上述程序将 Goods 数据表中关于家电类商品的主要若干字段筛选出来，生成了名为 Goods_view 的数据视图，然后将该数据视图删除。

5. 对 Customers 数据表建立数据索引

```
CREATE INDEX age_index ON Customers (年龄);              #建立一个关于年龄的索引
CREATE UNIQUE INDEX id_index ON Customers (客户号);       #建立一个关于客户号的唯一索引
DESC Customers;                                         #显示 Customers 数据表的信息
ALTER TABLE Customers DROP INDEX age_index;             #删除年龄索引
```

5.3　SQL 的数据操纵和应用

数据定义完成后可以对数据库进行**数据的增加、删除、修改和查询**等基本操作，这些数据处理工作在 **SQL** 中被称作数据操纵（Data Manipulation）。SQL 中使用 INSERT 语句、DELETE 语句、UPDATE 语句和 SELECT 语句来完成数据库的增、删、改、查四个基本功能。

由于 SQL 的查询语句（SELECT 语句）内容丰富，功能强大，将独立一节对其进行讨论。与 5.2 节类似，本节仍将先给出 SQL 除查询之外的其他数据操纵语句列表，然后利用 SQL 对 5.2 节中的案例数据进行进一步处理。

5.3.1　SQL 数据操纵语句

SQL 数据操纵语句如表 5-3 所示，表中…表示省略了一些语句内容。

表 5-3　SQL 数据操纵语句

语　　句	功　　能
INSERT INTO …	在数据表中增加记录
UPDATE … 　　SET … 　　WHERE …	修改数据表中的指定记录
DELETE FROM … 　　WHERE …	删除数据表中的指定记录

5.3.2　SQL 数据操纵应用

本节将在 5.2.2 节的基础上，对 5.2 节中的示例数据进行进一步处理。

1. 在 Goods 数据表增加记录（文件名：5-3 增加数据.txt）

```
INSERT INTO Goods VALUES
    ('G01005','大米','S009','食品','袋-10 斤',35.90);#增加一条记录
INSERT INTO Goods VALUES
    ('G01005','大米','S009','食品','袋-10 斤',35.90),
    ('G01003','小米','S009','食品','袋-3 斤',15.80),
```

```
    ('G01006','白面','S009','食品','袋-10斤',30.50),
    ('G02002','小米手机','S115','家电','部',1566.00),
    ('G02021','华为手机','S169','家电','部',1669.00),
    ('G02016','苹果手机','S153','家电','部',2246.00);        #增加多条记录
INSERT INTO Goods(商品号,名称,供应商号,大类,规格) VALUES
    ('G03055','苹果','S203','水果','箱-5斤'),
    ('G03015','草莓','S203','水果','盒-2斤'),
    ('G03035','鸭梨','S203','水果','箱-5斤');                 #增加多条记录的部分字段数据
```

2. 在 Suppliers 数据表中增加记录

```
INSERT INTO Suppliers(供应商号)
    SELECT DISTINCT 供应商号 FROM Goods;    #DISTINCT 表示不重复查询
```

需要说明的内容如下。

（1）先对 Goods 数据表进行查询，然后将查询结果添加到 Suppliers 数据表中。

（2）"SELECT DISTINCT 供应商号 FROM Goods"表示仅提取 Goods 数据表中不重复的供应商号。

（3）数据表中的数据还可以来自其他外部文件。例如，供应商数据的文本文件（文件名：5-suppliers.txt）如下：

```
'S009','农垦集团','呼伦贝尔','农副、粮油','小王','13911212345'
'S115','江苏电器','江苏南京','电子、百货','老张','13801355678'
'S169','北京电器','北京西城','电器、电子','老杨','13693267777'
'S113','电信公司','深圳福田','通信、电子','老马','13511363232'
'S203','东方果蔬','北京东城','水果、生鲜','老牛','13701235555'
```

可利用 MySQL 的 LOAD DATA INFILE 语句，将外部文件中的数据导入数据表。

应注意的是，执行 LOAD DATA INFILE 语句时可能会出现安全性错误提示 secure_file_priv。这时执行 SHOW VARIABLES LIKE "secure_file_priv";语句，MySQL 会提示数据导入的文件目录默认为 C:\ProgramData\MySQL\MySQL Server 8.0\Uploads。需要将外部数据文件复制到该文件目录下，然后导入数据（文件名：5-4 导入外部数据.txt）。例如：

```
LOAD DATA INFILE
    'C:/ProgramData/MySQL/MySQL Server 8.0/Uploads/5-4Suppliers.txt' INTO TABLE Suppliers
    FIELDS TERMINATED BY ',' ENCLOSED BY '\''
    LINES TERMINATED BY '\r\n';
```

需要说明的是：

- 文件名中文件目录的分隔符要使用正斜杠。
- FIELDS TERMINATED BY 说明字段间的分隔符是英文的逗号，且字符型字段使用英文的单引号括起来。'\'中的反斜杠表示取消中间单引号的特殊含义，否则系统会出现单引号匹配错误提示。
- LINES TERMINATED BY 说明每条记录行的分隔符是回车换行符。

3．修改 Goods 数据表中的数据

修改数据时通常需要先根据条件找到需要修改的某个或某些记录行，然后修改某个或某些字段中的数据值。例如：

```
UPDATE Goods
  SET 名称='鲜草莓',价格=12.50
  WHERE 商品号 = 'G03015';
```

上述 SQL 语句表示将 Goods 数据表中"商品号"为"G03015"的记录找出来，并将"名称"和"价格"字段分别改为"鲜草莓"和"12.50"。

4．删除表中的数据

```
DELETE FROM Suppliers
    WHERE 供应商号 = 'S113';        #删除"供应商号"为"S113"的记录
DELETE FROM Suppliers;             #删除所有记录
TRUNCATE TABLE  Suppliers;         #删除所有记录
```

5.4　SQL 的数据查询

SQL 的数据查询语句不仅内容丰富、功能强大，而且语法规则简单易懂。由于 SQL 的主要动词是 SELECT，因此人们也将 SQL 的查询语句称为 SELECT 语句。

SELECT 语句是 SQL 的核心内容，由若干子语句组成，基本语法格式如下：

SELECT 指定字段
FROM 指定数据表或数据视图
[WHERE 指定查询条件]
[GROUP BY 按指定字段分组计算]
[HAVING 条件表达式]
[ORDER BY 按指定字段排序输出]

SELECT 语句由 SELECT、FROM、WHERE、GROUP BY、HAVING、ORDER BY 等多个子语句构成。其中，SELECT 和 FROM 是必选子语句，其他括在[]中的子语句是可选项。以下将基于 5.2 节的示例设计不同场景来展示 SELECT 语句的功能。

5.4.1　SELECT 语句的简单应用

本节讨论如何利用 SELECT 语句实现数据的基本查询。

1．基本查询

```
USE MyDB;
SELECT 商品名 FROM Goods;          #仅给出一个查询字段：商品名
```

```
SELECT 商品号,商品名 FROM Goods;         #给出多个查询字段：商品号，商品名
SELECT * FROM Goods;                     #给出所有查询字段
SELECT DISTINCT 商品名 FROM Goods;        #查询出不重复的商品名
SELECT * FROM Goods LIMIT 5;             #仅给出前 5 行查询结果
SELECT * FROM Goods LIMIT 3,6;           #给出第 3 行之后的 6 行查询结果
```

2. 带 WHERE 条件的查询

```
SELECT * FROM Goods
  WHERE 供应商号 = 'S009';                              #单个条件查询
SELECT * FROM Goods
  WHERE 供应商号 IN ('S009','S203');                    #给出 IN 指定的供应商号的商品
SELECT * FROM Goods
  WHERE 价格 BETWEEN 30 AND 50;                         #给出价格介于 30～50 的商品
SELECT * FROM Goods
  WHERE 名称 LIKE '%苹果%';                              #给出名称中有"苹果"字样的商品
```

商品号	名称	供应商号	大类	规格	价格
G01005	苹果手机	S213	家电	部	2246.00
G03055	苹果	S203	水果	箱-5 斤	NULL

```
SELECT * FROM Goods
  WHERE 名称='大米' AND 供应商号 ='S009';               #给出同时满足两个指定条件的商品
SELECT * FROM Goods
  WHERE 供应商号 ='S009' OR 供应商号 ='S203';           #给出满足其中一个指定条件的商品
SELECT * FROM Goods
  WHERE NOT 名称 LIKE '%苹果%';                          #给出名称中不含"苹果"字样的商品
```

需要说明的内容如下。

（1）WHERE 子语句用来指定查询条件。查询条件中的条件运算符主要有等于（=）、不等于（<>）、大于（>）、小于（>）、大于或等于（>=）、小于或等于（<=）、BETWEEN（在某个范围内）、LIKE（按照某种样式）和 IN（在其中）。

（2）LIKE 比较符只对字符型字段有效，支持两个通配符：百分号（%）和下画线（_）。% 表示任意多个字符或无字符，_表示任意一个字符或无字符。

（3）在"WHERE 名称='大米' AND 供应商号 ='S009';"语句中，WHERE 子语句给出的是一个逻辑表达式。逻辑表达式是将若干简单条件通过逻辑运算符连接而成的表达式。逻辑运算符主要有 AND（并且）、OR（或者）及 NOT（否），在一般情况下，NOT 优先于 AND，AND 优先于 OR。为进一步明确逻辑运算顺序，可以使用小括号进行标注，小括号中的内容逻辑运算级最高。

3. 带 GROUP BY 子语句的查询

可以通过如下示例体会 GROUP BY 子语句的分组功能。

```
SELECT 订单号,客户号,员工号,员工姓名,订单日期
  FROM Orders;
```

订单号	客户号	员工号	员工姓名	订单日期
O02032	C0011	E03	小明	2018-05-23 13:21:53
O02035	C0011	E06	小芳	2018-06-11 11:03:12
O02038	C0011	E03	小明	2018-06-21 10:31:22
O02042	C0012	E01	小亮	2018-03-01 09:12:32
O02066	C0012	E03	小明	2018-03-26 19:52:44
O02091	C0012	E06	小芳	2018-04-15 11:46:31
O02102	C0013	E01	小亮	2018-10-03 12:12:32
O02119	C0013	E03	小明	2018-11-22 14:52:17
O02138	C0013	E06	小芳	2018-12-05 10:11:29
O02201	C0014	E06	小芳	2018-02-01 09:12:32
O02256	C0014	E06	小芳	2018-01-26 19:52:44
O02275	C0014	E06	小芳	2018-04-02 09:14:23
O02213	C0015	E06	小芳	2018-07-01 09:19:55
O02289	C0015	E03	小明	2018-08-25 15:02:11
O02291	C0015	E06	小芳	2018-09-21 14:46:39

```
SELECT 订单号,商品号,数量,单价,金额
  FROM Orders;
```

订单号	商品号	数量	单价	金额
O02032	G01005	1	41.00	41.00
O02035	G01005	2	41.00	82.00
O02038	G01005	1	41.00	41.00
O02042	G01006	1	35.00	35.00
O02066	G03055	1	31.80	31.80
O02091	G01003	2	18.00	36.00
O02102	G02002	1	1799.00	1799.00
O02119	G01005	1	41.80	41.80
O02138	G03035	2	28.00	56.00
O02201	G02021	1	1899.00	1899.00
O02256	G03055	1	31.80	31.80
O02275	G03015	2	18.00	36.00
O02213	G02016	1	2599.00	2599.00
O02289	G03035	2	28.00	56.00
O02291	G03055	1	31.80	31.80

```
SELECT 员工号,员工姓名
```

```
FROM Orders
GROUP BY 员工号;  #给出员工去重复的名单
```

```
+--------+----------+
| 员工号  | 员工姓名  |
+--------+----------+
| E03    | 小明     |
| E06    | 小芳     |
| E01    | 小亮     |
+--------+----------+
```

#计算每位员工的销售总额并生成一个新字段 SUM(金额)
```
SELECT 员工姓名,SUM(金额)
FROM Orders
GROUP BY 员工号;
```

```
+----------+----------+
| 员工姓名  | SUM(金额) |
+----------+----------+
| 小明      |   211.60 |
| 小芳      |  4771.60 |
| 小亮      |  1834.00 |
+----------+----------+
```

#计算每个客户的消费笔数、最大消费金额及总消费金额，并生成相应的新字段
```
SELECT 客户号,COUNT(金额),MAX(金额),SUM(金额)
FROM Orders
GROUP BY 客户号;
```

```
+--------+------------+----------+----------+
| 客户号  | COUNT(金额) | MAX(金额) | SUM(金额) |
+--------+------------+----------+----------+
| C0011  |          3 |    82.00 |   164.00 |
| C0012  |          3 |    36.00 |   102.80 |
| C0013  |          3 |  1799.00 |  1896.80 |
| C0014  |          3 |  1899.00 |  1966.80 |
| C0015  |          3 |  2599.00 |  2686.80 |
+--------+------------+----------+----------+
```

#计算客户号与员工号交叉分组下的消费笔数、最大消费金额及总消费金额
```
SELECT 客户号,员工号,COUNT(金额),MAX(金额),SUM(金额)
FROM Orders
GROUP BY 客户号,员工号;
```

```
+--------+--------+------------+----------+----------+
| 客户号  | 员工号  | COUNT(金额) | MAX(金额) | SUM(金额) |
+--------+--------+------------+----------+----------+
| C0011  | E03    |          2 |    41.00 |    82.00 |
| C0011  | E06    |          1 |    82.00 |    82.00 |
| C0012  | E01    |          1 |    35.00 |    35.00 |
| C0012  | E03    |          1 |    31.80 |    31.80 |
| C0012  | E06    |          1 |    36.00 |    36.00 |
| C0013  | E01    |          1 |  1799.00 |  1799.00 |
```

```
| C0013  | E03    |            1 |     41.80 |     41.80 |
| C0013  | E06    |            1 |     56.00 |     56.00 |
| C0014  | E06    |            3 |   1899.00 |   1966.80 |
| C0015  | E06    |            2 |   2599.00 |   2630.80 |
| C0015  | E03    |            1 |     56.00 |     56.00 |
+--------+--------+-------------+----------+----------+
```

需要说明的内容如下。

（1）GROUP BY 配合上述函数使用可实现分类汇总。

（2）以上 SELECT 语句中的 SUM()等称为 MySQL 函数，用户需按照一定之规调用这些函数。

SUM()的功能是统计汇总（又称聚合）。其他类似函数有 AVG()——计算某字段的平均数；COUNT()——计算行数；MAX()——计算某字段的最大值；MIN()——计算某字段的最小值。

下文是几个与函数有关的 SELECT 语句示例。

```
SELECT 客户号,LEFT(手机号,3) FROM Customers;        #给出某客户手机号前 3 位
    +--------+--------------+
    | 客户号 | LEFT(手机号,3) |
    +--------+--------------+
    | C0011  | 139          |
    | C0012  | 138          |
    | C0013  | 137          |
    | C0014  | 136          |
    | C0015  | 135          |
    +--------+--------------+
SELECT 订单号,员工姓名,订单日期
  FROM Orders
  WHERE Year(订单日期)=2018 AND Month(订单日期)=3;    #给出 2018 年 3 月的订单
    +--------+----------+---------------------+
    | 订单号 | 员工姓名 | 订单日期             |
    +--------+----------+---------------------+
    | O02042 | 小亮     | 2018-03-01 09:12:32 |
    | O02066 | 小明     | 2018-03-26 19:52:44 |
    +--------+----------+---------------------+
SELECT 订单号,员工姓名,订单日期,金额
  FROM Orders
  WHERE 金额-FLOOR(金额)>0;                            #给出有零头的订单
    +--------+----------+---------------------+-------+
    | 订单号 | 员工姓名 | 订单日期             | 金额  |
    +--------+----------+---------------------+-------+
    | O02066 | 小明     | 2018-03-26 19:52:44 | 31.80 |
    | O02119 | 小明     | 2018-11-22 14:52:17 | 41.80 |
    | O02256 | 小芳     | 2018-01-26 19:52:44 | 31.80 |
    | O02291 | 小芳     | 2018-09-21 14:46:39 | 31.80 |
    +--------+----------+---------------------+-------+
```

更多 MySQL 函数参见附录 A。

4. 带 HAVING 子语句的查询

使用 GROUP BY 子语句进行多个字段的交叉分组可能会产生较多计算查询结果。若需要对这些结果进行进一步筛选，就需要使用 HAVING 子语句。HAVING 子语句是和 GROUP BY 子语句配合使用的。

```
SELECT 客户号,员工号,COUNT(金额) AS 买次,MAX(金额),SUM(金额)
 FROM Orders
GROUP BY 客户号,员工号
HAVING 买次 > 1;
    +--------+--------+------+-----------+-----------+
    | 客户号 | 员工号 | 买次 | MAX(金额) | SUM(金额) |
    +--------+--------+------+-----------+-----------+
    | C0011  | E03    |   2  |     41.00 |     82.00 |
    | C0014  | E06    |   3  |   1899.00 |   1966.80 |
    | C0015  | E06    |   2  |   2599.00 |   2630.80 |
    +--------+--------+------+-----------+-----------+
```

需要说明的内容如下。

（1）上述 SQL 语句中的 AS 的作用是对生成的新字段 COUNT(金额)指定一个别名"买次"，从而使计算结果含义更清晰。

（2）从输出结果来看，该查询仅给出了买次大于 1 的计算结果，是对 GROUP BY 子语句的进一步筛选。

5. 带 ORDER BY 子语句的查询

ORDER BY 子语句用于对查询结果按某个列或多个列的数值进行排序。

```
SELECT 订单号,客户号,单价,数量,金额
 FROM Orders
 WHERE 单价 = 100
ORDER BY 金额 DESC;              #将查询结果按金额降序排序输出，略去了输出结果
SELECT 订单号,客户号,单价,数量,金额
 FROM Orders
 WHERE 单价 <= 100
ORDER BY 金额 DESC, 客户号 ASC;#将查询结果按金额降序、客户号升序排序输出
    +--------+--------+-------+------+-------+
    | 订单号 | 客户号 | 单价  | 数量 | 金额  |
    +--------+--------+-------+------+-------+
    | O02035 | C0011  | 41.00 |   2  | 82.00 |
    | O02138 | C0013  | 28.00 |   2  | 56.00 |
    | O02289 | C0015  | 28.00 |   2  | 56.00 |
    | O02119 | C0013  | 41.80 |   1  | 41.80 |
    | O02032 | C0011  | 41.00 |   1  | 41.00 |
    | O02038 | C0011  | 41.00 |   1  | 41.00 |
```

```
| O02091 | C0012  | 18.00 |  2  | 36.00 |
| O02275 | C0014  | 18.00 |  2  | 36.00 |
| O02042 | C0012  | 35.00 |  1  | 35.00 |
| O02066 | C0012  | 31.80 |  1  | 31.80 |
| O02256 | C0014  | 31.80 |  1  | 31.80 |
| O02291 | C0015  | 31.80 |  1  | 31.80 |
+--------+--------+-------+-----+-------+
```

需要说明的是，ASC 选项表示升序，DESC 选项表示降序。若没有指定选项，则默认按升序排序。

5.4.2　SELECT 语句的进阶应用

SELECT 语句的进阶应用主要涉及数据表的连接查询和组合查询等内容。

先讨论数据表的连接查询。

许多数据查询和数据操作经常需要同时访问两个或多个数据表。例如，需要使用 Orders 数据表中的数量数据和 Goods 数据表中的价格数据计算利润。这时，需要根据两个数据表中共同的字段名"商品号"，将两个数据表左右连接起来才可以进行计算。这就涉及数据表的连接查询。

MySQL 的数据表连接查询分为左连接查询、右连接查询、内连接查询、组合查询，前三种连接查询是通过 SELECT 语句附加 JOIN 子语句实现的。

1．左连接查询

左连接查询（LEFT JOIN）的 SELECT 语句语法格式如下：

SELECT * FROM TableA AS A

LEFT JOIN TableB AS B

ON A.key=B.key;

先通过如下示例直观理解左连接查询的含义：

```
SELECT * FROM Goods;
```

商品号	名称	供应商号	大类	规格	价格	存量
G01005	大米	S009	食品	袋-10 斤	35.90	500.00
G01003	小米	S009	食品	袋-3 斤	15.80	100.00
G01006	白面	S009	食品	袋-10 斤	30.50	300.00
G02002	小米手机	S115	家电	部	1566.00	15.00
G02021	华为手机	S169	家电	部	1669.00	10.00
G02016	苹果手机	S113	家电	部	2246.00	10.00
G03055	苹果	S203	水果	箱-5 斤	25.80	32.00
G03015	草莓	S203	水果	盒-2 斤	12.50	60.00
G03025	香蕉	S203	水果	斤	6.50	100.00
G03035	鸭梨	S203	水果	箱-5 斤	22.80	120.00

```
#给出两张数据表(设置别名分别为A和B) 中商品编号相同的记录
#将其进行商品编号一一对应的左右连接
SELECT *
FROM Orders AS A, Goods AS B
  WHERE A.商品号=B.商品号;
```

订单号	商品号	数量	单价	金额	价格
O002032	G01005	1	41.00	41.00	35.90
O002035	G01005	2	41.00	82.00	35.90
O002038	G01005	1	41.00	41.00	35.90
O002042	G01006	1	35.00	35.00	30.50
O002066	G03055	1	31.80	31.80	25.80
O002091	G01003	2	18.00	36.00	15.80
O002102	G02002	1	1799.00	1799.00	1566.00
O002119	G01005	1	41.80	41.80	35.90
O002138	G03035	2	28.00	56.00	22.80
O002201	G02021	1	1899.00	1899.00	1669.00
O002256	G03055	1	31.80	31.80	25.80
O002275	G03015	2	18.00	36.00	12.50
O002213	G02016	1	2599.00	2599.00	2246.00
O002289	G03035	2	28.00	56.00	22.80
O002291	G03055	1	31.80	31.80	25.80

```
SELECT * FROM Orders AS A
  LEFT JOIN Goods AS B
  ON A.商品号=B.商品号; #采用左连接查询也可以得到以上结果
```

需要说明的内容如下。

（1）由示例可知，左连接查询以左侧数据表（这里为 Orders 数据表）为基础，依次到右侧数据表（这里是 Goods 数据表）中找到与左侧数据表关键字段值相同的记录，并一一对应地连接左侧数据表。

由上述程序可知，由于 Orders 数据表中没有 G03025（香蕉）的销售记录，所以右侧 Goods 数据表中的 G03025 一行（矩形框框住的一行）无法连接进来。

（2）可通过如下语句将左连接查询结果作为一张新表（名为 LJnew）保存下来，并进一步用 SELECT 语句计算利润：

```
CREATE TABLE LJnew(
  SELECT 订单号,A.商品号,数量,单价,金额,价格
    FROM Orders AS A
    LEFT JOIN Goods AS B
    ON A.商品号=B.商品号);
SELECT SUM(数量*(单价-价格)) AS 利润 FROM LJnew; #计算总利润
```

利润

```
+--------+
| 901.00 |
+--------+
```

2. 右连接查询

右连接查询（RIGHT JOIN）与左连接查询类似，SELECT 语句语法格式如下：

SELECT * FROM TableA AS A

RIGHT JOIN TableB AS B

ON A.key=B.key;

通过如下示例直观理解右连接查询的含义：

```
SELECT * FROM Orders AS A
 RIGHT JOIN Goods AS B
 ON A.商品号=B.商品号;

 +--------+--------+------+---------+---------+---------+
 | 订单号  | 商品号  | 数量 | 单价     | 金额     | 价格     |
 +--------+--------+------+---------+---------+---------+
 | O02032 | G01005 |   1  |   41.00 |   41.00 |   35.90 |
 | O02035 | G01005 |   2  |   41.00 |   82.00 |   35.90 |
 | O02038 | G01005 |   1  |   41.00 |   41.00 |   35.90 |
 | O02119 | G01005 |   1  |   41.80 |   41.80 |   35.90 |
 | O02091 | G01003 |   2  |   18.00 |   36.00 |   15.80 |
 | O02042 | G01006 |   1  |   35.00 |   35.00 |   30.50 |
 | O02102 | G02002 |   1  | 1799.00 | 1799.00 | 1566.00 |
 | O02201 | G02021 |   1  | 1899.00 | 1899.00 | 1669.00 |
 | O02213 | G02016 |   1  | 2599.00 | 2599.00 | 2246.00 |
 | O02066 | G03055 |   1  |   31.80 |   31.80 |   25.80 |
 | O02256 | G03055 |   1  |   31.80 |   31.80 |   25.80 |
 | O02291 | G03055 |   1  |   31.80 |   31.80 |   25.80 |
 | O02275 | G03015 |   2  |   18.00 |   36.00 |   12.50 |
 | NULL   | G03025 | NULL |   NULL  |   NULL  |    6.50 |
 | O02138 | G03035 |   2  |   28.00 |   56.00 |   22.80 |
 | O02289 | G03035 |   2  |   28.00 |   56.00 |   22.80 |
 +--------+--------+------+---------+---------+---------+
```

需要说明的内容如下。

（1）右连接查询以右侧数据表（这里为 Goods 数据表）为基础，依次到左侧数据表（这里为 Orders 数据表）中找到与右侧数据表关键字段值相同的记录，并一一对应地连接右侧数据表。

（2）与左连接查询相比，右连接查询的数据记录行中多出一条，而且顺序也不相同。原因在于右连接查询是根据右侧数据表的共同字段"B.商品号"为依据和顺序依次选择且合并左侧数据表的记录行的。右侧数据表中的 G03025 商品在左侧数据表中没有对应记录，所以用 NULL 补齐。

3. 内连接查询

内连接查询的 SELECT 语句语法格式如下：

$$SELECT * FROM TableA AS A$$
$$INNER JOIN TableB AS B$$
$$[ON <条件>];$$

用以下关于学生和选课的示例，来说明内连接查询的直观含义（数据文件名分别为 5-student1.txt、5-student2.txt 和 5-courses.txt，请读者自行建立相应的数据库表）。

```
SELECT * FROM Students1;        #浏览 Students1 数据表
```

学生号	学生名	籍贯
S001	李同学	陕西
S002	赵同学	河南
S003	朱同学	安徽
S004	刘同学	江苏

```
SELECT * FROM Courses;          #浏览 Courses 数据表
```

课程号	课程名	学分
C001	数据科学	3
C002	机器学习	4
C003	高等数学	3

```
SELECT * FROM Students1
  INNER JOIN Courses;
```

学生号	学生名	籍贯	课程号	课程名	学分
S001	李同学	陕西	C001	数据科学	3
S001	李同学	陕西	C002	机器学习	4
S001	李同学	陕西	C003	高等数学	3
S002	赵同学	河南	C001	数据科学	3
S002	赵同学	河南	C002	机器学习	4
S002	赵同学	河南	C003	高等数学	3
S003	朱同学	安徽	C001	数据科学	3
S003	朱同学	安徽	C002	机器学习	4
S003	朱同学	安徽	C003	高等数学	3
S004	刘同学	江苏	C001	数据科学	3
S004	刘同学	江苏	C002	机器学习	4
S004	刘同学	江苏	C003	高等数学	3

由上述程序可知，该示例的内连接查询省略了子语句 ON，即没有给出连接条件，其结果

是所有学生与所有课程的全部对应连接的结果，可以看作学生选课的数据表。无连接条件的内连接查询也被称为将左、右两个数据表进行笛卡儿乘积的**全连接查询**。若内连接查询子语句 ON 给出具体条件，则会根据条件执行左连接查询操作。

4．组合查询

通常使用一条 SELECT 语句可以从一个数据表中获得一个结果数据集。我们有时希望将多次多表的查询结果合并在一起，形成一个综合查询结果，这就涉及数据表的组合查询，可通过 SELECT 语句附加 UNION 子语句实现。

组合查询 SELECT 语句语法格式如下：

SELECT <字段名表> FROM TableA

WHERE <条件 1>

UNION SELECT <字段名表> FROM TableB

WHERE <条件 2>;

用如下示例说明组合查询的直观含义：

```
SELECT * FROM Students2; #浏览 Students2 数据表
```

学生号	学生名	籍贯
S101	达同学	广东
S102	钟同学	广西
S103	华同学	湖南
S104	常同学	湖北

```
SELECT 学生号,学生名,籍贯 FROM Students1
    WHERE 学生号 LIKE 'S___'
 UNION SELECT 学生号,学生名,籍贯 FROM Students2
    WHERE 学生名 LIKE '%同学';
```

学生号	学生名	籍贯
S001	李同学	陕西
S002	赵同学	河南
S003	朱同学	安徽
S004	刘同学	江苏
S101	达同学	广东
S102	钟同学	广西
S103	华同学	湖南
S104	常同学	湖北

需要说明的内容如下。

（1）组合查询通过 UNION 子语句将两个表连接起来。与 JOIN 子语句不同的是，UNION

子语句是将查询结果进行"上下各行"的数据合并，而非"左右各列"的数据合并。

（2）在语法上，UNION 子语句要求所有 SELECT 查询子语句中的"<字段名表>"必须相同，包括名称和顺序（如本示例中的学生号、学生名、籍贯）；如果两张或多张表出现完全相同的记录行，UNION 子语句默认去除，若需要保留相同行，则应使用 UNION ALL 词语；可以使用 ORDER BY 子语句排序输出，但只能使用一次而且必须位于整个语句的最后。例如：

```
SELECT * from
(SELECT 学生号,学生名,籍贯 FROM Students1
    WHERE 学生号 LIKE 'S___'
  UNION SELECT 学生号,学生名,籍贯 FROM Students2
    WHERE 学生名 LIKE '%同学') AS A
  INNER JOIN Courses AS B
ORDER BY B.课程号;
```

该示例是一个相对复杂的 SELECT 语句的进阶应用，涉及组合查询、内连接查询及查询结果的别名、查询结果的排序输出等。首先为前例的组合查询（上下各行数据合并）结果指定一个别名为 A，然后将 A 与 Courses 数据表进行内连接查询（左右各列合并），指定查询结果的别名为 B（本 SELECT 语句的最终查询结果），指定按课程号升序排序输出查询结果。

SELECT 语句功能强大，各子语句的组合极为灵活多变，需要多多练习才能熟练掌握。

5.4.3　SELECT 语句的其他应用

SELECT 语句灵活多变，应用极为广泛，这里对如何利用 SELECT 语句实现数据表的导出进行简单说明。

SELECT 语句可以将 MySQL 中的数据表导出为其他常用格式的数据，语法格式如下：

SELECT * FROM <数据表名>

INTO OUTFILE <数据文件名>;

MySQL 会根据数据安全管理原则，将数据表的数据导出到指定目录下。指定导出的数据文件目录默认是 C:\ProgramData\MySQL\MySQL Server 8.0\Uploads。

可以将数据表导出为.txt 文本格式，也可以将数据表导出为以逗号分隔的.csv 格式。例如（文件名：5-5 导出数据.txt）：

```
#将 Customers 数据表导出为.txt 文本格式，文件名为 c1
SELECT * FROM Customers
  INTO OUTFILE 'C:/ProgramData/MySQL/MySQL Server 8.0/Uploads/c1.txt';

#将 Customers 数据表中的男性数据导出为.csv 格式，文件名为 c2
SELECT * FROM Customers
  WHERE 性别 = '男'
  INTO OUTFILE 'C:/ProgramData/MySQL/MySQL Server 8.0/Uploads/c2.txt'
  FIELDS TERMINATED BY ',' ENCLOSED BY '"'
  LINES TERMINATED BY '\r\n';
```

5.5 MySQL 的系统管理

MySQL 的系统管理主要涉及用户管理、权限管理、事务管理、文件存储和日志管理等方面。

5.5.1 MySQL 的用户管理

MySQL 允许多个用户同时通过网络共享使用。因此需要对这些用户进行管理，包括创建新用户、查看用户、注销用户等。通常只有根用户（详见 5.1.2 节）才有权限对用户进行管理。此外，与用户有关的信息被存储在 MySQL 的 mysql 数据库下的名为 user 的数据表中，可通过 SELECT 语句进行浏览查询。例如：

```
USE mysql;
DESC user;
SELECT user,host,password_last_changed FROM user;
    +------------------+-----------+----------------------+
    | user             | host      | password_last_changed |
    +------------------+-----------+----------------------+
    | mysql.infoschema | localhost | 2021-01-13 11:42:52  |
    | mysql.session    | localhost | 2021-01-13 11:42:52  |
    | mysql.sys        | localhost | 2021-01-13 11:42:52  |
    | root             | localhost | 2021-01-13 11:43:00  |
    +------------------+-----------+----------------------+
```

MySQL 可以同时安装在分布式环境中的不同主机（称为 host）上。这些主机一般通过 IP 地址来识别。本地主机通常用 localhost 表示。

1. 查看当前用户

```
SELECT CURRENT_USER();
    +----------------+
    | user()         |
    +----------------+
    | root@localhost |
    +----------------+
```

上述查询结果显示，当前有用户 root 在本地主机上使用 MySQL。

2. 创建用户

创建用户语法格式如下：

CREATE USER '用户名'@'主机名' IDENTIFIED BY '密码';

例如：

```
#在本地主机上创建名为user1的用户，密码为123456
CREATE USER 'user1'@'localhost' IDENTIFIED BY '123456';
#在任意主机上创建名为user2的用户，密码为123456
CREATE USER 'user2'@'%' IDENTIFIED BY '123456';    #%表示任意主机
#在IP地址为192.168.1.2的主机上创建名为user3的用户，密码为123456
CREATE USER 'user3'@'192.168.1.2' IDENTIFIED BY '123456';
```

3. 修改用户密码

```
USE mysql;
#将本地主机上的用户user1的密码修改为654321
ALTER user 'user1'@'localhost' IDENTIFIED BY '654321';
FLUSH PRIVILEGES;    #刷新后语句才能生效
```

4. 删除用户

```
#删除所有主机上名为user2的用户
DROP USER 'user2'@'%';
#将用户user3从user数据表中删除
DELETE FROM mysql.user WHERE user = 'user3';
```

5.5.2 MySQL 的权限管理

　　用户获得了账号和密码后，就可以登录 MySQL 了。只有数据库管理员授予该用户一定的数据操作权限，该用户才能在权限范围内正常开展工作。权限管理包括授予用户权限、查询用户权限、收回用户权限等，主要包括是否允许用户对数据库或数据表进行前文所述的 CREATE、ALTER、DROP、INSERT、UPDATE、DELETE 和 SELECT 等语句对应的操作。

1. 授予用户权限

　　授予用户权限的基本语法格式如下：

　　　　　　GRANT <权限表> ON <数据表名> TO <用户名@主机>;

　　例如：

```
#授予本地主机上用户user1的权限包括
#可以对MyDB数据库中的所有数据表进行数据增加、删除和查询操作
#MyDB.*表示MyDB数据库中的所有数据表
GRANT INSERT,DELETE,SELECT ON MyDB.* TO user1@localhost;
#授予本地主机上用户user1的权限包括
#可以对MyDB数据库中的Goods数据表进行任何操作
GRANT ALL ON MyDB.Goods TO user1@localhost;
FLUSH PRIVILEGES; #刷新后语句才能生效
```

　　需要说明的是，多条 GRANT 语句可以为用户授予多个权限，这些权限是自动叠加的。上

例中，用户 user1 不仅对 MyDB 数据库中的所有数据表拥有增加数据、删除数据和查询数据的权限，还对 Goods 数据表拥有所有操作权限。

2．查询用户权限

查询用户权限的基本语法格式如下：

SHOW GRANTS FOR <用户名@主机>;

例如：

```
SHOW GRANTS FOR 'user1'@'localhost'; #查询本地主机上用户 user1 的权限
```

```
+------------------------------------------------+
| Grants for user1@localhost                     |
+------------------------------------------------+
| GRANT USAGE ON *.* TO 'user1'@'localhost       |
| GRANT SELECT, INSERT, DELETE ON 'MyDB'.* TO    |
|      user1'@'localhost'                         |
| GRANT ALL PRIVILEGES ON 'MyDB'.'goods' TO      |
|     'user1'@'localhost'                         |
+------------------------------------------------+
```

查询结果显示，用户 user1 有三个授权：

- 用户 user1 对所有数据库中的所有数据表具有登录权限，但没有其他任何具体操作权限，这是 MySQL 在建立一个新用户时默认授予的权限。
- 用户 user1 对 MyDB 数据库中的所有数据表有查询数据、增加数据和删除数据的权限。
- 用户 user1 对 MyDB 数据库中的 Goods 数据表拥有所有权限（ALL PRIVILEGES）。

3．收回用户权限

收回用户权限的基本语法格式如下：

REVOKE <权限表> ON <数据表名> FROM <用户名@主机>;

例如：

```
#收回用户 user1 对 MyDB 数据库中所有数据表的删除数据权限
REVOKE DELETE ON MyDB.* FROM user1@localhost;
FLUSH PRIVILEGES; #刷新后语句才能生效
```

5.5.3　MySQL 的事务管理

上述对数据库的操作都是基于 SQL 语句完成的。实际上对数据库的某个业务处理任务需要通过一批 SQL 语句才能完成。例如，对于前面示例的 MyDB 数据库，若其中某个供应商合同到期并解除供货关系，则需要：第一，把这个供应商的数据从 Suppliers 数据表中导出并备份后删除；第二，将该供应商供应的商品数据从 Goods 数据表中导出并备份后删除；第三，将 Orders 数据表中有关该供应商的销售记录导出并备份后删除。若有新加入的供应商，还需要将相关数据添加到各个数据表中。这个业务处理任务就是一个事务。又如，对于航空公司订票系统，某个用户提出退票处理就是一个事务。该事务需要进行查询数据表、输入退票原因、转移订票记录到退票数据表、将当前可订票总数加 1、释放已预定的座位等一系列操作。

数据库中的事务（Transaction）**是指一组连续的数据库操作。事务是一个完整的数据操作单元。**只有事务中的每个操作语句成功完成，事务才算成功完成。如果事务中的某个操作语句出现操作失败或系统发生故障等，那么整个事务将视为失败并必须进行后续处理。

事务管理对于大型数据库系统进行复杂和连续的数据操作而言是非常重要的，是数据完整性、一致性和安全性的可靠保证。事务管理的基本方法就是保证事务中的一组操作语句要么完全执行，要么完全不执行。

1. InnoDB 存储引擎

在 MySQL 中，数据库只有使用了 InnoDB 存储引擎才支持事务管理操作。MySQL 默认使用 InnoDB 存储引擎，可以使用如下两条语句查看：

```
SHOW ENGINES;
SELECT @@default_storage_engine;
    +--------------------------+
    | @@default_storage_engine |
    +--------------------------+
    | InnoDB                   |
    +--------------------------+
```

如果显示 MySQL 使用的不是 InnoDB 存储引擎，那么可以使用如下语句重新设置为 InnoDB 存储引擎：

```
SET @@default_storage_engine = InnoDB;
```

在创建数据表时，也可以使用如下语句指定该数据表的存储引擎：

```
CREATE TABLE test(a INT, b CHAR(10), INDEX (a)) ENGINE=InnoDB;
```

2. 事务管理

- 事务开始语句：BEGIN;或 START TRANSACTION;。
- 事务提交语句：COMMIT;或 COMMIT WORK;。

如果事务提交成功，那么事务对数据库的所有操作语句都将生效。

需要说明的是，在 MySQL 的人机对话界面中，每一条语句就是一个事务，系统会自动隐式发出 COMMIT 语句提交事务。如果要将一组语句作为一个事务，那么必须使用命令 BEGIN 或 START TRANSACTION，显式地开启一个事务。

- 事务回滚语句：ROLLBACK;或 ROLLBACK WORK;。

正如上文所说，事务要么完全执行，要么完全不执行，不能停止在事务处理途中。如果事务中某一操作失败，那么应自动返回事务开始时的状态，这个取消所有数据操作变化的过程称为回滚（Rollback）。事务回滚语句能够自动结束事务，并撤销事务中的所有操作变动。

例如：

```
USE MyDB;
CREATE TABLE test(a INT, b CHAR(10), INDEX (a)) ENGINE=InnoDB;
SELECT * FROM test;
START TRANSACTION;          #开始事务
INSERT INTO test VALUE(1, 'b1');
INSERT INTO test VALUE(2, 'b2');
COMMIT;                     #提交事务
SELECT * FROM test;
    +------+------+
    | a    | b    |
    +------+------+
    |    1 | b1   |
    |    2 | b2   |
    +------+------+
START TRANSACTION;          #开始事务
INSERT INTO test VALUE(3, 'b3');
INSERT INTO test VALUE(4, 'b4');
COMMIT;                     #提交事务
SELECT * FROM test;
    +------+------+
    | a    | b    |
    +------+------+
    |    1 | b1   |
    |    2 | b2   |
    |    3 | b3   |
    |    4 | b4   |
    +------+------+
ROLLBACK;                   #事务回滚（这里是强行指定事务回滚）
SELECT * FROM test;         #回滚到该事务提交之前的状态
    +------+------+
    | a    | b    |
    +------+------+
    |    1 | b1   |
    |    2 | b2   |
    +------+------+
```

能够实现事务回滚的原因是，当一个事务被提交之后，虽然其中的 SQL 语句涉及对数据表的写操作，但系统并不会即刻执行，而是先将该操作暂时写到事务日志中。

5.5.4 MySQL 的文件存储和日志管理

本节简要介绍 MySQL 的文件存储。这些知识对于读者深入理解数据库系统的基本构造很有益处，对于理解分布式数据库系统的存储模式及大数据处理系统的存储模式有很好的启发性。

1．MySQL 的文件存储

可以使用如下语句查看 MySQL 中存储的文件目录信息，该信息存储在 MySQL 的全程变量 datadir 中：

```
SHOW GLOBAL VARIABLES LIKE "%datadir%";
+---------------+-------------------------------------------+
| Variable_name | Value                                     |
+---------------+-------------------------------------------+
| datadir       | C:\ProgramData\MySQL\MySQL Server 8.0\Data\ |
+---------------+-------------------------------------------+
```

文件目录 C:\ProgramData\MySQL\MySQL Server 8.0\Data\是 MySQL 在安装时自动创建的，默认设置为隐藏式的系统文件，但可以在文件资源管理器中复制并打开。MySQL 的文件存储方式并不复杂，具体为对每个数据库创建一个同名文件目录，该数据库中的所有数据表均存储在这个文件目录下。例如，之前建立的 MyDB 数据库就是作为一个文件目录存储在相应的 MySQL 文件目录下的。MySQL 的数据库组织结构示例如图 5-6 所示。

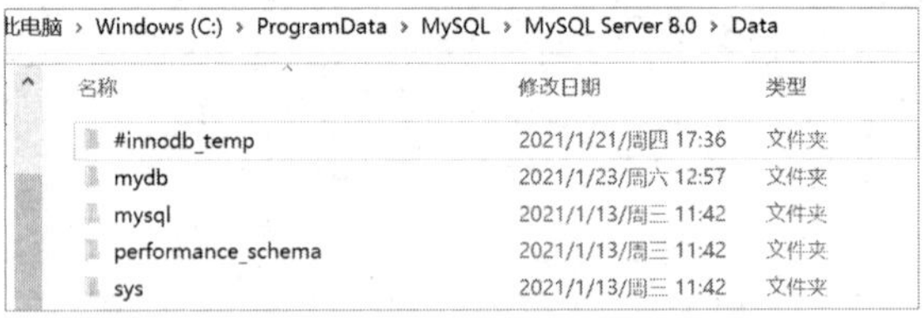

图 5-6　MySQL 的数据库组织结构示例

在图 5-6 中，mydb 文件目录是创建的示例数据库，mysql 文件目录是 MySQL 创建的存储数据库系统数据的数据库。

进入 mydb 文件目录，可以看到创建的各个数据表，它们对应存储在扩展名为 IBD 的文件中，文件名就是数据表名，如图 5-7 所示。

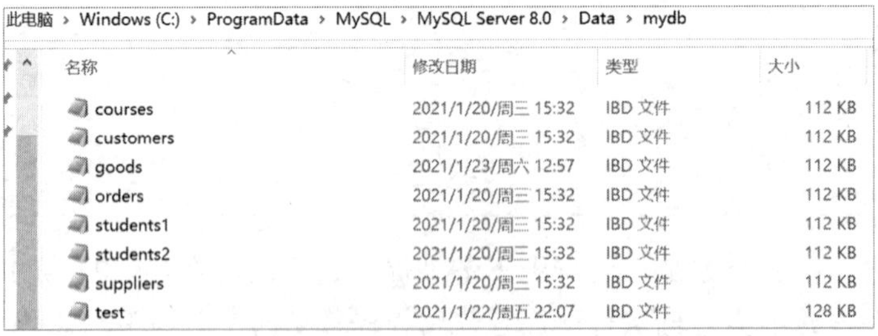

图 5-7　MySQL 的数据表组织结构示例

创建的数据库采用的是 InnoDB 存储引擎，数据表文件的扩展名 IBD 可视为其缩写。这种文件存储的特点是，将数据表的表结构、表数据和表索引等所有内容都存储在一个文件中，提高了存取效率，增强了数据管理的安全性，这是 MySQL 8.0 版本的升级策略之一。

可以从文件存储的角度直观理解：**一个数据库系统是由数据库和数据库管理系统**（DataBase Management System，DBMS）**构成的。数据库主要由系统数据库和用户数据库构成。**

数据库管理系统是对这些数据库进行数据定义、数据操纵和数据管理的程序系统，是这个数据库系统的核心软件。

随着大数据应用快速发展，一个存储数据库表的数据文件面临两大问题：①若数据记录逐步增加，则可能达到操作系统允许的文件存储上限，这将对文件系统管理带来极大风险；②数据记录过多，不仅会导致数据查询等处理效率低，还会给计算机内存和磁盘输入/输出等性能带来巨大压力。因此，新一代的数据处理系统必须考虑将一个大的数据文件分割，并放置在不同的文件中，甚至将这几个文件存储在不同的存储器或不同的计算机系统上。这个数据文件逻辑上可以视为一个文件整体，但物理上却是分布式存储和分布式处理的。这就是 Hadoop、Spark 和 Flink 等大数据处理系统在文件存储方面的基本设计理念。

2. MySQL 的查询日志

查询日志是 MySQL 建立的关于各用户使用数据库具体操作情况的记录。查询日志不仅可以帮助数据库管理员有效跟踪和监督数据库的使用情况，还有利于深入观察用户的数据偏好和操作习惯等，是采集用户数据和实现用户画像的一个基本数据来源。

MySQL 的日志通常以系统变量的形式标识和存储。

- 系统变量 general_log：设置开启或关闭查询日志。
- 系统变量 general_log_file：存储日志文件的名称。
- 系统变量 log_output：设置查询日志的输出格式，包括文件型（FILE）或表格型（TABLE）。

可通过如下语句查看当前查询日志状态：

```
SHOW VARIABLES LIKE '%general_log%';
    +------------------+---------------------+
    | Variable_name    | Value               |
    +------------------+---------------------+
    | general_log      | OFF                 |
    | general_log_file | LAPTOP-3TTKN7I5.log |
    +------------------+---------------------+
```

查询日志默认处于关闭状态（OFF），避免了查询日志的读写操作，提高了 MySQL 的处理效率。

可通过如下语句开启查询日志并查看日志：

```
SET GLOBAL general_log = ON;            #开启查询日志
SHOW VARIABLES LIKE '%general_log%'; #查看日志
```

可通过如下语句查看查询日志的输出格式：

```
SHOW VARIABLES LIKE 'log_output';
    +---------------+-------+
    | Variable_name | Value |
    +---------------+-------+
    | log_output    | FILE  |
    +---------------+-------+
```

查询日志的输出格式默认为文件型，也可以改为表格型，以便使用 SQL 语句查询：

```
SET GLOBAL log_output='table';
SHOW VARIABLES LIKE 'log_output';
SELECT * FROM mysql.general_log;  #查看日志
```

将查询日志设置为表格型后，日志内容会记录到 mysql 目录下名为 general_log 的数据表中。该数据表的默认是.csv 格式的，可使用 Excel 等软件工具打开。

5.5.5 MySQL 的客户端数据库管理工具 Navicat

MySQL 作为一个网络数据库服务器系统，支持多个用户借助一些客户端数据库管理工具进行远程网络化、界面图形化的数据存取和管理操作，如 MySQL 厂商提供的 MySQL Query Browser、MySQL Workbench、MySQL Administrator 等，以及相关数据库软件公司开发的 Navicat 和 SQLyog 等。这些数据库管理工具以窗口方式实现对数据库系统的管理。通过窗口操作就可以方便地管理数据库、管理数据表、筛选浏览数据查询结构、导入导出数据，并进行用户管理、权限管理和日志管理等。因此掌握一款数据库管理工具是非常有益的。这里仅对 Navicat 进行简单说明。

作为支持访问包括 MySQL 等众多主流数据库系统的客户端工具，Navicat 以图形化用户界面方式提供对数据库的连接、数据定义、数据操纵、数据查询和数据库系统管理等，操作简捷，功能实用且全面。

例如，用户只需在如图 5-8 所示的对话框中通过简单配置就可以连接到本地和远程的各类数据库上。

图 5-8 "新建连接"对话框

Navicat 采用图形化用户界面方式展示数据表中的数据，如图 5-9 所示。

图 5-9　Navicat 展示的数据表中的数据

Navicat 可以方便地支持 SQL 的编写、调试和运行，如图 5-10 所示，还可以方便地进行数据绘图，支持数据的导入导出操作。

图 5-10　Navicat 执行 SQL 的 SELECT 语句

总之，SQL 是数据库应用的必备知识，也是数据科学中不可或缺的重要部分。

第 6 章

数据科学中的 Python 基础

Python 是一种高级计算机语言，目前是数据科学应用中主流的计算机语言之一。与 Python 程序设计的课程目标不同，本章通过简明的方式，在保证一定体系性的前提下，对需要掌握的 Python 重点内容进行说明，旨在让读者快速读懂 Python 的基础程序，通过在以后的章节中边读边做，逐步掌握 Python 数据处理的基本方法。若读者已经基本掌握 Python，则可以略过本章。

Python 内容非常丰富，对初学者来说需要经历一个循序渐进的学习过程才能熟练掌握。本章先介绍 Python 的安装和使用，然后介绍必须了解的 Python 基本语法，最后通过数据处理的程序实例，引导读者领略 Python 程序的开发及在数据科学中的应用。

6.1 Python 概述

Python 是荷兰计算机工程师吉多·范罗苏姆（Guido van Rossum）于 1989 年设计的计算机语言，它的名称源于创建者喜欢的马戏团的名字。Python 因具有结构清晰、语法简洁、程序可读性强的特点，广受编程人员的喜爱。Python 在开源以后，功能不断丰富，性能不断提高，开发效率不断增强，应用领域更加广泛。随着机器学习和人工智能技术的兴起，Python 得到迅速发展，成为用户数量增长最快的编程语言，并在数据科学相关应用领域中处于领先地位。

Python 是一种解释执行的语言，支持面向对象程序设计。Python 的应用领域非常广泛，除了数据科学相关应用领域，在云计算系统开发与管理、Web 应用开发、系统运维、图形界面开发、机器人开发、科技计算等方面也多有应用。

6.1.1 Python 的特点

Python 的特点主要体现在以下三方面。

1）简明易用，严谨专业

Python 简明而严谨，易用而专业，同时其说明文档规范，程序范例丰富，便于众多应用人员学习使用。Python 这一特点得益于其发展定位。长期以来 Python 创发团队始终遵循"程序开发效率优先于程序运行效率，程序应用的横向扩展优先于程序执行的纵向挖潜，程序简明一致性优先于特别技巧的使用"的原则，并且打通了与相关语言的接口，不进行过多内部扩充。

Python 丰富的数据组织形式（如元组、集合、序列、列表、字典和数据框等）和强大的数据处理函数库，使得数据科学应用人员可以将精力用于思考解决问题的方法，不必过多考虑程序实现的细枝末节。

2）具有良好的开发生态

研究并完成一个数据科学任务一般需要领域应用、算法模型、程序开发和数据系统管理等人员的配合。Python 开发社区通过网络将这些人员及其项目、程序、数据集、工具、文档和成果等资源有效地整合起来。将 Python 数据科学研发打造成一个全球化的生态系统，博采众长，集思广益，实现了更广泛的交流、讨论、评估和共享，极大地提高了 Python 的开发水平、开发效率和普及程度。

3）具有丰富的第三方程序包

Python 拥有庞大而活跃的第三方程序包，尤其是 NumPy、Pandas、SciPy、Matplotlib、sklearn 等第三方包在数据组织、科学计算、可视化、机器学习等方面有着极为成熟、丰富和稳定的表现。这些程序包中的模型算法均得到了广泛使用和验证，具有极高的权威性。依托和引用这些程序包，用户能够方便快速地完成绝大多数数据科学任务，这使得 Python 成为数据科学应用的首选语言。Python 也借此形成了程序包和函数库开发与应用的良性循环，具有了领先于其他计算机语言的明显优势。

6.1.2　Python 的安装和启动

登录 Python 官网，根据页面提示下载安装包，Python 2 和 Python 3 的系列版本都获得了广泛的使用。目前，Windows 操作系统下的最新版本为 Python 3.9.1，而且仍然处于不断升级中。下载安装包后，双击 python-3.9.1-amd64 压缩包进入安装向导界面，如图 6-1 所示。

图 6-1　Python 的安装向导界面

一般计算机高级语言都会使用集成开发环境（Integrated Development Environment，IDE）进行程序编辑、调试、运行和管理。Python 自带的集成开发环境 IDLE（Integrated Development and Learning Environment）是一款功能丰富且具有图形化用户界面的实用集成开发环境工具。Python 安装成功后，可在 Windows 主菜单中看到如图 6-2 所示的启动菜单。

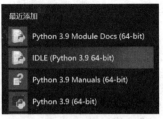

图 6-2 Python 的启动菜单

启动 IDLE，进入 Python 人机对话方式，也称命令行交互方式，出现命令行提示符>>>，该界面通常称为人机对话界面。在提示符后输入 Python 语句或命令，提交至计算机系统逐一执行后显示输出结果。例如：

```
>>> print (6 x 3)
SyntaxError: invalid syntax
>>> print (6 * 3)
18
>>> print (6 / 3)
2.0
>>> print ( 6 // 4)
1
>>> print (6 % 4)
2
>>> print (6 ** 3)
216
>>> print ( "6 x 3 =",6*3)
6 x 3 = 18
>>> print (3.14 * 6, 3.14 * 3**2)
18.84 28.26
>>> print (6>3)
True
>>> print (6<3)
False
```

在上述 Python 人机对话方式中，每输入一个 print 语句便可得到相应的计算结果。Python可以方便地实现加（+）、减（−）、乘（*）、除（/）、整除（//）、取模（%）、乘方（**）等基本运算，结果为整数或小数；也可以比较大小（>或<），结果为逻辑型的真（True）和假（False）。除此之外，Python 还可以进行很多运算。

6.1.3　第一个 Python 程序与帮助

启动 IDLE 后，依次单击"File"→"New File"选项即可新建一个程序窗口，用户可在该窗口中编写 Python 程序。单击"Open..."选项即可在程序窗口中打开之前创建的程序，可对该程序进行修改，也可以直接运行该程序。**Python 程序文件的扩展名为.py**。

1. 第一个 Python 程序

下文是一个简单的 Python 程序示例。

☞【示例】求自然数 1 至 100 之和（文件名：6-1 求和.py）

在程序窗口中输入如下 Python 程序：

```
sum = 0
for i in range(1,101):  #循环控制变量 i 依次取 1,2,3,…,100，即循环执行 100 次
    sum = sum + i
print(sum)
5050
```

程序输入完成后，依次单击 IDLE 菜单中的"Run"→"Run Module"选项，可在人机对话界面中看到程序的运行结果或者程序错误提示。

还可以在程序窗口输入如下 Python 程序：

```
sum = 0
i = 1
while i <= 100:          #循环控制变量 i 依次取 1,2,3,…,100，即循环执行 100 次
    sum = sum + i
    i = i + 1           #i 在原来取值上增加 1
print(sum)
5050
```

对比上述两段程序可知，二者解决的是同一问题，只是分别使用了 Python 的两种循环语句，后续会对其进行具体讨论。

在阅读 Python 程序时需要注意以下几方面。

（1）以"#"开头的语句是 Python 程序的注释语句。

注释语句是对程序的说明，"#"后可以跟任意内容。在运行程序时会自动跳过注释语句的内容，执行下一条语句。

（2）当语句以英文冒号":"结尾时，后续缩进语句将被视为一个语句块。

缩进使程序有了上下文的关联，可以让程序在总体上更具有结构性和易读性。Python 按照 IDLE 的默认设置，使用 4 个空格进行缩进。

包含很多语句的较长 Python 程序可能会出现多层次缩进。多层次缩进在一定程度上会降低程序的易读性。因此，可以采用一些策略，如把一大段程序拆分成若干函数或者类等，减少多层次缩进带来的结构复杂性。

（3）Python 是大小写敏感的，大小写不同的同一词汇，Python 语言会认为是不同的词汇。

另外，需要说明的是，为便于阅读理解，本书将程序输出结果直接放置到相应的程序行下方。

2. 使用帮助

为快速掌握 Python，应先学会使用帮助文档，相当于使用字典查找生词；然后需要多阅读

编好的优秀程序，这相当于多读经典范文和名著；此外还应关注与自己程序相关的第三方程序包的内容，以免不必要的重复开发。

在人机对话界面中输入 help 命令和帮助主题，即可获得具体的帮助信息。例如：

```
>>> help('print')
```

还可以依次单击菜单栏中的"Help"选项及下层子选项，浏览并获取相关帮助文档和示例程序。

图 6-3 所示为依次单击"Help"→"Turtle Demo"选项后得到的 chaos 示例程序。该程序通过图形演示了混沌系统对微小初值差异的敏感性。

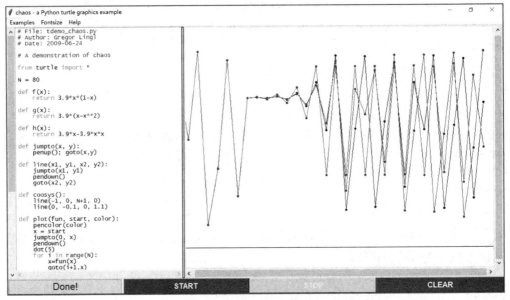

图 6-3　chaos 示例程序

6.2　Python 基础

学习和快速掌握 Python，应从以下两方面入手。
- 学习和掌握 Python 的基本数据类型和组织。
- 学习和掌握 Python 的程序结构和流程控制。

下文将从上述两方面来进行讨论。

6.2.1　Python 的基本数据类型和组织

为方便对各种数据进行表示和处理，Python 设置了多种数据类型，以增强程序在数据处理方面的功能和效率。

1．Python 的基本数据类型

数据可以直接使用具体常量表示，也可以使用变量实现在内存中的存储。程序可以对常量和变量进行加工处理，从而完成相关处理任务。Python 中的变量不需要进行额外声明，通过变量赋值即可确定其类型。变量赋值的基本语句形式为

变量名=变量值

其中，"="为赋值号；赋值号左侧是一个变量名，右侧可以是常量，可以是变量，还可以是一个计算公式。赋值语句将赋值号右侧的值存储在赋值号左侧的变量中，赋值号左侧的变量类型取决于赋值号右侧结果的类型。

Python 有以下常见数据类型。

1）数字型

数字型（number）数据主要包括整数型（int）数据、浮点型（float）数据和复数型（complex）数据三种类型。依次令赋值号左侧变量为整数型、浮点型和复数型的三个赋值语句如下：

```
bj = 3        #bj 和 3 分别为整数型变量和常量
pi = 3.14     #pi 和 3.14 分别为浮点型变量和常量
fs = 3 - 2j   #fs 为复数型变量，=右侧为复数型常量
print (fs)
(3-2j)
```

2）字符串

字符串（string）数据是用英文单引号或双引号括起来的一串字符。如果其中含有特殊字符，可以使用反斜杠进行转义处理。或者，在字符串数据前面增加字符"r"，强制取消字符串中特殊字符的特殊含义。可通过如下三个赋值语句理解字符串型数据：

```
str = "Python 3.9.1"
print (str)
Python 3.9.1
print (str[7:10])   #访问 str 中索引 7～9 位置上的字符
3.9
fn1 = 'c:\\my\\test.txt'
fn2 = r'c:\my\test.txt'
print (fn1,fn2)
c:\my\test.txt c:\my\test.txt
```

需要说明的内容如下。

（1）以上程序中，变量 str 为字符串型变量。赋值语句将该变量的值赋值为 Python 3.9.1。

（2）可以访问字符串型变量中每个位置上的字符。通过索引确定位置，**索引从 0 开始**。[7:10]表示索引 7～9 位置，取不到索引为 10 的位置。

（3）反斜杠"\"有特殊含义，表示转义处理。上述程序中的"\\"表示进行转义处理，即取消原来的特殊含义，仅表示字符"\"。

3）布尔型

布尔型（bool）数据用来表示日常生活中的"真"和"假"，"是"和"否"，等等，只有 Ture

和 False 两个取值。例如：

```
br = True          #br 和 True 分别为布尔型变量和常量
print (br)
True
print (int(br))  #将 br 转换为整数型数据
1
```

需要说明的是，布尔型数据可转换为整数型数据，True 对应 1，False 对应 0。

2．Python 数据的基本组织方式

Python 数据通常以元组、集合、列表、字典等基本方式组织。

1）元组

元组（tuple）是写在圆括号内的用逗号分隔的一系列数据元素的集合。例如：

```
tuple = ('Z3', 546 ,'L4',621,'W5',463)     #tuple 元组由 6 个数据元素组成
print (tuple)
('Z3', 546, 'L4', 621, 'W5', 463)
print (tuple[2:4])                          #输出 tuple 元组中索引 2 和 3 位置上的数据元素
('L4', 621)
```

需要说明的内容如下。

（1）元组中各个数据元素的数据类型可以不相同，如上述程序中的 tuple 中的数据元素既包括字符串数据，也包括整数型数据。

（2）元组访问与字符串访问类似，是通过索引指定访问哪个位置上的数据元素的。

（3）元组中的数据元素只能读，不能修改。

2）集合

集合（set）是写在大括号内的用逗号分隔的一系列不重复且无序的元素的集合。通过集合的并集、差集和交集等运算可以生成新的集合。例如：

```
set1 = {'Z3', 546 ,'L4',621,'W5',463,'L4',621}
print(set1)             #重复的元素被筛除
{'Z3', 546, 'W5', 'L4', 621, 463}
set2 = {546,'Z3','aaa'}
print(set1 | set2)   #输出集合 set1 和集合 set2 的并集
{'Z3', 546, 'L4', 'W5', 'aaa', 621, 463}
print(set1 - set2)     #输出集合 set1 和集合 set2 的差集
{'L4', 463, 621, 'W5'}
print(set1 & set2)     #输出集合 set1 和集合 set2 的交集
{546, 'Z3'}
```

需要说明的内容如下。

（1）集合中各个数据元素的数据类型可以不相同，如上述程序中的 set1 和 set2 中的数据元素既包括字符串数据，也包括整数型数据。

（2）集合中的各个数据元素是无序且不重复的。

（3）集合的并集、差集和交集运算符依次为：|、-、&。

（4）可以通过 in 来判断数据元素是否出现在某个集合中，例如：

```
#判断 L6 是否在前述的集合 set1 中，若出现，则输出查到 L6，否则输出未查到 L6
if 'L6' in set1 :
    print('查到 L6')
else :
    print('未查到 L6')
未查到 L6
```

需要说明的是，上述 Python 程序中的 if...else 语句是 Python 的分支结构控制语句，下文将进行详细讨论。

3）列表

列表（list）是写在方括号内的用逗号分隔的一系列数据元素的集合。例如：

```
list1 = [123, 456]
list2 = ['Z3', 546 ,'L4',621,'W5',463,list1] #list1 是 list2 中的一个元素
print(list2)
['Z3', 546, 'L4', 621, 'W5', 463, [123, 456]]
print(list2[2:4])          #输出 list2 中索引 2 和 3 位置上的数据元素。注意，不包含索引 4 位置上的元素
['L4', 621]
list2[2:4] = ['L6',511]  #修改 list2 中索引 2 和 3 位置上的数据元素
print(list2)
['Z3', 546, 'L6', 511, 'W5', 463, [123, 456]]
```

需要说明的内容如下。

（1）列表中的数据元素可以包含各种类型。列表也可以作为一个数据元素存在于另一个列表中。

（2）列表访问与元组访问类似，是通过索引指定访问哪个位置上的数据元素的。

4）字典

字典（dictionary）是 Python 中一个非常有用的数据类型，用一对大括号表示。字典由键（key）和它对应的值（value）组成。通常需根据键存取对应的值。在同一个字典中，键是唯一的，也是不可改变的。例如：

```
mydict = {}                    #生成一个空字典 mydict
mydict[1] = "Python"           #设置 mydict 键 1 对应的值
mydict[2] = "Java"             #设置 mydict 键 2 对应的值
mydict['3'] = "C++"            #设置 mydict 键'3'对应的值
print (mydict[1])
Python
print (mydict['3'])
C++
print (mydict)                 #输出 mydict 字段
```

```
{1: 'Python', 2: 'Java', '3': 'C++'}
#创建包括 name、code 和 dept 三个键及对应值的字典
tinydict = {'name': 'Z3','code':546,'dept': 'Info'}
print (tinydict)
{'name': 'Z3', 'code': 546, 'dept': 'Info'}
print (tinydict.keys())          #输出所有键
dict_keys(['name', 'code', 'dept'])
print (tinydict.values())        #输出所有值
dict_values(['Z3', 546, 'Info'])
```

字典适合表示和存储 JSON 格式（详见 1.2.3 节）的数据。例如，表 6-1 所示的两名学生的 JSON 格式数据。

表 6-1　两名学生的 JSON 格式数据

{ "student": {
    "name": "张三",
    "age": 18,
    "sex": "男",
    "address": {
      "province": "江苏省",
      "city": "南通市",
      "county": "崇川区"
    }
  }
}
	{ "student": {
	    "name": "李四",
	    "weight": 53,
	    "sex": "女",
	    "address": {
	      "province": "北京市",
	      "city": "朝阳区",
	      "county": "东大桥街道"
	    }
	  }
	}

现利用 Python 中的字典表示和存储表 6-1 中的数据：

```
student={'name':['张三','李四'],'sex':['男','女'],'age':[18,None], 'weight':[None,53],
'address':{'province':['江苏省','北京市'],'city':['南通市','西城区'],'county':['崇川区',
'东大桥街道']}}
print(student)
{'name': ['张三', '李四'], 'sex': ['男', '女'], 'age': [18, None], 'weight': [None,
53], 'address': {'province': ['江苏省', '北京市'], 'city': ['南通市', '西城区'],
'county': ['崇川区', '东大桥街道']}}
print(student['name'])           #输出 name 键对应的值
['张三', '李四']
print(student['address'])        #输出 address 键对应的值，也是一个字典
{'province': ['江苏省', '北京市'], 'city': ['南通市', '西城区'], 'county': ['崇川区', '东
大桥街道']}
print(student['address']['province']) #输出 address 键值中 province 键对应的值
['江苏省', '北京市']
```

需要说明的内容如下。

（1）上述程序中的 student 字典包含 name、sex 和 address 三个键，其中，address 键对应的

值是一个包含 province、city 和 county 三个键的字典。

（2）为存储每名学生的情况，各个键对应的值可通过列表的方式组织。

（3）在 Python 中 None 表示空值。

6.2.2　Python 的程序结构和流程控制

通常一个完整的程序由三部分构成：**数据输入部分、数据加工处理部分、信息输出部分**。最常见的程序结构是**顺序结构**。顺序结构的程序的执行顺序将按语句的书写顺序从第一条语句开始依次执行下去，直到最后一句结束。**分支结构、循环结构、函数、面向对象**等方式的进一步应用使得程序的处理能力更加强大，同时使得程序结构更加复杂。

Python 是一个适宜快速入门的计算机语言。本节对 Python 语法进行简要介绍，希望数据科学应用人员能在尽量短的时间内领悟到 Python 的要领。如果读者的目标是成为一名熟练掌握 Python 的程序设计工程师，那么还需要再下一些功夫。

1．分支结构与条件语句

计算机高级语言之所以能够处理一些复杂问题，得益于它具有分支结构，即具有逻辑判断能力，这使得程序能根据不同的判断结果进行单重分支、双重分支和多重分支处理。分支结构是通过分支语句实现的。Python 中使用的分支语句有 if、elif 和 else 等。下文通过几个程序示例对各种分支结构进行简要说明。

【单重分支结构】产生 51 个 0 至 100 的随机数，作为 51 名学生的模拟考试成绩。统计考试及格（分数大于或等于 60）人数。

```
import random              #导入随机数模块
random.seed(123)           #指定随机数种子以重现随机数
jg = i = 0                 #jg 为及格人数，i 为学生人数的循环控制变量
while i<=50:               #当处理的学生人数小于或等于 50 时进入循环
    fs = random.randint(0,100)    #产生 0～100 的随机整数
    if fs >= 60:           #if 语句构成分支结构，判断分数是否大于或等于 60
        jg = jg + 1        #及格人数加 1
    i = i + 1
print ('及格人数=',jg)
及格人数= 14
```

需要说明的内容如下。

（1）上述程序第一行的 import 语句及模块概念等，将在 6.3.2 节详细讨论。

（2）上述程序中的循环结构（while 语句）将在下文进行详细说明。

【双重分支结构】产生 51 个 0 至 100 的随机数，作为 51 名学生的模拟考试成绩。分别统计考试及格（分数大于或等于 60）和不及格的人数。

```
import random              #导入随机数模块
random.seed(123)           #指定随机数种子以重现随机数
jg,bjg,i = 0,0,0           #jg 和 bjg 分别为及格人数和不及格人数，i 为学生人数的循环控制变量
```

```
while i<=50:
    fs = random.randint(0,100)
    if fs >= 60:        #if 语句构成分支结构，判断分数是否大于或等于60
        jg = jg + 1     #及格人数加1
    else:               #分数低于60
        bjg = bjg + 1   #不及格人数加1
    i = i + 1
print ('及格人数=',jg,'不及格人数=',bjg)
及格人数= 14 不及格人数= 37
```

【多重分支结构】产生 **51 个 0 至 100 的随机数**，作为 **51 名学生的模拟考试成绩**，统计各个分数段的人数（文件名：6-2 多重分支.py）。

```
import random
random.seed(123)
yx = lh = zd = jg = bjg = i = 0
while i<=50:
    fs = random.randint(0,100)
    if fs >= 90:        #判断分数是否大于或等于90
        yx = yx + 1     #优秀人数加1
    elif fs >= 80:      #判断分数不大于90时是否大于或等于80
        lh = lh + 1     #良好人数加1
    elif fs >= 70:      #判断分数不大于80时是否大于或等于70
        zd = zd + 1     #中等人数加1
    elif fs >= 60:      #判断分数不大于70时是否大于或等于60
        jg = jg + 1     #及格人数加1
    else:               #以上条件都不符合时为不及格
        bjg = bjg + 1   #不及格人数加1
    i = i + 1
print ('优秀人数=',yx,'良好人数=',lh,'中等人数=',zd,'及格人数=',jg,'不及格人数=',bjg)
优秀人数= 4 良好人数= 2 中等人数= 4 及格人数= 4 不及格人数= 37
```

在多重分支结构中应特别注意语句的缩进与对齐，否则程序会出现逻辑错误。

2．循环结构与循环语句

循环结构的程序可以实现多次反复执行（通过循环语句实现）某段程序（一个语句块）。Python 的循环语句有如下两类。

1）for...in 循环

for...in 循环分为两种基本方式：一种是在数据元素中循环，另一种是根据指定次数循环。

2）while 条件循环

while 条件循环的含义是只要满足给定条件，就不断执行指定的语句块（又称循环体），直到条件不满足或者遇到强制退出循环语句。

以下通过几个程序示例对此加以简要说明。

☞【示例】利用 **for...in** 循环依次逐个读取列表元素

```
names = ['Z3','L4','W5','L6','C7']
for name in names:                 #令 name 自动依次取值为列表 names 中的数据元素
    nm = 'hello,' + name
    print(nm)
hello,Z3
hello,L4
hello,W5
hello,L6
hello,C7
```

对于上述程序，当 name 未取值至列表 names 的最后一个数据元素时，执行循环语句；当 name 取值至列表 names 的最后一个元素后，循环结束。

☞【示例】利用 **for...in** 循环找到 10 个随机数（0 至 100 之间的整数）中的偶数

```
import random
random.seed(123)
for i in range(10):                #令 i 自动依次取 0~9，共 10 个数，即循环 10 次
    fs = random.randint(0,100)
    if fs % 2 == 0:                #%表示整除运算
        print(fs,end=' ')
6 34 98 52 34 4 48 68
```

需要说明的内容如下。

（1）print 语句中的 end 表示在 print 输出字符串的末尾添加一个指定字符串（在上述程序中为空格），否则 print 将默认添加换行符。

（2）range(10)表示 0,1,…,9，共十个整数。

☞【示例】利用 **while** 循环找出第一个 90 以上的随机数（0 至 100 之间的整数）

```
import random
random.seed(123)
i = 1
while True:
    fs = random.randint(0,100)
    print(fs,end=' ')
    if fs >= 90:
        break          #强制退出循环语句
    i = i + 1
print('个数=',i,'分数=',fs)
6 34 11 98 个数= 4 分数= 98
```

需要说明的内容如下。

（1）循环语句中的 break 语句的作用是强制退出循环，继续执行循环语句后面的语句。

（2）循环语句中还可以有 continue 语句，其作用是提前结束本轮循环，并直接开始执行下一轮循环。

（3）break 语句和 continue 语句通常需配合 if 语句使用，以实现对循环语句更复杂的控制。

☞【示例】输出九九乘法表

```
for x in range(1,10):
    for y in range(1,x+1):
            print("%sx%s=%s" % (y,x,x*y),end=" ")    #%s 表示对应变量按字符串格式输出
    print("")                                         #换新行
1x1=1
1x2=2 2x2=4
1x3=3 2x3=6 3x3=9
1x4=4 2x4=8 3x4=12 4x4=16
1x5=5 2x5=10 3x5=15 4x5=20 5x5=25
1x6=6 2x6=12 3x6=18 4x6=24 5x6=30 6x6=36
1x7=7 2x7=14 3x7=21 4x7=28 5x7=35 6x7=42 7x7=49
1x8=8 2x8=16 3x8=24 4x8=32 5x8=40 6x8=48 7x8=56 8x8=64
1x9=9 2x9=18 3x9=27 4x9=36 5x9=45 6x9=54 7x9=63 8x9=72 9x9=81
```

上述程序是双重循环结构，即循环中套循环。x 和 y 分别为外重循环和内重循环的循环控制变量（决定循环次数的变量）。对于上述程序，外重循环每执行 1 次内重循环都要执行 9 次，总共循环 81 次。

循环语句的嵌套使用不仅可以构造双重循环，还可以构造更多重循环。关键点在于先弄清具体的执行顺序。思路厘清了，才能编写出正确的多层循环程序。

3．函数定义与函数结构

当程序中出现一些功能类似的语句块时，可以把这些语句块定义为一个具有指定名称的函数，该指定名称称为函数名。语句块中的一些变化选项可定义为函数的参数。函数具有独立性、通用性和可被重复调用性。利用函数可大大提高开发效率。

Python 的函数分为以下两类。

（1）Python 内置好的函数，称为系统函数或内置函数。

在编程时可以直接调用内置函数以实现相应的功能。例如，之前使用的 print() 和 help() 等，都是内置函数。又如：

```
max(2,3)         #找到 2 和 3 中的最大数
3
len('abcde')     #计算指定字符串 abcde 的字符长度
5
```

其他更丰富的函数可以查阅 Python 内部函数表。

（2）用户自己编写的函数，称为用户自定义函数。

用户自定义函数应按照一定的语法规则书写，通常需要定义函数名、函数的参数及函数体（函数的具体处理流程等）。用户自定义函数通过 def...return 语句实现。

下文通过一个示例来说明如何定义和调用户自定义函数。

☞【示例】计算组合 *C*(10,3)，计算公式是 **10!/(3!7!)**

不使用函数的 Python 程序如下：

```
n,m = 10,3
nj = mj = nmj = 1
for i in range(1,n+1):    #利用循环计算连乘积
    nj = nj * i
for i in range(1,m+1):    #利用循环计算连乘积
    mj = mj * i
for i in range(1,n-m+1):#利用循环计算连乘积
    nmj = nmj * i
print(nj/mj/nmj)
120.0
```

上述程序中有三段程序都是计算连乘积，这三段程序的程序结构相同，只是循环次数不同，程序显得很烦琐。使用用户自定义函数重新编写程序：

```
def lcj(x):    #用户自定义的计算连乘积的函数
    jc = 1
    for i in range(1,x+1):
        jc = jc * i
    return jc
n,m = 10,3
print(lcj(n)/lcj(m)/lcj(n-m))
120.0
```

需要说明的内容如下。

（1）将计算连乘积的程序段以用户自定义函数的形式独立出来，并将函数命名为 lcj，函数参数为 x。在定义函数时，x 的取值未知。函数体是 def 和 return 之间的语句。

（2）用户自定义函数定义好以后就可以像调用内置函数一样调用了。例如：lcj(n)，此时 lcj 函数的函数参数 x 将自动取值为 n。

6.2.3　异常处理结构

若 Python 中的语句出现了语法错误，一般在运行调试时可以发现并排除。许多语句看似正确，但在获取外部数据资源时可能由于情况复杂而考虑不周，导致程序异常中断。下文通过一个示例来说明。

☞【示例】一个简单的除法

```
def cf(a,b):    #定义名为 cf 的用户自定义函数，进行 a/b 的除法运算
    print("%s / %s = %s" % (a,b,a/b))
    print("OK!")
cf(10,5)          #调用 cf 函数计算 10/5 的结果
```

```
10 / 5 = 2.0
OK!
cf(10,0)              #调用 cf 函数计算 10/0 的结果
……
ZeroDivisionError: division by zero
```

上述程序因为在调用用户自定义函数 cf 时参数设置不恰当，出现了除以 0 的情况，从而出现 ZeroDivisionError: division by zero 的运行错误。

对此，有以下两种处理方式。

（1）第一，调整用户自定义函数，改为：

```
def cf(a,b):
    if b != 0:    #增加对分母是否等于 0 的判断
        print("%s / %s = %s" % (a,b,a/b))
        print("OK!")
    else:
        print("分母不能等于 0! ")


cf(10,0)
分母不能等于 0!
```

对于上述程序，即使调用用户自定义函数 cf 时的参数设置不恰当，也不会出现程序运行错误的情况。但是在实际问题的处理中，可能无法预知导致程序运行错误的所有可能情况。此时，可采用以下方式处理。

（2）第二，采用异常处理结构。

Python 通过引入异常处理结构（通过 try 语句来实现）来增强程序的可靠性。try 语法的规则如下：

```
try:
    <语句块 1>
except ×××Error:
    <语句块 2>
except:
    <语句块 3>
else:
    <语句块 4>
finally:
    <语句块 5>
```

对上述规则进行简单解释：

- 在执行 try 子语句下的<语句块 1>时，若没有出现程序运行异常，则会跳过 except 子语句，执行 else 子语句后的<语句块 4>。注意，else 子语句必须放在所有 except 子语句之后。

- 在执行 try 子语句下的<语句块 1>时，若出现程序运行异常，且异常类型与 except 后面的异常类型（×××Error）相匹配，则执行相应的<语句块 2>，否则执行 except 语句下的<语句块 3>。
- finally 子语句一般放在 try 语句的最后。不管 try 子语句下的<语句块 1>是否出现异常，finally 子语句下的<语句块 5>都会执行。因此，它经常被用来进行善后处理，如关闭文件或数据库，释放占用的内存资源，等等。
- 需要说明的是，except、else 和 finally 子语句都是可选的，但它们必须至少出现一次，以免 try 子语句的处理落空。

下面采用异常处理结构修改上述示例：

```
def cf(a,b):
    try:
        jg = a/b
    except ZeroDivisionError:       #分母等于 0 时的异常处理
        print("分母不能等于 0！")
    except:                         #其他异常处理
        print("其他错误！")
    else:                           #非异常处理
        print("%s / %s = %s" % (a,b,jg))
    finally:                        #结束时的工作
        print("OK!")


cf(10,0)
分母不能等于 0！
OK!
cf(10,'2')
其他错误！
OK!
```

由上述程序可知，采用异常处理结构可大大增强程序的各种异常处理能力。

☞【示例】采用异常处理结构增强文件处理能力

```
try:
    f = open(r'c:\my\test.txt', 'r')    #打开指定文件
    data = f.read()                     #读文件内容
    print(data)
except:                                 #文件打开异常
    print('文件打开时发生错误！')
    exit(-1)                            #终止程序
finally:                                #结束时的工作
    f.close()                           #关闭文件
```

6.3 Python 语言进阶

6.3.1 面向对象程序设计

由上文可知，一个大型程序就是一些变量和函数的组合。变量中的数据按照业务逻辑一步步被处理，函数则将一些具有通用性的变量处理步骤封装起来，供程序开发人员共享调用，以增加程序的重用性，提高开发效率。

面向对象程序设计（Object Oriented Programming，OOP）的基本思想是，以业务类为单位，将属于这个类的变量和函数，以及相关的业务处理逻辑封装起来。将某些变量视为这个类的**属性**，函数视为这个类的**方法**，可在更高层次上实现程序重用，提高开发效率。

在面向对象程序设计中，类和类的实例（又称**对象**）是核心概念。若学生是一个类（class），则学生张三就是一个实例；若超市商品是一个类，则矿泉水就是一个实例。

下文通过一个关于公司员工的类的示例程序对类、属性、对象、方法等进行简要说明。

☞【**示例**】**关于公司员工的类**

```
class Employee:                        #公司员工的类
    empCount = 0
    empSum = 0

    def __init__(self, name, salary):  #类的初始化构造函数
        self.name = name
        self.salary = salary
        Employee.empCount += 1
        Employee.empSum = Employee.empSum + salary

    def showCompany():                 #类的一个方法
        print("Total Employee %d" % Employee.empCount)
        print("Total Salary %d" % Employee.empSum)

    def showEmployee(self):            #类的一个方法
        print("Name:",self.name,"  Salary:",self.salary)
```

需要说明的内容如下。

（1）上述程序定义了一个关于公司员工的名为 Employee 的类。

（2）类定义以 class 开头，下文将对定义类的属性、方法等进行说明。

name 和 salary 是 Employee 类的属性，函数 showCompany() 和函数 showEmployee() 是类的方法。empCount 和 empSum 是类涉及的其他变量。

（3）类中名为__init__()的函数是一个特殊函数，称为类的初始化构造函数。在创建这个类的每个对象时都会调用该函数。

在上述程序中，self 代表类的任意对象，在定义类函数时是必须有的，调用时不必传入相

应的参数；empCount 和 empSum 是这个类的全局共享变量，可以通过 Employee.empCount 和 Employee.empSum 的形式在类方法内部或类的外部进行访问。

定义好类之后就可以定义类的实例对象和调用方法了。例如：

```
emp1 = Employee("Z3", 4000)    #创建 Employee 类的对象 emp1,属性值为 Z3 和 4000
emp2 = Employee("L4", 5000)    #创建 Employee 类的对象 emp2,属性值为 L3 和 5000
emp1.showEmployee()            #通过调用类方法显示对象 emp1 的属性值
Name: Z3   Salary: 4000
emp2.showEmployee()
Name: L4   Salary: 5000
Employee.showCompany()         #通过调用类方法显示类中的全局共享变量
Total Employee 2
Total Salary 9000
print(Employee.empCount)
2
print(Employee.empSum)
9000
```

在建立了某些类后，一般可以使用类的继承方式创建新的子类或派生类，被继承的类称为父类、基类或超类。具体实现方法可参考与 Python 相关的其他书籍。

6.3.2　模块与包

1. 什么是模块和包

模块（Module）是指一个包含程序的文件。如果这个程序是使用 Python 编写的，那么该文件扩展名一般为.py。模块中包括很多函数、类等。模块可以是系统自带的，也可以是第三方专业人员开发的，常用来处理常见的通用问题或解决某个专业领域的特定问题。导入和使用模块可以极大地提高程序开发效率，实现程序的重用率。

例如，上文使用的 random 模块的文件 random.py 存储在 Python 系统目录下的 lib 文件目录中。该模块提供的各种函数或类可以实现多种随机数的生成及随机抽样等。在程序中导入和使用该模块，可以直接实现与随机数相关的各种处理，不必再自行开发相应的程序。

包（Package）由一个或多个相关模块组成，一般以文件目录的方式组织，文件目录名就是包名。文件目录中可以包含子目录，子目录也是包，形成了包和子包的层次包含关系。包的这种组织方式可以有效避免不同包中模块名相同但含义冲突等问题，便于程序开发人员相互不受影响地独立进行程序开发。

一般 Python 中的每一个包目录下都会有一个名为__init__.py 的文件，该文件表示当前目录可以作为一个包。该文件可以是空文件，也可以存储一些 Python 程序或注释说明性内容。

例如，Python 系统目录下的 lib 文件目录中的 email 包中包含多个模块，也包含名为 mime 的包等，如图 6-4 所示。

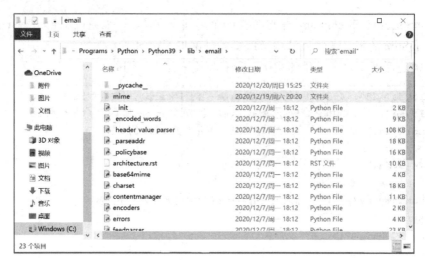

图 6-4　Python 包的组织形式

2．如何使用模块或包

1）使用 import 语句导入

Python 使用 import 语句导入模块或包。系统会自动在当前目录、已安装包和第三方包中搜索。如果模块或包正确地存储在系统搜索目录中，那么系统会把相关.py 文件装入内存。例如：

```
import random              #导入 random 模块
import email               #导入 email 包
import email.mime          #导入 email 包中的 mime 包
import email as eml        #导入 email 包并指定别名为 eml
dir()                      #查看目前导入的模块、包等相关信息
dir(random)                #查看 random 模块中的变量、函数和类等信息
```

2）使用 from...import 语句导入

使用 from...import 语句可以导入模块中的某个函数或类。导入的多个函数或类间使用逗号分隔，使用*表示导入所有内容。例如：

```
from random import randint          #导入 random 模块中的 randint 函数
from random import randint,sample   #导入 random 模块中的 randint 函数和 sample 函数
```

导入包、模块后即可直接调用其中的函数。例如：

```
import random                  #导入模块
fs = random.randint(0,100)     #调用 random 模块中的 randint 函数
from random import randint     #导入 random 模块中的 randint 函数
fs = randint(0,100)            #调用 randint 函数
```

6.3.3　Python 综合：chaos 混沌态

在 6.1.3 节谈到，依次单击"Help"→"Turtle Demo"选项可查看 chaos 示例程序。本节将

以此为例，对 Python 程序进行综合说明。

1. chaos 程序的设计目标和设计策略

chaos 示例程序（见图 6-3）的设计目标是，通过图形直观展示混沌系统对微小初值差异的敏感性。这里的模型为 $x_{n+1} = 3.9 x_n (1 - x_n)$，2.7.3 节已经指出该系统是个混沌系统。

具体的设计策略是，利用折线图对比展示数学函数完全等价，但计算表达形式不同的三个函数的多次迭代计算结果。本节以 Python 的三个用户自定义函数（函数名分别为 f、g、h）的形式，展示这三个函数：

```
def f(x):
    return 3.9*x*(1-x)
def g(x):
    return 3.9*(x-x**2)
def h(x):
    return 3.9*x-3.9*x*x
```

由上述程序可知，f、g、h 三个用户自定义函数刻画的数学函数是等价的，三个函数值也是相等的。由于计算表达形式不同，因此浮点数计算结果会出现极其微小的差异，在一般情况下认为这个差异是可以忽略的。因此即使进行多次迭代计算，即第 $n+1$ 次计算时的函数参数是第 n 次的计算结果，即 $f_{n+1}(f_n)$，如 $f_{n=2}(f_{n=1}) = f_{n=2}(f(x_0))$，$f_{n=3}(f_{n=2}) = f_3(f_{n=2}(f(x_0)))$，$x_0$ 为初始值，三个函数值不会有明显差异。这意味着，按照三个函数绘制的三条折线（表征多次迭代计算结果）应该基本重叠。

然而，原本可忽略的微小差异，在混沌系统中通过多次迭代计算会被快速放大，从而导致三个原本完全相同的模型的最终发展状态出现极大差别，这正是混沌系统的蝴蝶效应。如图 6-5 所示，三条不同颜色的线代表三个函数的多次迭代计算结果，迭代初期三条线重叠，但迭代后期三条线出现了较大差异。（本书黑白印刷，图片显示不明显，读者可自行运行程序观察效果。）

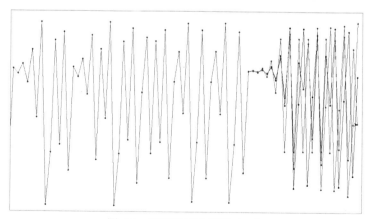

图 6-5 混沌系统示意图（一）

2. chaos 程序的编写

以下程序基于 Python 语言的 chaos 程序（文件名：6-3chaos.py）很好地体现了其设计策略。

指定迭代计算 80 次，并通过 turtle 模块中的绘图函数实现绘图，具体程序如下：

```
from turtle import *            #导入 turtle 模块中的全部函数或类等
N = 80                          #迭代次数
def main():                     #定义名为 main 的函数
    reset()                     #清除原有图形，准备绘制新图
    setworldcoordinates(-1.0,-0.1, N+1, 1.1)   #定义绘图坐标系范围
    speed(0)                    #设置图形绘制过程的速度，0 表示低速
    plot(f, 0.35, "blue")       #调用函数 plot，并嵌套调用函数 f
    plot(g, 0.35, "green")      #调用函数 plot，并嵌套调用函数 g
    plot(h, 0.35, "red")        #调用函数 plot，并嵌套调用函数 h
    #通过重新定义坐标范围，放大变化区域
    for s in range(100):
        setworldcoordinates(0.5*s,-0.1, N+1, 1.1)


    if __name__ == "__main__":
        main()
        mainloop()
```

需要说明的内容如下。

（1）在 main 函数中，setworldcoordinates 函数在 turtle 模块中。四个函数参数分别表示坐标系左下角坐标和右上角坐标。

本示例中横坐标取值范围是 0 到 80，纵坐标取值范围是 0 到 1。定义的初始坐标系比实际范围略大一点：setworldcoordinates(-1.0,-0.1, N+1, 1.1)，N=80。

（2）这里的 plot 是一个用于绘制折线图的用户自定义函数。

例如，plot(f, 0.35, "blue")表示折线图的取值是函数 f 的函数值。函数 f 也是一个用户自定义函数（如上文所示），函数 f 的参数为 0.35（x_0=0.35），折线图的颜色为蓝色（本书黑白印刷，图片显示不明显，读者可自行运行程序观察效果）。plot 用户自定义函数如下：

```
def plot(fun, start, color):
    pencolor(color)             #设置画笔颜色
    x = start
    jumpto(0, x)                #跳到指定位置
    pendown()                   #开始绘图
    dot(5)                      #在指定位置用指定颜色画大小为 5 的点
    for i in range(N):          #利用循环迭代 80 次，绘制 N=80 个点
        x=fun(x)
        goto(i+1,x)
        dot(5)
```

（3）为了更清晰地展现三个函数迭代值的差异，利用 for s in range(100)循环语句，不断改变横坐标的取值范围，放大横坐标焦距，着重刻画图形后半部分，效果如图 6-6 所示。

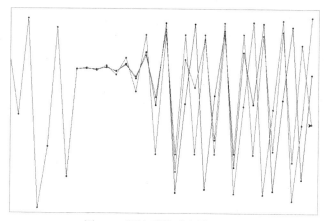

图 6-6　混沌系统示意图（二）

（4）if __name__ == "__main__"语句具有典型意义，在 Python 程序中会经常看到。

首先，__name__ 是一个 Python 模块的内置变量。如果当前模块是用户自己正在调试运行的程序模块，那么__name__ 变量的变量值就是"__main__"。否则，当前模块的__name__ 变量的变量值就是模块名。例如，random 模块的 __name__ 即 random.__name__ 为"random"，setworldcoordinates.__name__ 为"setworldcoordinates"，等等。

其次，if__name__ == "__main__"的含义是，若当前模块是用户正在调试运行的程序模块，则直接执行 if 语句下的语句块；若当前模块是被 import 导入的，则不执行 if 语句下的语句块。这种设计便于程序的共享和联合开发。

事实上，编写的程序自身也是一个模块，未来也可能被其他人员通过 import 导入，并共享其中的某些函数。Python 是一种脚本语言，其特点是在使用 import 语句导入他人编写的模块时，模块中的程序语句会被即刻逐行解释和执行。这意味着，当 chaos 模块被他人的程序通过 import 导入时，如果 chaos 模块中没有 if __name__ == "__main__"语句，那么他人的程序就会直接调用 chaos 模块中的 main()函数并执行它，但这个执行对他人的程序来说是完全不必要的。在有了这条判断语句时，由于当前的__name__ 值为 chaos，不是__main__，所以 chaos 模块中的 main()函数不会被执行。

这里需要强调的是，掌握 Python 编程和应用的一个重要途径是学会使用若干重要的第三方程序包。例如，Numpy、Pandas、Matplotlib、SciPy、sklearn 和 PyTorch 等程序包在数据组织、数学计算、可视化、机器学习和深度学习等方面有着极为可靠和卓越的表现。本章后续章节将以应用示例的形式，先对常用的 NumPy、Pandas 和 Matplotlib 程序包进行初步讲解，再给出一个综合示例。

6.4　NumPy 入门

NumPy（Numerical Python）是 Python 的一个扩展程序包，具有强大且丰富的数据加工计算处理功能。NumPy 的核心特点如下。

（1）按照多维数组对象（ndarray）的形式组织数据集。

NumPy 以数组为基本形式组织数据。与之前讨论的列表不同，数组中各元素的数据类型必须全部相同，而列表中的数据类型可以相同也可以不同。NumPy 一维数组对应的是向量，二维数组对应的是矩阵，还可根据需要创建高维数组。

（2）NumPy 对数据的访问简单灵活，通过指定位置编号，即索引（从 0 开始）即可访问相应行列位置上的数据元素。

（3）NumPy 提供了大量关于数组处理、矩阵运算和统计的函数。由于 NumPy 底层函数是使用 C 语言编写的，因此计算效率较高。

Python 自带的 IDLE 是一个相对简洁的工具，由于没有预装上述第三方程序包，因此需通过 Windows 操作系统的人机对话窗口，进入 Python 系统所在子目录 Scripts，使用 pip3 命令安装，具体命令格式为

pip3 install 包名

NumPy 的安装如下：

```
C:\Users\xuewe\AppData\Local\Programs\Python\Python39\Scripts>pip3 install numpy

Collecting numpy
  Downloading numpy-1.19.4-cp39-cp39-win_amd64.whl (13.0 MB)
     |██████████████████████████████████| 13.0 MB 1.6s
Installing collected packages: numpySuccessfully installed numpy-1.19.4
```

下文将以示例程序的形式对 NumPy 的上述方面进行讨论。为便于阅读理解，将程序输出结果直接放置到相应的程序行下方。

6.4.1 NumPy 数组的创建

1. 示例程序 1（文件名：6-4NumPy 创建数组(1).py）：基础知识

```
import numpy as np
a1 = np.arange(0,10,2)              #使用 arrange 函数（函数功能读者可从结果中体会）创建一维数组
print(a1)                          #输出一维数组
[0 2 4 6 8]
a1 = np.array([1,2,3,4])           #创建一维数组
print(a1)                          #输出一维数组
[1 2 3 4]
a1 = np.arange(15).reshape([5,3])  #创建 5 行 3 列的二维数组
print(a1)                          #输出二维数组
[[ 0  1  2]
 [ 3  4  5]
 [ 6  7  8]
 [ 9 10 11]
 [12 13 14]]
a1 = np.array([[1,3],[2,4]])       #创建 2 行 2 列的二维数组
```

```
print(a1)
[[1 3]
 [2 4]]
a1 = np.arange(18).reshape([2,3,3])    #三维数组，由 2 个 3 行 3 列的二维数组组成
print(a1)
[[[ 0  1  2]
  [ 3  4  5]
  [ 6  7  8]]

 [[ 9 10 11]
  [12 13 14]
  [15 16 17]]]
L1 = [1,2,3,4,5]                       #使用列表生成一维数组
a2 = np.array(L1)
print(a2)
[1 2 3 4 5]
L2 = [[2,4,3,5,1],[1,2,3,4,5]]         #使用列表生成 2 行 5 列的二维数组
a3 = np.array(L2)
print(a3)
[[2 4 3 5 1]
 [1 2 3 4 5]]
a31 = np.unique(a3)                    #数据元素去重
print(a31)
[1 2 3 4 5]
```

2．示例程序 2（文件名：6-4NumPy 创建数组(2).py）：有关随机数

```
import numpy as np
np.random.seed(1)                      #设置随机数种子
#使用随机数函数生成 3 行 2 列的二维数组，随机数服从标准正态分布
a4 = np.random.randn(3,2)
print(a4)
[[ 1.62434536 -0.61175641]
 [-0.52817175 -1.07296862]
 [ 0.86540763 -2.3015387 ]]
#使用随机数函数生成 8 行 5 列的二维数组，随机数为 40 至 100 范围内的整数
a41 = np.random.randint(40,100,(8, 5))
print(a41)
[[77 58 60 51 82]
 [68 69 54 90 44]
 [63 63 81 89 95]
 [70 72 62 53 81]
 [49 47 62 97 41]
 [40 57 48 64 53]
 [91 87 82 97 48]
 [70 47 43 46 61]]
#使用随机数函数生成 5 行 3 列的数组，随机数服从均值为 5 标准差为 1 的正态分布
```

```
a4 = np.random.normal(5,1,(5,3))
print(a4)
[[3.69513876 4.61942496 4.25637299]
 [4.56287823 4.57354991 6.3814073 ]
 [5.09837051 4.63054252 3.72678005]
 [6.0149868  3.51894029 4.71290011]
 [4.94317572 4.21189489 5.06770979]]
```

```
a41 = np.floor(a4)                  #对 a4 向下取整数
print(a41)
[[3. 4. 4.]
 [4. 4. 6.]
 [5. 4. 3.]
 [6. 3. 4.]
 [4. 4. 5.]]
```

```
a42 = np.rint(a4)                   #对 a4 四舍五入取整数
print(a42)
[[4. 5. 4.]
 [5. 5. 6.]
 [5. 5. 4.]
 [6. 4. 5.]
 [5. 4. 5.]]
```

```
a43 = np.round(a4,2)                #对 a4 四舍五入取 2 位小数
print(a43)
[[3.7  4.62 4.26]
 [4.56 4.57 6.38]
 [5.1  4.63 3.73]
 [6.01 3.52 4.71]
 [4.94 4.21 5.07]]
```

```
a44 = np.sort(a43)                  #对 a43 排序
print(a44)
[[3.7  4.26 4.62]
 [4.56 4.57 6.38]
 [3.73 4.63 5.1 ]
 [3.52 4.71 6.01]
 [4.21 4.94 5.07]]
```

3. 示例程序 3（文件名：6-4NumPy 创建数组(3).py）：有关矩阵

```
import numpy as np
a5 = np.zeros([3,3])                #使用函数创建 3 行 3 列的全 0 矩阵
print(a5)
[[0. 0. 0.]
 [0. 0. 0.]
 [0. 0. 0.]]
```

```
a6 = np.ones([3,3])                 #使用函数创建 3 行 3 列的全 1 矩阵
print(a6)
```

```
[[1. 1. 1.]
 [1. 1. 1.]
 [1. 1. 1.]]
a7 = np.eye(3)                          #使用函数创建 3 行 3 列的单位矩阵
print(a7)
[[1. 0. 0.]
 [0. 1. 0.]
 [0. 0. 1.]]
a8 = np.diag([1,2,3])                   #使用函数创建对角矩阵
print(a8)
[[1 0 0]
 [0 2 0]
 [0 0 3]]
a9 = np.arange(1,25,dtype=float)
np.random.seed(1)
#对 a9 进行随机可重复抽取，得到 3 行 5 列的数组（矩阵）
s1 = np.random.choice(a9,size=(3,5))
print(s1)
[[ 6. 12. 13.  9. 10.]
 [12.  6. 16.  1. 17.]
 [ 2. 13.  8. 14.  7.]]
s2 = np.random.choice(a9,size=(3,5),replace=False)  #随机不可重复抽取
print(s2)
[[ 3. 17.  4. 23. 14.]
 [13. 22.  9. 20.  7.]
 [ 1. 18.  2. 10. 16.]]
a9 = np.random.randn(6,3)
np.savetxt('testfile.txt',a9)    #将 a9（6 行 3 列数组）保存到 testfile.txt 文件中
data = np.loadtxt('testfile.txt')  #从 testfile.txt 文件中读取数据
```

6.4.2　NumPy 数组的访问

```
import numpy as np
np.random.seed(1)
a1 = np.random.randint(5,10,15)
print(a1)
[8 9 5 6 8 5 5 6 9 9 6 7 9 7 9]
print(a1[5])                #访问第 6 个元素
5
print(a1[0:5])              #访问前 5 个元素。注意，不包含索引 5 位置上的元素
[8 9 5 6 8]
print(a1[2:12:3])          #输出从第 3 位开始后续每隔 2 个位置上的元素，直到第 12 位结束
[5 5 9 7]
print(a1[::-1])            #按倒序输出所有元素
```

```
[9 7 9 7 6 9 9 6 5 5 8 6 5 9 8]
a2 = np.arange(15).reshape([5,3])      #二维数组
print(a2)
[[ 0  1  2]
 [ 3  4  5]
 [ 6  7  8]
 [ 9 10 11]
 [12 13 14]]
print(a2[0,1])                 #输出第1行第2列元素
1
print(a2[1,1:3])               #输出第2行第2至3列元素。注意，不包含索引3位置上的列
[4 5]
print(a2[1,:])                 #输出第2行上的所有元素
[3 4 5]
print(a2[1:3,:])               #输出第2行和第3行上的所有元素
[[3 4 5]
 [6 7 8]]
print(a2.shape)                #查看数组属性：形状是5行3列
(5, 3)
print(a2.ndim)                 #查看数组属性：维度是2
2
print(a2.size)                 #查看数组属性：元素个数为15
15
print(a2.dtype)                #查看数组属性：类型为int32
int32
```

6.4.3 NumPy 数组的计算

1．示例程序1（文件名：6-6NumPy 数组计算(1).py）：基础知识

```
import numpy as np
np.random.seed(1)
fs = np.random.randint(1,10,(5, 3)) #使用随机函数生成5行3列的二维数组，随机数为介于1~10的整数
print(fs)
[[6 9 6]
 [1 1 2]
 [8 7 3]
 [5 6 3]
 [5 3 5]]
fs1 = np.sqrt(fs)                   #数学计算：计算数组元素的平方根
print(fs1)
[[2.44948974 3.         2.44948974]
 [1.         1.         1.41421356]
 [2.82842712 2.64575131 1.73205081]
 [2.23606798 2.44948974 1.73205081]
```

```
 [2.23606798 1.73205081 2.23606798]]
fs1 = np.log(fs)                    #数学计算：计算数组元素以 e 为底的对数
print(fs1)
[[1.79175947 2.19722458 1.79175947]
 [0.         0.          0.69314718]
 [2.07944154 1.94591015 1.09861229]
 [1.60943791 1.79175947 1.09861229]
 [1.60943791 1.09861229 1.60943791]]
print(fs.sum())                     #统计计算：对数组元素求和
70
fs1 = np.median(fs)                 #统计计算：对数组元素求中位数
print(fs1)
5.0
#输出数组元素的平均值、标准差、最大值、最小值、方差
print(fs.mean(),fs.std(),fs.max(),fs.min(),fs.var())
4.666666666666667 2.357022603955158 9 1 5.5555555555555545
print(fs.sum(axis=1))               #axis=0 表示按列求和，axis=1 表示按行求和
[21  4 18 14 13]
fs2 = fs.mean(axis=0)               #按列求平均值
print(fs2)
[5.  5.2 3.8]
fs3 = fs.std(axis=0)                #按列求标准差
print(fs3)
[2.28035085 2.85657137 1.46969385]
fs4 = fs.cumsum(axis=1)             #按行累计汇总
print(fs4)
[[ 6 15 21]
 [ 1  2  4]
 [ 8 15 18]
 [ 5 11 14]
 [ 5  8 13]]
```

2. 示例程序 2（文件名：6-6NumPy 数组计算(2).py）：逻辑运算

```
np.random.seed(10)
fs = np.random.randint(40,100,(5, 3))
print(fs)
[[49 76 55]
 [40 89 99]
 [68 65 69]
 [88 69 89]
 [98 48 49]]
fs1 = fs>=60        #逻辑运算：判断各元素是否大于或等于 60，形成 True/False 数组
print(fs1)
[[False  True False]
 [False  True  True]
```

```
[ True  True  True]
 [ True  True  True]
 [ True False False]]
```
fs2 = fs[fs>=60]　　#找出大于或等于 60 的数组元素
print(fs2)
```
[76 89 99 68 65 69 88 69 89 98]
```
fs3 = np.where(fs>=60,'及格','不及格')　#大于或等于 60 的结果为及格，否则不及格
print(fs3)
```
[['不及格' '及格' '不及格']
 ['不及格' '及格' '及格']
 ['及格' '及格' '及格']
 ['及格' '及格' '及格']
 ['及格' '不及格' '不及格']]
```
fs4=np.where(fs>=90,'A',np.where(np.logical_and(fs>=75,fs<90),
'B',np.where(np.logical_and(fs>=60,fs<75),'C','D')))　#数据分组
print(fs4)
```
[['D' 'B' 'D']
 ['D' 'B' 'A']
 ['C' 'C' 'C']
 ['B' 'C' 'B']
 ['A' 'D' 'D']]
```

3. 示例程序 3（文件名：6-6NumPy 数组计算(3).py）：数组和广播

```
import numpy as np
np.random.seed(10)
fs = np.random.randint(40,100,(5, 3))
print(fs)
[[49 76 55]
 [40 89 99]
 [68 65 69]
 [88 69 89]
 [98 48 49]]
```
fs1 = fs * 10　　　　　　　#每个数组元素乘 10
print(fs1)
```
[[490 760 550]
 [400 890 990]
 [680 650 690]
 [880 690 890]
 [980 480 490]]
```
fs1 = np.ones_like(fs)　　#生成与 fs 形状相同的数组，且数组元素均等于 1
print(fs1)
```
[[1 1 1]
 [1 1 1]
 [1 1 1]
 [1 1 1]
```

```
 [1 1 1]]
fs2 = fs + fs1    #对形状相同的两个数组进行加法计算
print(fs2)
[[ 50  77  56]
 [ 41  90 100]
 [ 69  66  70]
 [ 89  70  90]
 [ 99  49  50]]
fs2 = np.random.randint(40,100,5)
print(fs2)
[40 82 80]
fs3 = fs + fs2    #对形状不同的两个数组进行加法计算
print(fs3)        #结果显示，计算时先通过行复制将 fs2 数组的行数扩展为 fs 数组的行数，然后进行加法计算
[[ 89 158 135]
 [ 80 171 179]
 [108 147 149]
 [128 151 169]
 [138 130 129]]
```

需要说明的是，对于形状不相同的数组间的计算，NumPy 采用**广播机制**。当两个或两个以上的数组进行运算时，这些数组满足以下任意一个条件即可触发广播机制：①数组的某一维度等长；②其中一个数组的某一维度为 1。广播机制会自动扩展维度小的数组，使它与维度最大的数组的形状相同，进而实现运算。

4．示例程序 4（文件名：6-6NumPy 数组计算(4).py）：矩阵运算

```
import numpy as np
np.random.seed(10)
jz = np.random.randint(10,50,(5,3))
print(jz)
[[19 46 25]
 [10 38 35]
 [39 39 18]
 [19 10 46]
 [26 46 21]]
jz1 = np.transpose(jz)          #矩阵转置
print(jz1)
[[19 10 39 19 26]
 [46 38 39 10 46]
 [25 35 18 46 21]]
jz1 = np.random.randint(1,10,(3,5))
print(jz1)
[[7 9 2 9 5]
 [2 4 7 6 4]
 [7 2 5 3 7]]
jz2 = np.random.randint(1,10,(5,3))
```

```
print(jz2)
[[8  9  9]
 [3  1  7]
 [8  9  2]
 [8  2  5]
 [1  9  6]]
jz3 = jz1.dot(jz2)                    #矩阵点乘：矩阵 jz1 右乘矩阵 jz2 结果保存到矩阵 jz3 中
print(jz3)
[[176 153 205]
 [136 133 114]
 [133 179 144]]
print(jz3.trace())                    #计算输出矩阵 jz3 的迹——矩阵对角线元素的和
print(np.linalg.det(jz3))             #计算输出矩阵 jz3 的行列式
print(np.linalg.inv(jz3))             #计算输出矩阵 jz3 的逆矩阵
Lamda,Evct = np.linalg.eig(jz3)       #计算矩阵 jz3 的特征值和特征向量，依次存入 Lamda 和 Evct
U,cigma,V = np.linalg.svd(jz3)        #对矩阵 jz3 进行奇异值分解
```

需要说明的是，矩阵点乘即矩阵相乘，计算规则详见 4.2.2 节。这里略去了其他矩阵运算的具体结果。

与其他程序包一样，NumPy 的函数非常丰富，相关参数无法全部列出逐一讲解，读者可以将上述内容作为线索，在学中用，在用中学。

6.5 Pandas 入门

Pandas 是 Python Analysis Data System 的英文缩写。它以 NumPy 为基础进一步开发提供了更加多样的数据集和更加丰富的处理函数。目前 Pandas 被应用于众多数据处理领域，成为 Python 中最重要的程序包之一。

Pandas 的核心特点如下。

（1）Pandas 在 NumPy 的多维数组的基础上增加了用户自定义索引，构建了一套特色鲜明的数据组织方式。

其中，序列（Series）对应一维数组，数据类型可以是整数型、浮点型、字符串型、布尔型等；数据框（DataFrame）对应二维表格型数据结构，可视为多个序列的集合（因此也将数据框称为序列的容器）。各列数据元素的数据类型可以相同，也可以不同。

数据框是存储表示数据集的常用形式。数据框的行对应数据集中的样本或记录，数据框中的列对应变量或字段。依据实际问题各变量的存储类型可以相同，也可以不同。Pandas 对数据框的访问方式与 NumPy 类似，但因其具备更加复杂且精细的索引，所以通过索引能够更加方便地实现数据子集的选取和访问等。

（2）Pandas 提供了丰富的函数和方法，能够便捷地完成数据的预处理、加工和基本分析等。

Python 自带的 IDLE 没有预装 Pandas，需要使用 pip3 命令安装，具体如下：

```
C:\Users\xuewe\AppData\Local\Programs\Python\Python39\Scripts>pip3 install pandas
```

```
Collecting pandas
  Downloading pandas-1.2.0-cp39-cp39-win_amd64.whl (9.3 MB)
|████████████████████████████████████████| 9.3 MB 353 kB/s
......
Successfully installed pandas-1.2.0 python-dateutil-2.8.1 pytz-2020.5 six-1.15.0
```

下文仍以示例程序的形式，对 Pandas 的核心特点加以说明。为便于阅读理解，将程序输出结果直接放置到相应程序行下方。

6.5.1 Pandas 的数据组织

1. 示例程序 1：序列和索引

序列是 Pandas 的基本组织数据方式之一，序列索引是访问序列的关键。序列索引主要体现在行方向上，可分为两类：一类是系统自带的数字索引，为一个整数序列，从 0 到 $N-1$，N 为数据元素个数；另一类是用户自定义的标签索引，这类索引也自带数字索引且有对应的标签，因标签具有一定的含义，所以便于使用。

```
from pandas import Series       #导入 pandas 包
#以下是一个常见序列，数据元素为 5 至 9，索引为用户自定义的标签索引#1、#2 等
s = Series(range(5,10),index=['#1','#2','#3','#4','#5'])
print(s)                        #输出序列
#1    5
#2    6
#3    7
#4    8
#5    9
dtype: int64
print(s.values)                 #输出数据元素
[5 6 7 8 9]
print(s.index)                  #输出数据索引
Index(['#1', '#2', '#3', '#4', '#5'], dtype='object')
print(s[[0,3,2,1]])             #输出各索引对应的值
#1    5
#4    8
#3    7
#2    6
dtype: int64
print(s['#3'],s['#2'])          #输出索引标签对应的值
7 6
print('#1' in s,'#10' in s)     #判断序列中是否包含指定的标签索引
True False
```

2. 示例程序 2：创建数据框和索引（文件名：6-7Pandas(1)数据框与索引.py）

数据框是 Pandas 另一种重要的数据组织方式，尤其适合组织二维表格形式的多类型数据。

与 NumPy 数组相比，数据框更符合实际数据处理的需求。

数据框是二维的，因而同时具有行向索引和列向索引。数据框的行向索引分为系统自带的数字索引和用户自定义的标签索引，其中标签索引可以省略；数据框的列向索引分为系统自带的数字索引和以列名为标签的索引，列名标签不可以省略。

```python
import pandas as pd  #导入pandas模块并指定别名为pd
#创建字典mydict
mydict = {'name': ['张三', '李四', '王五', '刘六', '陈七'],
        'from': ['浙江', '云南', '四川', '陕西', '广东'],
        'age':  [27, 24, 32, 29, 35],
        'score':[11, 23, 7, 16, 5]}
df = pd.DataFrame(data=mydict)  #创建数据框，数据来自字典mydict且未指定行向标签索引
print(df)
```
```
    name  from  age  score
0   张三   浙江   27    11
1   李四   云南   24    23
2   王五   四川   32     7
3   刘六   陕西   29    16
4   陈七   广东   35     5
```
```python
print(df.values)     #输出数据元素
```
```
[['张三' '浙江' 27 11]
 ['李四' '云南' 24 23]
 ['王五' '四川' 32 7]
 ['刘六' '陕西' 29 16]
 ['陈七' '广东' 35 5]]
```
```python
print(df.index)     #输出行向数字索引
```
```
RangeIndex(start=0, stop=5, step=1)
```
```python
print(df.columns)     #输出列向标签索引
```
```
Index(['name', 'from', 'age', 'score'], dtype='object')
```
```python
index = pd.Index(data=["#1", "#2", "#3", "#4","#5"])
df1 = pd.DataFrame(data=mydict,index=index) #创建数据框，数据来自字典mydict且定义行向标签索引
print(df1)
```
```
     name  from  age  score
#1   张三   浙江   27    11
#2   李四   云南   24    23
#3   王五   四川   32     7
#4   刘六   陕西   29    16
#5   陈七   广东   35     5
```
```python
print(df1.index)     #输出行向标签索引
```
```
Index(['#1', '#2', '#3', '#4', '#5'], dtype='object')
```

3. 示例程序3：访问数据框（文件名：6-7Pandas(2)数据框与索引.py）

```python
import pandas as pd  #导入pandas模块并指定别名为pd
#创建字典mydict
```

```
mydict = {'name': ['张三', '李四', '王五', '刘六', '陈七'],
        'from': ['浙江', '云南', '四川', '陕西', '广东'],
        'age': [27, 24, 32, 29, 35],
        'score':[11, 23, 7, 16, 5]}
df = pd.DataFrame(data=mydict)          #创建数据框，数据来自字典 mydict 且未指定行向标签索引
index = pd.Index(data=["#1", "#2", "#3", "#4","#5"])
#创建数据框，数据来自字典 mydict 且定义行向标签索引的数据框
df1 = pd.DataFrame(data=mydict,index=index)
print(df[['name','score']])    #按列向标签索引访问数据
    name  score
0   张三      11
1   李四      23
2   王五       7
3   刘六      16
4   陈七       5
print(df.loc[1,'name'])          #利用 loc 访问指定行列的数据，两个参数依次为行索引和列向索引标签
李四
print(df.loc[1:3,'name'])        #利用 loc 访问行索引 1~3 位置上的 name 列的数据
1   李四
2   王五
3   刘六
Name: name, dtype: object
print(df.loc[[1,3]])             #按多行向数字索引访问全部列上的数据
    name   from   age   score
1   李四    云南    24     23
3   刘六    陕西    29     16
print(df.loc[[1,3],['name','score']])     #按行列索引访问数据
    name  score
1   李四     23
3   刘六     16
print(df1.loc[['#1','#3']])               #按行标签索引访问数据
     name   from   age   score
#1   张三    浙江    27     11
#3   王五    四川    32      7
print(df.iloc[1,1])              #利用 iloc 访问指定行列索引上的数据，两个参数依次为行和列的数字索引
云南
print(df.iloc[1:3,1:3])                   #按多行多列数字索引访问数据
    from   age
1   云南    24
2   四川    32
print(df.iloc[[1,3,2]])                   #按多行数字索引,全部列访问数据
    name  from   age   score
1   李四   云南    24     23
3   刘六   陕西    29     16
2   王五   四川    32      7
print(df.iloc[[1,4],[1,3]])               #按多行多列数字索引访问数据
```

```
    from  score
1   云南    23
4   广东     5
print(df1.iloc[[1,4],1:3])                    #按多行列数字索引
    from  age
#2  云南    24
#5  广东    35
df.to_csv('dfile.csv',encoding = 'utf_8_sig') #将 df 数据框保存到数据文件
```

需要说明的内容如下。

（1）程序中的 loc 和 iloc 都可以用来访问数据框的指定行列数据。

（2）loc 和 iloc 的两个参数均为行向索引和列向索引，可以是一个数字，或中间有冒号的两个数字（表示连续的数据行或者列），或用中括号括起来的一个列表（表示离散的数据行或者列）。

（3）loc 中的行索引可以为标签索引，也可以为数字索引。iloc 中的行索引必须为数字索引。

6.5.2　Pandas 的数据加工处理

Pandas 拥有强大的数据加工处理能力。下文将通过示例程序（文件名：6-8Pandas 数据框数据加工.py）展示 Pandas 的数据集合并、缺失值诊断和插补等功能。程序中涉及的数据存储在.csv 格式的文件中。为便于阅读理解，将程序输出结果直接放置在相应的程序行下方。

```
import pandas as pd
df1 = pd.read_csv('file1.csv')    #读取.csv 格式数据文件
print(df1)
    name  from  age  score
0   张三   浙江   27    11
1   李四   云南   24    23
2   王五   四川   32     7
3   刘六   陕西   29    16
4   陈七   广东   35     5
df2 = pd.read_csv('file2.csv')
print(df2)
    name  from  age  score
0   张三   浙江   27    11
1   李四   云南   24    23
2   杨八   山东   19     9
3   黄九   山西   33    22
df3 = pd.read_csv('file3.csv')
print(df3)
    name  height  weight
0   张三    178      93
1   李四    165     113
2   王五    180      86
```

```
3    刘六    168    105
4    陈七    160     93
5    黄九    175    107
```

df = pd.merge(df,df3,on='name',how='outer')　#按 **name** 取值将 **df** 和 **df3** 列向合并，结果保存到 **df** 中
print(df)

```
    name  from  age  score  height  weight
0    张三    浙江   27    11    178.0    93.0
1    李四    云南   24    23    165.0   113.0
2    王五    四川   32     7    180.0    86.0
3    刘六    陕西   29    16    168.0   105.0
4    陈七    广东   35     5    160.0    93.0
5    杨八    山东   19     9     NaN     NaN
6    黄九    山西   33    22    175.0   107.0
```

mv = df.isnull()　#判断 **df** 中的每个数据是否为缺失值**(NaN)**，若是则显示 **True**，否则显示 **False**
print(mv)

```
    name   from    age   score  height  weight
0  False  False  False  False  False  False
1  False  False  False  False  False  False
2  False  False  False  False  False  False
3  False  False  False  False  False  False
4  False  False  False  False  False  False
5  False  False  False  False   True   True
6  False  False  False  False  False  False
```

print(mv.sum())　　　　　　　　　　　#计算显示各列的缺失值数量：利用 **True** 对应数值 **1**，通过计算合计实现

```
name      0
from      0
age       0
score     0
height    1
weight    1
dtype: int64
```

print(mv.sum().sum())　　　　#计算显示数据中取缺失值的数量
2

print(df.isnull().sum().sum())　　#可将显示缺失值数量的语句合并为一条语句
2

fv = df[:].mean()　　　　　　#计算各数值列的平均值
print(fv)

```
age       28.428571
score     13.285714
height   171.000000
weight    99.500000
dtype: float64
```

df = df.fillna(fv)　　　　　#以平均值替换缺失值
print(df)

```
    name from  age  score  height  weight
0    张三   浙江   27    11    178.0    93.0
```

1	李四	云南	24	23	165.0	113.0
2	王五	四川	32	7	180.0	86.0
3	刘六	陕西	29	16	168.0	105.0
4	陈七	广东	35	5	160.0	93.0
5	杨八	山东	19	9	171.0	99.5
6	黄九	山西	33	22	175.0	107.0

需要说明的内容如下。

（1）程序输出结果中的 NaN 表示缺失值。

（2）可以使用 NumPy 将某个数据以缺失值替代。例如，df.iloc[6,6] = np.NaN。

（3）可以使用 dropna 函数剔除数据框中包含缺失值的行。例如，df.dropna()。

（4）可以使用 append 函数实现两个数据框在行方向上的数据合并。

（5）可以使用 merge 函数实现两个数据框在列方向上的数据合并。列向合并比较复杂，参数选项也较多，涉及左右合并、连接关键字和缺失值处理等，感兴趣的读者可参考相关书籍以深入了解。

6.6 Matplotlib 入门

Matplotlib 是 Python 中最常用的绘图程序包，主要包含 pyplot 和 pylab 两大模块。Matplotlib 有效借鉴吸收了一些绘图软件的优点，可以方便地设置并绘制各种优质图形，是进行数据展现和分析数据的重要图形工具之一。

Python 自带的 IDLE 没有预装 Matplotlib，需要使用 pip3 命令安装，具体如下：

```
C:\Users\xuewe\AppData\Local\Programs\Python\Python39\Scripts>pip3 install matplotlib
Collecting matplotlib
Downloading matplotlib-3.3.3-cp39-cp39-win_amd64.whl (8.5 MB)
|████████████████████████████████| 8.5 MB 79 kB/s
Requirement already satisfied: numpy>=1.15 in c:…\python39\lib\site-packages (from
matplotlib) (1.19.4)
……
```

由于 Matplotlib 的数据组织和数据计算需借助 NumPy 等程序包实现，所以在安装时会一同进行检测并安装。

下文以示例程序（文件名：6-9Matplotlib 基本作图.py）的形式，展示 Matplotlib 的核心功能。为便于阅读理解，将程序输出结果和图形直接放置到相应的程序行下方。

6.6.1 Matplotlib 的基本绘图

通过示例程序展示 Matplotlib 的基本绘图功能（程序输出图如图 6-7～图 6-10 所示）：

```
import matplotlib.pyplot as plt  #导入 matplotlib 包的 pyplot 模块并指定别名为 plt
```

```
import numpy as np
plt.plot([1,2,4,8,5,2])          #将一维数组作为 y 轴，将数据索引作为 x 轴
plt.show()
```

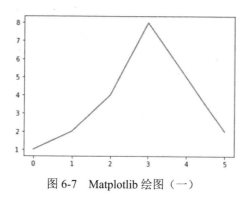

图 6-7　Matplotlib 绘图（一）

```
plt.plot([-3,-1,2,4],[1,6,8,5])  #将两个数组分别作为 x 轴和 y 轴
plt.show()
```

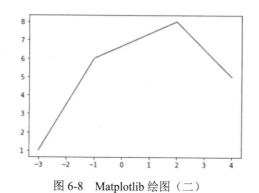

图 6-8　Matplotlib 绘图（二）

```
x = np.linspace(0, 2 * np.pi, 60)  #取 60 个点，它们均匀分布在区间[0,2π]内
y = np.sin(x)                      #计算 x 正弦值
plt.plot(x, y)                     #绘制正弦曲线
plt.show()
```

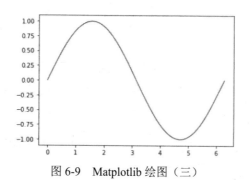

图 6-9　Matplotlib 绘图（三）

```
plt.plot(x, y)   #多线图
plt.plot(x,y*2)
plt.show()
```

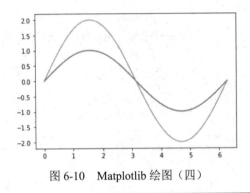

图 6-10　Matplotlib 绘图（四）

6.6.2　Matplotlib 的参数配置

绘制基本图形后，可根据实际需求调整图形的配置参数，从而得到更加丰富多彩的图形。

1．美化图形元素

美化图形元素是指将图形中的点、线及颜色等设置为期望的样子。例如，对于上述多线图，可通过调整图形参数来美化图形元素（程序输出图如图 6-11 所示）：

```
plt.plot(x, y, 'b*--')
plt.plot(x, y * 2, 'k.-')
plt.show()
```

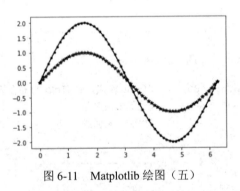

图 6-11　Matplotlib 绘图（五）

上述程序中，涉及的图形参数包括颜色、点和线等。图形参数以字符串形式体现，其中字母（如 b、k）表示颜色，后续字符（如*--、.-）分别代表绘图点及点之间的连线。

2．设置图形大小，增加图形标题

Matplotlib 在一个默认配置的坐标系（figure）中绘图，通过调整该坐标系的参数可以得到更直观清晰的图形。程序输出图如图 6-12 所示。

```
x = np.linspace(0, 2 * np.pi, 60)      #取 60 个点，它们均匀分布在区间[0,2π]内
y = np.sin(x)                          #计算正弦值
plt.plot(x, y)                         #绘制正弦曲线
```

```
plt.figure(figsize=(6, 4))          #设置图形大小
plt.xlim(0, 7)                      #设置 X 轴取值范围
plt.ylim(-3, 3)                     #设置 Y 轴取值范围
plt.plot(x,y,label="sin(x)")        #设置第一条线的标签以显示在图例中
plt.plot(x,y * 2,label="2sin(x)")   #设置第二条线的标签以显示在图例中
plt.title("sin(x) & 2sin(x)")       #设置图形的主标题
plt.xlabel('X')                     #设置 X 轴标签
plt.ylabel('Y')                     #设置 Y 轴标签
plt.xticks((0, 1.5, 3,4.5,6))       #设置 X 轴刻度
plt.legend(loc='best')              #在最佳位置显示图例
plt.grid()                          #生成网格线
plt.show()
```

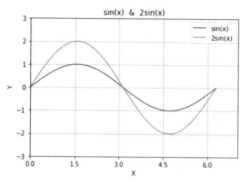

图 6-12　Matplotlib 绘图（六）

3. 设置图形标注文字，突出图形含义

程序输出图如图 6-13 所示。

```
x = np.linspace(0, 2 * np.pi, 60)    #取 60 个点，它们均匀分布在区间[0,2π]内
y = np.sin(x)                        #计算正弦值
x1 = np.pi / 2
y1 = 1
plt.scatter(x1,y1,s=30)              #画出第一个点（横纵轴坐标分别为 x1,y1）
x2 = np.pi
y2 = 0
plt.scatter(x2,y2,s=30)              #画出第二个点（横纵轴坐标分别为 x2,y2）
plt.plot(x,y)                        #绘制正弦曲线
plt.annotate('sin(pi/2)=1',xy=(x1,y1),xytext=(+60,-60),
textcoords='offset points',arrowprops=dict(arrowstyle='->',
connectionstyle="arc3,rad=.3"))      #画出第一个点的标注
plt.annotate('sin(pi)=0',xy=(x2,y2),xytext=(+60, -30),
textcoords='offset points',arrowprops=dict(arrowstyle='->',
connectionstyle="arc3,rad=.4"))      #画出第二个点的标注
plt.show()
```

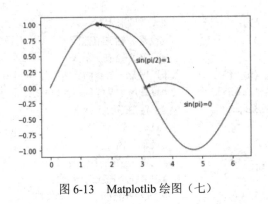

图 6-13　Matplotlib 绘图（七）

上述程序利用 annotate 函数对图形增加标注，有关参数简要说明如下。

（1）第一个参数为字符串，用于指定标注内容（如 sin(pi/2)=1）。

（2）xy=(x1,y1)表示对哪个点做标注，应给出点的坐标。

（3）xytext 和 textcoords 分别用于指定标注内容与标注点的位置关系。在上述程序中，相对 xy 标注点向右偏移，沿 X 轴增加 60 像素，沿 Y 轴减少 60 像素。

（4）arrowprops 参数用于设置标注采用的箭头类型和箭头弧度，需要用字典形式设置参数。

6.6.3　Matplotlib 的子图设置

图形展示中经常需要将多张相关图形有序地排列在一起，以便进行比较分析。这时就会涉及 Matplotlib 的子图。Matplotlib 使用 subplot 函数实现子图功能，下文通过示例程序（文件名：6-10Matplotlib 子图.py）展示如何绘制子图。

1．示例程序 1：规则排列的子图

程序输出图如图 6-14 所示。

```
import matplotlib.pyplot as plt
import numpy as np
x = np.linspace(0, 2 * np.pi, 60)      #在指定区间内生成均匀分布的 60 个点
t1 = plt.subplot(2, 2, 1)              #创建包含 2 行 2 列 4 个子图的画板并将在第 1 个子图位置上画图
plt.plot(x, np.sin(x), 'r')
t2 = plt.subplot(2, 2, 2, sharey=t1)   #将在第 2 个子图位置上画图，并指定与 t1 图的 y 轴相同
plt.plot(x, 2 * np.sin(x), 'g')
t3 = plt.subplot(2, 2, 3)              #将在第 3 个子图位置上画图
plt.plot(x, np.cos(x), 'b')
t4 = plt.subplot(2, 2, 4, sharey=t3)   #将在第 4 个子图位置上画图，并指定与 t3 图的 y 轴相同
plt.plot(x, 2 * np.cos(x), 'k')
plt.show()
```

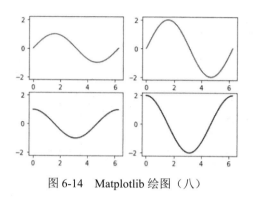

图 6-14　Matplotlib 绘图（八）

2．示例程序 2：不规则排列的子图

程序输出图如图 6-15 所示。

```
t1 = plt.subplot(2, 1, 1)              #创建包含 2 行 1 列 2 个子图的画板，并在第 1 个位置上画图
plt.plot(x, np.sin(x), 'r')
t2 = plt.subplot(2, 3, 4)              #创建包含 2 行 3 列 6 个子图的画板，并在第 4 个位置上画图
plt.plot(x, 2 * np.sin(x), 'g')
t3 = plt.subplot(2, 3, 5, sharey=t2)   #在上述画板的第 5 个子图位置上画图
plt.plot(x, np.cos(x), 'b')
t4 = plt.subplot(2, 3, 6, sharey=t2)   #在上述画板的第 6 个子图位置上画图
plt.plot(x, 2 * np.cos(x), 'k')
plt.show()
```

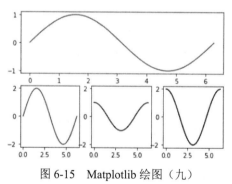

图 6-15　Matplotlib 绘图（九）

6.6.4　Matplotlib 的常见统计图

柱形图、饼图、直方图及散点图是最常见的统计图形，下文将通过示例程序（文件名：6-11Matplotlib 常见图形.py）说明绘制这些统计图形的基本方法。

1．示例程序 1：绘制统计柱形图

程序输出图如图 6-16 所示。

```
import matplotlib.pyplot as plt
import numpy as np
plt.rcParams['font.sans-serif']=['SimHei']    #设置字体以便支持图形中的中文显示

x = ['北京', '上海', '天津', '重庆']            #四个城市
y = [2154, 2423, 1559, 3101]                  #来自四个城市的员工数
plt.bar(x, y)                                 #绘制柱形图
plt.title('来自各个城市的员工数')              #设置图标题
plt.ylabel('人数')                            #设置Y轴标签
plt.show()
```

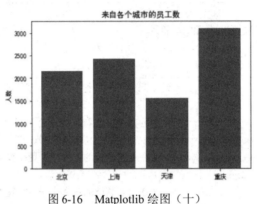

图6-16　Matplotlib绘图（十）

2. 示例程序2：绘制簇状柱形图

先借助柱形图直观对比10个人的身高情况，然后利用簇状柱形图（纵向柱形图）直观对比10个人的身高和体重情况。程序输出图如图6-17和图6-18所示。

```
import matplotlib.pyplot as plt
import numpy as np
plt.rcParams['font.sans-serif']=['SimHei']    #设置字体以支持图形中的中文显示
n = 10
np.random.seed(10)
sg = np.random.randint(150,185,n)             #随机生成10个（n=10）身高
tz = np.random.randint(48,100,n)              #随机生成10个（n=10）体重

#绘制柱形图展示身高情况
plt.figure(figsize=(8, 4))
x = np.arange(1,n+1)
plt.bar(x,sg)                                 #绘制关于10个身高数据的柱形图
for x0,y0 in zip(x,sg):                       #zip是列表打包函数：x0和y0分别取x和sg中的数据
    plt.text(x0,y0,y0,ha='center',va='bottom')#在柱形图的相应位置显示身高
plt.title('10个人的身高对比柱形图')
plt.xticks(x)
plt.show()
```

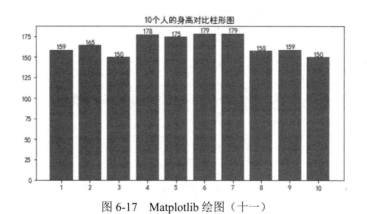

图 6-17　Matplotlib 绘图（十一）

```
#绘制簇状柱形图
plt.figure(figsize=(9, 6))
plt.barh(2*x,sg,height=1)              #绘制关于身高的柱形图
plt.barh(2*x+0.5,tz,height=1)         #绘制关于体重的柱形图，与关于身高的柱形图共同组成簇状柱形图
plt.yticks(2*x,np.arange(1,n+1))
plt.title('10 个人的身高和体重对比柱形图')
plt.show()
```

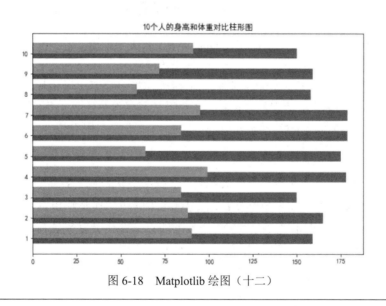

图 6-18　Matplotlib 绘图（十二）

需要说明的是，上述程序中的 text 函数用于在图 6-17 中指定位置输出指定内容。第一个参数和第二个参数用于指定位置，第三个参数用于指定内容，第四个参数 ha='center'用于设置横向居中对齐，第五个参数 va='bottom'用于设置纵向底部对齐。

3．示例程序 3：绘制饼图

现有某学院大一学生上学期选修课程的人数统计数据，利用饼图直观展示选课情况。程序输出图如图 6-19 所示。

```
kc = ['古典文学','基础物理','哲学','计算机']
rs = [68,75,83,95]
ex = [0,0,0,0.35]        #重点考察选修计算机课程的人数的占比
plt.figure(figsize=(6, 6))
plt.pie(x=rs,labels=kc,autopct='%.0f%%',explode=ex,shadow=True)
plt.show()
```

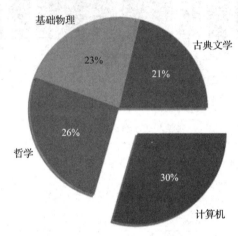

图 6-19　Matplotlib 绘图（十三）

　　需要说明的是，饼图默认按逆时针分割。上述程序指定显示人数占比，并重点突出选修计算机课程的人数占比。pie 函数中的 autopct 参数用于设置百分比显示格式，explode 参数用于设置将饼图某个部分拉出显示的比例，shadow 参数用于设置阴影显示。

4．示例程序 4：绘制直方图

　　先生成 1000 个随机数。生成策略为 $\mu+\sigma\times\varepsilon$，其中 μ 为均值，σ 为一个指定系数，ε 为服从标准正态分布的随机数。生成策略决定了这 1000 个随机数服从均值为 μ、标准差为 σ 的正态分布（详见 4.3.2 节）。然后绘制这 1000 个数据的直方图，并观察图形是否接近正态分布的概率分布图形（见图 4-17）。程序输出图如图 6-20 所示。

```
#直方图
pj = 100
fc = 20
np.random.seed(10)
x = pj + fc*np.random.randn(1000)
plt.hist(x,bins=100)        #bins 参数用于指定直方图中直方条的个数，即数据分组的组数，这里为100
plt.title('直方图')
plt.ylabel('频数')
plt.show()
```

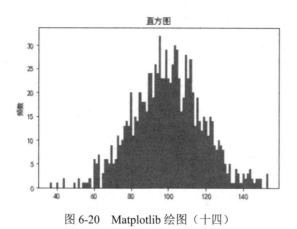

图 6-20　Matplotlib 绘图（十四）

由图 6-20 可知，直方图的大体轮廓与正态分布概率分布图十分接近。

5．示例程序 5：绘制散点图

先随机生成 60 个身高和体重的数据及性别类别，然后绘制两幅身高和体重的散点图。程序输出图如图 6-21～图 6-22 所示。

```
n = 60
np.random.seed(1)
sg = np.random.randint(150,190,n)    #随机生成60个（n=60）身高数据，取值范围为150~190
tz = np.random.randint(48,120,n)     #随机生成60个（n=60）体重数据，取值范围为48~120
nl = np.random.randint(15,90,n)      #随机生成60个（n=60）年龄数据
xb = np.random.randint(1,3,n)        #随机生成60个（n=60）性别数据，取值为1或2
plt.scatter(sg,tz)                   #散点图：身高为X轴，体重为Y轴
plt.ylabel('体重')
plt.xlabel('身高')
plt.title('身高和体重的散点图')
plt.show()
```

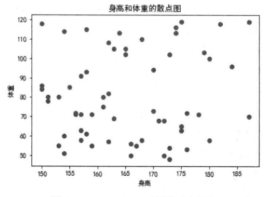

图 6-21　Matplotlib 绘图（十五）

```
plt.scatter(sg,tz,s=nl,c=xb)    #s 表示点的大小，这里由年龄决定；c 表示点的颜色，这里由性别决定
plt.colorbar()                  #输出颜色栏
```

```
plt.ylabel('体重')
plt.xlabel('身高')
plt.title('身高和体重的散点图')
plt.show()
```

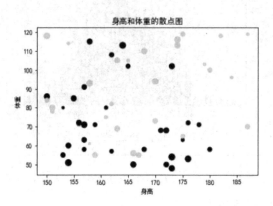

图 6-22　Matplotlib 绘图（十六）

需要说明的内容如下。

（1）绘制最基本的散点图。图 6-21 中每个点对应一个人的身高和体重。

（2）绘制稍复杂的散点图。图 6-22 中每个点对应一个人的身高和体重，不同颜色对应不同性别，不同点大小对应不同年龄（点越大表示年龄越大），这也是一种利用二维平面展现多维数据常用的方法。

6.7　Python 综合应用示例：对空气质量监测数据的分析

本节以空气质量监测数据为例，综合运用上文介绍的 Python 基本知识，结合数据处理过程中的数据获取、数据预处理、数据分析和图形可视化等主要环节，逐步实现相关基本目标。

首先应了解数据的业务含义，这是数据处理的起点。空气质量监测数据集包含 2014 年至 2019 年每天的空气质量监测数据，变量（或称字段）如下。

- 日期：以天为单位的观测时间。
- AQI：空气质量指数（Air Quality Index）。
- 质量等级：根据 AQI 计算的空气质量等级。
- PM2.5：空气中细颗粒物 PM2.5 的数值。
- PM10：空气中可吸入颗粒物 PM10 的数值。
- SO2：空气中 SO_2 浓度数值。
- NO2：空气中 NO_2 浓度数值。
- O3：空气中 O_3 浓度数值。
- CO：空气中 CO 浓度数值。

上述 9 个变量中，AQI 作为空气质量状况的无量纲指数，值越大表明空气中污染物浓度越高，空气质量越差。参与 AQI 评价的主要污染物包括 PM2.5、PM10、SO_2、CO、NO_2、O_3 六项。质量等级是对 AQI 的分组计算的结果。规定 AQI 取值为 0～50、51～100、101～150、151～200、201～300、大于 300 时，质量等级依次为优、良、轻度污染、中度污染、重度污染、严重污染。

日期是一个日期型变量，在文本格式文件中一般作为字符串型变量保存；AQI、PM2.5、PM10、SO2、CO、NO2、O3 为数值型变量；质量等级为描述类别的字符串型变量。数据集合中的第一行是数据变量的名称，后续 2154 行是某天观测记录数据。

以下将对空气质量监测数据进行处理和分析。为便于阅读理解，将程序输出结果直接放置到相应的程序行下方。

6.7.1　空气质量数据的预处理

如下 Python 程序（文件名：6-12 空气质量数据处理.py）将先从 .csv 格式数据文件（文件名：空气质量数据.csv）中读取，然后对数据进行预处理。

1. 读取并浏览数据

```
import pandas as pd
import numpy  as np
import time
df = pd.read_csv('空气质量数据.csv')      #从空气质量数据.csv中读入数据
print(df.info())                          #显示数据框的信息
<class 'pandas.core.frame.DataFrame'>
RangeIndex: 2155 entries, 0 to 2154
Data columns (total 9 columns):
日期       2155 non-null object
质量等级     2155 non-null object
AQI      2155 non-null int64
PM2.5    2155 non-null int64
PM10     2155 non-null int64
SO2      2155 non-null int64
CO       2155 non-null float64
NO2      2155 non-null int64
O3       2155 non-null int64
dtypes: float64(1), int64(6), object(2)
memory usage: 151.6+ KB
print(df[:5])                             #显示前 5 行数据
```

	日期	质量等级	AQI	PM2.5	PM10	SO2	CO	NO2	O3
0	2014/1/1	良	81	45	111	28	1.5	62	52
1	2014/1/2	轻度污染	145	111	168	69	3.4	93	14
2	2014/1/3	良	74	47	98	29	1.3	52	56
3	2014/1/4	轻度污染	149	114	147	40	2.8	75	14
4	2014/1/5	轻度污染	119	91	117	36	2.3	67	44

2. 数据预处理

数据预处理主要包括如下几项。
- 处理缺失值。
- 对"日期"字段进行处理，生成"年"和"季度"字段。

- 对"AQI"字段进行分组，生成"AQI 等级"字段。

```
df = df.replace(0,np.NaN)              #对缺失值进行处理：将 0 替换为缺失值
rq = df['日期']                        #将对'日期'字段进行处理，生成'年'和'季度'字段
#利用 lambda 和 strptime 函数依次提取各行日期中的年和月
#利用 apply 函数实现循环处理，结果保存到 rq 中
rq = rq.apply(lambda x:time.strptime(x,'%Y/%m/%d'))
y = rq.apply(lambda x: x[0])
m = rq.apply(lambda x: x[1])
df['年'] = y
df['月'] = m
m_q = {1:'1 季度', 2:'1 季度', 3:'1 季度',
       4:'2 季度', 5:'2 季度', 6:'2 季度',
       7:'3 季度', 8:'3 季度', 9:'3 季度',
       10:'4 季度',11:'4 季度',12:'4 季度'}
df['季度']=m.apply(lambda x:m_q[x])       #利用 apply 函数实现循环处理
print(df[:5])
```

	日期	质量等级	AQI	PM2.5	PM10	SO2	CO	NO2	O3	年	月	季度
0	2014/1/1	良	81.0	45.0	111.0	28.0	1.5	62.0	52.0	2014	1	1季度
1	2014/1/2	轻度污染	145.0	111.0	168.0	69.0	3.4	93.0	14.0	2014	1	1季度
2	2014/1/3	良	74.0	47.0	98.0	29.0	1.3	52.0	56.0	2014	1	1季度
3	2014/1/4	轻度污染	149.0	114.0	147.0	40.0	2.8	75.0	14.0	2014	1	1季度
4	2014/1/5	轻度污染	119.0	91.0	117.0	36.0	2.3	67.0	44.0	2014	1	1季度

```
#对'AQI'字段分组，生成'AQI 等级'字段
dj = [0,50,100,150,200,300,1000]        #设置分组的各个界值
bq = ['优','良','轻度污染','中度污染','重度污染','严重污染']        #设置分组标签
df['AQI 等级'] = pd.cut(df['AQI'],bins=dj,labels=bq)        #数据分组
print(df.loc[:5,['日期','AQI','AQI 等级','年','季度']])
```

	日期	AQI	AQI等级	年	季度
0	2014/1/1	81.0	良	2014	1季度
1	2014/1/2	145.0	轻度污染	2014	1季度
2	2014/1/3	74.0	良	2014	1季度
3	2014/1/4	149.0	轻度污染	2014	1季度
4	2014/1/5	119.0	轻度污染	2014	1季度
5	2014/1/6	182.0	中度污染	2014	1季度

需要说明的内容如下。

（1）利用数据框的 replace 函数将数据框中的 0（数据原意为无监测结果）全部替换为缺失值 NaN。NaN 作为缺失值不参与任何计算，0 作为有效数据参与计算。

（2）利用函数 apply 对"日期"（rq）列表中的数据逐一进行处理。

基于"日期"字段得到每个数据的"年"（y）和"月"（m）。其中，time 模块中的 strptime 函数可以识别日期的具体格式和内容，并生成新的列表。之后，建立一个关于月和季的字典 m_q，根据字典将月对应到相应的季标签上，生成"季度"字段。

（3）生成分组等级的数字列表（dj），并生成分组等级标签（bq）的字符列表，用于对 AQI

进行分组。

利用 cut 函数对 AQI 进行分组，它可对连续型数据字段进行分组，称为对连续型数据的离散化处理。这里依据分组标准，即列表 dj，对变量 AQI 进行分组并对应生成分组标签，即 AQI 在 $(0,50]$ 区间内，分组标签为"优"；在 $(50,100]$ 区间内，分组标签为"良"；等等。

6.7.2　空气质量数据的基本分析

经过数据预处理后，可对数据进行基本分析，基本分析目标如下。

- 计算各季度 AQI 和 PM2.5 的平均值等描述统计量。
- 找到空气质量较差的若干天数据，以及各季度中空气质量较差的若干天数据。
- 计算季度与空气质量等级的列联表。
- 派生空气质量等级的虚拟变量，对数据集进行抽样。

下文将分别给出相应的 Python 程序（文件名：6-12 空气质量数据处理.py）。

1. 计算各季度 AQI 和 PM2.5 的平均值等描述统计量

```
#计算各季度 AQI 和 PM2.5 的平均值
jdpj = df[['AQI','PM2.5']].groupby(df['季度']).mean()
print(jdpj)
           AQI        PM2.5
季度
1季度  109.327778   77.225926
2季度  109.369004   55.149723
3季度   98.911071   49.528131
4季度  109.612403   77.195736
#计算各季度 AQI 和 PM2.5 的描述统计量
mstj_AQ = df[['AQI']].groupby(df['季度']).describe()
print(mstj_AQ)
       AQI
      count      mean        std     min    25%    50%     75%     max
季度
1季度  540.0  109.327778  80.405408  26.0   48.0   80.0  145.00  470.0
2季度  542.0  109.369004  49.608042  35.0   71.0   99.0  140.75  500.0
3季度  551.0   98.911071  45.484516  28.0   60.0   95.0  130.50  252.0
4季度  516.0  109.612403  84.192134  21.0   55.0   78.0  137.25  485.0
mstj_PM = df[['PM2.5']].groupby(df['季度']).describe()
print(mstj_PM)
      PM2.5
      count      mean        std    min    25%    50%     75%     max
季度
1季度  540.0  77.225926  73.133857  4.0   24.0   53.0  109.25  454.0
2季度  541.0  55.149723  35.918345  5.0   27.0   47.0   73.00  229.0
3季度  551.0  49.528131  35.394897  3.0   23.0   41.0   67.00  202.0
4季度  516.0  77.195736  76.651794  4.0   25.0   51.0  101.50  477.0
```

需要说明的内容如下。

（1）利用数据框的 groupby 方法计算各季度 AQI 和 PM2.5 的平均值。groupby 方法是将数据按指定字段分组。可以对分组结果进一步计算均值和描述统计量等。

（2）描述统计量通常包括样本量（count）、平均值（mean）、标准差（std）、最小值（min），下四分位数（25%）、中位数（50%）、上四分位数（75%）、最大值（max）等。

2．找到空气质量较差的若干天数据，以及各季度中空气质量较差的若干天数据

```
#定义一个排序的用户自定义函数
def top(dfr,n=10,column='AQI'):    #设置参数的默认值
    return dfr.sort_values(by=column,ascending=False)[:n]
px = top(df,n=5)                   #找到空气质量 AQI 最差的 5 天数据
px = px[['日期','AQI','PM2.5','AQI 等级']]
print(px)
```

	日期	AQI	PM2.5	AQI等级
1218	2017/5/4	500.0	NaN	严重污染
723	2015/12/25	485.0	477.0	严重污染
699	2015/12/1	476.0	464.0	严重污染
1095	2017/1/1	470.0	454.0	严重污染
698	2015/11/30	450.0	343.0	严重污染

```
#找到各季度空气质量最差的 3 天数据
px = df[['日期','AQI','PM2.5','AQI 等级']].groupby(df['季度'])
px = px.apply(lambda x:top(x,n=3))
print(px)
```

季度		日期	AQI	PM2.5	AQI等级
	1095	2017/1/1	470.0	454.0	严重污染
1季度	45	2014/2/15	428.0	393.0	严重污染
	55	2014/2/25	403.0	354.0	严重污染
	1218	2017/5/4	500.0	NaN	严重污染
2季度	1219	2017/5/5	342.0	181.0	严重污染
	103	2014/4/14	279.0	229.0	重度污染
	186	2014/7/6	252.0	202.0	重度污染
3季度	211	2014/7/31	245.0	195.0	重度污染
	183	2014/7/3	240.0	190.0	重度污染
	723	2015/12/25	485.0	477.0	严重污染
4季度	699	2015/12/1	476.0	464.0	严重污染
	698	2015/11/30	450.0	343.0	严重污染

需要说明的是，上述程序中定义了一个名为 top 的用户自定义函数，该函数用于对给定数据框按指定列（默认 AQI 列）值进行降序排序，并返回前 n（默认值为 10）条数据。

3．计算季度和空气质量等级的列联表

```
#编制各季度与 AQI 等级的列联表
llb = pd.crosstab(df['AQI 等级'],df['季度'],margins=True,margins_name='总计',normalize=False)
print(llb)
```

季度	1季度	2季度	3季度	4季度	总计
AQI等级					
优	145	38	96	108	387
良	170	240	209	230	849
轻度污染	99	152	164	64	479
中度污染	57	96	72	33	258
重度污染	48	14	10	58	130
严重污染	21	2	0	23	46
总计	540	542	551	516	2149

需要说明的内容如下。

（1）crosstab 函数用于对数据按季度和 AQI 等级进行交叉分组，并给出各个组的样本量。列联表中的单元格内容可以是频数（样本量），也可以是百分比。对于列联表，可以指定是否添加行列合计等。

（2）列联表显示，总共监测了 2149 天的空气质量。其中，1 季度空气质量为优的天数为 145，为良好的天数为 170。2149 天中严重污染的天数为 46，集中分布在 1 季度和 4 季度的冬天供暖期。

4. 派生空气质量等级的虚拟变量，对数据集进行抽样

在进行数据处理分析时经常需要生成虚拟变量和对数据集进行抽样。

虚拟变量也称哑变量，是一种处理分类型数据常用的方式。对具有 K 个类别的分类型变量 X 生成 K 个变量 $X_1, X_0, \cdots, X_K$，这些变量称为分类型变量 X 的虚拟变量，且每个变量仅有 0 和 1 两个取值，其中 1 表示是某个类别，0 表示不是某个类别。虚拟变量在数据预测中具有非常重要的作用。

```
xn = pd.get_dummies(df['AQI 等级'])        #派生虚拟变量，仅有 0 和 1 两个取值
df1 = df.iloc[:,0:-1]                      #将原始数据与虚拟变量按行进行列向合并
df1 = df1.join(xn)
print(df1[:5])
```

	日期	质量等级	AQI	PM2.5	PM10	SO2	CO	NO2	O3	年	月	季度	优	良	轻度污染	中度污染	重度污染	严重污染
0	2014/1/1	良	81.0	45.0	111.0	28.0	1.5	62.0	52.0	2014	1	1季度	0	1	0	0	0	0
1	2014/1/2	轻度污染	145.0	111.0	168.0	69.0	3.4	93.0	14.0	2014	1	1季度	0	0	1	0	0	0
2	2014/1/3	良	74.0	47.0	98.0	29.0	1.3	52.0	56.0	2014	1	1季度	0	1	0	0	0	0
3	2014/1/4	轻度污染	149.0	114.0	147.0	40.0	2.8	75.0	14.0	2014	1	1季度	0	0	1	0	0	0
4	2014/1/5	轻度污染	119.0	91.0	117.0	36.0	2.3	67.0	44.0	2014	1	1季度	0	0	1	0	0	0

```
np.random.seed(1)
s1 = np.random.randint(0,len(df),10)       #随机抽取 10 个样本
print(s1)                                  #输出抽取的样本编号
[1061  235 1096  905  960  144  129 1202 1300 1278]
print(df.loc[s1,['日期','AQI','PM2.5','AQI 等级']])
```

	日期	AQI	PM2.5	AQI等级
1061	2016/11/28	97.0	63.0	良
235	2014/8/24	93.0	17.0	良
1096	2017/1/2	248.0	198.0	重度污染
905	2016/6/25	59.0	18.0	良
960	2016/8/19	67.0	19.0	良
144	2014/5/25	88.0	65.0	良
129	2014/5/10	69.0	50.0	良
1202	2017/4/18	65.0	24.0	良
1300	2017/7/25	80.0	32.0	良
1278	2017/7/3	122.0	61.0	轻度污染

```
np.random.seed(1)
s2 = np.random.permutation(len(df))[:10]   #随机打乱顺序并取前 10 条数据的编号
print(df.take(s2))                         #抽样
```

	日期	质量等级	AQI	PM2.5	PM10	SO2	CO	NO2	O3	年	月	季度	AQI等级
414	2015/2/19	重度污染	268.0	218.0	248.0	55.0	1.5	42.0	60.0	2015	2	1季度	重度污染
1241	2017/5/27	中度污染	196.0	69.0	117.0	21.0	1.4	47.0	261.0	2017	5	2季度	中度污染
1918	2019/4/4	良	90.0	67.0	124.0	7.0	0.6	54.0	126.0	2019	4	2季度	良
241	2014/8/30	中度污染	170.0	129.0	148.0	4.0	1.5	58.0	115.0	2014	8	3季度	中度污染
134	2014/5/15	轻度污染	115.0	59.0	181.0	7.0	0.5	61.0	107.0	2014	5	2季度	轻度污染
1012	2016/10/10	轻度污染	122.0	92.0	127.0	10.0	1.2	79.0	31.0	2016	10	4季度	轻度污染
1885	2019/3/2	重度污染	233.0	183.0	155.0	9.0	1.4	65.0	131.0	2019	3	1季度	重度污染
1263	2017/6/18	中度污染	197.0	70.0	124.0	11.0	0.9	31.0	262.0	2017	6	2季度	中度污染
447	2015/3/24	轻度污染	102.0	77.0	122.0	29.0	1.8	68.0	88.0	2015	3	1季度	轻度污染
165	2014/6/15	中度污染	176.0	101.0	145.0	14.0	1.2	49.0	241.0	2014	6	2季度	中度污染

```
s3 = df.loc[df['质量等级']=='优']    #仅抽取质量等级为优的数据
print(s3[0:5])
```

	日期	质量等级	AQI	PM2.5	PM10	SO2	CO	NO2	O3	年	月	季度	AQI等级
7	2014/1/8	优	27.0	15.0	25.0	13.0	0.5	21.0	53.0	2014	1	1季度	优
8	2014/1/9	优	46.0	27.0	46.0	19.0	0.8	35.0	53.0	2014	1	1季度	优
11	2014/1/12	优	47.0	27.0	47.0	27.0	0.7	39.0	59.0	2014	1	1季度	优
19	2014/1/20	优	35.0	8.0	35.0	6.0	0.3	15.0	65.0	2014	1	1季度	优
20	2014/1/21	优	26.0	18.0	25.0	27.0	0.7	34.0	50.0	2014	1	1季度	优

需要说明的内容如下。

（1）利用 get_dummies 方法得到分类型变量"AQI 等级"的虚拟变量。该虚拟变量有 6 个类别，相应产生 6 个虚拟变量依次为"优""良"等。之后采用数据框的 join 方法，将原始数据和虚拟变量数据按行进行列向合并。

（2）利用 NumPy 对空气质量数据进行如下两种策略的抽样。

① 简单随机抽样。

利用函数 randint 在指定范围内随机抽取指定个数的随机数；利用函数 permutation 将数据随机打乱重排，之后抽取前 10 个序号作为样本列表；并利用数据框的 take 方法基于指定随机数列表获得一个随机子集。

② 按照条件抽样。

利用数据框访问的方式抽取满足指定条件的数据集，如质量等级为优的数据集。

6.7.3 空气质量数据的可视化

1. 观察 AQI 的时序变化

可借助 Python 程序（文件名：6-13 空气质量数据可视化.py）绘制随时间推移的 AQI 变化折线图，以直观考察 2014 年至 2019 年空气质量的整体变化趋势。程序输出图如图 6-23 所示。

```
import numpy as np
import pandas as pd
import matplotlib.pyplot as plt
plt.rcParams['font.sans-serif']=['SimHei']        #设置字体以便支持图形中的中文显示
df = pd.read_csv('空气质量数据(加工).csv')          #读取加工后的数据文件
df = df.replace(0,np.NaN)                          #设置缺失值
```

```
#绘制全部数据的折线图
Plt.figure(figsize=(12,6))                            #设置图形大小
plt.title('2014 年至 2019 年空气质量指数 AQI 变化')
plt.xlabel('X 年份')
plt.ylabel('Y AQI')
plt.xlim(xmax=len(df)+20, xmin=0)                     #设置 X 轴的取值范围
plt.ylim(ymax=df['AQI'].max()+20,ymin=0)             #设置 Y 轴的取值范围
yr = ['2014 年','2015 年','2016 年','2017 年','2018 年','2019 年']
plt.xticks([1,365,365*2,365*3,365*4,365*5],yr)       #设置 X 轴的刻度值
y0=df['AQI'].max()
x0 = list(df['AQI']).index(y0)
plt.text(s='<<-最差日',x=x0+20,y=y0-10)              #添加图形点的注释
plt.plot(df['AQI'])                                   #绘制 AQI 的折线图
plt.show()
```

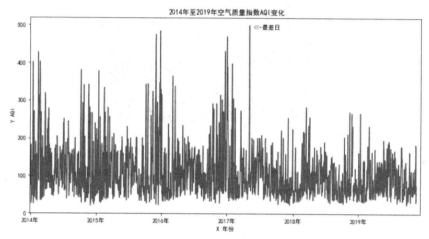

图 6-23　空气质量指数 AQI 变化折线图

需要说明的内容如下。

（1）利用函数 figure 对图形进行参数设置。上述程序设定图形宽为 12，高为 6。

利用函数 title、函数 xlabel、函数 ylabel 指定图形的标题、横坐标轴标签、纵坐标轴标签；利用函数 xlim、函数 ylim 指定横坐标轴、纵坐标轴的取值范围。此外，还可以利用函数 xticks、函数 yticks 指定横坐标轴、纵坐标轴在相应刻度位置上显示的刻度标签；利用函数 text 在指定的位置显示注释性的字符串；利用函数 plot 绘制全部数据的折线图。

（2）观察图 6-23 可知，AQI 值呈现明显的随季节波动的特征，而且近年来 AQI 值有一定幅度的下降趋势。

2. 观察 AQI 历年均值的变化情况

可借助柱形图直观展示和对比 2014 年至 2019 年各年 AQI 均值的情况。程序输出图如图 6-24～图 6-25 所示。

```
#历年 AQI 均值柱形图
```

```
AQI_ym = df['AQI'].groupby(df['年']).mean().values      #计算历年 AQI 均值
AQI_m  = df['AQI'].mean()                               #计算 AQI 总均值
x = np.arange(len(AQI_ym))
plt.bar(x,AQI_ym)                                       #绘制柱形图
plt.xticks(x,yr)                                        #设置 X 轴的标签刻度
plt.title('空气质量指数 AQI 历年平均变化图')
for x0,y0 in zip(x,AQI_ym):
    plt.text(x0,y0,np.round(y0,2),ha='center',va='bottom')
    plt.axhline(y=AQI_m,linewidth=1.5)                 #画出 AQI 总均值的水平线
    plt.text(len(AQI_ym)-2,AQI_m+2,'平均')
plt.show()
```

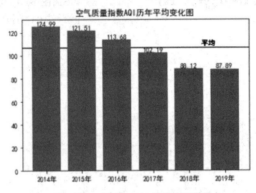

图 6-24　历年 AQI 均值柱形图

```
#绘制历年 AQI 子图
ym = df['AQI'].max()                                   #设置 Y 轴的最大值
plt.figure(figsize=(12,10))
for i in range(len(yr)):
    plt.subplot(3, 2, i+1)                             #创建包含 3 行 2 列 6 个子图的画板
    df1 = df.loc[df['年']==2014+i]                     #获取各年数据
    x1 = np.min(df1.index)
    x2 = np.max(df1.index)
    plt.xlim(xmax=x2+5,xmin=x1-5)                      #设置 X 轴的取值区间
    plt.ylim(ymax=ym+5,ymin=0-5)                       #设置 Y 轴的取值区间
    plt.title(str(2014+i)+'年',x=0.5,y=0.7)           #设置图形标题内容和标题位置
    plt.scatter(df1.index,df1['AQI'],s=6)
plt.show()
```

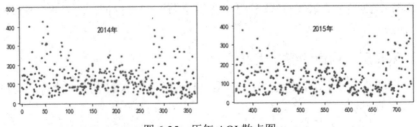

图 6-25　历年 AQI 散点图

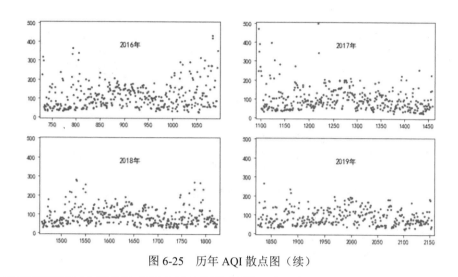

图 6-25　历年 AQI 散点图（续）

需要说明的内容如下。

（1）绘制历年 AQI 均值柱形图。

先按照数据框中的"年"字段进行分组，并求均值，利用函数 bar 绘制历年 AQI 的柱形图；利用函数 xticks 指定坐标轴在相应刻度位置上显示具体年份标签；然后求出全部数据的均值，并将其作为观察标准，并利用函数 axhline 绘制水平线；最后利用函数 text 对柱形图和水平线标注文字说明。

（2）绘制历年 AQI 子图。

先创建包含 3 行 2 列 6 个子图的画板，一个子图绘制一年的 AQI 数据，为直观比较各个子图的数据，采用相同的 Y 轴取值；在循环语句中，先按年份读取数据子集，利用函数 xlim、函数 ylim 指定 X 轴和 Y 轴的取值范围；利用函数 title 将年份作为各个子图的标题，为不让标题影响其他图形 X 轴的刻度显示，将标题放到图中；利用函数 scatter 绘制散点图，其中，参数 s 为 6，设置的是图形中每个点的大小。

对于 AQI 的可视化分析还可以包含其他内容。

- 利用折线图展示 2014 年至 2019 年月均 AQI 的变化特点。
- 利用直方图展示 2014 年至 2019 年 AQI 的整体分布特征。
- 利用散点图展示 AQI 和 PM2.5 的相关性。
- 利用饼图展示空气质量等级天数的分布特征。

空气质量监测数据的其他可视化图形如图 6-26 所示。

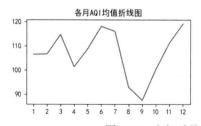
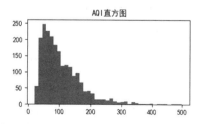

图 6-26　空气质量监测数据的其他可视化图形

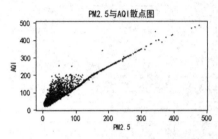
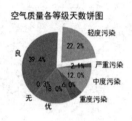

图 6-26　空气质量监测数据的其他可视化图形（续）

读者可以自行编写 Python 程序进行练习。本书提供了一个参考程序（文件名：6-14 空气质量数据可视化子图.py），因篇幅所限不再一一展示。

本章内容到此告一段落。需要强调说明的一点是，本章并没有按照程序设计的教学思路讲解 Python，目的是希望通过示例程序，将读者快速领进 Python 之门。作为数据科学实践不可或缺的一部分，Python 内容非常丰富且在不断发展变化，其内容无法在一章中完整呈现，本章仅给出了快速学习 Python 的线索——根据实际数据处理和分析的需求学习。后续读者可自行阅读其他专门讲解 Python 的书目。另外，sklearn 是 Python 专门面向机器学习的第三方程序包，可支持数据预处理、数据降维、数据分类和回归建模、聚类、模型评价和选择等多种机器学习应用，在数据科学实践中发挥着非常重要的作用，相关内容将在第 10 章讨论。

第 7 章

数据采集

数据处理的需求基本形成以后，就可以开始设计并启动数据采集工作了。**数据采集是围绕数据处理目标，找到可靠的数据来源，利用各种方法获得数据的过程。**对于数据处理来说，数据采集是非常重要的环节，好的数据输入是好的数据处理和信息输出的根本保证。对于差的数据输入，无论数据技术如何高超，数据分析模型如何精妙，数据计算工具如何快速，都是在做无用功。

数据处理领域中有一句格言："Garbage In，Garbage Out"，其中文意思是"垃圾进，垃圾出"。好的数据是指高质量的数据，高质量的数据具有正确性、完整性、一致性、时效性等基本特征，这是数据采集的目标。

数据采集涉及数据采集方式和数据采集技术等方面。

1）数据采集方式

数据采集方式，是指实施数据采集过程采用的策略或组织形式，其目的是确保最终获得预期数据。对于不同的研究问题和应用场景，通常采用不同的数据采集方式。对研究某个特定问题而开展的专项研究问题而言，数据采集通常采用较为传统且社会各领域普遍采用的普查、统计报表制度、抽样调查和以抽样调查为基础的问卷调查、客观观察，以及多应用于科学研究中的科学实验等方式。对非专项研究问题而言，数据采集通常融合在日常业务流程中，并通过合理和巧妙的技术手段获得动态监测数据，以服务于效益评估和管理、流程优化等方面。

2）数据采集技术

数据采集与数据采集技术紧密相关。数据采集技术往往决定了数据采集的效率、规模、可靠性、可行性等诸多方面。如果传统意义上的以计算机技术为核心的数据采集技术极大提高了数据采集的效率和规模，那么大数据时代的互联网数据采集技术、物联网数据采集技术，以及基于人工智能的数据采集技术极大丰富和拓展了数据的内涵和外延。数据不再只是通过常规方式获得的传统意义上的常规数据，而是融入人们日常生活的无处不在的数据。

因此，数据采集技术极大拓展了数据采集的能力，让数据采集从传统的实施方式向无时无刻的数据采集跨越，使数据成为大千世界的客观存在，并成为研究问题的重要依据。

7.1 传统数据采集方式和技术

如上所述，对研究某个特定问题而开展的专项研究而言，数据采集通常采用普查、统计报表制度、抽样调查和以抽样调查为基础的问卷调查、客观观察，以及多应用于科学研究的科学实验等多种方式。这些数据采集方式较传统，得到了社会各领域的普遍认可和采纳。

7.1.1 普查和统计报表制度

1. 普查

普查（Census）一般是指一个国家或机构为专门目的而组织的全面性调查，如一个国家开展的人口普查和经济普查等。普查是一种大规模的、普遍性的全面调查，通过普查获得的数据的最大特点是具有完整性，数据全面、翔实、专业、系统。普查方法的最大缺点是涉及面广、工作量大、处理周期长、耗资较多等，因此不宜经常举行。

利用普查进行数据采集应注意以下问题。

（1）普查需要规定统一的标准调查时间。

例如，2010 年我国开展的第六次全国人口普查，其标准时点是 2010 年 11 月 1 日零时。将标准时点之前的人口情况记入调查数据，才能保证数据不重复且不遗漏。

（2）普查通常是一次性或周期性的工作。

例如，我国人口普查每 10 年进行一次，逢"0"结尾年份进行；我国工业普查每 10 年进行一次，逢"5"结尾年份进行；我国农业普查每 10 年进行一次，逢"7"结尾年份进行；我国基本单位普查每 5 年进行一次，逢"1"和"6"结尾年份进行。

（3）普查需要设计专业化的调查内容和调查表。

例如，我国人口普查会重点调查全国人口和住户基本情况，内容涉及性别、年龄、民族、受教育程度、行业、职业、迁移流动、社会保障、婚姻生育、死亡、住房情况等。一般分为全部被调查人员填写的短表（见图 7-1）和 10%抽样的被调查人员填写的长表等。普查用的调查表既要便于被调查人员理解申报，也要便于调查人员记录填写及后续数据设备的采集录入。由于普查数据面向特定的专业领域，因此数据的应用范围相对狭窄。

通过普查获得全面的数据固然令人满意，但这种调查方法会因受到一些具体条件的限制无法开展。例如，调查成本的巨大负担，在检验一批产品质量时不能采用全部破坏性试验观测的方法，等等。

2. 统计报表制度

统计报表制度是一种经常性、定期性和制度化的全面调查，一般适合在多层次和多分支结构的政府部门、行业组织和大型企业等单位使用。统计报表一般由主管部门根据统计法规和管理制度，按照行政或业务关系，以统计表形式自上而下布置下发，而后由基层单位自下而上层层汇总上报。因为统计报表是逐级上报，逐级进行数据检查、校验和汇总的，所以可以满足各级管理部门的数据需求，是实现数据逐级服务的有效途径。

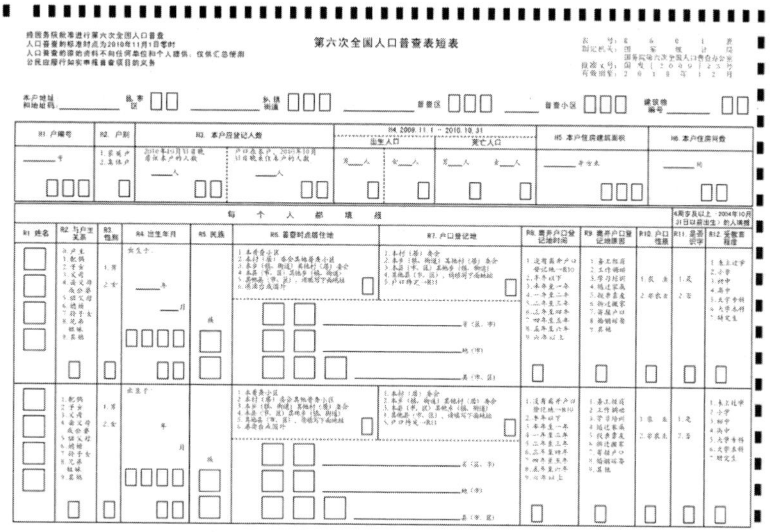

图 7-1　第六次全国人口普查表短表

对于政府部门来说，统计报表是社会主义市场经济体制下国家对经济社会进行计划管理和宏观调控的重要工具，也是政府统计部门执行"信息、咨询、监督"基本职能的主要手段。对于企业来说，统计报表是制定企业发展战略和发展目标的基本依据，也是各级部门进行业务管理、绩效考核和资源配置的可靠资料。

统计报表制度的优点是基于行政或业务管理体系、数据资料上报回收率高、格式统一、稳定可靠。利用统计报表制度收集的数据可以长期积累，形成时间序列数据集合，便于各层次部门进行横向绩效比较及纵向动态发展分析等。

统计报表的格式一般以统计表格式为基础，在表头部分留空上报单位需要填写的单位名称和上报时间等，行栏和列栏基本固定，如图 7-2 所示。

XX 市家政企业人员基本情况统计报表

年第　季度

填报单位（签章）：　　　　　　　　　　职工总人数：

类　别	项　目	人　数	类　别	项　目	人　数
按分工分组	管理人员			住家保姆	
	服务人员			不住家保姆	
按性别分组	女工人数			钟点工	
	男工人数		家庭服务	病人护理	
按社会来源分组	失业人员			家庭清洗保洁	
	农民工			家庭设施维修	
	其他人员			其他	
按文化程度分组	大中专毕业生	按经营范围分组	母婴护理	育婴服务	
	初、高中毕业生			月嫂服务	
	小学及以下		养老护理	社会养老	
人员培训情况	取得技能合格证人数			社区、家庭养老	
	取得国家职业资格证人数			单位、社区保洁	
经营情况（单位：元）	营业总额		社区服务	公共秩序维护员	
	工资总额			其他	

填报说明：请于季度末月初上报至××市家庭服务业协会。地址：　　　　电话：

单位负责人：　　　　　　　　　　　　　　　填表人：

报送日期：　年　月　日

图 7-2　统计报表示例

根据管理目标和业务考核等需求，统计报表制度一般有日报、周报、旬报、月报、季报、半年报和年报等形式，是普查和抽样调查无法替代的有效的数据采集方式。上报频次较短的统计报表的上报内容应尽量精练，上报频次较长的统计报表的上报内容可以全面且详细一些。

需要说明的是，统计报表制度不仅是一种传统而经典的数据采集方式，还是一个贯穿组织内部结构体系的数据管理系统。各基层单位要有一定完善的原始凭证和基础台账等支持，要有一支熟悉业务的数据采集人员队伍，以及一套有效的数据上报监督管理办法，以防虚报、瞒报和漏报等现象的发生，确保采集到的数据的质量。

7.1.2　抽样调查和问卷调查

1．抽样调查

抽样调查（Sample Survey）是从全部被调查对象中抽取一部分作为样本进行调查，并根据样本调查结果推断并获得有关总体信息的数据采集方法。抽样调查克服了普查调查成本较高、周期较长的问题，也非常适合产品质检等相关问题研究。抽样调查具有经济实用、快速便捷、应用广泛等优势，已成为专项研究中普遍采用的数据采集方式。

通常我们非常关心采用抽样调查获得的数据是否具有代表性的问题。这涉及总体、样本和个体的概念。**总体**（Population）是指所有被调查对象的全部个体的数据集合；**样本**（Sample）是指从总体中抽取的一部分个体的数据集合；**个体**是指组成总体的每一个基本数据单元。在这些基本概念和统计分布理论的基础上，统计学对上述问题进行了全面深入的理论探讨，明确了抽样调查的可靠性和可行性，并在长期的理论研究和实践中提出了更多科学、有效、易实施的抽样策略，如简单随机抽样、分层抽样、整群抽样、多阶段抽样、配额抽样等。

2．问卷调查

问卷调查（Questionnaire）是一种要求被调查者回答并填写一份设计制作的问卷的调查方法。问卷调查通常与抽样调查相结合，是日常研究中经常采用的一种数据采集方式。

问卷调查兴起于 20 世纪初的心理学研究，当时研究人员希望通过问卷调查了解被调查人员的人格和性格等心理倾向。后续问卷调查在人员招聘和人才使用、职业选择和就业指导、针对性教育、家庭关系协调、精神疾病辅助判断和犯罪心理研究等方面得到广泛应用。

问卷是问卷调查的核心，其质量往往决定了问卷调查的成败。问卷的主体是调查者设计的一组与调查目标有关的题目和回答选项，调查人员根据收回的问卷获得数据对相关问题进行分析研究。因此问卷往往需根据研究问题在相关领域理论和统计分析理论的基础上进行研究设计。下文给出一个案例。

☞【案例】EPQ 问卷调查

20 世纪初在心理学研究中较为成功的基于问卷调查的研究有 1940 年，美国明尼苏达多项人格测验（Minnesota Multiphasic Per-sonality Inventory，MMPI）；1952 年，英国伦敦大学心理系学者汉斯·艾森克（Hans J. Eysenck）人格问卷（Eysenck Personality Questionnaire，EPQ）；1957 年，美国加利福尼亚心理调查表（California Psychological Inventory，CPI）。

其中，艾森克编制的 EPQ 问卷尤为著名。经过大量心理学调查和研究分析，艾森克提出了决定人格的三个基本因素：内外向性（Extroversion）、神经质（Nervousness）和精神质（Psychoticism），并认为人们在这三方面的不同倾向及表现程度将构成不同的人格特征。EPQ 问卷中的 E、N、P 分别指内外向性、神经质和精神质三方面，该问卷中包括一系列具体题目（问题）。基于测试者对问题的回答可以计算出其在这三方面的得分。此外，EPQ 问卷还设置了问卷逻辑性（logicality）题目，根据该得分不仅可以考查测试者是否存在掩饰答题的倾向，还可以测定其朴实幼稚的水平和稳定成熟的人格等。在大量 EPQ 问卷研究的基础上，艾森克给出了男性常态模式、女性常态模式、成人常态模式和儿童常态模式的一般性得分参考，以用于对测试者心理归属模式进行判断对比。EPQ 问卷意义不仅在于可作为一种具有广泛推广价值的心理水平评判依据，更重要的是提出了一种基于问卷调查的心理学理论研究模式。

EPQ 问卷经过长期的理论印证实际、实际反哺理论的滚动式发展研究，已逐渐成为心理学及相关研究的基本范本。各国研究人员会根据不同国家、地区和民族背景对 EPQ 问卷进行改造，根据社会经济和工作生活环境的发展不断细化。EPQ 问卷分为成人版问卷和幼年版问卷，我国的修订版问卷将原版的 97 道题目和 107 道题目缩减为 88 道题目，所有问题均采用是和否回答选项，使用简单应用方便。

目前，问卷调查与抽样调查相结合成为常规研究中经常采用的一种数据采集方式。这里我们对问卷进行如下简单说明。

（1）问卷一般由卷首语、题目与回答选项两大部分组成。

卷首语包括调查介绍、问候辞、答题说明、被调查者信息等内容。问卷题目一般分为封闭式题目和开放式题目，封闭式问题又分为单选项题目和多选项题目；开放式题目一般放置在后边。问卷题目的陈述应明确、简洁且直接，避免歧义或多意，避免诱导和暗示等。对于封闭式题目，回答选项应不缺项且含义不交叉，选项较多或无法穷尽时可使用"其他"代表。根据需要可适当限制多选项的数量。对于有一定顺序关系的多个选项，各选项要正确排列。

（2）问卷调查可以采用不同的操作方式。

按照问卷填写方式，问卷调查可分为被调查人员自填调查和调查人员代填调查。顾名思义，被调查人员自填调查就是被调查人员自行填写问卷；调查人员代填调查是由调查人员代替被调查人员填写问卷，主要应用在面访调查和电话调查等场景中。按照问卷介质，问卷调查可分为纸质问卷调查、网络问卷调查、App 问卷调查等。如今网络问卷调查和 App 问卷调查已极为普遍。

问卷调查的优点在于采集数据的标准化，便于数据统一录入和量化分析。通过问卷调查方式收集数据的难点在于如何保证被调查人员的配合程度，如何保证问卷的回收率和数据的真实性，等等。

7.1.3　观察法和实验法

1．观察法

观察法（Observational Survey）是调查人员利用自身感官和辅助工具，采取非直接询问方式观察被调查对象，并主动记录获取数据的一种数据采集方式。观察法在充分利用人体感官进行观察的同时，借助照相机、录音机、显微录像机等各种现代化仪器设备进行观察记录并获得多媒体数据。

观察法可以利用自然场景、设计场景和机器自动监控场景等，对被调查对象的行为、语言、表现、时空关系、对图文反应等进行观察和记录。

下文给出三个具有代表性的典型案例。

☞【案例】某玩具公司产品设计调查

某玩具公司最新设计开发了六款新式儿童玩具，在生产出样品玩具后，该公司与几家幼儿园合作，为其免费提供样品玩具，分别在不同班次中设置玩具活动角，并安置摄像录制设备，以观察儿童在自然状态下喜欢哪款玩具。公司通过反复对比研究采集的影像数据，确定了不同年龄段和不同性别的儿童最喜爱的玩具品种，并基于此根据儿童玩具市场需求和竞争产品等情况，选定三款儿童喜爱程度高，且有市场竞争前景的产品投入大批量生产，最终获得了较为理想的效益。

由该案例可知，观察法的优点是具有直观性和可靠性，不受被调查对象的情绪和交流能力影响。观察法的缺点是无法观察被调查对象的脑力活动情况，也无法观察被调查对象的内心态度等。

☞【案例】某资金管理公司风险投资的企业调查

某资金管理公司在为一家大型连锁饮品企业制定风险投资计划之前，联合三家市场调查公司对这家企业的盈利能力进行了调查。调查公司组织了一批调查员，其中有 92 名是专职市场调查员，有 1418 名是由大学生兼职的市场调查员。调查员经过培训后在全国 45 个城市的 2213 家门店进行观察。为保证数据具有代表性，每个门店观察三天（两个工作日加一个周末），统计从早上 7:00 到晚上 10:00 的客流量。此外，为提高数据的可靠性，调查员对 620 家直营门店进行了录像，获得了共计 981 个营业日的 11 260 小时的有效视频数据，并从 10 119 名顾客手中搜集到 25 843 张消费小票。

该调查获得的数据量大而翔实。基于这些数据，有关市场分析专家进一步对门店销量、商品售价、广告费用和其他产品的净收入进行了精细测算。最终的市场调查报告指出，这家连锁饮品公司涉嫌财务造假，在被调查的一个季度中门店营业利润被夸大了 3.97 亿元。

观察法在市场调研中被广泛使用，是众多市场信息服务类公司直接获取数据资料的最可靠的一种方法。

☞【案例】某市青少年科技创新大赛一等奖

某市三名高二女生每天乘坐地铁上学，她们对地铁在高峰时段的拥挤程度深有感受，希望能够预测地铁某个时段的客流量，进而为人们出行提供帮助。

研究的第一步是通过观察法采集相关出行数据。三名学生利用放学、周末和假期的时间，记录地铁在高峰、平峰两个时间段的客流量。其中一人记录出站人数，一人记录进站人数，一人记录车厢拥挤程度。她们利用 Excel 软件对收集到的数据进行了初步分析，客流量预测的准确率达到 60%。然而这个预测结果并不十分令人满意，究其主要原因是采集的数据不够准确。那么如何解决这个问题呢？目前我国地铁运营系统均已采用了闸机自动检票系统，所以以地铁运营公司的客流量数据是非常完整且准确的。在指导老师等人员的大力配合下，地铁负责部门为三名学生提供了一部分数据支持。同时，三名学生进一步调整了算法，在模型中增加了数据的时空关联，最后平均预测准确率达到 93%，取得了比较理想的成绩。共同的爱好，让她们带着"挤出来"这个题目参加了 2018 年某市青少年科技创新大赛，并最终荣获一等奖。

由该案例可知，观察法获得的数据有时是不够准确的，充分合理地利用第三方的间接数据资料（如地铁运营公司的数据）是极为必要的。在一般情况下，间接数据资料的主要来源有政府部门出版的统计年鉴和定期发布的统计公报，各类市场调查机构、各行业协会等提供的市场信息和行业发展报告，各类专业期刊、书籍提供的文献资料，从互联网或图书馆等查阅到的相关资料，等等。

间接数据的最大优势在于，相对而言，数据的获得成本不高。在使用间接数据时应注意数据与既定研究目标间的差异。要对数据的含义、口径和计算方法等认真进行评估，避免滥用和误用。同时，在引用间接数据时要标注数据来源，说明数据出处，尊重数据知识产权。

2．实验法

实验法（Experiment Survey）是指实验者根据实验目标，通过有意识地改变或控制实验品或实验环境的一个或多个影响因素，观察实验对象的变化情况，获得相关数据资料，并经分析发现实验对象或实验品的本质规律。

实验法最初被广泛应用于自然科学领域，如第 2 章给出的生物学家孟德尔的豌豆杂交种植试验。之后，实验法以其科学性得到进一步推广，在药物疗效、心理学测试和市场调研等人文社会领域得到普遍应用。

实验法一般有如下两种基本方式。

（1）单一实验组方式。

只选择若干实验对象作为一个实验组，通过实验活动观察或测量实验对象的变化，获得相应数据，进而得出实验结论。

（2）实验组与对照组方式。

选择若干实验对象作为实验组，将若干与实验对象相同或相似的调查对象作为对照组。使实验组与对照组处于相同的实验环境中，实验者只对实验组给予实验活动（不给予对照组实验活动），获得对比数据。通过对比实验组与对照组的数据得出实验结论。此外，有时还会对比实验组实验前后与对照组实验前后的变化数据（也称为双重对比实验法）。

这里给出一个实验法的经典案例。

☞【案例】药物随机双盲对照实验

詹姆斯·林德（James Lind，1716—1794）是英国皇家海军医生。1747 年 5 月林德医生针对英国海员常发生的败血症进行了人类历史上第一个对照组实验，即将 12 位病人分为 6 组并使用 6 种药物。该实验标志着药物疗效的检验方法从蒙昧逐步走向科学。如今由此发展完善而来的随机双盲对照实验被公认为评估药物疗效的最可靠的标准实验。

为评估某种药物的疗效，可采用单一实验组方式，即药物研究者安排一个实验组患者服药，获得他们服药后的病情变化数据并进行分析。这种单一实验组方式存在的问题是，无法区分变化是药物作用还是患者自愈效应。为控制自愈效应，可采用实验组与对照组方式，安排另一个对照组患者不服药，获得实验组与对照组的病情变化数据，并通过比较数据得出结论。

但是，进一步的问题是实验组很可能受益于安慰剂效应，即实验组的患者在服用了药物后可能会产生自我暗示，即使服用的药物毫无药效，在心理作用下也可能出现病情好转。为对安慰剂效应加以控制，药物研究者会安排所有患者都服药，其中实验组服用的是真药，对照组服用的是无药效的安慰剂。但究竟哪些患者属于哪组，药物研究者本身是不知道的。原因是，如果药物研究者对分组和用药情况知情，那么可能在用药过程中被敏感的患者感知，进而使得实验结果受到患者心理作用影响。因此为保证患者是不知情的，用药的实验者（药物研究者）有必要是不知情的，因此称实验双方人员是"双盲"的。同时为减少实验样本偏差，实验组与对照组的患者应该是随机抽样选择出来的。

实验法具有科学性、客观性、动态性和综合性，优点包括：因实验一般具有可重复性，所以其结论具有可验证性和较强的说服力；可以人为主动调控一些影响因素从而直接获得一手数据资料；能够发现各个影响因素间的相互联系和因果关系；等等。实验法的缺点是很难排除实验环境中一些干扰因素的影响等。

7.1.4　传统数据采集技术

计算机技术和网络技术的广泛应用对数据采集产生了深远影响，新一代信息技术和工具的升级换代极大地提高了数据采集效率。

对于统计报表而言，网络技术彻底淘汰了传统的报表逐级邮寄或人工报送的处理环节。统计报表设计人员可以使用软件技术方便灵活地设计报表格式，定义数据校验关系和报表报送审核流程。基层录入人员一次性录入数据后，计算机可以自动快速地完成数据校验、数据存储、数据查询及各层级的报表汇总。对于问卷调查而言，互联网技术的快速发展促使大量调查问卷网站和调查问卷软件涌现，众多被局限在研究机构中的专业性调查通过问卷形式被广泛发布及应用。调查问卷软件允许个人编制调查问卷，并可随时随地利用网络发布。特别是随着移动互联网和智能终端设备得到普遍应用，通过 App 实现问卷调查变得更加便捷和高效。

本节以计算机时代下我国 2010 年第六次全国人口普查为例，来说明数据采集技术及其重要作用。

☞【案例】我国 2010 年第六次全国人口普查

1．人口普查表和入户调查

人口普查工作是一个艰巨而复杂的系统工程。第六次全国人口普查的普查表分为短表和长表，长表由 10%的抽样户籍人员填报，短表由所有户籍人员填报。其中，短表共有 18 个项目，按户填报的有 6 项，按人填报的有 12 项，项目内容反映了人口基本状况、受教育程度和所在户的基本情况等；长表共有 45 个项目，按户填报的有 17 项，按人填报的有 28 项，除了短表的项目内容，还增加了反映人口迁移流动、身体健康状况、就业状况、妇女生育状况和住房情况等信息的项目内容。

入户调查是数据采集工作的重中之重。全国依托乡镇和街道行政组织，建立了 4 万多个基层普查机构，组织并培训了 600 多万名普查工作人员，采用"区不漏房、房不漏户、户不漏人、人不漏项"的原则开展入户访问式数据调查。普查工作后期正式发布的数据显示，入户调查共计调查户数为 4.01 亿，人数为 13.39 亿。

2. 人口普查表的数据录入：光电扫描技术

普查表的数据录入是人口普查工作的重中之重。数据录入广泛采用了计算机技术、网络技术和非键盘录入技术。其中，非键盘录入技术主要包括光电扫描技术、手写识别技术、语音识别等技术。光电扫描技术作为一种非键盘快速数据录入技术，在人口普查中大显身手。它先使用光电扫描仪扫描普查表，形成数字图像；然后采用光学字符识别（Optical Character Recognition，OCR）技术，利用软件对数字图像中的数字和汉字（包括手写汉字）进行自动识别，获得普查表的填表数据，并经过检查确认后存储到数据库中。在软件上，OCR 技术通过建立汉字特征库，利用特征比较算法和判别算法等，实现计算机识别汉字的功能。在硬件上，OCR 技术通过电荷耦合元件将光信号转变为电信号，再由模数转换器将电信号转变为数字信号传给计算机处理。光电扫描技术的优势在于：自动化速度快，人工干预少，数据保密性好。

为确保人口普查数据的高效采集录入，在不同地区设置了多组并行的光电扫描录入平台。标准的光电扫描录入平台配置是一个由一台服务器、两台光电扫描仪及六台个人计算机组成的局域网。两台光电扫描仪可以并行工作，也可以因扫描仪散热维护而轮换工作。每台光电扫描仪都支持双面扫描，平均每分钟可完成 27 份普查表数据的录入。围绕数据扫描工作，分别配置有系统管理员、工作任务管理员、扫描员、校对员、校验员和质量检查员六个角色，可并行开展相关工作。光电扫描录入平台示意图如图 7-3 所示。

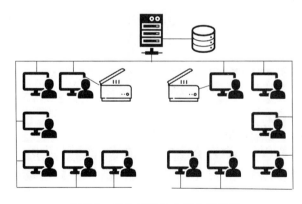

图 7-3　光电扫描录入平台示意图

光电扫描录入平台在录入普查表的过程中需要同步对数据进行错误校对和逻辑校验。错误校对主要是对因字迹潦草软件无法辨认的汉字和数字进行确认或修正；逻辑校验是根据预先设置的数据逻辑关系进行确认或修正。例如，对于"夫妻双方的年龄相差 30 岁以上"或者"6 岁的孩子有本科学历"等情况，软件会给出逻辑错误提示，需要现场人员人工核对，如确认无误则继续，如确认有误则修改。第六次全国人口普查数据录入系统示意图如图 7-4 所示。

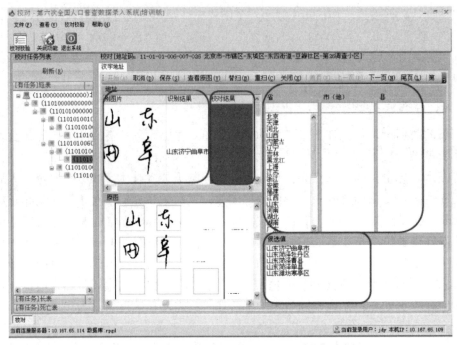

图 7-4　第六次全国人口普查数据录入系统示意图

3．其他方面

对于全国第六次人口普查来说，需进行如下方面补充说明。

（1）需要对普查工作的调查误差进行计算说明。

在人口普查现场登记结束后，又在全国随机抽取了 402 个普查小区进行了二次质量复查。通过与首次登记结果对比，计算得出此次普查漏登率为 0.12%。

此外，光电扫描录入平台的识别精度为拒识率小于 3.0%，误码率小于 0.1%。国际上人口普查的总体误差范围为 2%～3%，总体误差小于 5% 的结果都是可以接受的。

（2）需要对纸质普查表统一处理。

所有纸质普查表在录入完毕后，都需上缴国家指定部门统一销毁，而扫描得到的图像数据将被永久保存。

（3）需要对工程成本进行评估。

我国 2010 年全国第六次人口普查历时 3 年多圆满完成。作为国家级工程，我国人口普查人均成本约为 1 美元，同期印度人口普查人均成本约为 0.4 美元，美国人口普查人均成本约为 42 美元。

7.2　互联网数据采集

互联网的最大优势在于随时随地在线和广泛密切连接。随着移动互联网终端设备的普及，互联网与每个人的学习、工作和生活变得密不可分，网络生存成为人类的一种新生态。

7.2.1 互联网数据采集概述

从互联网数据采集者的角度，可以把互联网视为一个巨大的网站群系统。这些网站在物理层面上通过 TCP/IP 协议（详见 3.4.2 节）实现互联与互通，在逻辑层面上通过 URL 等超级链接实现关联和跳转。每个网站都包含大量的多媒体数据资源。这些数据资源可以分为两大类，一类是存储在 Web 服务器（详见 3.5.3 节）中的网页，这些网页按照 HTML 网页格式将各种数据组织并展现出来；另一类是存储在网站数据库服务器中的数据，这些数据通过网页进行存取，从而生成动态页面。数据库技术的发展先于 Web 技术，Web 服务器通过一些公共网关接口（如 ASP、JSP 或 PHP 等）与众多已有的数据库服务器系统连接，这使得数据库在互联网上全面复活。网页和数据库构成一个网站信息资源主体，用于支持网站的数据发布和信息服务，使之成为互联网中的一个工作节点。

互联网数据主要来自以下三类网站：①政府、企事业单位等自行开发建立的用于形象宣传和信息服务的网站；②用户生成内容（User Generated Content，UGC）类网站，如电子商务、社交平台、招聘求职、社区论坛、长/短视频、百科知识与问答等，这类网站的数据是由网站用户输入和发布生成的；③搜索引擎和门户类网站，用于信息检索和网页导航等，其数据通常是对其他网站数据的有效整合。

此外，网站的访问者大致可分为两类：一类是网站自己的运营人员；另一类是访问网站的普通用户，包括一般访客、注册用户和付费用户等。因此，互联网数据采集涉及对以上三类网站进行的数据采集，同时不同类型的网站访问者会采用不同的技术策略采集数据。例如，网站运营人员会直接访问网站数据库或采用网页埋点等方式采集网站普通用户的数据信息；网站的普通用户可在用户权限内通过互联网开放数据库、搜索引擎、网页爬虫等采集自己感兴趣的数据。下文将对这些常见的互联网数据采集技术策略进行简单介绍。

7.2.2 网站运营数据库和数据分析及采集

网站运营是指网站的经营管理人员基于互联网环境开展内容更新、产品发布与经营、网络营销和客户服务等宣传经营活动。由于互联网具有线上工作的特殊性，充分采集和存储用户特征和行为数据、深入分析和挖掘用户特征已成为网站运营最基本的工作任务。

1. 网站运营数据库

网站关于用户的各种数据都存储在网站的数据库中，一般包括用户注册数据库、业务数据库和系统日志数据库（或日志文件）等。

- 用户注册数据库：记录了用户在成为网站会员时提供的个人登记信息。
- 业务数据库：记录了用户在网站开展的业务互动的具体内容，如在购买一件商品、提出一个关键词搜索、发表一条微博、下载一首歌曲、上传一个短视频作品时产生的相关数据。
- 系统日志数据库：记录了网站数据库系统自动记录的可导致数据库发生变化的用户操作和事务处理等信息，包括查询日志、事务日志、二进制日志和错误日志等。

2．网站运营数据的分析

网站运营数据的分析包括计算常用的运营指标，如注册用户数、付费用户数、日/月活跃用户数、在线用户数、在线时长、网站跳出率、PV、UV、IP 和 ARPU 等。

- PV：页面访问量（Page View），指一天内（0 点到 24 点）某网站所有访问者浏览网站内页面的总次数。
- UV：独立访客数（Unique Visitor），指一天内访问某网站的总人数。一天内同一访客多次访问某网站的 UV 为 1。
- 独立 IP 地址数：指一天内使用不同 IP 地址访问某网站的用户数。一天内同一 IP 地址多次访问某网站，其独立 IP 地址数为 1。
- ARPU：每个用户平均收入（Average Revenue Per User），指一个时期内每个用户平均为网站贡献的业务收入。

基于网站运营数据的分析结果，不仅可以实现用户画像、个性化推荐和新服务产品开发等应用目标，还可以为国家和社会提供公共服务。这里给出两个典型案例。

☞【案例】某电商公司人口迁移大数据分析

我国市场经济和城镇化的飞速发展引发了大规模人口迁移现象，导致了流动人口管理等难题。由政府统计部门发起的人口普查或抽样调查往往投入大、周期长且时效短。2019 年某电商公司根据采集到的用户收货地址的变动数据，利用大数据技术对人口迁移情况进行了分析和预测。由于该电商公司业务覆盖面较广且国内用户较多，因此这种运营分析相当于以在线大样本用户来近似总体人口来刻画和体现总体人口迁移的动态变化。进一步，还可以根据用户注册数据和行为数据，从年龄、职业、学历、购买力、迁移时间等多个维度分析人口城市流动的规律性等。该研究成果得到广泛关注。

☞【案例】谷歌流感趋势预测

谷歌开发并运营着全球最大的搜索引擎网站。每天都有成千上万的用户通过谷歌搜索引擎搜索信息，相关用户和搜索关键词等数据被自动存储到谷歌的数据库中。谷歌研究人员认为，搜索关键词可以体现搜索用户近期比较关注的热点问题，且特定关键词的搜索量和特定事件之间存在某种相关性。于是，谷歌研究人员检索并整理了数据库中的有关美国流感疫情的关键词，并配合其他相关时空数据建立了流感预测模型。2008 年，谷歌推出了一款跟踪预测流感发展趋势的信息服务产品——GFT（Google Flu Trends）。GFT 可以接近实时地对美国当前流感疫情进行估计和预测，其多次预测结果甚至比美国疾病控制预防中心的报告更快速且更准确。但在随后的一些年份中 GFT 的预测出现了较大偏差，这促使谷歌研究人员进一步思考大数据应用中的一些关键性问题，如采集数据的质量、相关性、因果性、模型的过度拟合等。

3．网站运营数据的采集

网站运营数据是在用户知情和允许的条件下，在用户访问网站的同时自动传输并存储到网站数据库中的，其流程示意图如图 7-5 所示。

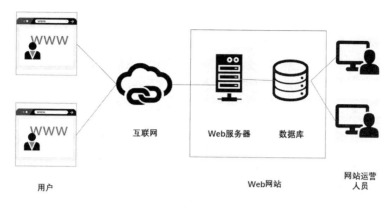

图 7-5 网站运营数据的采集流程示意图

用户注册网站或进行业务交易的过程可以简单视为用户通过鼠标或键盘，填写如图 7-5 左侧两个图标示意的网页表单（Form）的过程。从技术角度来看，网页表单的背后对应着一个表单程序。表单程序中标明了数据的上传（Post）方法及后续配合处理的程序等。表单程序将数据通过互联网上传到 Web 服务器上，并调用配合处理的程序将数据存储到网站的数据库中。后续网站运营人员可以使用数据库工具软件访问数据库，并对数据进行查询和分析。

值得一提的是，若一个网站有很多用户，页面访问量很大，则称该网站的流量（Traffic）很大。高并发的网站访问会对大流量网站的内部数据库系统等造成极大压力并导致高峰时段的读写瓶颈，这时会涉及缓冲和分布式技术等，如常用的 Flume、Scribe 和 Kafka 等。感兴趣的读者可以对此进行深入学习，后续章节将对 Kafka 进行介绍。

7.2.3　网页埋点和数据采集

用户在访问网站并浏览网页时产生的业务交易数据，如购买商品、发布短视频等操作产生的数据，会自动存储到网站业务数据库中，系统日志数据库中也有相关记录。但是通过这些数据得到的信息有时是不充分的，有时我们还希望能够实时记录用户浏览网页的内容、跳转路径和停留时间等更多信息，以便后续进行更全面的分析，为改进网站设计和网页布局、提升用户体验及开发新功能等提供依据。为满足大中型商业网站的运营需求，网页埋点数据采集技术应运而生。

网页埋点数据采集就是在网页程序中的某个适当位置插入一段数据采集的程序。这段程序不影响网页的正常运行，只用于采集运行到此点的有关用户的某些数据，并将这些数据上传到网站数据库中进行存储。

一般网页埋点采集的数据主要包括用户唯一标识，发生的时间，用户 IP 地址、定位信息和应用来源，用户点击的内容及属性和参数，用户使用的网络环境、系统版本和设备型号，等等。网页埋点技术方式通常有以下几种。

1．程序埋点

程序埋点一般由网站开发技术人员手动选择埋点并编写数据采集程序，基本方法是在网页上选择一个控件（如按钮、文本框、下拉菜单、图片或视频等）并指定一个用户触发的事件（如点击和触及等），植入数据采集程序。之后一旦有用户触发这个事件数据采集程序就会采集数据并将数据上传到网站数据库中进行存储。

程序埋点的优点是可以根据数据采集的需求进行有针对性的定制开发，可以比较全面和灵活地采集数据；缺点是埋点较多时的开发成本较高，开发周期较长，维护成本较大。

2．可视化埋点

可视化埋点是一种在具有图形界面的软件工具支持下选择埋点并设置数据采集程序的半自动化方式。网页埋点是相似程度很高的重复性工作，同时数据采集程序的结构和功能类似，因此可以通过参数配置的方式实现差异化埋点设置。

可视化埋点软件能够自动搜索并展示网页的可能埋点，用户只需选择其中的控件和事件，并配置好数据采集程序的参数，就可以实现基于埋点技术的数据采集。

3．全埋点

全埋点又称无痕埋点或无埋点，是一种依靠软件工具实现的全自动化的网页埋点方式。全埋点的基本策略是对网页上可捕获的所有用户事件进行数据采集，运营人员在自行配置参数选择希望观察的事件后，数据采集工具将仅展现有关的数据内容。

全埋点的优点是节省开发时间和人力成本，可以获得全量数据进行全景用户行为分析；缺点是数据传输和数据存储压力较大，使用通用数据采集工具会导致数据采集灵活性不高。

4．第三方埋点产品

购买第三方埋点产品是实现网站数据采集和分析更为快捷和便利的方式。这里以百度统计为例进行说明。

百度统计是一款较理想的网站流量和用户行为数据采集与分析工具。利用百度统计进行网页埋点数据采集需完成以下基本步骤。

- 注册百度统计账号：登录百度统计官网注册。
- 新增网站：单击新增网站，填写网站域名。
- 程序获取：进入程序获取网页，复制获取数据采集程序。
- 安装程序：正确选择埋点，植入程序。

之后，便可查看采集的各种数据及相关分析报表和图形。

第三方埋点产品的优点是技术稳定可靠、应用便捷、节约成本；缺点是采集的数据均存储在产品服务商的数据库中。

5．Cookie 文件

采用 HTTP 的互联网连接是无状态的，即在请求时建立连接，请求完成后释放连接。所以Cookie 是网站的 Web 服务端与客户端（如浏览器软件）进行连接会话（Session）的必要的工作文件。当用户第一次访问某个网站时，网站系统会在用户的个人计算机上自动生成一个有关用户访问行为的小型文本文件，即 Cookie 文件。该文件通常存储在用户本地的 C 盘中。在下次重新连接时，Cookie 文件将作为快速建立交互的认证依据。网站可以直接从 Cookie 文件中读取相关信息并自动允许用户继续上次的访问，同时更新文件内容并保存。

Cookie 文件名和文件内容可以展示用户的基本信息，如用户永久性的唯一编号，访问网站的域名、时间、目录和网页，以及控制有效期、安全性和使用范围等。网站运营人员可以利用 Cookie 文件获得与用户网页操作行为相关的数据。

使用 Cookie 文件采集数据存在一些问题。例如，有些用户为保证安全性会关闭 Cookie 功能，有些用户会开启在退出浏览器时自动删除 Cookie 文件功能，有些用户经常直接手动删除 Cookie 文件，等等。一些网站数据采集系统采取将 Cookie 文件存储在网站数据库中的方式解决上述问题。

总之，目前与数据采集相关的网页埋点技术还有许多，如网站后端程序埋点、App 程序 SDK 埋点、微信小程序埋点等。这些新兴技术的应用场景和系统环境虽然不尽相同，但数据采集基本原理是相似的。

7.2.4 开放数据库和数据采集

用"浩如烟海"来形容互联网上的各类数据资源是毫不过分的。互联网自身的泛在性与普遍连接性，以及网络技术的开放与开源发展趋势，极大地促进了互联网数据资源的开发与利用。

互联网数据通常来源于国际组织、各国政府部门、科研机构、大学院校、企业与公司（如数据服务公司、互联网科技公司、市场调研咨询公司和图书文献机构等）、行业协会和社会民间组织、数据竞赛平台和个人等。其中，有些数据是免费的，有些数据是付费的；有些数据是结构化的，有些数据是半结构化的，有些数据是非结构化的。

作为互联网的普通用户，不仅可以通过在线方式访问相关数据，还可以通过**数据文件下载**、**API 数据接口调用**等方式获取相关数据。

1. 数据文件下载

一些专门提供数据服务的网站通常会对要发布的数据进行整理，并分门别类地将数据按照一定格式存储在诸多数据文件中，以供互联网用户选择下载。下载的数据文件一般有 Excel 文件、文本文件或压缩包文件等。

例如，我国由国家统计局采集管理的国家数据（National data）的相关界面如图 7-6 所示。

又如，由美国密歇根大学安娜堡分校负责管理的政治与社会研究大学校际联盟（Inter-University Consortium for Political and Social Research，ICPSR）数据库，是一个大型的社会科学国际数据中心。许多知名大学和科学研究机构作为会员参与相关研究和交流活动，其中包括我国的北京大学和香港大学等。ICPSR 数据库数据发布界面如图 7-7 所示。

再如，美国加州大学欧文分校负责采集管理的 UCI 数据库提供了用于机器学习建模的众多测试数据。UCI 数据库数据发布界面如图 7-8 所示。

数据文件下载形式存在一些应用问题。例如，数据是动态的，会随着时间推移不断增长和变化，而文件下载形式的数据发布服务模式相对固定，无法快速、灵活、低成本地适应这种动态变化。因此出现了 API 数据接口调用方式。

图 7-6　我国国家数据界面

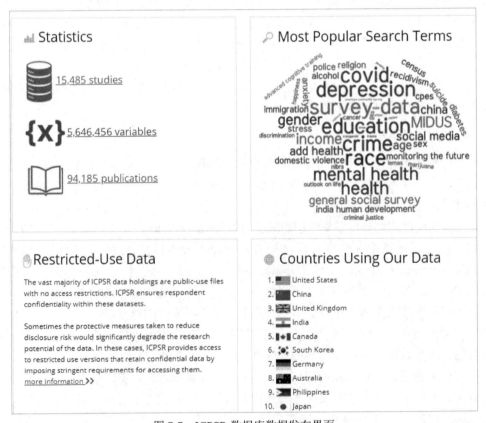

图 7-7　ICPSR 数据库数据发布界面

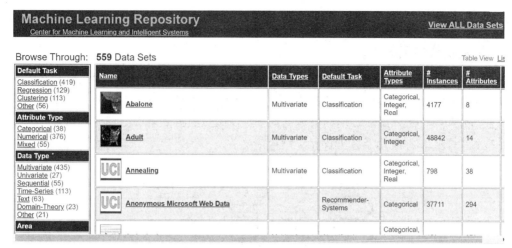

图 7-8　UCI 数据库数据发布界面

2．API 数据接口调用

API（Application Program Interface，应用程序编程接口）数据接口调用是目前较为普遍的开放数据库采集技术。API 是按照一定规范开发的、包含有多个参数的预制程序。

互联网数据服务网站提供的一系列 API 的本质是对网站数据服务的封装。这类 API 通常是开放式 API（Open API），具有标准化、模块化和通用性等优点。开放式 API 的参数一般由通信协议、域名、路径、请求方式、传入参数、响应参数和附加文档等组成，如请求方式一般有 Get、Post、Put 和 Delete 等具体参数选项。

用户只需在程序中正确填写 API 的各项参数，即可采集到期望的数据内容。某些数据服务网站也为数据用户提供了基于 API 的数据采集和分析程序定制开发的服务，实现了互联网网站的"数据即服务"（Data as a Service，DaaS）的应用模式。

7.2.5　搜索引擎和数据采集

搜索引擎是互联网时代最典型的数据采集和数据服务的成功案例。它不仅满足了用户从海量数据中搜索有价值信息的需求，还有效提高了用户快速获取有效信息的效率。如果说原来我们在努力寻找更多途径去发现信息，那么搜索引擎提供的就是"一种寻找途径的途径"。搜索引擎从数据处理的规模、类型、方法和技术等各方面来看都不愧为大数据时代的应用典范。

1．搜索引擎

搜索引擎的初衷是为用户提供一个高效的互联网导航服务。每一个 Web 网站都有一个唯一的 IP 地址，由于这些由 4 组数字组成的数据串不便于记忆，因此人们创建了与 IP 地址相互对应的域名系统，并据此开发了许多用于网站导航服务的门户网站。这些门户网站将众多网站分门别类地组织起来并引导用户点击进入。

随着网站数量和网站内网页数量的迅猛增长，互联网用户提出了更加全面和方便的网页搜索定位技术和更加准确和精细的网页搜索匹配技术的需求。以谷歌和百度等为代表的一些国内外互联网科技企业，基于关键词对网页的搜索引擎技术实现了这一应用蓝图。

2. 搜索引擎的工作原理

搜索引擎的用户界面虽然只有一个简单的文本输入框，但是这个文本输入框后却隐藏着很多复杂且烦琐的工作内容，涉及网络爬虫程序、分析索引程序、网页文档数据库、全文索引数据库、查询分析程序等，用于实现网页数据的采集、网页数据的索引处理和网页数据的查询输出等。搜索引擎工作原理示意图如图 7-9 所示。

图 7-9　搜索引擎工作原理示意图

1）网页数据的采集

搜索引擎会定期或根据推送给用户的互联网 Web 网站的更新情况，通过网页数据采集器进行网页数据采集分析。网页数据采集器是一个可以根据网页链接在网络各处游走的采集与分析网页数据的程序，被形象地称为网络爬虫、网络蜘蛛或网络机器人。这些网络爬虫使用深度优先算法或广度优先算法对整个互联网进行遍历，在采集网页数据的同时记录各网页的地址信息、修改时间和文档长度等状态信息，这些信息可用于网站动态监视和网页采集更新。基于此，网络爬虫对网页数据进行审核筛选，去除无效网页，将采集到的数据存入网页文档数据库。

2）网页数据的索引处理

网页数据的索引处理就是利用分析索引程序对网页文档数据库中的网页文字进行全文索引，包括对网页去除 HTML 标记符，对网页文字进行分词处理，统计该网页的链接数和被点击次数等，标识和记录网页中相关字词出现的位置（如标题、简介和网页正文等）、大小写信息，统计相关字词的词频，计算网页关于某个字词的网页等级（PageRank）值，等等。分析索引程序会将这些数据存储在一个全文索引数据库中。

3）网页数据的查询输出

网页数据的查询输出是指通过查询分析程序先将用户输入的搜索关键词拆分成具有检索意义的字或词；然后对全文索引数据库进行访问查询，通过匹配算法获得相应的查询结果；最终按网页与关键词相关程度由高到低的顺序输出搜索结果。

3．搜索引擎的衍生应用和服务

互联网是目前全球最大的数据源之一，互联网用户也是全球最大的用户群体之一。搜索引擎的重大意义在于实现了两次互联网数据采集：一次是利用网络爬虫技术，完成大规模互联网网页数据的采集，从而获得互联网公共网页数据；另一次是利用查询分析程序，在提供检索结果的同时间接实现了对大规模互联网用户数据（如搜索关键词需求等）的采集。基于这些数据，搜索引擎网站可进一步为互联网用户提供更多数据衍生服务。

例如，百度搜索指数可以对用户搜索关键词进行跟踪统计。利用百度搜索指数可观察互联网用户对某一事物关注热度的变化。在百度搜索指数界面中，输入"机器学习"就可得到"机器学习"一词在不同时期的搜索热度变化折线图，如图 7-10 所示。

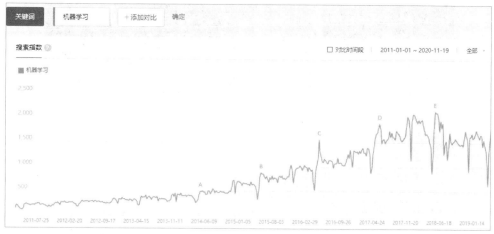

图 7-10　百度搜索指数界面

此外，借助人工智能技术进行语义搜索和多媒体数据搜索等也是搜索引擎的必然发展趋势。

例如，百度识图可以根据用户上传的图片推测图片中的主体内容，并向用户推荐从网络中挑选的类似图片。在百度识图界面中上传一幅水果图片，搜索引擎判断图片中的事物为柑橘，并给出网站中与此图片类似的其他图片，如图 7-11 所示。

图 7-11　百度识图界面

又如，一些音乐 App 使用人工智能技术开发了"听歌识曲""哼唱识别"等功能（见图 7-12）。这些作为搜索引擎类的 App 可以实现对音频数据的智能搜索。

图 7-12　搜索引擎的音频搜索智能服务

7.2.6　网页爬虫和数据采集

如前文所述，网络爬虫是一个可以根据网页链接在网络各处采集并分析网页数据的程序。

1．网络爬虫的一般工作步骤

总体来说，网络爬虫的一般工作步骤如下。

第一步，选取一些 URL，将其作为网页爬取的起点，并记入待处理队列。

第二步，选取一个 URL 进行解析获得相关网页数据。根据数据采集的目标，分析并筛选网页、采集网页数据内容、存储网页数据等。

第三步，记录处理完毕的 URL，并将网页中新发现的 URL 放入待处理队列。根据搜索策略（深度优先或广度优先等）获取下一个 URL。

第四步，判断是否满足网络爬虫的终止运行条件。若满足，则停止程序；若不满足，则返回第二步。

依据对互联网网站搜索的规模，网络爬虫一般可分为全网爬虫、主题爬虫和专门爬虫。

- 全网爬虫：试图尽可能全面地对整个互联网网站进行搜索处理，从而为用户提供更加广泛的数据服务，如上文提到的搜索引擎服务。
- 主题爬虫：围绕预定的主题对相关互联网网站进行搜索处理，从而为行业用户提供更加专业的数据服务，如舆情监控服务。
- 专门爬虫：根据一些具体数据采集需求对部分互联网网站进行搜索处理，从而为一些特定用户提供针对性的数据服务，如利用计算机语言自行编写的个性化的网络爬虫程序。

2．网络爬虫的实现

自行编写网络爬虫程序虽然很好，但更便利快捷的方式是利用已经开发好的软件工具。在使用已经开发的软件工具时，用户只需按照软件工具的要求，简单配置相关参数即可完成网络数据采集。网络爬虫软件工具通常有两种类型：一种是基于浏览器应用环境的 B/S 类工具，一种是可独立安装运行的 C/S 类工具。国内外已有不少成熟的软件工具可供选择，既有开源免费的工具，也有商业化付费的工具。这里简要介绍一款比较实用的国内的 C/S 类工具——后羿采集器。

进入后羿采集器官网下载和安装软件。后羿采集器界面如图 7-13 所示。

图 7-13　后羿采集器界面

图 7-13 左侧是任务列表，该列表存储了用户以往的网页数据采集任务名单，单击相应任务名单可继续进行配置和工作，单击黑色箭头任务列表将暂时缩回左侧隐藏；右侧是主页界面，用户可在"智能采集"按钮前的文本框中输入需要采集的网页的网址。

智能采集是指软件工具根据网页结构自动设计采集内容和规则。与此对应的另一种采集策略是用户自主设计采集内容和规则。这里使用后羿采集器的免费个人版，采集豆瓣网站中"2019年度最受关注图书"的相关书目数据。首先在如图 7-13 所示的界面中指定相关网址（URL）并单击"智能采集"按钮进入如图 7-14 所示工作界面。

图 7-14　后羿采集器工作界面

图 7-14 所示界面展示了智能分析网页结构后的部分预览结果，窗口上方显示的是具体网页页面，窗口下方显示是采集的预览项列表。右击此表，可根据弹出的快捷菜单对列表栏目进行名称编辑或删除等修改操作。列表上方的"分页设置"选项需进行重点配置。软件工具默认网页由多个页面组成并自动寻找分页按钮。如果没有找到分页按钮，就标记"失败"，如图 7-15 左图所示。

这里采集的网页只有一个页面。因页面较长，可选择"瀑布流分页(滚动加载)"选项或选择"不启用分页"选项，如图 7-15 右图所示。

图 7-15 后羿采集器参数设置

单击图 7-14 中的"开始采集"按钮进入"启动设置"界面，单击"启动设置"界面中的"启动"按钮即可开始采集网页数据，如图 7-16 左图所示。

网页数据采集完成后，软件工具将显示采集情况报告，如图 7-16 右图所示，这时可单击"导出数据"按钮，将采集结果按指定的数据文件（或数据库）格式导出。这里选择 Excel 文件格式，导出的数据如图 7-17 所示。

图 7-16 后羿采集器采集工作界面

若希望采集豆瓣网站中关于世界文学名著的相关书目数据，则应指定网址：https://book.douban.com/tag/名著。同样单击"智能采集"按钮，与前面示例不同的是，会出现网页分页按钮，且"分页设置"选项自动标记"成功"，相关界面和参数设置如图 7-18 所示。

网页数据采集报告及导出的 Excel 格式数据如图 7-19 所示。

上文简单介绍了后羿采集器的基本操作。读者若感兴趣，可自行下载操作。

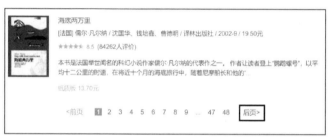

图 7-17　后羿采集器导出的数据

图 7-18　后羿采集器多页面数据采集界面和参数设置

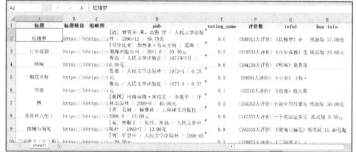

图 7-19　网页数据采集报告及导出的 Excel 格式数据

此外，还可利用 Python 自行编写网络爬虫程序，并充分利用第三方程序包，如 scrapy、urllib、beautifulsoup 和 lxml 等。网络上相关示例程序的较多，读者可自行参考学习，这里不再赘述。

网络爬虫程序的算法并不复杂，其难度来自处理对象的复杂性。当网页数据非常庞大时，可能需要使用分布式爬虫进行并行处理。许多网站为增强数据的安全管理对网络爬虫的访问设置了各种限制，爬取和反爬相互矛盾，需要采取合理合法的技术处理。当网站要求用户登录并验证后才能使用时，需要采用登录模拟等技术。此外，一款相对完整的网络爬虫程序还需有效解决滚动翻页、增量式采集、网页深度爬取、网址去重和爬取效率等问题。

7.3 物联网数据采集

信息技术产业已经历计算机应用、互联网和移动通信互联网三次创新发展浪潮，物联网被视为又一次信息技术产业的发展机遇。物联网是互联网的进一步拓展。互联网和移动通信等技术实现了人与人之间的实时连接，物联网将实现人与物及物与物间的实时连接，从而形成一个无时不在、无处不在、万物互联的泛在化网络世界。

7.3.1 物联网数据采集概述

物联网（Internet of Things，IoT），从英文名称角度可理解为"物物连接的互联网"，一般是指利用各种传感器技术，实时采集观测物体的各种数据，通过各类网络传输数据，以实现物与物、物与人的更广泛的连接，最终达成对各类物体及其过程的智能化感知、识别和管理的目的。

具体地说，物联网能够把各种不同的传感器"嵌入"车辆、商品、建筑和管道等各类物理实体中，把原本分离的物理基础设施和 IT 基础设施集成起来，并与人类社会实时连接。通过物联网可以实现随时随地采集数据、共享信息、观察变化，以及动态管控。

物联网是 20 世纪末提出的新技术概念，在生产经营、政府公共管理、绿色环保、智能家居和个人健康管理等众多领域都有广泛应用。物联网技术不仅与计算机科学和网络通信技术等知识紧密相关，还可以通过与电子电气工程、自动化控制、精密仪器和遥感与遥测等专业知识的结合实现深入学习。

例如，智能家居（Smart Home）（见图 7-20）以住宅为平台，充分利用物联网技术自动采集家居中的各个成员、宠物和设备（如热水器、空调、安防系统等）的数据，并通过网络将数据传输到处理中心（如手机端），以进行统筹调控或异地远程管理，从而让家居生活更加舒适、安全、便利和环保。

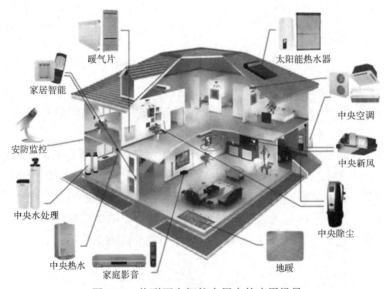

图 7-20 物联网在智能家居中的应用场景

从应用体系上看，根据物联网对数据处理过程的作用，可将物联网分为感知层、传输层和应用层。

- 感知层：利用各种数据传感器和信息识别技术等，对客观世界中各观察物体的各种数据进行采集。

主要数据采集技术和设备包括：传感器技术、射频识别技术、卫星传感系统、多媒体数据采集技术、红外感应器、产品电子代码、条形码技术和光电扫描仪等。

- 传输层：利用各种通信网络系统传输采集到的数据，将其发送到数据存储与管理中心。

目前能够用于物联网的通信网络主要有互联网、无线通信网、卫星通信网、有线电视网，以及一些短距离无线通信技术，如 Wi-Fi、蓝牙等近场通信与综合应用等。

- 应用层：基于云计算、大数据和人工智能等技术建立的支撑平台。

支撑平台具备跨行业、跨应用、跨系统的数据共享服务能力，能够为各种用户提供丰富、有效、安全的物联网应用。

下文将基于数据采集，对物联网的感知层和传输层中的主要技术进行简要说明。

7.3.2　传感器和数据采集

人们将传感器技术与计算机技术和网络通信技术并称为信息技术的三大支撑技术。

1．传感器

传感器（Sensor）是一种具有检测功能的元件或装置，用于感知观测物体的预定数据，并按照一定规则将其转换为可用信号输出，以满足传输、显示、存储和控制等处理需求。传感器主要由敏感元件和转换元件等构成。根据对物体的感知功能，传感器可分为热敏、光敏、声敏、气敏、力敏、磁敏、色敏和放射线敏感等多个种类。例如，生活中常见的声控电灯开关中的声敏传感器、电热水器中的热敏传感器、酒精检测仪中的气敏传感器、倒车雷达中的微波传感器，以及智能手机中的用于实现横竖屏幕自动切换的重力传感器等。人类利用传感器获得了用于感知观测物体的触觉、味觉和嗅觉等，使得物体具有了"生命"。这是人类实现自动检测和过程控制最基本的前提。

为实现智能化处理，物联网中的传感器在传统传感器的基础上"嵌入"式地增加了协同、计算、通信等处理功能。智能化处理是传感器技术未来的发展方向，嵌入式技术是实现这一目标的重要技术手段。

在应用实践中，通常会使用许多不同种类的传感器对环境中多个物体的多个指标同时进行连续观测和数据采集。这些传感器常需要进行数据协同处理，因此需要形成一个传感器网络。

2．传感器网络

在物联网中，传感器网络多采用无线组网方式搭建。无线传感器网络具有低成本、微型化、低功耗、方式灵活且方便移动目标等优势。常见的有 NB-IoT（Narrow Band Internet of Things）、ZigBee 和 LoRa 等低功耗的无线通信技术。在这个无线传感器网络中，任何传感器节点都可以作为数据采集器同时接收和发送信号，也可以作为路由器与一个或多个传感器进行通信。例如，智能手机可以作为一个传感器采集个人位置和运动等数据；也可以作为一个热点与其他智能设备连接提供数据通信服务，从而形成一个无线多跳自组织网络系统。

与此同时，传感器网络可以通过中间的汇聚（Sink）节点和网关（Gateway），接入互联网或通信卫星等公共网络系统，如图 7-21 所示。

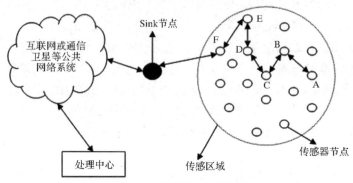

图 7-21　传感器网络示意图

图 7-21 右侧大圆中的各个小圆圈表示各传感器节点，它们构成了覆盖一定传感区域的传感器网络，并通过 Sink 节点接入互联网或通信卫星等公共网络系统，以使传感数据能够被传送到更广泛的区域。

7.3.3　卫星通信和数据采集

虽然互联网和基于陆地基站的蜂窝移动通信网络迅猛发展，可以覆盖全球超过 70%的人口，但是由于受到地理条件的限制，目前只能覆盖 20%左右的陆地面积和 5%左右的海洋面积。所以当一个车队穿越戈壁沙漠、一艘货轮横跨浩瀚海洋、一架客机翱翔于广阔天空中时，将传感器采集到的数据发送给远程的处理中心以进行定位和监控，就需要卫星通信技术的支持。

卫星通信技术是以卫星为中继站进行无线电波发射或转发的一种通信方式，能够实现两个或多个远程设备及地面站间的通信。与传统地面通信系统相比，卫星通信技术具有覆盖范围广、不受地面环境约束、通信成本相对可控等优势。卫星通信技术可为移动通信技术提供跨度大、距离远、机动性强、通信方式灵活的服务，是蜂窝移动通信技术的有效补充与拓展。

物联网与卫星通信技术相结合，使得物联网数据被传送到更广泛的区域。物联网卫星通信的数据采集和处理基本框架如图 7-22 所示。

如图 7-22 所示，传感器设备将数据传给卫星通信系统，卫星通信系统可以通过星间链路接力的方式将数据传给地面上的接收系统，接收系统通过网络系统将数据传给处理中心系统，处理中心系统对数据进行加工后提供给应用系统的用户。当卫星通信系统没有星间链路时，会将采集到的数据暂时存储下来，待卫星飞行到接收系统站点上空时再将数据下传至该站。当然，卫星通信系统要完成这样的物联网数据传输需要建立一系列的标识、识别、呼叫请求、呼叫回复、呼叫应答、资源分配和加密处理等有关通信协议。

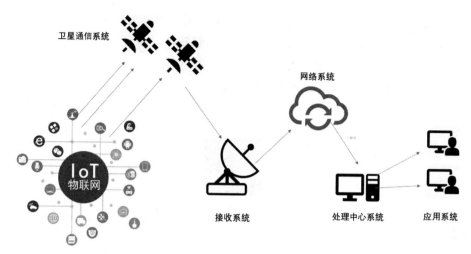

图 7-22　物联网卫星通信的数据采集和处理基本框架

这里对相关的卫星遥感系统进行简单介绍。**卫星遥感系统**是利用卫星[①]搭载遥感观测设备[②]采集地面上各类物体数据的综合性技术系统。不同物体具有不同的吸收、反射和辐射电磁波的性质。卫星遥感系统可以从远距离感知地面上的物体对各种电磁波的反应情况，具有视点高、视域广、采集速度快、不受气候干扰、连续性作业等特点。卫星遥感系统将采集到的数据存储并下行传输到处理中心系统，处理中心的计算机图像系统对图像进行成像分析等。卫星遥感作为新一代大规模数据采集技术，在国土资源（包括土地、森林、水利和地质矿产等）勘查、环境监测与保护、城市规划、农作物估产、防灾减灾、军事侦察和空间科学试验等领域都有广阔的应用前景。

谈到卫星就需要提及大家比较熟知的我国的北斗卫星导航系统（BeiDou Navigation Satellite System，BDS）。北斗卫星导航系统是一种专门提供定位、导航、授时、短报文等服务的卫星通信系统。截至 2020 年北斗卫星导航系统发射了三代共计 55 颗中高轨卫星[③]，飞行高度在 2 万千米以上。其基本原理是，由处理中心系统向卫星发送询问信号，经卫星向服务区内的用户进行广播，用户接收并响应卫星发送的询问信号，并经卫星转发回处理中心系统，处理中心系统根据有关数据算得用户所在位置的三维坐标，该坐标经某颗卫星转发给用户。北斗卫星导航系统可以保证任何时刻都有四颗卫星对任何位置的用户进行定位导航等服务。

卫星遥感与卫星导航可以视为卫星物联网的一个专门应用领域，尽管高轨卫星覆盖面积大

---

① 遥感卫星主要有陆地卫星、海洋卫星、气象卫星和地球资源卫星等种类。其根据物体的不同观测需要，可采用太阳同步轨道、地球同步轨道和低轨方式飞行。

② 一般遥感观测设备主要有照相机、摄像机、多光谱扫描仪、成像光谱仪、微波辐射计、合成孔径雷达等。一般高空遥感观测可以借助无人机、飞机和飞船等其他飞行器完成。

③ 卫星系统按照通信轨道可分为静止轨道卫星和非静止轨道卫星。静止轨道卫星的轨道高度约为 3.6 万千米。非静止轨道卫星又可分为低轨卫星、中轨卫星和高轨卫星。低轨卫星（LEO）的轨道高度一般为 500～3000千米，中轨卫星（MEO）的轨道高度一般为 3000～10000 千米，高轨卫星（GEO）一般采用椭圆轨道飞行，其近地点高度为 10000～21000 千米，远地点高度为 39500～50600 千米。

（发射少量几颗即可覆盖全球）但成本较高，因此并不适用于具有广泛商业价值的物联网数据处理应用场景。所以人们寄希望于建立一套可行的低轨宽带卫星[①]物联网系统。

低轨宽带卫星通信系统的建设热潮将有效拉动卫星通信产业链（包括卫星制造、卫星发射、运营服务和地面设施建设与设备制造等）的形成与发展。例如，我国于2018年启动的"鸿雁"全球卫星星座通信系统由300颗低轨卫星及全球数据业务处理中心组成，具有全天候、全时段、复杂地貌条件下的实时双向通信能力，可为用户提供全球卫星移动通信、物联网、热点信息广播、导航增强等技术应用和服务。

7.3.4 射频识别技术、条形码和数据采集

1. 射频识别技术

射频识别（Radio Frequency Identification，RFID）技术是一种简便易行且成本较低的无线通信技术，也是物联网数据采集中应用最广泛的技术之一。**射频识别系统**由一个阅读器（Reader）和多个电子标签（Tag）组成。每个电子标签由耦合元件及芯片等组成，存储着具有唯一性的电子编码。阅读器与电子标签之间可以利用射频信号[②]进行非接触式的数据传输。当电子标签与某个物体唯一绑定时，可利用电子标签识别相关物体，实现物体识别功能。

射频识别技术的基本工作原理：当一个电子标签进入阅读器识别范围后，会接收阅读器发出的射频信号，凭借感应电流获得的能量发送出存储在芯片中的电子编码数据，此类标签称为无源标签或被动标签（Passive Tag）；或者由标签主动发送输出电子编码数据，此类标签称为有源标签或主动标签（Active Tag）。数据被阅读器读取并解码后，被传输到数据中心系统进行处理。射频识别技术示意图如图7-23所示。

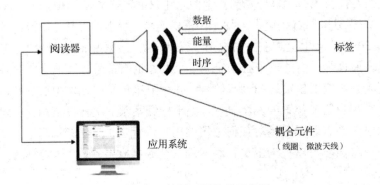

图 7-23　射频识别技术示意图

无源电子标签省略了电池系统，结构简单，成本较低，使用寿命较长，但射频信号频率较低，有效识别距离较短，一般用于近距离的标签识别，如公交卡、二代身份证、商品标签、防伪门票和耳标等。有源电子标签拥有较高的射频信号频率，较长的传输距离和较快的传输速度，

---

① 虽然低轨卫星覆盖面积小，发射多颗才能覆盖地表应用区域，但是低轨卫星成本相对较低，信号衰减小，传输时延短，运营维护成本也较低。

② 射频信号就是经过调制的、具有一定发射频率的无线电波。

可应用于集装箱标签和车辆管理标卡等。

2．条形码

条形码（Barcode）包括一维条形码和二维码等。

一维条形码是将宽度不等的多个深色条和浅色空白条按照一定规则顺序排列，表示一组字母和数字的图形符号。一般的条形码是由反射率相差最大且平行放置的黑色条和白色空条组成的，可用来标识物品的多种信息，如商品名、国家、厂家、生产日期等，在商品生产、销售流通、仓储管理、物流运输等领域得到广泛应用。

全球已经正式批准实施了数百种一维条形码标准，每种条形码有一套各自的编码标准，如通用欧洲物品编码（EAN-13）、国际标准书号（ISBN）、标准国际连续出版物号（ISSN）等。应用单位可自行设计不与国际和国家等编码标准冲突的内部使用的条形码。

二维码又称二维条形码，是按照一定规则在二维平面上使用黑白相间的点和块表示文字符号或自动处理功能的图形技术，可分为堆叠式二维码或矩阵式二维码。二维码除具有一维条形码的应用优势外，还有信息容量大、可靠性高、保密防伪性强等优点。二维码随着近年来移动终端的普及得到更加广泛的应用。

通过手持或固定的光电扫描设备可快速识别并准确解析条形码中的有关字符和数字。目前条形码技术已经非常成熟，是一种输入速度快、使用成本低、应用范围广、可靠性高的数据自动采集技术。

总之，物联网技术与应用正在快速蓬勃发展。为适合物联网丰富多彩的技术要求和应用场景，还需在物联网的感知层、网络层和应用层建立统一的技术标准体系和有效的物联网综合管理平台，这也是物联网技术当前发展面临的首要问题。另外，物联网技术在应用的安全性、成本控制和恶劣环境下的可靠性等方面面临着一些挑战，每突破一个难点都必将拓展物联网技术与应用的未来。

7.4　数据采集与人工智能

自计算机系统成功发明并应用以来，科技人员从未停止对人工智能的探索，并希望有一天高级机器系统可以具有一定的人类智能。

进入 21 世纪，新一轮的人工智能发展浪潮在算料（数据）、算力（云计算技术）和算法（机器学习与深度学习等）三要素的大力推动下，在一些关键领域取得了可喜的进展，如计算机视觉、计算机听觉和自然语言理解等。机器系统正在逐步掌握一些人类具备的智慧能力，如识别图像数据中的内容、听懂声音数据的意思、理解文本数据的含义等。

目前人工智能技术需要建立在大规模数据之上，数据采集是实现人工智能的基础，这促使快速、准确采集大规模非结构化数据（包括文本、语音、图像和视频数据等）成为必然需求。其中，数据标注尤为关键。

7.4.1 数据标注与数据采集

数据标注（Data Annotation）是指对文本、图像、语音和视频等数据进行分类整理和批注说明等。数据标注可为原始数据增加必要的标签属性，是实现人工智能中的有监督学习的基本前提。

数据标注可以由数据标注员人工处理完成，也可以使用一些数据标注软件工具辅助完成。国内外都有此类开源软件工具，应用人员可以根据具体需求选择使用。

数据标注一般分为文本数据标注、语音数据标注，以及图像和视频数据标注。

1．文本数据标注

文本数据标注是指对原始文本数据进行分词标注、语义标注、文本翻译标注、情感标注、拼音标注、多音字标注、数字字符标注等。文本数据标注被广泛应用在人工智能领域中的自然语言处理、机器翻译、客服与智能问答、文摘生成与文献分类、舆情分析，以及知识库与知识图谱等场景中。

图 7-24 所示为文本数据的语义标注示例。

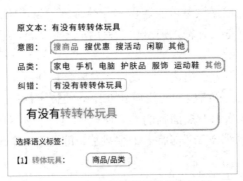

图 7-24　文本数据的语义标注示例

图 7-26 中的文本为"有没有转转体玩具"，通过意图、品类等辅助信息，可得到文本的语义标签为"转体玩具"。

2．语音数据标注

语音数据标注是指基于语音识别（从语音到文本）和语音合成（从文本到语音）等应用目标，对原始语音数据进行角色标注、环境场景标注、方言及语种标注、韵律标注、情感标注和噪声标注等。语音数据标注被广泛应用在人工智能领域中的现场翻译、会议实时字幕、语音输入与输出法、热线电话分析，以及家庭语音助手等场景中。

图 7-25 所示为语音数据标注示例，第 2 号语音标注点为男性声音，内容为"Hello, how are you"。

3．图像和视频数据标注

图像和视频数据标注是指对原始图像和视频数据进行点标注、框标注、区域标注、3D 标注、分类标注等。图像和视频数据标注被广泛应用在人工智能领域中的机器人视觉、人脸识别、OCR 证件票据识别、医疗图像诊断、交通监控管理、社区安防、自动驾驶和视频人物追踪等场景中。

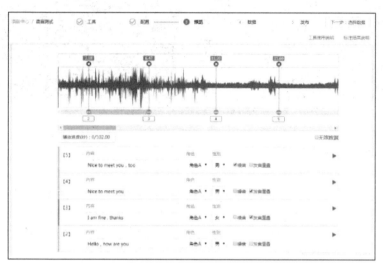

图 7-25　语音数据标注示例

图 7-26 所示为图像数据打点标注示例。

图 7-27 所示为图像数据的 OCR 病例文本标注。

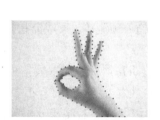

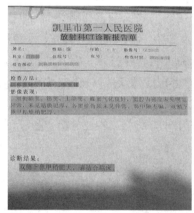

图 7-26　图像数据打点标注示例　　　　图 7-27　图像数据的 OCR 病例文本标注

　　图像和视频数据标注是人工智能实现计算机视觉的关键。计算机视觉主要包括图像分类、目标检测、语义分割、实例分割和全景分割等应用需求。视频一般是由每秒 25 张图像组成的序列，因此视频本质上也是图像。对视频数据进行标注还需进行目标标注和任务追踪标注等。视频数据的目标标注和人物追踪标注示例如图 7-28 所示。

　　综上所述，文本数据、语音数据、图像数据及视频数据的标注是人工智能的数据基础，在此基础上的文本挖掘和图像识别等既是人工智能研究的焦点，也是人工智能应用的热点。下文将对相关典型应用进行简要介绍，主要涉及基于文本数据采集和挖掘的网络舆情监测，客服机器人系统，基于图像数据采集和识别的智能停车收费和无人驾驶技术，等等。

图 7-28　视频数据的目标标注和人物追踪标注示例

7.4.2　文本数据采集和挖掘

由于互联网具有虚拟化、隐蔽性和个性化等特征，大量社会舆情被映射为网络舆情。利用网络舆情监控技术，实时关注社会舆论动态，对政府围绕互联网开展的民意倾听、舆论引导和政策制定等尤为重要，对企业快速制定正确的危机公关处理方案、塑造良好企业形象等也有重要意义。

网络舆情监测的一般流程如下。

- 确定与监控主题相关的若干关键词，如企业名称、主要产品和品牌的名称，以及行业化的负面评价词汇等。
- 针对设定的关键词，利用网络爬虫技术对指定网站或相关网站进行网页数据的自动增量式采集（技术上与搜索引擎技术类似），并将采集到的网页数据存储到数据库中。
- 对数据进行整理，记录数据的标题、作者、发布网站、时间、评论及转载情况等信息，将半结构化的网页数据转化为有一定结构的文本数据，并支持数据下载。
- 充分利用大数据技术和人工智能技术，对文本数据进行语义分析、情感分析、敏感词筛选、主题提取、传播影响力评估等。对获取的敏感信息和负面信息可通过短信或微信等方式及时预警，形成紧急应对策略。
- 定期对采集的数据进行分类汇总、多维分析、图表可视化、趋势预测等，形成监控报告，并综合研究制订应对方案。

可见，网络舆情监控技术的核心首先是实现自动定向式的、长期高频次的文本数据采集，其次是利用人工智能中的文本挖掘方法监测和分析舆论情绪和倾向性发展等。目前有很多软件工具支持交互方式完成文本数据采集，并支持定制化程序以完成网络舆情的监测和分析等。网络舆情监测中的关键词设置示例如图 7-29 所示。某公司舆情监控产品的基本功能如图 7-30 所示，其中还包括对与舆情相关的网络图像和视频的数据采集和分析等。

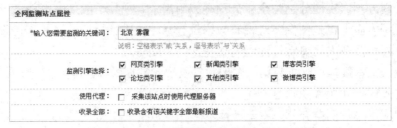

图 7-29　网络舆情监测中的关键词设置示例

图 7-30　某公司舆情监控产品的基本功能

对于文本数据及基于文本的智能化分析还有很多重要应用，如基于文本数据的客服机器人系统。

目前一些大型服务机构将人工智能技术引入客服领域，设置客服机器人来处理客户的投诉和提问。客服机器人实际上是由一套设备、算法和数据组成的工作系统。其工作原理是，当客户与客服机器人交流时，客服机器人先对客户咨询内容进行分析，并通过场景识别算法将用户引导到具体的场景分类中，然后通过进一步交流，利用应答识别算法将用户引导到更具体的应答分类中，最后对客户的问题进行答复。

建立客服机器人系统的场景分类算法和应答分类算法需要对大规模的现有的客户咨询的文本数据进行分类和标注，以用于客服机器人的训练和学习。例如，对于客户提出的"退货款什么时候到账"的问题，一级场景分类为"退换货"，二级场景分类为"退货"；一级应答分类为"退货款"，二级应答分类为"退款时间"，为这条文本数据标注四个标签。上述过程也可视为一个建立客服知识库的过程，是决定客服机器人服务质量的关键。

需要说明的是，客服机器人研究中的另一个问题是文字和语音的相互转换。例如，语音转文本不仅需要文本，还需要提供服务的音频数据，甚至复杂情境下的语速、音色、口音等。

7.4.3　图像数据采集和识别

随着信息技术和数字技术的快速发展，各种数据采集设备与计算机系统和通信网络系统连接在一起，加之人工智能的快速发展和应用，使得包括图像数据和视频数据在内的多媒体数据的自动化采集、数字化存储和智能化处理（尤其是图像识别技术）在城市交通、社区安防、生产安全监控、远程教育与培训、文化娱乐等众多领域得到广泛应用。我国各大城市的路侧高位视频停车系统就是一个典型代表。

我国大中型城市的个人机动车拥有量迅速增加，而与之配套的停车位数量却增长缓慢，因此路侧停车成为目前解决这一矛盾的有效方法。路侧停车在技术上经历了 POS 刷卡和手机刷码、咪表、PDA 车牌扫描、地磁、视频桩和高位视频技术等阶段。高位视频停车系统的自动化图像/视频数据采集、无人化现场管理、智能化识别处理等技术代表了路侧停车管理的未来趋势。

　　高位视频停车系统的数据采集方法是，将摄像设备放置在路侧高杆位置，使单个设备可以监控"电子围栏"范围内的 8～20 个泊位，并快速抓拍车辆和车位状态与车牌号码等数据。前端设备通过网络将这些数据传送到后端数据处理中心，数据处理中心对图像或视频中的车辆车位数据进行人工智能分析，识别车辆号码，计算停车时间和费用，生成账单并发送到车主手机上。目前高位视频停车系统的准确率超过 99%，与此同时可以有效监控车辆逃费和机动车套牌等现象。

　　此外，无人驾驶技术也是目前人工智能研究的热点，涉及传感器、通信、导航定位，以及人工智能中的机器视觉、智能控制等多门前沿学科。从数据角度来看，无人驾驶的首要任务是采集车外的视频数据。为使无人驾驶算法可以识别行程中的各种物体和现象，确保驾驶安全，不仅需要对视频中的每幅图像中的物体进行全景轮廓分割、框选和打标签等，还需要对车外复杂环境中的道路、车道线、动态障碍物、天气，以及闯红灯车辆、横穿马路行人、违章停靠车辆、交通事故等突发场景进行全面区分和标识。只有在此基础上，才有可能快速有效判断物体的位置、大小和速度等信息，进而采取针对性的自动驾驶动作。

第 8 章

数据存储与管理

数据采集环节获得的大量数据需要被长期存储与管理起来或者进行及时有效处理，才能发挥其作用和价值，这是数据得以形成数据资源和数据资产的根本保证。数据存储与管理是数据处理链条上重要的一环，将数据存储与管理好是将数据应用好的先决条件，数据存储与管理只有达成了可靠、高效、共享和安全的管理目标，数据才会真正"有用"。

数据管理主要是指数据的组织、存储和维护等方面的方法与技术。本章以计算机技术诞生引发的数字化数据管理方式为起点，介绍数据文件、数据库系统、数据仓库系统、大数据系统和数据湖系统等相关知识。

8.1 数据文件和数据库系统

20 世纪早期的计算机系统主要应用于科学计算，采用的是人工直接操作计算机硬件系统的方式，计算过程中的程序和数据都不被存储。当时使用计算机系统的基本目标只是尽快获得复杂计算的结果。

程序存储思想方法的实现促进了软件开发技术的发展与进步，也促进了计算机语言和操作系统等软件工具的诞生。计算机应用开始向商业领域扩展，一些大型金融公司和航空公司等尝试使用大型计算机系统进行银行账务和出行票务等方面的数据处理工作，数据的存储与管理变得愈发重要。

8.1.1 数据文件

在计算机程序的概念形成后，程序员独立进行程序开发并自主运行成为计算机系统的基本应用模式。此时，程序在计算机系统中处于主导地位，数据仅作为程序系统的辅助部分寄生在程序内部，并存储在同一个程序文件中。

1. 寄生在程序中的数据

为便于理解，这里给出一个早期微软公司的 BASIC 语言计算平均数的示例程序，其中 10、20 等为每个程序行的语句编号：

```
10 Read xm1,A1,A2,A3
20 Read xm2,B1,B2,B3
30 zf1=A1+A2+A3
40 pjf1=zf1/3
50 zf2=B1+B2+B3
60 pjf2=zf2/3
70 print xm1,zf1,pjf1
80 print xm2,zf2,pjf2
90 data "张三",78,92,86
100 data "李四",66,85,72
```

需要说明的内容如下。

（1）一个相对完整的程序应包括数据的输入、处理和输出三大部分。

以上是一段简单且典型的数据计算程序，该程序的输入部分是编号为 10 和 20 的语句，功能是从编号为 90 和 100 的语句中读取学生姓名和三门课程考试成绩；处理部分是编号为 30～60 的语句；输出部分是编号为 70 和 80 的语句。

（2）两名学生的姓名和各自三门课程考试成绩的数据以程序语句行的形式内嵌在程序中。

这种数据寄生在程序中的方式的最大问题在于：数据计算和一组数据是绑定的。如果多个程序员分别对这组数据进行不同的编程计算，就需将数据部分复制多份并分别内嵌在多个程序中。显然这种数据无法"脱离"程序的情况会导致数据的冗余存储。除此之外还有一个较大问题是当某程序员在程序中增加了若干名学生的成绩，或对数据进行了修改时，由于数据无法"独立且共享"，因此很可能导致多个程序中的多份数据不一致。数据文件是解决该问题的一种有效方法。

2．独立于程序的数据：数据文件

数据文件的处理方法是将程序中的数据从程序中分离出来，使之与计算处理部分互相独立，并以文件的形式单独存储。这样一份数据文件可以被不同的程序调用处理。若对上述示例采用数据文件的方式处理，则应先建立一个文件名为 xscj.txt 的文本数据文件，文件内容如下。

```
"张三", 78, 92, 86
"李四", 66, 85, 72
```

然后修改程序如下：

```
10 open "C:\xscj.txt" for input as #1
20 Input #1 xm1,A1,A2,A3
30 Input #1 xm2,B1,B2,B3
40 close #1
50 zf1=A1+A2+A3
60 pjf1=zf1/3
70 zf2=B1+B2+B3
80 pjf2=zf2/3
```

```
90  print xm1,zf1,pjf1
100 print xm2,zf2,pjf2
```

这段程序的输入部分是编号为 10～40 的语句，实现的功能是先打开数据文件（建立读取数据文件的通道），然后将数据逐行读入到内存变量中，最后关闭数据文件（关闭读取数据文件的通道）。后续通过编号为 50～100 的语句完成数据的处理和输出。

可见，数据文件方式使得数据可以脱离程序而独立存在，因此数据能比较方便地被多个不同的程序共享。同时，因计算程序不再包含数据，所以数据的变动不会影响计算程序，程序的稳定性和通用性得到提高。

20 世纪 60 年代，计算机硬件系统开始使用磁盘和磁鼓等外存设备。这些外存设备可直接存取某个指定位置上的数据。对于只能顺序存取数据的磁带设备而言，这无疑是一个巨大的进步，不仅可以将数据文件长期保存在外存设备上反复使用，还可以采用随机访问的方式直接存取数据文件中的数据，数据存取效率得到大大提升。

其间操作系统也逐步被完善，建立的基础性的文件系统为程序文件和数据文件的管理提供了可靠保证。而且重要的是，数据文件的应用逻辑格式与操作系统中数据文件的物理存储格式既相互对应又各自区分，呈现出程序文件、数据文件和存储文件多个不同的层次，为后续数据库系统的形成与发展奠定了基础。文件系统示意图如图 8-1 所示。

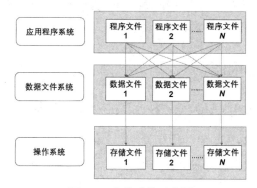

图 8-1　文件系统示意图

图 8-1 中的第一层是操作系统层，该层的存储文件与第二层数据文件系统层中的数据文件一一对应，最终数据文件可被第三层应用程序系统层共享。

需要说明的是，数据从程序中独立出来并不意味着数据不能存在于程序中，程序包含部分数据的情况也是常见的，但一般仅适用于解决数据量极少的简单问题。在相对复杂的数据处理应用系统中，由于数据文件系统存在许多问题，因此一般会采用后续讲述的数据库系统或数据仓库系统等方式。

3. 数据文件系统的问题

数据文件系统存在两大问题，即来自程序的问题和来自数据的问题。

（1）来自程序的问题。

在原来的应用程序系统中，很多程序都会分别编写和实现关于数据管理的相关功能，如增加、删除、修改和查询数据文件中的记录等，这必然会导致程序多次重复开发和程序质量参差不齐等问题。

（2）来自数据的问题。

原来的数据文件系统对数据的结构和类型及不同数据文件中数据间的关系等方面的刻画很弱。一方面，这会导致数据文件的修改非常不方便，如在数据文件中想要增加一列数据非常麻烦。另一方面，这会使得数据文件间的联合数据查询比较困难。

20 世纪 60 年代后期数据库系统开始兴起。

针对上述来自程序的问题，数据库系统的创新之处在于：将具有共性的数据管理功能从应用程序系统中剥离出来，并不断发展完善，形成了数据库管理系统的雏形。

进一步，数据管理功能既可以在数据库系统中独立使用，也可以通过标准的程序接口（如 SQL 语句接口等）供其他应用软件或计算机语言调用，这使得数据与程序间的独立性进一步增强，应用程序可以更多关注用户特定的应用逻辑，不必过分关注数据的定义、存取与管理的处理逻辑。

再进一步，随着网络应用的普及，网络用户数快速增加，这对多用户环境下的数据一致性、安全性和并发性等控制功能提出了新的要求，所以需要数据库系统进行规范设计且统一管控。

针对上述来自数据的问题，数据库系统的创新之处在于，极大提高了对数据的结构和类型及数据间关系的描述与定义能力，使得数据的修改和联合应用变得非常方便且灵活。

下文将对数据库系统做进一步讨论。

8.1.2　数据库系统的概念

数据库系统（DataBase System）是一种计算机数据服务系统。

1．数据库系统的构成

数据库系统的核心是数据库管理系统和数据库。数据库系统构成示意图如图 8-2 所示。

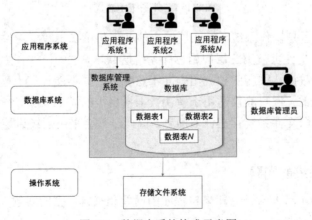

图 8-2　数据库系统构成示意图

图 8-2 中的数据库管理系统及数据库位于整张图的中心位置，表明在数据处理系统的发展

进程中，数据的作用和地位日益凸显，以程序为主导已逐步转化为以数据为中心。图 8-2 显示，操作系统中的存储文件系统是数据库系统的底层支撑，数据管理员使用数据库管理系统对数据库进行管理，各用户使用不同的应用程序系统使用数据库等。从另一个角度来看，也可以认为数据库系统通过不同的软件工具将操作系统、数据库管理员和大量的数据库用户连接起来，构成了一个综合的、可不断释放数据资源价值的计算机数据服务平台系统。

2．数据库模式

数据库系统概念的一个难点是数据库模式。数据库系统理论指出，针对不同层的数据库用户而言，数据库系统呈现出由**外模式、模式和内模式**组成的三级架构模式。

1）外模式

外模式又称子模式或用户模式（采用用户模式的称谓更直观易懂）。外模式是针对数据库系统的最终用户而言的，是最终用户看到的数据展示形式。外模式与用户直观理解的业务数据形式基本一致，可视为一个用户关心的数据视图（详见 5.2.1 节）。

外模式可能会与数据库系统的模式和内模式完全不同，一般由数据库应用系统开发人员使用 E-R 图等方法进行设计。

2）模式

模式又称逻辑模式或概念模式（采用逻辑模式的称谓更直观易懂）。模式是针对数据库管理员而言的，是由数据库应用系统开发人员综合各用户的需求设计构造的全局数据库结构，一般可以使用关系型数据库的范式理论进行设计和优化。

3）内模式

内模式又称存储模式（采用存储模式的称谓更直观易懂）。内模式是针对数据库管理系统产品的技术开发人员而言的，是数据在操作系统文件及物理介质上的内部存储结构。内模式决定了数据库系统的本质特征和适用场景。例如，关系型数据库系统采用记录行的方式设计存储文件，列式数据库系统采用字段列的方式设计存储文件，键值数据库系统采用关键字、字段名和数据值的配对方式设计存储文件。

各层数据库模式间都存在模式映射关系。在理想情况下，某层模式发生变化，只需调整好映射关系，就可以保证其上层模式与配套程序不变。良好的模式映射关系能够很好地确保数据库系统的稳定性。

8.1.3　关系型数据库系统和联机事务处理

从数据库的模式来看，不同类型的数据库系统会采用不同的逻辑结构（也称**数据模型**）来组织数据，以满足不同的数据应用方式和场景。

经典的数据模型是关系模型，对应的数据库系统称为关系型数据库系统。关系型数据库系统的典型应用是联机事务处理。

1．关系型数据库系统

关系型数据库系统是最经典的数据库系统，其前身是**层次型数据库系统**。

层次型数据库系统是第一代数据库系统，其采用层次数据模型和网状数据模型来组织数据。层次型数据库将数据按照层次关系组织成一对多或多对多的逻辑结构，且各层间使用内部指针连接。

例如，高校学生的数据库系统若采用层次数据模型，则数据表在逻辑结构上的顶层是各个大学的数据，下层依次是学院数据、年级数据、班级数据，底层是学生数据。其一对多的逻辑结构体现在：一个大学对应多个学院，一个学院对应多个年级，一个年级对应多个班级，一个班级对应多名学生，进而形成一棵树形整体结构。这种结构可视为一种由业务逻辑决定的数据索引体系，其通过内部指令或指针连接刻画。当查询某些学生数据时，将顶层作为入口节点，依据树形结构关系逐层查找即可找到需要查询的学生。

网状数据模型与层次数据模型的不同在于允许有多个入口节点，因此网状数据模型可以表示多对多的数据关系。

层次型数据库系统的最大问题是数据逻辑不能通用，需要按照业务关系访问数据，这导致数据库系统的开发与应用存在诸多难点。为此，关系型数据库系统诞生了。

关系型数据库（Relational Data Base）系统是第二代数据库系统，**采用关系数据模型组织数据**。关系数据模型的基本形式是以记录为行、字段为列构成一张二维数据表，因使用二维数据表表示各种数据实体和属性，以及实体和实体间的关系，故也称为二维关系表。二维数据表结构化程度高、独立性强、数据冗余度低，数据间既不必分层也无须设置内部指针，是一种非常直观且高效的数据组织方式。

关系数据模型及理论是由美国计算机科学家爱德华·库德（Edgar Codd，1924—2003）提出的。其内容主要包括：数据库模型、数据库体系结构、数据关系、数据完整性、关系代数和关系运算、数据依赖、范式与规范化理论等。建立在关系数据模型上的数据库系统以集合论和代数变换等数学理论为基础，在20世纪70年代得到快速发展，随着微型计算机和服务器的快速普及，成为无可争议的主流数据库系统。

这里有必要提及关系数据模型及理论中的一些基本要点。

（1）二维数据表必须满足的条件。

库德提出关系型数据库系统中的二维数据表必须满足的条件如下。

- 每一列是类型相同的数据。
- 列的顺序可以是任意的，行的顺序也可以是任意的。
- 表中的一个数据值是不可再分的最小数据项，即表中不允许有子表。
- 表中的任意两行不能完全相同。

上述条件构成了关系数据模型的基本规范。

（2）关系型数据库的三种关系运算。

库德提出关系型数据库系统中的二维数据表可以进行以下三种关系运算。

- 投影（Project）运算：从数据表中获取指定的列。
- 选择（Select）运算：从数据表中获取满足条件的行。
- 连接（Join）运算：利用两个数据表中的共同属性连接两表，以进行数据对接。

上述关系运算定义为之后的数据库结构化查询语言 SQL（详见第 5 章）的产生奠定了基

础，投影、选择和连接成为 SQL 的主要数据查询方式。

关系型数据库系统一般分为单机版和网络版。单机版有 Access 系统和 SQLite 系统等，网络版有 Oracle 系统、SQL Server 系统和 MySQL 系统等，以关系型为基础的国产数据库系统有 TiDB 系统、OceanBase 系统和 GaussDB 系统等。网络版关系型数据库系统可安装在 C/S、B/S 环境中的服务器主机上，或云计算环境中的虚拟主机上，客户端可以使用个人计算机或智能终端设备。网络版的关系型数据库系统支持多用户联机在线工作，可同时对数据库系统进行数据操作。

在本质上，数据库系统是一个提供数据服务的计算机系统。在具体应用中人们将数据服务分为两大类：联机事务处理和联机分析处理。其中，联机分析处理是数据仓库系统的典型数据服务方式，适用于数据分析和管理决策的应用场景，我们将在 8.2.3 节进行介绍。以下对关系型数据库系统的典型服务——联机事务处理进行说明。

2．联机事务处理

联机事务处理（Online Transaction Processing，OLTP）是关系型数据库系统典型的数据服务方式，适用于基础业务数据的操作管理。

联机表示用户与计算机系统处于一种实时交互的人机工作状态，数据库系统对用户提出的事务处理要求必须做出高效响应。事务是指一个最小的业务工作单元，一般包含若干个基本数据处理操作，如 5.5.3 节提及的航空公司订票系统，某个用户提出退票处理就是一个事务。

作为一种计算机数据服务，必须保证 OLTP 的可靠性。计算机科学家吉姆·格雷提出了数据库事务处理的原则和方法，称为事务处理的 ACID 原则，即要求数据库事务具有原子性（Atomicity）、一致性（Consistency）、隔离性（Isolation）和持久性（Durability）。

- 原子性是指一个数据库事务是不可分的，要么全做，要么全不做。
- 一致性是指事务执行的结果一定是使数据库从一个一致性状态变到另一个一致性状态，如退票事务不能漏掉释放已订座位的数据操作。
- 隔离性是指当有多个事务对同一数据进行处理时，为防止事务交叉操作造成混乱，数据库系统会将多个事务串行化，从而保证每个事务在隔离状态下执行，不会受到其他事务影响。
- 持久性是指事务完成后，无论出现什么情况该事务所有的数据操作结果都会永久地保存在数据库系统中。要实现这一目标需要数据库系统提供数据操作日志、数据安全管理和数据备份恢复等技术支持。

OLTP 对数据存取效率要求极高，因此数据库系统常采用各种数据索引技术解决这个问题。

8.1.4　数据库索引技术

数据库系统在管理方面主要有两个目标，一个目标是保证数据质量和数据安全，另一个目标是保证数据存取效率，而数据库索引技术是提高数据存取效率最有效的方法之一。

5.2.1 节曾提及数据索引和建立索引的方法，本节将对数据库索引和相关内容进行说明。

1．什么是数据库索引

数据库索引是指数据库系统对某个数据表的指定字段值排序，并建立一种便于快速检索的

数据结构及其算法。数据库系统如果没有建立索引，那么在查询一个或多个记录时就需要从头到尾地扫描数据表。如果建立了索引，那么利用索引结构和相应的配套算法，在查询时不必进行全表搜索就可以快速给出查询结果，数据查询效率会得到大幅度提升。

索引是建立在数据表的字段上的，这些字段称为索引字段。索引字段通常是常用于查询的字段，如第 5 章讨论的是会频繁出现在 SELECT 查询中的 WHERE 子句中的字段。此外，索引字段的取值一般不发生变化。原因是，由于索引与索引字段取值同步变化，因此索引字段取值经常变动必然会导致索引不断更新，这无疑增加了提升数据查询效率的代价。

比较常见的索引包括唯一索引、普通索引、组合索引等。唯一索引是对数据表中字段取值唯一（Unique）的字段建立索引。普通索引是对数据表的一般字段建立索引，该索引字段的数据取值可以为空，且没有唯一性的限制要求。组合索引是对数据表的多个字段建立组合索引，常用于对数据进行组合查询，其效率一般高于多个单字段索引的组合。组合索引的字段指定顺序会影响查询效率。

2．索引的数据结构

数据库系统的索引有诸多经典的数据结构及算法，如哈希（Hash）索引结构、B 树（BTree）索引结构、B+树索引结构、R 树（RTree）索引结构和位图（Bitmap）索引结构等。许多专家学者认为这些技术方法不局限于数据库系统的范畴，它们与数据分析中的数据模型及算法一样重要，是数据处理知识体系中不可或缺的、有价值的重要部分。

这里以 MySQL 中的 B+树索引结构为技术背景，以学生数据表（见表 8-1）的学号字段为索引字段，说明索引的一些基本原理。

表 8-1　学生数据表

学　　号	字　段　1	字　段　2	字　段　N
001			
005			
……	……	……	……
057			
065			

B+树由树根节点、层级分支节点和叶节点构成。数据库系统根据 B+树的创建算法，对学号字段进行排序处理并建立如图 8-3 所示的 B+树索引结构。

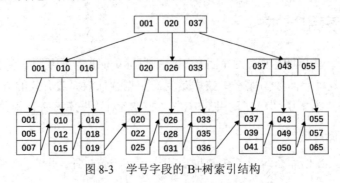

图 8-3　学号字段的 B+树索引结构

在如图 8-3 所示的 B+树索引结构中，根节点在最上层，叶节点在最下层。各层节点通过有向线段表示大小顺序关系。数据库系统内部将以索引数据表的形式存储这个 B+树索引结构。索引数据表包括非叶节点索引表和叶节点索引表，如表 8-2 和表 8-3 所示。

表 8-2　学号字段的非叶节点索引表

ID	索 引 1	指 针 1	索 引 2	指 针 2	索 引 3	指 针 3
N0	001	N1	020	N2	037	N3
N1	001	L1	010	L2	016	L3
N2	020	L4	026	L5	033	L6
N3	037	L7	043	L8	055	L9
……	……	……	……	……	……	……

表 8-3　学号字段的叶节点索引表

ID	索 引 1	地 址 1	索 引 2	地 址 2	索 引 3	地 址 3	叶 指 针
L1	001	DZ001	005	DZ005	007	DZ007	L2
L2	010	DZ010	012	DZ012	015	DZ015	L3
L3	016	DZ016	018	DZ018	019	DZ019	L4
L4	020	DZ020	022	DZ022	025	DZ025	L5
L5	026	DZ026	028	DZ028	031	DZ031	L6
L6	033	DZ033	035	DZ035	036	DZ036	L7
L7	037	DZ037	039	DZ039	041	DZ041	L8
L8	043	DZ043	049	DZ049	050	DZ050	L9
L9	055	DZ055	057	DZ057	065	DZ065	-
……	……	……	……	……	……	……	……

表 8-2 存储了图 8-3 中的非叶节点信息，即从最上层开始数的第一层和第二层的节点信息。例如，对第一层中的 001、020 和 037 分别设置了三个指针 N1、N2、N3 指向其下层的节点。对指针 N1 所指层中的 001、010、016 分别设置了三个指针 L1、L2、L3 指向再下层的节点，等等。

表 8-3 存储了图 8-3 中的叶节点的信息。例如，对图 8-3 最左侧具有相同指针的由 001、005、007 组成的叶节点，分别设置 3 个地址字段存储其地址号（地址号可以是存储单元地址等）。同时设置叶指针指向其后的叶节点。叶指针能够将所有记录按照排序串联起来，以便 B+树进行数据的遍历。

在表 8-2 和表 8-3 的基础上，若要查询学号为 057 的学生数据，需要先打开非叶节点索引表。根据 ID 列 N0 行检索到 057 大于 037，并根据指针跳转到 N3 节点；再检索到 057 大于 055，并根据指针定位到叶节点索引表中的 L9 叶节点。打开叶节点索引表就可找到 L9 叶节点中的 057，并根据其地址字段得到这条记录在存储介质上的物理地址，然后获取整条记录数据。

在数据量规模大的数据库系统应用中，索引可以显著提高数据查询效率，可以将数据表顺序扫描的 $O(N)$ 级处理效率提高到 $O(\log_2 N)$ 级。但应认识到索引采用的是一种软件技术，体现的是用空间换时间的优化策略。

8.2　数据仓库系统

关系型数据库系统以其直观简明的数据模型在众多领域获得广泛应用，OLTP 以其可靠安全的应用方式受到各界用户的欢迎，大量面向业务操作的数据库系统纷纷涌现。在以 OLTP 为核心服务的数据库系统繁荣发展的同时，产生了若干新兴的数据处理需求。

第一，如何解决数据孤岛问题，即如何将业务系统中众多分散的数据库系统连接整合起来，以更好地发挥整体数据资源的价值。

第二，如何应对日益增长的数据分析需求。OLTP 适合业务操作层的数据处理，那么业务管理层和决策层应如何利用这些数据进行分析，并逐渐构建服务于管理决策的新型的决策支撑系统（Decision Support System，DSS）呢？

于是产生了数据仓库系统。

8.2.1　数据仓库的概念

20 世纪 80 年代，计算机领域开始关注并提出了数据仓库的概念及一些建设原则。20 世纪 90 年代初期，计算机科学家比尔·恩蒙（Bill Inmon）在《建立数据仓库》一书中对数据仓库进行了定义，并系统探讨了数据仓库的建设方法。

恩蒙认为，**数据仓库（Data Warehouse，DW）是一个面向主题的、集成的、反映历史变化的、相对稳定的数据集合。建立数据仓库的目的是支持数据分析和管理决策**。恩蒙对数据仓库的定义至今仍被计算机学术界和应用界广泛接受。

1．数据仓库的特点

恩蒙对数据仓库的定义充分体现了数据仓库的特点。

（1）数据仓库是面向主题的。

一般用于事务处理的数据库系统是面向业务操作的，而用于管理决策的数据仓库系统是面向业务分析的。业务分析主题是对业务中的具有全局性的目标的提炼与综合。

例如，企业根据各个职能部门的原材料采购数据、内部生产数据、产品营销数据、客户关系数据、员工人力资源数据等进行企业效益核算的主题分析；又如，一所高校根据本校各专业多年来学生报考数据、毕业生去向数据、各大网站社会招聘需求数据、国内院校同类专业数据、国际国内学科发展数据等进行专业调整建设的主题分析。

主题分析是局部的业务层面数据库系统无法独立完成的，必须上升到更高层级才能统一处理。

（2）数据仓库是集成的。

数据仓库将分散的数据库或其他数据源中的数据汇集并整合起来，是集成的。这种集成不是简单的数据存储转移和堆积，首先，要根据数据仓库的主题对源数据进行筛选；其次，要对符合主题的数据进行一系列的加工整理，使数据仓库中集成整个组织的具有一致性的数据集合。

（3）数据仓库中的数据是反映历史变化的。

一般事务处理型的数据库系统更关心当前的数据，而数据仓库需要进行大量的数据分析，所以必须对各历史时刻的业务数据进行长期积累，形成时间序列，才能对业务的发展变化趋势进行深入探索，从而找到问题、发现规律并预测未来。

（4）数据仓库中的数据是相对稳定的。

数据仓库中的数据是相对稳定的，其原因在于这些数据多用于数据查询和数据分析的数据读操作，不需要或者很少需要进行修改和删除等数据写操作。

2. 数据仓库产品

一些传统的数据库厂商为保持数据处理的优势推出了自己的数据仓库产品，一些有实力的数据分析公司和互联网公司也通过开发和并购等方式加入数据仓库产品的竞争中，如 Oracle、IBM、微软、HP、Teradata 和 SAP 等公司的产品。

随着大数据应用的发展，一些技术创新和应用开源的数据仓库产品相继推出，如 Hive、PostgreSQL 和 GREENPLUM 等。通过多年的自主研发，我国也拥有了极具竞争力的数据仓库产品与服务，如华为的 LibrA、阿里巴巴的 CDW、百度的 Doris/Palo 和腾讯的 TDW 等。

8.2.2 数据仓库系统的基本结构

数据仓库系统通常由数据仓库及其管理系统，以及相关数据分析软件工具等组成。随着计算机网络系统和软硬件系统的飞速发展，数据仓库系统大大拓展了数据资源的连接和处理能力，进一步提高了数据的集中程度，提升了数据处理，特别是数据分析的能力，为建立基于数据分析的商业智能和决策支撑系统铺平了道路。

图 8-4 为数据仓库系统基本结构示意图。

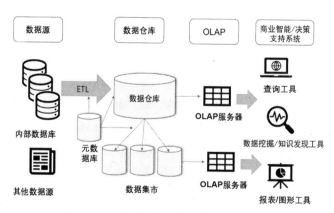

图 8-4 数据仓库系统基本结构示意图

由图 8-4 可知：

- 数据仓库中的数据来自内部数据库和其他数据源。通常需参照元数据对这些数据进行必要的抽取（Extract）、转换（Transform）和加载（Load）处理，简称 ETL 处理。经 ETL 处理后的数据方可存入数据仓库。

- 数据仓库中的数据按照一定方式组织存储在数据仓库中。
- 数据仓库可进一步划分成若干个子集，即数据集市。
- 可对数据仓库或数据集市进行 OLAP（Online Analytical Processing，联机分析处理），实现对数据的分析，并最终达成商业智能和决策支撑系统的目标。

下文将对上述 ETL、元数据、数据集市及数据仓库中的数据组织进行讨论。OLAP、知识发现和商业智能等将在后续章节进行详细讨论。

1. ETL 和 ETL 工具

数据仓库系统从各相关数据源中获取数据，数据源中的数据主要来自组织内部数据库系统及外部相关数据源，如互联网爬虫及物联网数据采集系统、第三方数据和离线电子文档等。在将这些多源异构的、不同口径的数据存储到数据仓库前需要对其进行整理，该过程中涉及的数据清洗需要采用 ETL 工具。

数据清洗可用 ETL 三个字母概括。

- E（Extract）即数据抽取，是指从事务处理型数据库等数据源中筛选出符合数据仓库主题的数据集合。
- T（Transform）即数据转换，是指将抽取的数据按照一定的规则转换为统一口径、统一尺度、统一格式的一致性数据。
- L（Load）即数据加载，是指将转换的数据按照数据仓库的数据格式要求传输并存储到数据仓库系统中。

例如，由于不同数据库表示性别的数据取值方式不同，有的数据库使用男/女，有的数据库使用 1/2，有的数据库使用 M/F，因此数据不一致。又如，由于不同数据库采用不同的计量单位度量距离，有的数据库使用米，有的数据库使用公里或千米，有的数据库使用英里，因此数据不具有可比性。更复杂的场景是，随着应用系统的迭代升级，数据库系统积累了成千上万个因交叉调用而盘根错节的数据表，对这些数据进行 ETL 处理并非易事，这涉及更大力度的数据治理等。

数据清洗是一项烦琐而细致的工作，一般需要借助 ETL 工具完成。目前 ETL 工具支持多种异构数据源的连接和处理，具有直观的图形化界面和高效处理大批量数据等特点。主流的 ETL 工具有 Kettle、DataStage、Informatica 等，也可以使用 SQL 或 Python 等计算机语言自行编写专用的 ETL 程序。

2. 元数据和元数据管理

元数据（Metadata）是对数据的描述，这些描述也是一种数据，所以元数据又称为关于数据的数据。元数据可以帮助使用者快速定位数据并获取所需信息。

数据仓库系统中的元数据分为两类：系统元数据和业务元数据。

- 系统元数据：描述数据仓库中数据的来源、生成规范、转换规则、属性和存储位置等。系统元数据可以帮助数据仓库管理员进行数据的生成、存储和维护，有效管理大规模、网络化的数据资源，从而保证数据仓库系统的一致性、高效性和可靠性。
- 业务元数据：描述数据仓库中数据的维度等业务信息，如时间维度、地区维度和产品分类维度的内容及关系等。业务元数据可以引导业务用户进行数据查询和业务分析。

由于元数据也是一种数据，因此可以建立元数据库，可采用数据库技术对元数据进行一体和高效的管理。

3．数据集市

数据集市（Data Mart）是在企业级的整体数据仓库系统基础上，为满足组织中某些部门的数据分析需求而建立的专用的小型数据仓库。数据集市是数据仓库的子集，依赖于数据仓库系统的支持，这种建立数据集市的策略称为从属型数据集市。

在一般情况下，建立企业级整体数据仓库系统投入大且周期长。为解决这个问题，可在各部门事务处理型数据库系统上，先期搭建多个小型的数据集市并进行局部的 OLAP，然后将这些数据集市整合升级，从而建立企业级的整体数据仓库系统。这种建立数据集市的策略称为独立型数据集市。

4．数据仓库中的数据组织

与数据库类似，数据模型对于数据仓库实现数据组织和存储是非常重要的。目前主流数据仓库的数据模型多采用事实表或维度表的形式。

1）事实表

事实表用来存储具体的业务数据。事实表涉及数据粒度的概念。**数据粒度**是指通过不同数据维度组合表示的业务数据的细致程度。

例如，"某公司 2021 年 5 月上海市的智能手机销售额为××万元"比"某公司 2021 年第二季度华东区电子产品销售额为××万元"的数据粒度要细。

根据存储数据粒度的不同，事实表可分为事务事实表、周期快照事实表和累积快照事实表三种类型。事务事实表用于存储数据粒度最细的事务级数据，如购买某智能手机的下单时间和购买金额等具体订单数据。周期快照事实表用于存储一定时间段的时期汇总数据，如某天、某月或某季度的销售额。累积快照事实表用于存储截止到某个时间点的汇总数据，如截止到 2020 年 12 月 31 日已发货订单为××万件等。

一个数据仓库可以建立多个事实表，但每个事实表中的数据粒度应是尽量一致的。

2）维度表

维度表用来存储具体的维度数据。维度是描述业务数据的一个或一组属性。例如，描述产品销售时间的维度有年份、季度和月份等；描述产品销售区域的维度有大区、省市和地市等，描述产品类型的维度有大类、中类和小类等。

数据维度的一个重要特征是具有层次性。

事实表和维度表共同构成了数据仓库的数据模型。数据模型根据直观形状可分为雪花模型和星状模型。数据仓库的雪花模型示意图如图 8-5 所示。

图 8-5 中间部分是事实表，记录了每笔订单数据；左、右两侧均是维度表。例如，商品维度表记录了有关商品代码维度的数据，包括商品代码、商品名称、大类代码等，最左侧的大类维度表记录了商品维度表中有关大类代码维度的数据，包括大类代码、大类名称。这类由事实表和维度表构成的数据模型在逻辑关系上呈现类似雪花的形状，故称为雪花模型。

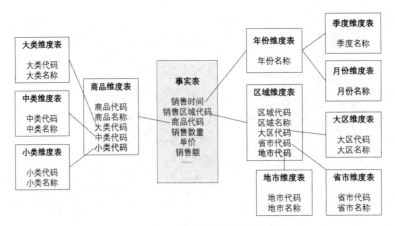

图 8-5　数据仓库的雪花模型示意图

需要说明的是，维度数据具有层次包含关系，且有时会发生变化，根据实际情况维护维度数据是非常重要的。

8.2.3　联机分析处理

以数据仓库为数据基础的从联机分析处理的数据报表和图形展示到商业智能和决策支撑系统的一系列数据分析方法、技术和工具，使大规模数据处理日益受到重视，得到快速发展，并在一些数据密集型和数据规范化程度较高的企业和行业获取了积极成果。

1．什么是联机分析处理

联机分析处理（Online Analytical Processing，OLAP）是计算机数据服务的一种基本方式，它以数据库或数据仓库系统等为数据支撑，着力为用户提供数据分析的应用服务。

OLAP 的基本处理方式是，先从数据仓库（数据库）中抽取一批数据；然后从多个维度展示、计算和比较抽取的数据，努力发现数据中蕴含的规律，或为发现新的数据分析线索抽取查询更多的数据等，最终得到有价值的分析结论。OLAP 是一个批量、反复查询数据的探索式分析过程。OLAP 很少进行 OLTP 中的数据增加、删除、修改、查询等操作，更关注的是数据的查询效率。

2．OLAP 数据查询

OLAP 数据查询通常指对事实表进行多个维度的联合查询。例如，基于如图 8-5 所示的雪花模型进行 OLAP 数据查询，不仅涉及商品销售的事实表，也涉及商品维度、年份维度、区域维度等多个维度表。

OLAP 数据查询包括钻取、上卷、切片、切块、旋转等操作。以图 8-6 为例对其进行说明。

图 8-6 展示了对某公司销售额数据在空间（省市）、时间（季度和月份）及商品类型 3 个维度上进行 OLAP 查询的直观含义。

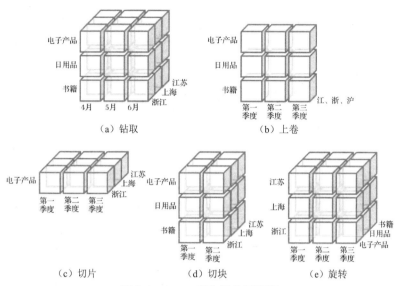

图 8-6　OLAP 查询操作示意图

- 钻取（Drill Down）：是对数据维度进一步细化，从粗数据粒度下钻到细数据粒度，从汇总数据下钻到个体数据。如图 8-6（a）所示，时间维度从季度数据下钻到月度数据。如果数据粒度能够支撑，还可进一步下钻到旬度数据或日数据等。
- 上卷（Roll Up）：是钻取的反向数据操作，是对数据从细数据粒度上升到粗数据粒度的维度汇总，即将数据从细数据粒度汇总至粗数据粒度。如图 8-6（b）所示，数据从空间维度的省市粒度汇总到大区维度。
- 切片（Slice）：是在指定维度中查询数据。如图 8-6（c）所示，从商品类型维度查询电子产品在各季度和浙江、上海、江苏的销售情况，所得结果可用一个二维（季度维度和省市维度）表表示。
- 切块（Dice）：是在指定维度的某个区域中查询数据。如图 8-6（d）所示，从季度维度查询各类商品在浙江、上海、江苏的第一季度和第二季度的销售情况，所得结果可用一个三维（季度维度、商量类型维度、省市维度）表表示。通常形象地称这样的表为数据立方体（Data Cube）。
- 旋转（Pivot）：是对数据进行维度位置互换，相当于使数据行、列转置。如图 8-6（e）所示，省市维度和商品类型维度进行了位置互换。

3．OLAP 产品

开源的或商品化的 OLAP 产品有许多。例如，开源的可应用于大数据环境的产品有 Apache KYLIN、Druid、Presto、Impala、GREENPLUM、ClickHouse 等。国内也有比较领先的产品，其中阿里巴巴自主研发的针对海量多维数据的在线分析处理云计算服务系统 ADB（AnalyticDB for MySQL）就是一个具有很强并发处理和实时处理能力的实时 OLAP（Realtime OLAP）系统。

4．OLTP 和 OLAP 的对比

如表 8-4 所示，以表格的形式对 OLTP 和 OLAP 进行对比，以区分它们在数据处理方式上的重大差异。

表 8-4　OLTP 与 OLAP 特点对比

比较项目	OLTP	OLAP
用户类型	业务操作人员	管理与决策人员
基本功能	数据操作与维护	数据查询与分析
响应事件	秒级	分钟级
数据设计	面向应用	面向主题
数据内容	当前的、最新的、细节的	历史的、汇总的、多维的
数据操作	增、删、改、查	查
数据存取	数据的读和写	以数据只读为主
一次处理	一次若干条	一次大批量
数据模型	关系型数据库	星状模型或雪花模型
数据规模	中小型	大型

尽管目前主流的应用方式是基于数据库系统实现 OLTP，基于数据仓库系统实现 OLAP。但随着技术的发展，出现了一种新型而高效的混合事务处理和分析处理（Hybrid Transactional and Analytical Processing，HTAP）系统。该系统可同时支持 OLTP 和 OLAP，支持分布式及实时联机数据分析等，是未来数据库系统、数据仓库系统，乃至大数据系统的一个技术发展方向。

8.2.4　知识发现与商业智能

数据库系统和数据仓库系统逐步积累了大规模、高质量、格式化的数据。OLAP 是一个进一步开展新一代数据分析应用的良好开端。20 世纪 90 年代初期产生了许多数据分析理论方法。在计算机科学领域，以知识发现和数据挖掘为代表的数据分析技术和软件产品取得突破性进展，让数据释放了更多价值，大大拓展了数据库系统和数据仓库系统的应用前景，并为之后的机器学习、深度学习及人工智能的发展奠定了良好的基础。因此，计算机科学领域凭借算料、算力和算法等优势成为数据分析研究与数据科学建设中较活跃的创新力量之一。

1．知识发现和数据挖掘

知识发现全称为数据库中的知识发现，是指从大型数据库或数据仓库的数据集合中，发现隐含的、有用的、可理解的知识，并理解和应用知识的过程。在计算机系统的支持下，知识发现具有一定的自动性和智能性。

数据挖掘（Data Mining，DM）是利用数据处理方法，从海量的、有噪声的各类数据中提取潜在的、可理解的、有价值的信息的过程。数据挖掘过程也被形象地比喻为从巨大的数据矿藏中开采知识黄金的过程。

知识发现与数据挖掘在诸多方面有相似之处。有学者将数据挖掘视为知识发现过程的一个

环节，也有学者将知识发现视为数据挖掘的一个发展阶段或者数据库系统应用的一个分支等。

知识发现包括数据预处理、选择数据集、数据分析与挖掘、模式评估、知识呈现等多个环节，这与 2.8.2 节讨论的 CRISP-DM 过程类似，相互借鉴和融合发展是二者的总体趋势。由于数据挖掘的理论方法更宽泛，目前已经成为此类数据分析应用的主流称谓。

2. 商业智能/决策支撑系统

以数据仓库为数据基础，以数据挖掘为分析方法的大规模数据处理日益受到重视并快速在众多行业得到发展，如银行证券、市场营销、电信运营、电子政务、基因工程和互联网网站分析等。基于此，商业领域产生了建立商业智能/决策支撑系统的需求。

商业智能/决策支撑（Business Intelligence，BI；Decision Support，DS）系统，从技术角度来看，是集数据仓库、联机分析、数据挖掘、数据报表和图形展示于一体的数字化技术系统；从应用角度来看，是从大规模业务数据中获取商业知识，为行业或企业的管理决策提供智能化服务的决策支撑系统。

经典的商业智能系统注重多维度数据的存取和展现，如 Sap 公司的 BO，Oracle 公司的 BIEE，IBM 公司的 Congos；比较重视数据可视化展示的软件工具有微软公司的 Power BI，Tableau Software 公司的 Tableau，QlikTech 公司的 QlikView；支持开源应用的商业智能系统有 Superset、SpagoBI、MetaBase，以及国内的 CBoard；国内有代表性的商业化的商业智能系统有帆软公司的 FineBI，思迈特软件公司的 SmartBI，阿里巴巴的 QuickBI。

商业智能系统的特色功能是搭建**数据驾驶舱**。数据驾驶舱借鉴了大型交通工具物理驾驶舱的概念。驾驶舱是整个交通系统的控制中心，通过仪表盘（Dashboard）、指针和数字等实时展现运行状态，辅助驾驶员管理与操作。

类似地，数据驾驶舱一般是针对某个业务主题而设计的。它利用各种常见的图表，形象地表达业务运行的关键指标，便于监测业务经营状态，并对异常数据进行提示预警和跟踪挖掘。数据驾驶舱具有数据的时效性、信息的综合性、图表的直观性、布局的合理性和配置的灵活性等，是一套为管理决策人员提供一站式信息服务的综合信息中心系统。FineBI 数据驾驶舱窗口示例如图 8-7 所示。

图 8-7 FineBI 数据驾驶舱窗口示例

图 8-7 窗口包含柱形图、饼图和时间序列折线图等，通过该窗口可以直观总览业务运行中各方面的关键指标的情况和发展趋势等。

目前商业智能系统呈现出一些新的发展方向，在系统易用性方面，面向业务人员支持自助式数据驾驶舱的构建和分析；在系统技术发展方面，不断向大数据技术下的云计算环境迁移，并采用人工智能技术不断提升智能化决策水平。

8.3 数据库系统的技术发展

网络的蓬勃发展全面推进了数据库系统的应用，形成了用户数增加、数据量增大、数据类型增多、应用愈加庞大复杂的局面。作为众多网络应用系统的核心，数据库系统面临着高并发、高负荷等新挑战。因此在不断改进数据模型和增加新功能的同时，数据库系统更加关注其**性能**、**可用性**和**可扩展性**等体系架构问题，以有效解决数据库系统运行效率低的问题，避免系统因过度负载而出现故障或宕机等风险。

为此，人们采用并行数据库和分布式数据库等技术，来提升数据库系统的性能、可用性和可扩展性。例如，对客户数据库采用分库分表的方法，将大数据表中常用字段列向独立出来；如果数据量仍然较大，可按照客户所在地区或者活跃度等对数据进行横向分片并分区存储；也可利用多台服务器和多个 CPU 对数据进行并行处理，以有效提高数据库系统性能。下文对数据库的性能、可用性和可扩展性略加说明。

1）性能

性能（Performance）是指数据库系统能够同时处理多个用户数据请求的能力，通常体现在系统响应时间、用户并发数、吞吐量和性能计数器等方面。其中，吞吐量是指单位时间内数据库系统处理的用户请求数量，性能计数器显示了数据库系统对 CPU 使用、内存占用及磁盘和网络资源的利用等性能。索引技术、并行技术、分布式技术、数据库连接池技术、内存数据技术等可以提高数据库系统的性能。

2）可用性

通俗地讲，可用性（Availability）是指数据库系统在投入使用后的实际运行效能，通常体现在系统的可靠性和可维护性等方面。数据库系统的高可用性可通过负载均衡、数据备份和单点失败转移等方法实现。

3）可扩展性

可扩展性（Scalability）是指数据库系统通过很少的变动或调整就能实现整个系统数据处理能力的扩充或缩减。系统具备弹性伸缩的灵活变化能力，包括纵向可扩展性和横向可扩展性两方面。纵向可扩展性，又称垂直可扩展性，是指通过增加同一处理单元的处理资源来提高处理能力，如将微型或小型机升级为大中型机、增加服务器 CPU、添加磁盘等。横向可扩展性，又称水平可扩展性，是指通过增加更多的处理单元，并使其作为一个整体处理单元来提高处理能力，如采用各层面的分布式处理系统、计算机集群（详见 3.1.2 节）、负载均衡技术及云计算（详见 3.5.4 节）系统等。

一些权威机构建立了标准的指标体系和测试环境与方案，以对数据库系统的性能、可用性和可扩展性等进行评估和认证，推动了数据库系统的科学发展。数据库系统进入一个全面发展阶段，产生了许多新的理论方法和技术产品。本节将重点介绍并行数据库技术、分布式数据库技术、NoSQL 数据库系统和 NewSQL 数据库系统的基本内容。

8.3.1　并行数据库技术

随着各种通信网络应用的快速普及发展，数据库系统的用户数和数据量呈现爆发式增长，这对大型数据库系统的处理能力提出了更高的要求。

计算机服务器系统在数据库系统应用中具有重要作用。随着微处理器、内存和磁盘性价比的大幅度下降，计算机服务器系统得到快速迭代发展，用摩尔定律[①]来刻画毫不过分。从单 CPU 到多 CPU，从 CPU 计算到 GPU 和 NPU 计算，从单台服务器到计算机服务器集群，从对称多处理器结构（Symmetrical Multi-Processing，SMP）到大规模并行处理架构（Massively Parallel Processing，MPP），计算机服务器系统的体系架构、技术和性能等取得了跨越式进步。多处理器和多服务器技术系统强大的并行处理能力为提高数据库系统的性能提供了坚实的技术保障，涉及计算机并行处理及并行数据库技术等诸多方面。

1. 计算机并行处理

计算机并行处理，就是先将较大的处理对象划分为多个子部分，将较复杂的处理操作划分为多个子任务；然后由多个计算机服务器或处理器并行处理，实现数据级并行（Data Level Paralleism）和任务级并行（Task Level Paralleism），达到大幅度提高处理性能的目的。计算机并行处理示意图如图 8-8 所示。

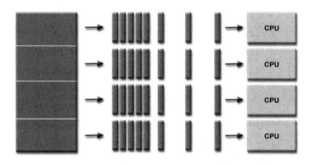

图 8-8　计算机并行处理示意图

2. 并行数据库技术及其系统架构

一方面，数据库系统的处理对象具有批量性和集合性，在大多情况下，可分解为多个数据子集。对于数据库存储设备而言，数据存取始终是瓶颈问题。解决这个瓶颈问题的策略之一就是根据一定规则把数据分别存放在不同的磁盘上，客观上便形成多个数据子集。另一方面，在

[①] 摩尔定律由英特尔创始人之一戈登·摩尔（Gordon Moore）提出，核心内容是集成电路上可容纳的晶体管数目约每隔 18 个月增加一倍，集成电路的性能也随之提升一倍。通常用摩尔定律来揭示信息技术进步的速度。

大多情况下数据系统的数据操作也可以划分为多个子任务。

从计算机并行处理角度来看，上述两方面表明，数据库系统客观上具备并行性处理基础，且适合采用并行处理策略实现磁盘存取并行和查询操作并行等。

并行数据库（Parallel Database，PDB）技术是指运行在并行计算机系统上的具有并行数据处理能力的数据库技术。

为实现高性能的并行数据处理，需要使用并行数据库技术完成以下两个任务。

（1）任务一：建立并行处理的计算机服务器系统架构。

在并行数据库技术中，计算机服务器系统具备多个处理器是并行处理的必选项，内存和外存磁盘可以共享，也可以独立使用，因此产生了不同的并行处理架构。并行处理系统架构示意图如图 8-9 所示。

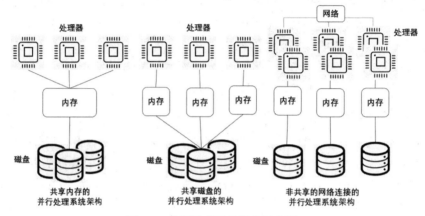

图 8-9　并行处理系统架构示意图

图 8-9 展示了三种并行处理系统架构，分别是共享内存的并行处理系统架构、共享磁盘（Shared-Disk，SD）的并行处理系统架构，以及非共享（Shared-Nothing，SN）的网络连接的并行处理系统架构。不同的并行处理系统架构服务于不同策略的并行处理。

前两种并行处理系统架构体现了前述的 SMP 的特点。共享内存的并行处理系统架构中包含多个处理器、一个共享内存和多个磁盘，各个处理器与共享内存连接，并可直接访问一个或多个磁盘，即所有内存和磁盘均可被多个处理器共享。共享磁盘的并行处理系统架构由多个具有独立内存的处理器和多个磁盘构成，每个处理器可以读写全部磁盘。非共享的网络连接的并行处理系统架构体现了 MPP 的特点，多个 SMP 以节点的形式通过网络连接。这种数据库非共享集群的特点是每个处理器都有各自独立的磁盘存储系统和内存系统，业务数据根据数据库模型和应用特点被划分到各个节点上。节点之间通过专用网络或商业通用网络互相连接，彼此协同计算，作为一个整体提供数据库服务。非共享数据库集群具有高性能、高可用性、高性价比及完全的可扩展性。

（2）任务二：改造数据库管理系统软件，核心任务是增加实现并行处理必需的并行处理算法。

基于以上两个任务数据库系统可以根据计算机系统的处理资源（处理器、内存和磁盘等）及数据库数据资源等情况，配置并调用并行算法，从而实现高性能的并行处理。

并行数据库技术的高性能受益于并行处理的速度提升（Speed Up）和规模提升（Scale Up）。速度提升是指通过并行处理能够在更短的时间内完成同样多的数据操作。规模提升是指通过并行处理能够在相同的时间内完成更多的数据操作。并行数据库技术的复杂性主要体现在如何合理地分解数据操作，如何均衡地调度负载，以及如何实现进度信息的高效交互和合并生成并行处理结果等方面。

8.3.2　分布式数据库技术

分布式数据库是相对于集中式数据库而言的。集中式数据库系统的最大特点是数据在物理上的集中存储和管理。集中式数据库系统的优势：安全可靠、应用全面和服务能力强大等。集中式数据库系统的不足：①运维成本较高，集中式的大型数据库系统的硬件设备、软件工具和网络环境都相对昂贵且运维投入较大；②系统扩充困难，不仅会受到软硬件技术和网络条件纵向升级的限制，而且数据库系统的横向扩充复杂且成本高；③由于集中式数据库系统核心设施具有单点式特征，因此其运维压力大且损失风险较高。

分而治之是解决上述问题最直接的技术策略，如对大型数据库进行分库处理、采用对记录横切片或对字段竖切片等数据分割策略、对数据表进行分表处理等。这些基本思路促进了分布式数据库技术在 20 世纪 90 年代的快速发展。

1．分布式数据库技术的基本概念

分布式数据库技术将数据库中的数据分别存储在不同物理节点的局部数据库中。这些局部数据库可运行在不同操作系统的不同主机上，可使用不同数据库管理系统进行管理。它们通过高速网络（局域网或广域网）连接，在统一的分布式数据库管理系统（Distributed DBMS，DDBMS）的管理下，作为一个逻辑整体提供透明式的数据服务。透明式是指用户感受不到数据库在不同物理存储系统上，对于用户来说分布式数据库在逻辑上是一个整体。分布式数据库技术示意图如图 8-10 所示。

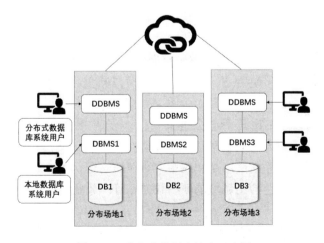

图 8-10　分布式数据库技术示意图

图 8-10 中的三个分布场地均安装了独立的数据库和数据库管理系统，图中左下角的本地数据库系统用户仅可以访问分布场地 1 中的数据库 DB1。同时三个分布场地均安装了统一的 DDBMS。在高速网络下，图 8-10 左上角的分布式数据库系统用户可以通过 DDBMS 访问其他两个分布场地中的数据库。

分布式数据库技术的优势是具有灵活的体系结构且易于水平扩展，适合管理与控制分布型组织的业务，系统投入较少且运维成本较低，具有较高的可用性，在一定应用环境中响应速度较快等；不足是网络系统的开销较大，增加了数据体系关系的复杂度，数据的安全性和一致性管控难度较大，等等。

2．分布式数据库技术的性能评价

分布式数据库技术会涉及一致性（Consistency）、可用性（Availability）和分区容错性（Partition Tolerance），简称 CAP 三方面的评价。

- 分布式数据库的一致性：是指当分布式数据库成功完成数据更新操作后，分布式数据库系统的所有用户在其客户端的计算机上都应看到完全一致的数据。

  由于分布式数据库系统中存在多用户对数据库的并发访问和读写，因此若无法确保一致性，则将导致整个数据库混乱。
- 分布式数据库的可用性：是指数据服务在正常响应时间内一直可用。
- 分布式数据库的分区容错性：是指分布式数据库系统在遇到某节点或网络分区故障时，仍能对外提供满足一致性和可用性的服务。

CAP 理论是指一个分布式数据库系统不可能同时满足一致性、可用性和分区容错性三个需求，最多只能完善地满足其中的两项。

8.3.3 NoSQL 数据库系统和 NewSQL 数据库系统

NoSQL 数据库系统和 NewSQL 数据库系统是数据库技术发展创新中的两个代表。

1．NoSQL 数据库系统简介

从名字可以看出，NoSQL 数据库系统概念与 SQL 数据库系统概念有一定联系。

SQL 数据库系统中的数据库管理系统一般是那些以关系数据模型为基础的、采用 ACID 原则进行 OLTP 应用的、适合使用 SQL 进行数据操作的关系型数据库管理系统（Relational DataBase Management System，RDBMS）。关系型数据库管理系统存在一些问题，例如，为满足 OLTP 的要求，在强调数据库数据一致性的同时会在一定程度上影响系统的性能和可扩展性。又如，SQL 数据库管理系统比较适合处理结构化数据，对诸如文档和图数据的处理存在不足。

针对关系型数据库管理系统的不足和应用中存在的问题，对其在原有数据库理论基础上进行改造和创新，开发面向特色应用领域的新型数据库管理系统是极为必要的。于是 NoSQL 数据库系统应运而生。

NoSQL 数据库系统采用更加适合分布式技术和系统水平扩展性的新型数据模型，利用简便的数据操作替代 SQL 数据操作。NoSQL 数据库系统中有代表性的是列式数据库系统（如 Big

Table)、键值数据库系统（如 Redis）、文档数据库系统（如 MongoDB）和图数据库系统（如 Neo4j)等。这里简要介绍列式数据库(Column Database)系统和键值数据库(Key-Value Database）系统的核心思路。

1）列式数据库系统

在关系型数据库系统中，数据表的内模式（详见 8.1.2）一般是按记录行顺序存储的。这种模式的优势是适合根据关键字定位整条记录，便于对记录中的某些字段进行修改等。这种模式存在的问题是在频繁增减字段的数据扩充应用场景中，或者在经常按列存取数据的 OLAP 应用场景中，会出现处理效率低下的情况。

列式数据库系统提出了差异化的内模式设计，较好地解决这些问题。顾名思义，**列式数据库系统采用的是按列顺序存储的内模式**。列式数据库系统在许多大规模数据应用环境中表现出更加优异的性能。以如表 8-5 所示的学生二维数据表为例说明列式数据库系统的内模式。

表 8-5　学生二维数据表

学　号	姓　名	性　别	身　高
2003005	张三	男	183
2003015	李四	女	165
2002005	王五	男	176
2005016	刘六	男	172
……	……	……	……

针对表 8-5，关系型数据库系统采用按记录行顺序存储的内模式示意：

<数据表结构描述区>
<数据表索引描述区>
2003005/张三/男/183;2003015/李四/女/165;2002005/王五/男/176;2005016/刘六/男/172;……

针对表 8-5，列式数据库系统采用按列顺序存储的内模式示意：

<数据表结构描述区>
<数据表索引描述区>
2003005/2003015/2002005/2005016/……;张三/李四/王五/刘六/……;男/女/男/男/……;183/165/176/172/……;

可见，列式数据库系统中的数据是按以字段为单位的列顺序进行存储的。

列式数据库系统改变了关系型数据库系统内模式的数据组织方式。尽管如此，这并不妨碍模式和外模式（详见 8.1.2）仍采用二维数据表方式（当然也可采用其他方式）。

早期的商业化列式数据库系统是 20 世纪 90 年代后期发布的 Sybase IQ 系统，目前列式数据存储技术被广泛应用于大型数据库、数据仓库和大数据系统。国产数据库系统不乏采用列式数据存储技术的优秀产品和成功应用。

2）键值数据库系统

键值数据库系统的核心是在内模式设计中采用键（Key）和值（Value）的方式存储和管理数据表中的数据。对于如表 8-5 所示的学生二维数据表的第一条记录，键值数据库系统的内模式示意：

```
2003005/学号:2003005
2003005/姓名:张三
2003005/性别:男
2003005/身高:183;
```

这里，键是关键字和字段名的组合，值是对应的字段值。键是值访问的唯一标识。

键值数据库系统通过键值实现对数据的管理，非常适合以键为导向的多个相关值的数据操作。进一步，键值数据库系统可使用哈希算法[①]等对键建立索引，便于分布式分区存储，能够有效提高数据库系统的存取效率和水平扩展能力等。

键值数据库系统的数据存储与管理更灵活，在大规模数据应用场景中表现出了很高的数据处理性能。具有代表性的键值数据库系统是 2008 年推出的开源键值数据库系统 Redis（REmote DIctionary Server）。Redis 的特色是值的类型丰富，既可以是最大容量为 512 MB 的字符串（String），也可以是列表（List）、集合（Set）、有序集合（Sorted Set），甚至可以是哈希表等复杂对象。

作为 NoSQL 数据库系统的典型代表，键值数据库系统虽然在由值为导向的组合数据查询应用中并无优势，但这与 NoSQL 数据库系统的应用场景是相符合的。此外，对于分布式数据库技术的一致性、可用性和分区容错性三方面，NoSQL 数据库系统更注重可用性和分区容错性，通常支持自动分区和无人工干预的水平扩展功能。由于 NoSQL 数据库系统弱化了一致性，因此比较适合互联网社交媒体等仅要求达成最终一致性的应用场景，不适用于金融交易和电子商务等实时事务处理中要求实时一致性的应用场景。

2．NewSQL 数据库系统简介

针对大量实际运行中的 SQL 数据库系统和 NoSQL 数据库系统各自的优势和不足，开发一种既支持 SQL 数据操作和事务处理的数据一致性，又有较高的数据处理性能和系统可扩展性的数据库系统，成为一种新的应用需求。NewSQL 数据库系统就是为满足这种应用需求而开发的。

NewSQL 数据库系统是指在充分满足数据库系统性能、可用性和可扩展性的前提下，继续支持事务处理的 ACID 原则，继续使用 SQL 进行数据操作的一类关系型数据库系统。 NewSQL 数据库系统实际上是对 SQL 数据库系统的继承和发展。

在提高数据库系统的性能方面，NewSQL 数据库系统采用了并行式、分布式和内存式处理技术等方法；在提高数据库系统的可扩展性方面，NewSQL 数据库系统采用了分库分表、多数据副本、中间件系统技术、分布式技术等方法；在提高数据库系统的可用性方面，NewSQL 数据库系统采用了数据备份、数据库读写分离、数据缓存和故障恢复等方法。

采用分布式技术仍然是 NewSQL 数据库系统提高其性能和可扩展性的重点方案。但与

---

① 首先需说明哈希表。哈希表也称散列表，是一种支持通过关键码值（Key Value）直接进行数据访问的数据结构。哈希表采用哈希函数 $F(Key)$ 的形式将关键码值与记录在数据表 T 中的位置一一对应起来。在给定数据表 T 时，对任意查询关键字值 Key，通过 $F(Key)$ 可以快速定位记录地址，因而查询效率高。构造哈希函数的算法称为哈希算法。

NoSQL 数据库系统不同的是，NewSQL 数据库系统的分布式策略更加注重分区容错性和数据一致性，适度放宽了对系统可用性的要求。在策略上，一方面在全局系统或本地分区系统中使用 Paxos 或 Raft 等一致性协议算法，另一方面提供一致性与可用性间的动态调优技术。

此外，分布式系统上的 SQL 数据操作比较复杂，一方面，需要根据多节点的算力和数据分布情况生成一系列优化的 SQL 数据操作执行计划，将计算逻辑尽可能地均摊到多个数据存储设备上；另一方面，需要考虑多个 SQL 数据操作间的调度与协调，评估通信网络开销和延迟，并最终合成数据操作结果。因此 NewSQL 数据库系统实际上已经成为一个分布式计算的引擎系统。

目前 NewSQL 数据库系统开发和应用，有针对传统关系型数据库系统的升级改造，也有使用全新架构开发，或开发相关的数据库中间件，或直接采用云服务提供商提供的基于全新架构的数据库即服务（DataBase-as-a-Service，DBaaS），等等。

数据库系统从层次型和网状型到关系型，从 SQL 到 NoSQL 和 NewSQL，都希望在数据存储层面实现真正的自然扩展，同时希望摆脱人工实现智能化的自动维护，从而使数据库应用系统的技术开发人员和最终用户能够专注于应用逻辑和业务逻辑，使用最自然的数据操作方式访问数据、管理数据和分析数据。

8.4 Hadoop 大数据系统

随着大数据时代的迅猛发展，操作系统的文件系统也面临着数据存储与管理的严峻挑战。无论数据库系统，还是数据仓库系统，其底层存储都是以操作系统的文件系统为基础的。大数据时代数据量极其庞大，数据文件达到单台服务器系统存储能力上限的情况极为普遍。为有效实现对规模如此庞大的大数据处理的高性能、高可用性和高可扩展性，克服垂直扩充成本代价较高、单点文件系统的安全性等问题，与其在数据库系统或数据仓库系统层面进行分布式处理和并行计算等开发，不如在更基础的文件系统层面予以实现。

Hadoop 正是在这样的基本需求下诞生和不断发展起来的大数据系统。

8.4.1 什么是 Hadoop

计算机科学界对分布式文件系统的探索与开发始于 20 世纪 80 年代，网络文件系统（Network File System，NFS）是其中一项比较有代表性的研究成果。

顾名思义，NFS 是通过网络对在不同主机上的文件进行共享，本质是一种基于 TCP/IP 协议的网络文件系统协议。用户通过使用 NFS 协议[①]，可以像访问本地存储文件那样，访问远程服务器中的共享文件。磁盘阵列和通过网络连接起来的磁盘阵列提供了 NFS 协议支持的硬件设备保障（通常称为 NAS 设备）。整个系统不仅获得了更大的数据存储能力，还可以通过主机调配实现数据共享和分布并行处理，并实现数据安全管理等目标。

---

① NFS 协议是一套完整的数据传输协议，主要功能是在主机和存储设备之间传送命令、状态和块数据。

2003 年，谷歌发布了基于计算机集群技术研发的分布式文件系统，即谷歌文件系统（Google File System，GFS）。2008 年，美国 Apache 基金会在 GFS 的基础上，研制并发布了开源项目 Hadoop 1.0 版本，2012 年发布了 Hadoop 2.0 版本。Hadoop 2.×版本架构示意图如图 8-11 所示。

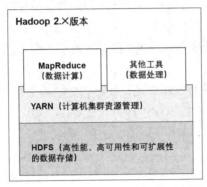

图 8-11　Hadoop 2.×版本架构示意图

Hadoop 是一个以分布式文件系统为基础的、以 MapReduce 为计算处理方式的、支持多种数据处理工具的大数据开发与应用系统。如图 8-11 所示，Hadoop 一般由分布式文件系统（**HDFS**）、**MapReduce** 分布式计算及计算机集群资源管理系统（如 **YARN**）构成。后续，人们基于 Hadoop 开发了许多提供大数据处理分析和管理服务的应用软件工具，形成了一个广义的 Hadoop 大数据应用生态系统。

8.4.2　HDFS

HDFS 是 Hadoop 的基础。HDFS 的核心设计思想是将一个大型数据文件分割为多个均等的文件块（Block），并将文件块尽可能均匀地分布存储在计算机集群的有关节点上。同时根据系统设置的副本个数（Replicate Factor），在不同节点上进行冗余存储，以确保在个别节点出现故障时文件仍能可靠使用。

1. HDFS 的特点

HDFS 采用主从结构实现大文件的分布式存储，具体体现在如下几方面。

（1）HDFS 将计算机集群中的多个节点划分为两个类型：名称节点和数据节点。

名称节点（NameNode）用来存储描述文件基本信息的元数据，如文件名、文件大小、文件块大小、副本个数及文件块存储的节点位置等；数据节点（DataNode）用来存储具体文件块。

（2）NameNode 是 HDFS 的主节点，DataNode 是 HDFS 的从节点。

一般在一个 HDFS 中只有一个主节点，它负责管理所有文件的基本信息和结构体系，同时作为文件存取的入口，接收客户端发出的文件处理请求。HDFS 的第二名称节点（Secondary NameNode）是 NameNode 的一个辅助处理节点，主要功能是定时检测、日志处理、镜像备份等，以保证整个文件系统的完整性和安全性。一个 HDFS 中可以有多个 DataNode，它负责管理各个文件块的存储，并执行文件块的数据读写操作。

2．HDFS 文件的写和读操作

流式数据传输处理是 HDFS 的重要特征，也是大数据处理的必然要求。对于文件的数据传输来说，这意味着只要获取到部分文件数据就可以开始进行数据传输及写和读等相关操作，无须等到获得全部的文件数据之后再开始处理。

1）HDFS 写文件操作

写文件操作发生在将客户端的文件上传到 HDFS 时，其流程示意图如图 8-12 所示。

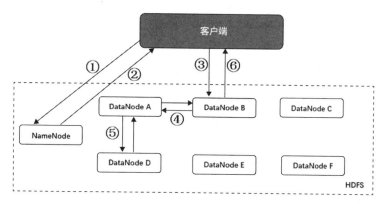

图 8-12　HDFS 写文件操作流程示意图

由图 8-12 可知，HDFS 写文件操作需要经过如下 6 步。

（1）当客户端准备上传一个文件至 HDFS 时，会向 NameNode 发送一个请求信息，如图 8-12 中的①所示。

（2）NameNode 检测客户端的权限、相应文件是否存在、节点资源等情况是否符合要求，若符合要求，则创建登记文件信息，并产生一个 HDFS 的数据输出流（Data Output Stream）程序将信息回传给客户端，如图 8-12 中的②所示。

数据输出流程序负责 NameNode 与 DataNode 间的通信，同时负责将文件块按照规格大小等分别写到多个 DataNode 上，如 DataNode A、DataNode B、DataNode D（假设副本个数为 3）等。数据输出流程序将客户端的文件块分解为数据包，以实现更高效的传输。

（3）客户端发送指令信息给拓扑距离最近的 DataNode B，令其保存文件块，如图 8-13 中的③所示。后继会通过作业管道（Pipeline）依次发送一份副本给 DataNode A 和 DataNode D。

（4）数据输出流程序将文件块存储在 DataNode B 上，并将信息发送给 DataNode A 令其保存文件块副本。DataNode A 完成存储后会回传一个确认信息给 DataNode B，如图 8-12 中的④所示。

（5）数据输出流程序将文件块存储在 DataNode A 后将信息发送给 DataNode D 令其保存文件块副本。DataNode D 完成存储后会回传一个确认信息给 DataNode A 并由其再回传给 DataNode B，如图 8-12 中的⑤所示。

（6）DataNode B 收到其他 DataNode 的确认信息后，将会发送确认信息给客户端，表示完成一个文件块的写入，可以开始处理下一个文件块，如图 8-12 中的⑥所示。

如此循环，直到整个文件写入 HDFS 并关闭客户端数据输出流程序，结束文件上传。

2）HDFS 读文件操作

读文件操作发生在将 HDFS 文件下载到客户端时，其流程示意图如图 8-13 所示。

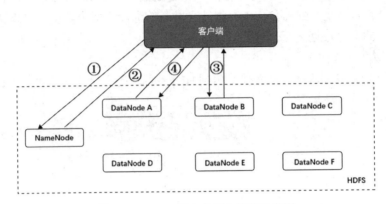

图 8-13　HDFS 读文件操作流程示意图

由图 8-13 可知，HDFS 读文件操作需要经过如下 4 步。

（1）客户端向 NameNode 发送文件名等信息，提交文件读取请求，如图 8-13 中的①所示。

（2）NameNode 确认文件存在后，将该文件涉及的所有文件块信息发送给客户端，包括存储文件块及其副本的 DataNode 的 IP 地址和文件块的 ID 等，同时发送一个 HDFS 的数据输入流（Data Input Stream）程序，如图 8-13 中的②所示。

数据输入流程序负责文件块数据的读取，以及与 NameNode 和 DataNode 间的通信。

（3）客户端检查文件块信息，发送指令信息给拓扑距离最近的 DataNode B，请求发送文件块数据，如图 8-13 中的③所示。DataNode B 完成文件块传输后关闭连接。

（4）客户端采用并行方式从不同的 DataNode（如 DataNode A）获取其他一个或多个文件块，如图 8-13 中的④所示。DataNode 完成文件块传输后关闭连接。

综上所述，总结 HDFS 特点如下。

- HDFS 文件在物理上是依据计算机集群的架构进行多分块、多副本的分布式存储的；在逻辑上用户仍然以文件目录和文件名的方式进行存取、切分和多副本处理，对用户是透明的。
- HDFS 的文件块与一般操作系统的文件块相比规模更大，更适合存储超大数据文件，而不适合存储较多的小数据文件。若存储较多小数据文件，将降低 HDFS 的处理效率和存储效率。
- HDFS 采用多副本存储，增强了系统的可用性，但带来了数据一致性的处理负担。HDFS 更适合大批量数据反复读取的数据分析应用场景，不适合小批量数据反复修改的事务处理应用场景。

综上所述，可以认为 HDFS 更多体现的是实现大数据处理的底层技术平台。

接下来需要关注的问题是如何基于 HDFS 进行高效处理。下文将讨论 Hadoop 基于 HDFS 的计算处理方案 MapReduce。

8.4.3　MapReduce 计算框架

Hadoop 的 HDFS 赋予了大数据系统强大的存储能力，MapReduce 为大数据系统提供了强大的并行计算处理能力。**Hadoop 的 MapReduce 是一种高效的 HDFS 计算处理方案，其既是一个编程方法的模型，也是一个计算过程的框架。**

基于 HDFS 开发人员根据 MapReduce 进行程序开发和程序及作业提交。MapReduce 按照计算过程规定的处理环节，将程序及作业分发到 Hadoop 计算机集群中调度运行。在此先用一个比较直观的示例来说明 MapReduce 的基本含义。

一家商场因业务增长商品采购量激增，由于商场总部配套仓库无法容纳如此多的货物，因此在各地分散建立了 5 个小型仓库存储货物。上文讲述的 HDFS 写文件操作相当于将一批货物分散存储，读文件操作相当于将一批货物调入商场总部集中展示。MapReduce 相当于对一批货物进行某种计算处理，如清点盘库。如果我们知道某批货物分别存储在 3 个仓库中，那么可以派遣 3 名或更多名盘库员对应进行处理，这一任务就称为 Map 任务，即映射；每名盘库员并行完成各自的工作后，将结果带回商场总部整合，并进一步汇总处理，最终得到最后的清点盘库结果，这一任务就称为 Reduce 任务，即归约。

与此对应，HDFS 中的一个 MapReduce 作业（Job）主要分为 Map 和 Reduce 两类基本任务（Task）。Map 任务主要是"分"处理，Reduce 任务主要是"合"处理。如果将 MapReduce 处理程序比喻为盘库，可以看到分布式系统的一个重要特征就是多个程序（盘库员）去找数据并分别进行处理，这与传统的一个程序调来所有数据并集中处理是完全不同的。

具体来说，Map 任务主要是将数据转化为键值对的形式，Reduce 任务主要是对具有相同键的值进行计算处理并生成新的键值对，新的键值对将作为最终计算处理结果输出。Map 任务和 Reduce 任务并行的方式提高了计算处理效率。为使 Reduce 任务可以并行处理 Map 任务的结果，需要对 Map 任务输出的键值对进行分区（Partition）、排序（Sort）、分割（Split）、合并（Merge）之后再交予 Reduce 任务，这个夹在 Map 任务尾部和 Reduce 任务顶部之间的过程称为 Shuffle。

Shuffle 的中文含义是"洗牌"，可理解为把一组规则排列的数据尽量打散成无规则的数据。MapReduce 中的 Shuffle 过程更像洗牌的逆过程，是指将 Map 端输出的无规则数据按一定规则整理成有规则的数据，以便 Reduce 端接收处理。

为便于理解，引用 Hadoop 给出的 MapReduce 对文本文件进行单词统计的计算示例来说明。MapReduce 过程示意图如图 8-14 所示。

由图 8-14 可知，文本文件被分成三个文件块，文件块和其副本分别被存储在 DataNode 中。首先对每个 DataNode 执行 Map 任务，将文本转化为键值对的形式，然后数据经过 Shuffle 过程分区排序后进入 Reduce 过程，对相同键的值进行计算，生成新的键值对后输出。

MapReduce 是一个编程方法的模型，它要求处理程序分为 Map 和 Reduce 两个主要部分，并采用键值对方式实现。MapReduce 也是一个计算过程的框架，它按照一定的技术方法和顺序（主要包括文件输入和分块、Map 任务处理、Shuffle 中间处理、Reduce 任务处理和文件输出环节）自动进行资源配置和计算处理，最后输出相关处理结果。开发人员不必关心 MapReduce 的资源调度和运行实现的底层复杂细节，只需遵从编程方法的模型，专注开发处理程序解决实际业务需求即可。

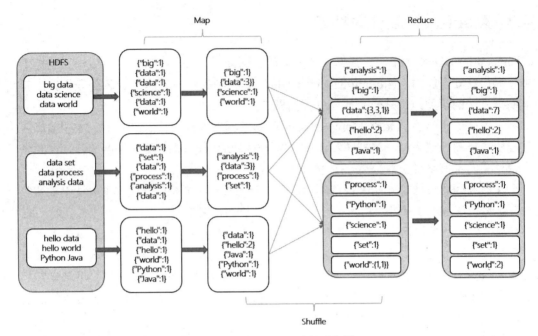

图 8-14　MapReduce 过程示意图

上文直观讨论了 MapReduce 的基本工作原理。应该明确的是，虽然可以使用计算机语言调用 MapReduce 提供的函数或功能实现大数据处理，但这通常适合 Hadoop 的开发技术人员。使用众多搭建在 MapReduce 之上的、屏蔽了 MapReduce 底层处理复杂性的大数据软件工具通常是实现大数据处理的有效途径，这些大数据软件工具构成了所谓的 Hadoop 大数据生态系统。

8.4.4　Hadoop 大数据生态系统

正如前文所述，Hadoop 是一个开发和运行大数据处理的软件平台，也是由一系列软件工具和组件构成的大数据处理应用生态系统，能够在计算机集群中对大数据进行分布式计算处理。Hadoop 大数据生态系统的主要构成如图 8-15 所示。

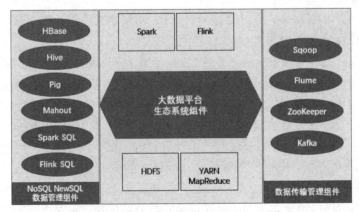

图 8-15　Hadoop 大数据生态系统的主要构成

图 8-15 底层是 Hadoop 的 HDFS、MapReduce、YARN；中间层是提供各种大数据支持服务的组件，包括左侧用于数据管理的组件及右侧用于数据传输管理的组件，这些组件被统称为大数据平台生态系统组件；顶层的 Spark 和 Flink 是基于 Hadoop 开发的极具特色的两大主流大数据系统，将在 8.5 节和 8.6 节进行讨论。

Hadoop 大数据生态系统内容丰富，对于入门者来说存在许多技术门槛，因此下文仅对 YARN、基于 NoSQL 和 NewSQL 的数据管理组件中的 HBase、Hive、Pig、Mahout，以及数据传输管理组件等进行一般性介绍，目的是让读者初步了解 Hadoop。如果读者感兴趣，可参考其他资料进行深入学习。图 8-15 左侧的 Spark SQL 和 Flink SQL 将在 8.5 节和 8.6 节进行讨论。

1．YARN 资源调度管理系统

在 Hadoop 1.×版本中，MapReduce 的计算处理过程与 Hadoop 资源调度过程是紧密结合在一起的，带来的问题是当需要开发其他与 MapReduce 并立的大数据处理计算框架时，还需要重复内置一套资源调度管理系统。因此，将 Hadoop 资源调度过程从 MapReduce 中独立出来，即构建一个专门负责资源调度的基础支撑系统，成为一种必然方案。

于是，Hadoop 2.×版本推出了一个核心组件 YARN（Yet Another Resource Negotiator），直译为另一种资源协调器。YARN 本质上是一个通用的 Hadoop 资源调度管理系统，其资源管理（Resource Manager）系统与应用管理（Application Manager）系统就是基于 MapReduce 原来的作业跟踪（Job Tracker）系统与任务跟踪（Task Tracker）系统改进的。YARN 的推出与应用极大地提高了 Hadoop 的处理效率和兼容性，使得多个计算框架的软件工具可共同运行在一个 HDFS 上。

1）YARN 的资源管理系统

YARN 的资源管理系统是主节点资源管理系统，具有 Hadoop 中所有用户处理程序资源调度的最终仲裁管理权；节点管理（Node Manager）系统是 YARN 的从节点资源管理系统，负责监控某个节点上的容器的启动、停止及运行状态，检测当前节点资源使用情况（包括 CPU、内存、磁盘和网络带宽等资源），并将有关情况报告给资源管理系统。

2）YARN 的应用管理系统

YARN 的应用管理系统是用户处理程序的管理系统，负责接收客户端提交的作业请求，包括用户处理程序和一个资源规划文件（Scheduler）。应用管理系统会为每个运行在 YARN 上的用户处理程序配置一个应用主管（Application Master），该应用主管负责与资源管理系统交互、获取运行资源，同时负责监控和管理用户处理程序的具体运行情况等。

资源管理系统和应用管理系统配合协调工作。当一个应用管理系统向资源管理系统申请资源时，资源管理系统会通过应用主管为相应的用户处理程序分配一个容器（Container），并根据用户资源规划需求配置运行资源，包括 CPU、内存、磁盘和网络带宽等。

总之，YARN 不涉及 MapReduce 的具体业务处理过程，是一个相对独立的 Hadoop 资源调度管理系统。

2．HBase 数据库系统

HBase 来源于 Big Table 数据库系统的开源项目。HBase 采用键值对表示数据的逻辑关系结构，数据模型属于 NoSQL 数据库系统系列。

HBase 的值并没有设置复杂的数据类型，全部以字符串形式存储和呈现。但 HBase 的键相对复杂，由行关键字、列关键字和时间戳三部分组成。

（1）行关键字（Row Key）：是 HBase 存取数据的主要依据，也是存储数据的主要依据。HBase 会按照所有关键字的字典顺序分区域存储数据，以提高相关数据的存取效率。

（2）列关键字（Column Key）：一般由列族（Column Family）和列名组成。

HBase 表中的每个列都属于某个列族。通常相关主题的列组成一个列族，这样做有利于数据处理中基于相同主题的多列存取。对于数据存储，这些列应尽量配置在同一存储文件中；列名均以列族为前缀。例如，表示学生的考试成绩，课程可作为列族，而数学、统计和计算机等可作为列名，具体写为"课程:数学""课程:统计""课程:计算机"等。HBase 将数据按关键字字典排序后，若行关键字相同，则会依据列关键字排序。

（3）时间戳（Time Stamp）：HBase 允许相同键下对应存储多个值，可视为值的多个版本，而时间戳就作为版本的区分标识。它通常在键值写入时自动生成保存，也可由用户赋值。时间戳按照降序排序，因此在查询数据时会将最新版本的数据反馈给用户。

HBase 提供了常用的人机对话方式操作数据，其命令格式不同于传统的 SQL。同时，HBase 将数据操作直接转化为 HDFS 文件调度处理程序进行内部系统实现，以获得数据存取的最佳并行效率。例如：

```
create 'student','info','addr'              #定义一个数据表、列族、列名
put 'student','S001','info:name','LiSi'     #输入键和值数据
put 'student','S001','info:birthday','2003-06-15'
put 'student','S001','addr:country','China'
put 'student','S001','addr:province','GuangDong'
put 'student','S001','addr:city','ShenZhen'
get 'student'                               #查询数据
get 'student','S001'
get 'student','S001','addr'
get 'student','S001','addr:city'
count 'student'                             #计算数据表中的行数
deleteall 'student','S001'                  #删除一行记录
```

HBase 在物理存储上将数据表在行方向上分为多个区域（Region），每个区域分散存储在不同的区域节点上。同时，每个区域可以分为多个存储块（Store），每个存储块对应一个内存存储块（MemStore）和若干个存储文件（StoreFile）。通常每个存储块中保存着一个列族数据，这实际上是对数据表的一种列向切分。HBase 的数据文件 HFile 是存储块文件的二进制物理存储文件，其中保存着分区分片后的一批键值数据，这些文件存储在 HDFS 上，可以并行高效存取。

3．Hive 数据仓库系统

Hive 是以 HDFS 和 MapReduce 为基础构建的数据仓库系统，它使得那些喜欢传统数据库

系统或数据仓库系统的用户可以在一个相对熟悉的环境中处理大数据。

　　Hive 将分布式文件中的结构化数据映射为符合业务逻辑的数据表，并创建了一套类似 SQL 的数据查询语言 HQL（Hive Query Language）对数据表进行查询、统计和多维分析等处理。其具体技术实现策略是，将用户提交的 HQL 语句自动转化为 MapReduce 程序，然后交付给 MapReduce 并行执行，最后返回处理结果。Hive 的元数据存储在 Hadoop 集群中指定的 MySQL 等关系型数据库系统中。

　　为提高数据表示和数据处理能力，Hive 在字符串、整数、浮点数等基本数据类型基础上增加了映射（Map）、列表（List）和结构（Struct）等类型，并在数据库、数据表、数据行和数据列的基础上引入了外部数据表、数据表分区（Partition）和分桶（Bucket）的概念。数据桶是各分区根据哈希索引处理后的多个数据块。

　　1）Hive 的数据表

　　Hive 的数据表分为内部表和外部表。内部表即一般意义上的数据仓库的数据表，通常用于保存数据处理的中间结果和最终结果。外部表可视为外部数据的一种结构描述表，通常作为外部数据传输到内部表中的一个"桥梁"。例如：

```
CREATE EXTERNAL TABLE t_student(
  id INT,
  name STRING,
  sex STRING,
  age INT,
  weight DECIMAL(6,1))
ROW FORMAT DELIMITED FIELDS TERMINATED BY ',' LINES TERMINATED BY '\n'
STORED AS textfile
LOCATION  'hdfs://hd2/data/test/students.csv';
```

　　需要说明的是，关键字 EXTERNAL 表示创建一个外部表，在省略该关键字时，将默认创建一个内部表；关键字 ROW FORMAT DELIMITED 用于指定表中字段和行的分隔符；STORED AS 用于指定数据源表的存储格式；LOCATION 用于指定数据源表文件的存储位置和文件名。

　　2）Hive 的数据表分区和分桶

　　对于 Hive 的内部表来说，如果不进行数据表的分区和分桶，那么整个数据表文件作为一个整体存储在指定的 hdfs 目录下。可在创建数据表的命令中增加数据分区子命令。例如，创建一个名为 t_student 的内部表，按性别字段分区：

```
CREATE TABLE t_student(
  id INT,
  name STRING,
  age INT,
  weight DECIMAL(6,1))
ROW FORMAT DELIMITED FIELDS TERMINATED BY '\n'
PARTITIONED BY (sex STRING);
```

需要说明的是，PARTITIONED BY（sex STRING）是分区子命令，表示按照性别（sex）字段进行数据分区。

如果性别字段的数据值分别是 Male 和 Female，那么 Hive 会在指定目录下建立 Male 和 Female 两个目录，并根据 Male 和 Female 数据值将数据表分为两部分，存放在不同目录下。这样做不仅可以支持数据的并行处理，而且在对某一类性别处理时可以减少数据的磁盘存取次数。

分区若根据数据表中的某个字段进行，则可能会产生数据分割不平衡的问题。例如，男性占比超过 90%，女性占比少于 10%。这种数据的不平衡在并行处理时会造成并行计算处理的不平衡，基于此，引进了分桶。在上述创建数据表的命令中增加数据分桶子命令：

```
CREATE TABLE t_student(
  id INT,
  name STRING,
  sex STRING,
  age INT,
  weight DECIMAL(6,1))
ROW FORMAT DELIMITED FIELDS TERMINATED BY '\n'
CLUSTERED BY('age') INTO 10 BUCKETS;
```

需要说明的是，分桶子命令 CLUSTERED BY（'age'）表示按照年龄（age）字段进行数据分桶。Hive 会先根据哈希算法对指定字段进行计算，获得一个尽量分散的哈希值，然后与桶数进行取模运算等获得桶号，最后把该数据记录存放到对应的分桶数据文件中。

数据表在经分桶处理后可以支持数据并行处理，提高数据处理效率，并可以在数据连接（Join）和数据抽样（Sample）等处理中发挥效能。例如，Hive 进行 10%样本的抽样查询时可借助分桶处理：

```
Select * From t_student TableSample(Bucket 1 Out Of 10 On age);
```

Hive 数据分区和分桶都可以单独应用于数据表，而且分区可以是多级的，可以指定多个字段并创建多层文件目录。同时分区和分桶可以联合使用，但分区必须在分桶的前面。

Hive 为客户端提供人机对话窗口和 Web 图形界面的工作方式，支持主流计算机语言使用 JDBC/ODBC 数据库接口操作数据仓库系统。

4．Pig 数据处理系统

HBase、Hive 和 Pig 是 Hadoop 中非常重要的三个软件系统，都是基于 MapReduce 的应用工具。HBase 和 Hive 提供了数据源的服务，Pig 提供了一种面向过程的数据处理语言。

如果说关系型数据库系统的数据模型是具有表格形式的关系表，那么 Pig 数据模型中的"表"已不再是传统意义上的表了，而是一种称为包（Bag）的结构。Pig 中的包示意图如图 8-16 所示。

由图 8-16 可知，包是一些无序元组的集合。对应表来说，包中的"行"称为元组（Tuple），"列"称为字段。每个元组对字段数目等没有特殊要求。元组可以嵌套包等。一批元组的完整集合称为关系。

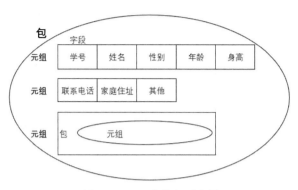

图 8-16 Pig 中的包示意图

Pig 提供的 Pig Latin 可以方便地实现数据加载、转换、整理、存储和统计分析等功能，是基于 Hadoop 的一种轻量级的数据处理语言工具，包含众多数据处理命令和内部处理函数，支持用户使用 Java、Python 等语言开发用户自定义函数。下面给出一个 Pig Latin 数据处理的简单示例：

```
#load 用于导入外部文件数据到关系中；与之反方向的操作是 store
stu = load '/hd2/data/stu_file' Using PigStorage(',') as
(id Int,name Chararray,sex Chararray,age Int,weight Float);
Describe stu;
stu1 = Foreach stu Generate name,sex,age;
stu2 = Order stu by age;        #Order 用于根据一个或多个字段对关系进行排序
stu3 = Group stu by sex;        #Group 用于数据分组
Dump stu;                       #Dump 用于将关系输出到控制台
Dump stu2;
```

此外，相关函数还包括 Filter（按条件筛选关系中的行）、Sample（从关系中随机抽样）、Join（连接两个或多个关系）、Union（合并两个或多个关系）、Split（把一个关系切分成两个或多个关系）等。Pig Latin 的编译器会把有关处理程序转换为一系列经过优化的 MapReduce 作业并在 HDFS 上运算。

5. Mahout 数据挖掘工具

Mahout 是一款对 HDFS 的大规模数据进行数据挖掘的软件工具。因 Hadoop 的 Logo 是一头橙色小象，因此 Mahout 可直译为 "驯象师"，表示对 Hadoop 中的数据进行分析处理。

Mahout 依据 MapReduce 实现了聚类、分类和推荐系统等许多常用的机器学习算法和专用模型的并行化分析。用户可通过 Mahout 提供的人机对话窗口，可以对指定数据文件进行指定方法的分析处理。

6. 数据传输管理组件

1）Sqoop

Sqoop 是 SQL to Hadoop 的缩写，主要用于传输传统关系型数据库系统与 HDFS（或 Hive、HBase）间的数据。Sqoop 的数据导入和导出是依据 MapReduce 实现的，它充分利用 MapReduce

的并行处理和容错处理的优势，开发导入或导出程序并完成海量数据的传输。

在进行导入处理时，Sqoop 先从来源数据库系统中获取元数据信息，然后把导入功能指定给一个只包含 Map 任务的 MapReduce 作业，由多个 Map 任务并行完成数据导入。在进行导出处理时，Sqoop 先获取目标数据库系统的元数据信息，并与 HDFS 的文件和字段等信息匹配，然后把导出功能指定给一个只包含 Map 任务的 MapReduce 作业，由多个 Map 任务并行完成数据导出。Sqoop 1.×版本通常使用人机对话窗口来操作。

2）Flume

Flume 是 Hadoop 的一个数据收集工具，初期多用于 Hadoop 中的大规模日志数据的采集和集中存储。由于 Flume 的数据源是可定制的，因此被广泛应用于各种网络数据的动态采集处理。Flume 将数据从数据源发送、传输、整合并最终写入目标存储系统的过程抽象为一个数据流。Flume 的特征如下：①支持不同协议的多种数据源，而且当多个数据源发送数据的速率大于目标存储系统写入数据的速率时，会自动进行缓冲；②对数据流可以进行基本的处理，如过滤和格式转换等；③可以将数据流存储在多种目标数据系统中。

3）ZooKeeper

ZooKeeper 是 Hadoop 的集中式配置管理系统，主要完成分布式环境下的统一命名、状态同步、集群管理、配置同步和数据同步等工作，可以方便地对分布式资源进行协调管理和统一部署。

4）Kafka

Kafka 的官方定义为一个分布式流式计算平台，在大多情况下被认为是一种高效的分布式消息发布系统，用于处理流数据。KafKa 可以通过 Hadoop 的并行机制进行统一的消息处理。

8.5 Spark 大数据系统

Hadoop 在大数据处理应用中获得了巨大成功。面对实际应用中的新问题和新需求如何不断创新进化，是 Hadoop 面临的新挑战。其中之一是如何针对 MapReduce 的不足，提出改进方案或者提出全新的计算框架。

人们通过理论探讨和实践经验发现，MapReduce 存在如下主要问题。

第一，在处理复杂应用问题时，存在多个 MapReduce 作业的协同与组织问题。

第二，每个 MapReduce 作业的中间结果和最终结果都存储在 HDFS 磁盘文件中。Map 任务与 Reduce 任务之间，以及多个 MapReduce 作业之间的数据交互需要进行大量的磁盘存取和网络通信，显著影响大数据处理效率。

第三，缺乏对流数据的处理方案。

对于这些问题，人们研制开发了许多采用创新技术的计算框架，如采用 DAG 技术的 Tez 计算框架，采用 RDD 内存技术的 Spark，采用流数据技术的 Storm 和 Flink，等等。这些计算框架可以运行在 Hadoop 中的 YARN 和 HDFS 上，支撑更高效的大数据处理工具。以 Spark 和 Flink 为代表的系统在一些配套组件和工具的加持下可以自成体系，独立运行在 HDFS 上，衍生为新一代的大数据处理平台系统。

本节将讨论 Spark 大数据系统。

8.5.1　什么是 Spark

Spark 采用了 DAG 和 RDD 等优化技术，是一个具有较强通用性的高效大数据计算框架。下文将先对 DAG 技术和 RDD 技术进行简要说明。

1. DAG 技术

正如前文所述，当进行一个复杂数据处理时，Hadoop 可能需要开发多个 MapReduce 作业。多个 MapReduce 作业通常会被规划为一系列的 Map 过程加 Shuffle 过程加 Reduce 过程的执行计划。由于中间环节过多，因此其执行效率比较低。

DAG（Directed Acyclic Graph）技术，即有向无环图技术，通过将多个 MapReduce 作业协同规划为一个 DAG 来解决上述问题。

DAG 是图论中的一个概念。DAG 中的每一个节点代表一个任务，每一条边代表任务处理的数据流走向。无环是指图中不能产生回路处理关系。

在大数据处理中，DAG 技术可以将大型作业分解成若干小任务，并根据这些小任务间的逻辑关系或处理顺序等构建 DAG，这样既可以减少中间处理环节，又可以增加并行处理机会，从而提高整个作业的执行效率。DAG 示意图如图 8-17 所示。

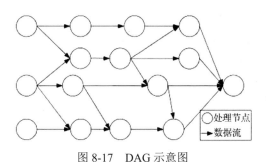

图 8-17　DAG 示意图

开发人员可以使用便捷的定义方式先将大型作业分解成由若干小任务构成的 DAG 结构，然后将作业提交给 DAG 计算框架。DAG 计算框架将有关任务转换并部署到底层的分布式计算机集群系统上运行，并监测和管理运行情况。

2. RDD 技术

正如前文所述，当进行一个复杂数据处理时，Hadoop 可能需要开发多个 MapReduce 作业。MapReduce 作业的中间输出结果都存储在 HDFS 磁盘文件中，并作为下一阶段 MapReduce 作业的输入，这必然导致大量的磁盘存取和较高的网络通信负担，极大影响了大数据处理效率。

RDD（Resilient Distributed Dataset，弹性分布式数据集合）是一个分布式的内存式存储的数据集合对象，可通过图 8-18 来形象说明。

图 8-18 左图对应的是学生数据的表存储形式；右图对应的是其 RDD 的存储形式，学生 RDD 中不再有列向的字段概念，而是以行为单元的存储。没有字段结构描述的多记录数据块的 RDD 存储形式，非常适合分布式存储与处理。

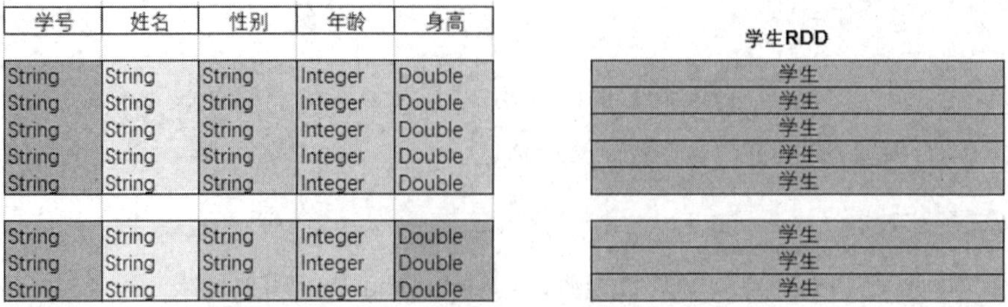

图 8-18　学生数据表及其 RDD 存储形式

RDD 技术可以将数据集合分散存储于计算机集群的内存和缓存中，以支持并行处理。RDD 处理系统提供了两类对 RDD 的数据操作，一类是无须进行磁盘读写的转换（Transformation）操作，一类是行动（Action）操作。处理系统先通过读入外部数据源或者读取内存中的其他 RDD 创建一个新 RDD；然后根据具体的应用需求对创建的 RDD 进行一系列转换操作，每一次转换操作都会产生一个新的 RDD，该 RDD 将作为下一个转换操作的输入，于是形成了 RDD 间的依赖关系，又称血缘（Lineage）关系，这种关系可通过 DAG 的拓扑形式来刻画；最终最后一个 RDD 通过一个行动操作将处理结果输出到外部数据源或其他分布式磁盘文件中。

需要注意的是，在 RDD 的转换操作和行动操作过程中，实质性的计算处理只发生在 RDD 行动操作触发时，这时 RDD 处理系统会根据 RDD 的依赖关系 DAG，从起点开始真正地发起计算处理。对于行动之前的所有转换操作，RDD 处理系统只是记录转换操作的数据来源及 RDD 生成的依赖关系，不会触发真实的计算处理。

上述执行过程又被称为惰性调用。RDD 采用的惰性调用的方式有效避免了多次转换操作间数据同步的等待问题，避免了产生过多中间数据的问题，也避免了占用过多内存和多次存取磁盘文件的问题。

8.5.2　Spark 大数据生态系统

Spark 由加州大学伯克利分校的 AMP 实验室于 2009 年开发并于 2013 年交付给 Apache 开源。Spark 采用了 DAG 和 RDD 等优化技术，是一个具有较强通用性的高效大数据计算框架。其中每个集群由集群管理器（Cluster Manager）和工作节点（Worker Node）组成。集群管理器负责管理工作节点，根据工作节点是否空闲及资源情况等为工作节点分配任务（Task）。工作节点负责执行集群源管理器分配的任务。Spark 单个集群示意图如图 8-19 所示。

图 8-19 左侧的驱动程序（Driver Program）用于请求中间的集群管理器为右侧各工作节点启动 Spark 执行器（Executor），驱动程序的主程序会创建 Spark 会话（SparkSession）。Spark 会话负责准备 Spark 应用程序的运行环境，与集群管理器通信，实现资源申请、任务分配和监控等。Spark 执行器运行完毕后，驱动程序会关闭 Spark 会话。

Spark 是一个方便而高效支撑批数据交互式查询处理、数据机器学习建模、图数据处理及一些流数据处理场景的大数据生态系统。Spark 大数据生态系统如图 8-20 所示。

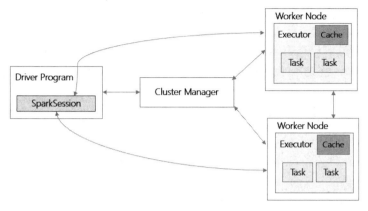

图 8-19　Spark 单个集群示意图

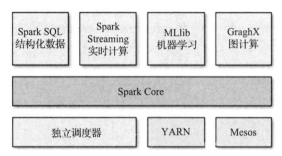

图 8-20　Spark 大数据生态系统

图 8-20 展示的 Spark 大数据生态系统的三个层次有以下方面的含义。

- 底层表示 Spark 能够在多种计算机集群环境上运行,资源调度管理系统主要包括 YARN、Mesos[①],以及 Spark 自主开发的任务资源调度系统(称为独立调度器)。
- 中间层表示 Spark Core 是 Spark 的核心系统。Spark Core 实现并执行 Spark 各项基本功能,主要包括 DAG 任务调度、RDD 内存管理、容错处理、作业调度与监控,以及存储和计算资源的接口调用等。
- 顶层是 Spark 支撑的应用工具层。Spark SQL 是 Spark 的处理结构化数据的软件工具,支持 Hive、JSON 等多种数据源数据;Spark Streaming 是一个处理流数据的软件工具,可以对流数据进行实时计算(流数据的相关内容将在 8.6 节进行介绍);MLlib 是一个支持机器学习算法的软件工具,可高效地进行分类、回归、聚类、协同过滤和降维等多种数据处理;GraphX 是进行图数据计算的软件工具,进一步扩展了 RDD 技术,更适合进行图数据操作和并行计算。

Spark 能够与 Hadoop 兼容,可处理 HDFS、Hive 和 HBase 等数据源数据。同时,Spark 使用 Scala 计算机语言开发,并提供了 Java、Python 和 R 等计算机语言的接口调用。**Spark 为 Python 提供的 API 称为 PySpark**。目前 PySpark 得到了非常广泛的应用。

---

① Mesos 是一个采用 Docker 等容器技术的计算机集群资源管理和任务调度系统。

8.5.3 Spark 大数据平台 databricks 应用

大数据应用人员可以选择一些成熟可靠的现有大数据平台进行应用实践。databricks 是 Spark 的商业化系统，2013 年由加州大学伯克利分校 AMP 实验室的 Spark 的多位创始人联合创建。

目前 databricks 的 Spark 后台服务端系统可以建立在亚马逊的 AWS、微软的 Azure 和谷歌云等云计算系统上，为用户提供服务，其前端系统采用的是浏览器 Web 图形界面方式，适合用户通过远程操作来实现大数据处理。本节将对 databricks 的基本使用和操作进行简要介绍。

1. databricks 的注册和登录

首次使用 databricks 系统，用户可登录 databricks 官网进行社区版注册。在相应界面输入用户信息及邮箱，就可以将邮箱作为账户。在激活账户、设置账户密码后就可以在如图 8-21 所示的登录界面登录并使用 databricks 社区版。databricks 非常适合初学者快速练习 Spark，且无须安装配置自己的计算机。

图 8-21   databricks 社区版登录界面

2. 在 databricks 中申请集群管理器

databricks 社区版为用户配置了一定的云计算资源，一般包括单一集群、15 GB 内存、2 核计算处理器和 1 个数据库存储单元等，供用户学习与应用。

进入 databricks 社区版后，应先申请集群管理器。在 databricks 社区版的主页中依次单击左侧的"Create"→"Cluster"选项，进入集群管理器申请窗口，如图 8-22 所示。如果相关集群管理器在一定时间（默认为 2 小时）内闲置，系统将自动关闭它，用户需要时应再次申请。

在如图 8-22 所示窗口可以进行集群管理器命名等操作。

接下来需要编写驱动程序，创建 Spark 会话，为 Spark 应用程序准备运行环境。此外，还需要编写描述数据处理过程的程序。databricks 以笔记本（Notebook）形式为用户提供程序编写环境。

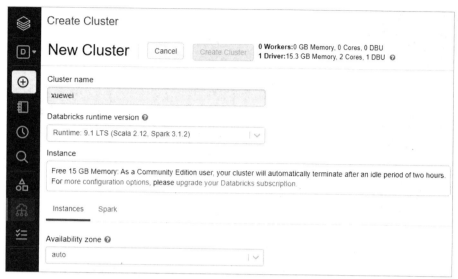

图 8-22　databricks 的集群管理器申请窗口

为使读者对 databricks 有较为清晰的认识，下文将基于 PySpark，以对 6.7 节的空气质量监测数据的基本分析为例，展示 Spark 的数据处理和分析功能。

3. 基于 PySpark 实现对空气质量数据的分析

第一步，导入案例数据。

在 databricks 社区版的主页依次单击"Create"→"Table"→"Upload File"→"Drop files to upload, or click to browse"选项，选择本地计算机中需上传的数据文件（这里的数据文件为文本文件 AirData.csv）。databricks 上传数据文件窗口如图 8-23 所示。

图 8-23　databricks 上传数据文件窗口

第二步，编写 PySpark 程序。

由于 databricks 以笔记本形式为用户提供程序编写环境，因此为编写 PySpark 程序需要先创建一个笔记本。在 databricks 社区版的主页依次单击"Create"→"Notebook"选项并选择 Python 等。后续就可在笔记本上编写 PySpark 程序了。此外，在 databricks 社区版的主页按图 8-24 所示步骤依次单击左侧"Workspace"选项和后续出现的选项，也可以建立笔记本或查看已建立的笔记本。

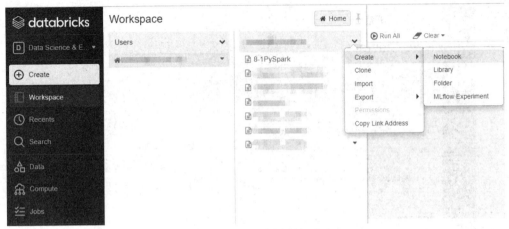

图 8-24　databricks 创建笔记本窗口

可以在笔记本上逐句输入和编辑修改程序，也可以上传本地已经编写好的程序文件。以下是本示例的 PySpark 程序（文件名：8-1PySpark.txt），为便于阅读，将程序输出结果直接放置在相应程序行下方（程序输出图如图 8-25 所示）：

```python
#导入模块
import numpy as np
import pandas as pd
import matplotlib.pyplot as plt
FilePath = "/FileStore/tables/AirData.csv"   #指定数据文件所在目录
#读取指定文件中的数据到 Spark 的数据框
data = spark.read.csv(FilePath, header='true', inferSchema='true', sep=',')
#显示数据框中的字段：日期、AQI、空气质量等级、各污染物浓度（说明，这里用变量名 PM25 对应表示 PM2.5 浓度）
data.printSchema()
root
 |-- date: string (nullable = true)
 |-- AQI: integer (nullable = true)
 |-- grade: string (nullable = true)
 |-- PM25: integer (nullable = true)
 |-- PM10: integer (nullable = true)
 |-- SO2: integer (nullable = true)
 |-- CO: double (nullable = true)
 |-- NO2: integer (nullable = true)
 |-- O3: integer (nullable = true)

print(data.count())   #显示数据框中的记录数
2155

data.createOrReplaceTempView("data")   #为执行 Spark SQL 做准备
#运行 Spark SQL 查询语句，找出 PM2.5 浓度高于 100 的数据记录
spark.sql("select PM25,PM10 from data where PM25>=100").show()
+----+----+
|PM25|PM10|
+----+----+
| 111| 168|
| 114| 147|
| 138| 158|
| 111| 125|
| 106| 128|
| 353| 384|
```

```
plt.figure(figsize=(10,8))  #绘制 PM2.5 和 PM10 的散点图
plt.scatter(data.select('PM25').toPandas(),data.select('PM10').toPandas(),marker='o
',alpha=0.6)
plt.xlabel('PM2.5')
plt.ylabel('PM10')
plt.title("SCATTER OF PM2.5 & PM10")
```

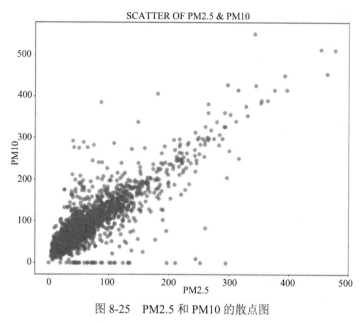

图 8-25　PM2.5 和 PM10 的散点图

需要说明的内容如下。

（1）spark.read.csv 将文本数据读入一个数据框中。

早期版本的 Spark 中的基本数据处理对象是上文提及的 RDD，后来为方便用户使用 Spark SQL 对数据进行操作，将 RDD 改进为带有字段结构等元数据描述信息的 SchemaRDD，SchemaRDD 自 Spark 1.3.0 被进一步优化为 Spark 数据框（DataFrame）。Spark 数据框可以根据多种数据源，如 RDD、JSON 格式文件、外部数据库、数据仓库等进行构建。

（2）应确保笔记本程序已成功创建 Spark 会话并完成与集群管理器的通信。

databricks 中无须在笔记本中特意编写驱动程序，只需在如图 8-26 所示的界面中选择之前申请的集群管理器即可。这样就只需在笔记本中专注编写相关的数据处理程序。

图 8-26　指定笔记本程序对应的集群管理器

（3）程序编写完毕后，可单击编辑区右上角的"▶"按钮来运行。

（4）在运行结果界面，依次单击"▶Spark Jobs"→"View"→"▶DAG Visualization"选项，就可以查看与程序相关的 DAG，如图 8-27 所示。

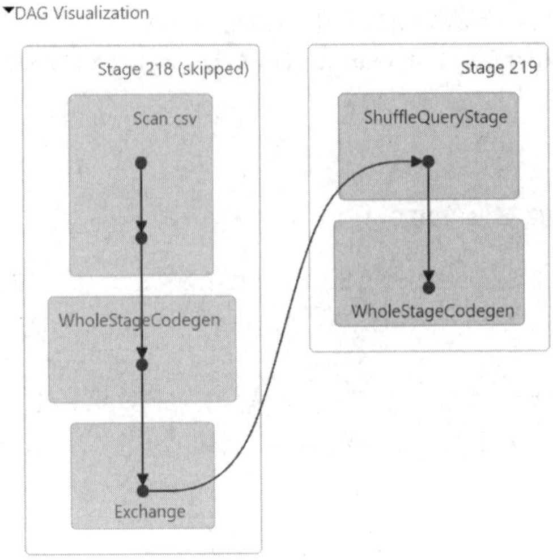

图 8-27　databricks 的 DAG

8.6　Flink 大数据系统

流数据处理是大数据处理的一个重要发展方向。Flink 提出了基于事件的流数据处理计算框架，由于其兼具批数据处理功能，因此被认为是一个相对完整的流批一体化的大数据处理系统。

8.6.1　流数据

要认识 Flink 应先明确流数据的特点和流数据的处理。

1．流数据的特点

根据数据的时效性，可以将大数据分为批数据（Batch Data）和流数据（Streaming Data）两类。批数据是一种历史大数据，**流数据是一种大量的、快速的、顺序且连续产生的实时大数据**。与传统的计算机过程控制中的实时数据的不同之处在于，流数据的数据源更多、数据量更大、数据产生速度更快。

流数据主要特点如下。

（1）流数据的数据价值随时间流逝快速下降。

流数据的一个重要特征是数据价值随时间流逝快速下降。例如，城市交通管理中的通过各种道口监测设备采集的每天上、下班高峰期的车流数据是典型的流数据，交通指挥中心在收到车流数据后只有快速进行分析并发出调控指令，才可以保证交通顺畅。又如，汽车自动驾驶应用中的通过遍布在汽车各方向上的传感器采集的大量多媒体数据也是典型的流数据，自动驾驶系统接收到数据后只有快速识别和计算周围车辆、行人、道路、指示灯及环境变化等情况并给出处理方案，才可以保证驾驶平稳和安全。再如，信用卡交易过程中的各交易网点 POS 机系统中的大量信用卡数据也是一种流数据，只有快速对其进行分析比对，才可以及时阻断不合规交易，保证金融交易安全。

相对批数据先存储后处理的特点而言，流数据往往是先处理后存储的，即采用处理优先于存储的策略，并随时间推移连续跟进处理。只有实现实时或准实时的数据操作，才能更快发现和利用好流数据的时效价值。

（2）流数据不具有时间上的边界性。

与批数据不同，流数据没有时间边界，如昨天的商品销售额作为历史数据在时间上是具有边界的。通常批数据会以各种形式存储在数据系统中，不管规模多么庞大都便于进行查询和分析。例如，查询昨天的商品销售额，只需发出一条 SQL 命令，指定起始时间和截止时间，汇总每笔订单的流水金额即可。但流数据处于无终止的流动状态，相对于批数据，流数据的查询处理更烦琐，需要实时不断刷新，但这种操作通常缺少实际操作的可行性。因此流数据需要特殊的查询处理策略。

2．流数据的处理

根据流数据的特点，一个完整的流数据处理系统主要包括四部分：**数据源、数据汇集与导入系统、数据实时计算系统、数据存储系统**。

数据汇集与导入系统整理和接入来自各种数据源的数据，数据实时计算系统对数据进行快速处理，处理过程中可将一些有用的数据存储在数据存储子系统中备用，也可读取数据存储系统中的相关数据，以进行综合分析处理。流数据处理系统示意图如图 8-28 所示。

图 8-28　流数据处理系统示意图

在图 8-28 中各种数据源的数据持续不断地被数据汇集与导入系统采集，并提交给数据实时计算系统来处理，该过程中会涉及数据的存储和访问。

1）数据汇集与导入系统

数据汇集与导入系统一般采用消息队列（Message Queue，MQ）中间件[1]技术低延迟、高并发、高可靠地接收各种数据源产生的初始数据。消息队列中间件技术是构建分布式流数据应用的基础。它通过构造一个可自动扩充的缓冲系统对接数据，能够有效解耦多个数据源与多个数据处理间的复杂关系，并实现消息重播等功能，因此能够有效支撑大规模数据洪峰的数据汇集

---

[1] 中间件是介于系统软件和应用系统间的一类软件的总称，是连接系统软件和应用系统功能的桥梁，能够有效实现资源共享、功能共享。

与导入，并生成平稳的流数据。常用的产品系统有 Kafka、Flume、Apache Pulsar、RocketMQ、RabbitMQ 等。

2）数据实时计算系统

尽管流数据具有时间上的无边界性，但为实现数据的实时计算，仍需要通过一定方式使其具有时间上的边界性。通常的做法是对无限的流数据进行纵向切分，将其划分为一个一个时间窗口（Window），窗口相当于无限的流数据中的一段时间内的有限数据，这样在时间窗口上的流数据就具有了类似批数据那样的时间边界性。

时间窗口就是按一定的时间边界将无时间界限的流数据划分成若干个数据子集合。一般称两个时间边界间的时间长度为窗宽。进一步，可依据不同的时间，如**事件时间、进入时间、处理时间**，确定时间边界；也可按不同的策略得到**滚动窗口、滑动窗口、会话窗口**等。

事件时间（Event Time）是指某个业务事件发生的时间，如某个客户的下单时间。可见，事件时间是事件发生的时间戳，应作为事件数据的一个重要组成部分被记录下来。进入时间（Ingestion Time）是指某个事件数据进入流数据处理系统的时间。理论上进入时间晚于事件时间。处理时间（Processing Time）是指某个事件数据被流数据处理系统处理的时间。理论上处理时间晚于进入时间。这些时间概念是按照一定时间顺序处理流数据的基本依据。

滚动窗口（Tumble Window）的特点是各时间窗口的窗宽固定且各窗口的时间不重叠，也就是相邻两个数据子集的交集为空。流数据的滚动窗口示意图如图 8-29 所示。

在图 8-29 中，来自 3 个不同数据源的数据均按一定的窗宽被分成 5 个不重叠的时间窗口（滚动窗口）。滚动窗口便于处理类似于计算每个数据源用户当天订单量的计算等问题。

滑动窗口（Hop Window）的特点是各时间窗口的窗宽固定，但各窗口的时间有一定重叠，也就是相邻两个数据子集的交集不为空。时间重叠大小取决于时间窗口的滑动宽度，滑动宽度越小，时间窗口的重叠越大。流数据的滑动窗口示意图如图 8-30 所示。

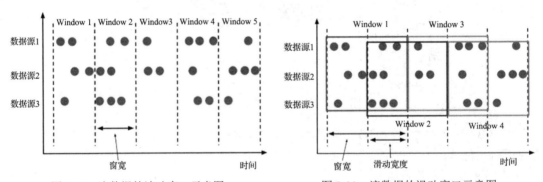

图 8-29　流数据的滚动窗口示意图　　　　图 8-30　流数据的滑动窗口示意图

在图 8-30 中，来自 3 个不同数据源的数据均被划分成 4 个时间窗口。Window 1 和 Window 2 的重叠宽度即滑动宽度。滑动窗口便于处理类似于每过 1 小时计算一次过去 2 小时销售额的问题。

会话窗口（Session Window）的特点是按照数据产生的会话间隙（Session Gap）确定窗口，每个会话窗口中包含一定数量的数据。会话窗口大小不固定，且各数据子集的交集为空。流数据的会话窗口示意图如图 8-31 所示。

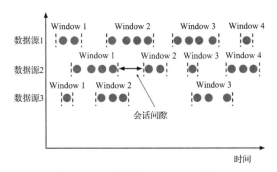

图 8-31　流数据的会话窗口示意图

在图 8-31 中，来自 3 个不同数据源的数据因会话间隙不同，被划分为窗宽不等的会话窗口。会话窗口便于处理类似于计算每个数据源用户访问时间 3 小时内的订单量等问题。

对流数据的实时计算处理一般分为有状态计算和无状态计算两种类型。

一般无状态计算只针对流数据进行简单处理。无状态计算会逐一读取事件数据并根据最后一个事件数据确定输出结果。例如，找到高于历史单价的客户，只需将数据与历史单价比较并选择即可。因此无状态计算的特点是不涉及数据存储操作。有状态计算可实现对流数据的复杂处理，会涉及增量计算（仅对新增数据进行处理，并将结果累计在之前的结果之上）、中间结果保存、时间乱序和多流关联等问题。内存式连续处理和增量式计算处理极大提高了流数据处理的效率。

目前可选择的流数据实时计算系统有 Storm、Spark Streaming 和 Flink 等。下文将重点介绍 Flink。

8.6.2　Flink 大数据生态系统

针对流数据的数据特点和应用需求，人们利用大数据技术开发了诸多有特色的开源技术产品，如 Storm、Spark Streaming 和 Flink 等。

Flink 提供了基于事件的流数据处理计算框架，目前被认为是一个相对完善的流数据处理系统。由于 Flink 还支持对批数据的处理，因此**目前被认为是一个相对完整的流批一体化的大数据处理系统**。

1. 流批一体化架构

实际应用中的流批一体化是非常普遍的。例如，某地市级城市的智慧交通管理系统需要对逾期未年检与应报废等危险车辆的违规上路情况进行实时预警，因此该系统需要预先根据历史数据筛选出逾期未年检或应报废车辆的数据（这是典型的批数据处理）；同时需要对道路进行实时监测获取车辆的车牌号，并与数据库中的数据进行查询对比，判断是否为违章上路车辆并进行数据记录等处理（这是典型的流数据处理）。

针对类似的应用需求，有关学者提出了诸多流批一体化架构，以解决流数据处理和批数据处理有效结合的问题。流批一体化架构主要包括 3 层：批数据处理层（Batch Layer）、流数据处理层（Speed Layer）、服务处理层（Serving Layer）。

图 8-32 给出了两种流批一体化架构，图 8-32（a）中的流数据处理层和批数据处理层是分离的，被称为 Lambda 架构；图 8-32（b）中的流数据处理层和批数据处理层是结合在一体的，被称为 Kappa 架构。

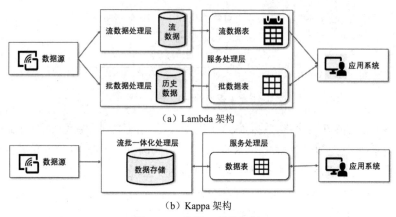

（a）Lambda 架构

（b）Kappa 架构

图 8-32　流批一体化架构

事实上，Lambda 架构和 Kappa 架构只是一个指导大数据系统建设的理论设计架构，开发人员需根据其设计思想，使用数据库、数据仓库和大数据系统的具体技术产品，搭建与开发满足需求的流批一体化系统。Flink 正是这样一个可实际落地应用的大数据生态系统。

2．Flink 大数据生态系统构成

Flink 是一个流批一体化的、可实际应用的大数据生态系统，其基本构成如图 8-33 所示。

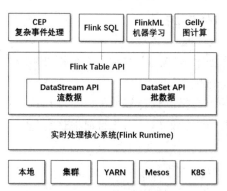

图 8-33　Flink 大数据生态系统基本构成

图 8-33 有以下含义。

（1）底层表示 Flink 支持本地运行及计算机集群分布式运行。分布式运行可以部署在主流的 YARN 上，也可以部署在 Mesos（支持 Docker）或 K8S（K8S 是 Kubernetes 容器系统的缩写，表示首字母为 K，首字母与尾字母间有 8 个字符，尾字母为 s）上。

（2）中间两层表示 Flink 核心包括两大部分，一部分是实时处理核心系统（Flink Runtime），另一部分是包括流数据处理 API（DataStream API）和批数据处理 API（DataSet API）在内的 Flink Table API。顾名思义，流数据处理 API 支持流数据处理，批数据处理 API 支持批数据处

理。在 Flink 看来，批数据是流数据中的一部分或特殊情况，所以 Flink Table API 希望提供一个同时支持流数据和批数据处理的统一的 API，并作为流批一体化的基础系统。Flink Table API 以直观的关系表处理方式，支持 Java 和 Scala 等计算机语言。

（3）最上层是 Flink 支撑的应用工具层。应用工具层中的所有应用都是架构在 Flink Table API 上的。因此，用户关注不到也无须关注 Flink 底层的实现，进而可以快速实现应用落地。

应用工具层中的 FlinkML 提供了一个支持机器学习的算法库，用户可以使用计算机语言调用其中的算法，并按照管道方式进行数据预处理和机器学习模型分析。Gelly 是进行图数据计算的算法库，与 Spark 的 GraphX 图计算工具类似，用于对大规模复杂结构的图数据（由顶点和边构成）进行高效存储、计算和分析。CEP 是一个复杂事件处理（Complex Event Processing，CEP）的算法库，支持用户检测和识别流数据中的复杂模式。系统可以根据指定的条件对流数据进行过滤和转换等操作，并生成新的流数据。例如，对一个流数据 "…,11,8,6,12,5,…"，指定过滤条件为 "大于 10"，经过转换的流数据为 "…,11,,,12,,…"。

由于大多数据处理用户更熟悉并喜欢用 SQL 操作数据，因此自 2016 年以来技术开发人员研究推出了支持流数据处理的 SQL，并在 Spark Streaming、Storm、Kafka 和 Flink 等系统中得以实现。Flink 中实现的 SQL 被命名为 Flink SQL。下文对 Flink SQL 进行简单介绍。

3. Flink SQL

Flink SQL 力求达成流批一体化的数据处理。Flink SQL 支持两种数据表，一种是静态数据表，用于存储处理批数据，采用与传统 SQL 相对一致的语句进行处理；另一种是增量的动态数据表，用于处理流数据。Flink SQL 与 Flink Table API 配合，提供了一个流批一体化技术方案和产品。

Flink SQL 将流数据视为一个动态的数据表，将一个事件视为一条数据行，新数据行源源不断地被添加到数据表中，触发动态数据表的 SQL 查询处理语句，所以动态数据表的 SQL 命令会连续执行处理，不会停止。同时，流式 SQL 的输出结果也可视为一个流数据，由于这些流数据规模很大，根据应用需求可以存储也可以不存储（只做处理结果的显示等），某些需要存储的流数据可保存到一个静态数据表（Sink Table）中，这个数据表中的数据会不断增加。

Flink SQL 在保持对传统 SQL 的继承和支持的基础上，专门增加了一些对流数据处理的新命令。例如，对来自 Kafka 消息队列系统的流数据定义一个动态的流数据表如下：

```
CREATE TABLE users(
    userID VARCHAR,
    ts TimeStamp)    #ts 为事件的时间戳
WITH (
    'connector.type' = 'kafka',
    'connector.version' = '2.3.0',
    'connector.topic' = 'flinksql_test01',
    'update-mode' = 'append',
    'format.type' = 'json',
……) ;
```

虽然没有介绍 Flink SQL 的具体语法，但从上述程序可大致看到 Flink 对传统 SQL 的继承。又如，定义一个输出到 MySQL 数据表的流数据的静态表（Sink Table），用于输出上述代码定义的 users 表的查询和计算结果：

```
CREATE TABLE user_sink(
    dt VARCHAR,
    pv BIGINT,
    uv BIGINT)
WITH(
    'connector.type' = 'jdbc',
    'connector.url' = '……',
    'connector.table' = 'user_sink',
    'connector.username' = 'root',
    'connector.password' = 'password',
    'connector.write.flush.max-rows' = '1');
```

上述程序中的 pv 和 uv 分别表示页面访问量和独立访客数。输出表定义完毕后，便可接受动态表 users 的查询和计算结果。例如，分组计算各小时的页面访问量和独立访客数：

```
INSERT INTO user_sink
SELECT  Time2vchar(ts) AS dt,  COUNT(*) AS pv,  COUNT(DISTINCT userID) AS uv
  FROM users GROUP BY Time2vchar(ts);
```

需要说明的是，Flink SQL 可以处理多个有关联的流数据，且支持流数据的分支与合并等操作，基本处理方式如图 8-34 所示。

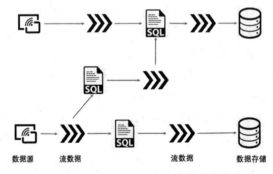

数据源　　　流数据　　　　　　　　流数据　　　数据存储

图 8-34　Flink SQL 处理多个流的分支与合并

在图 8-34 中，下方的流数据处理中间结果被作为一个分支进行进一步处理，后续被合并到上方的流数据处理中，这些流数据的分支与合并均可通过 Flink SQL 实现。

8.7　数据湖系统

8.7.1　什么是数据湖系统

通过上文可知，一个企业或组织众多有价值的数据分散地存储在不同的数据库系统、数据仓库系统或大数据系统中，通过不同的计算、分析和应用，服务于企业或组织的各种业务经营和管理决策。基于此存在如下两个重要问题。

第一，"数据孤岛"问题。

上述采用纵向技术构成的数据应用系统通常是独立配置开发数据存储、计算框架、后台服务系统和客户端应用工具的，会形成"数据孤岛"。这种应用模式为数据处理系统的设计开发、运营维护、数据共享交流及系统升级改造等带来了很大成本和负担。

第二，数据存储的高成本问题。

随着数据存储成本的降低，企业或组织希望尽可能地将相关数据长期保存管理起来，其中部分数据可能暂时处于"闲散无用"的状态，没有现实处理价值。如果采用数据库、数据仓库和大数据系统存储暂时"闲散无用"的数据，管理成本和开发设计成本都会较高。

对于上述问题，一个最直观的解决方案是采用"横向策略"构造数据应用体系，即先建造一个统一的数据存储层，再搭建统一的计算框架层和后台服务系统层等，最后进行适度的应用层程序开发和系统配置。旨在快速构筑不同的数据应用系统，有效解决"数据孤岛"问题，提高系统的长期使用价值，提高应用系统的开发效率及系统的可用性和可扩展性等。

基于此，人们依据大数据技术提出了一个新的数据存储与管理的技术方案：数据湖（Data Lake）系统。许多研究机构和大型企业在实践中探索建立数据湖系统的技术，完善数据湖系统的定义，研制开发相关技术产品。

数据湖系统技术方案的基本思路是先横向建立一个基础数据设施，用于集中存储和管理来自各类数据源的各种格式的原始数据；然后以此为基础，打造企业级数据平台，并可持续地开发各种数据应用系统，为企业或组织提供数据服务。如果将数据应用系统中的数据比喻为经过处理的瓶装矿泉水，那么数据湖中的原始数据就是原生态的自然水资源。因此，数据湖系统的基本功能应定位在数据的存储和管理、数据湖中的数据的输入和输出等方面。当然，许多数据湖系统还提供了数据计算、数据分析等功能，可视为对数据湖系统功能的进一步扩展。

简单讲，**数据湖系统就是以原始的自然形态存储和管理各类数据的集中数据服务系统**。数据湖具体特征体现在以下方面。

- 数据湖可以尽可能保持数据的原始形态，支持存储任意类型的数据，包括结构化数据、半结构化数据和非结构化数据，历史数据和实时数据，在线数据和离线数据，内部相关数据和外部相关数据，等等。
- 数据湖可以跨平台地为多种数据库、数据仓库和大数据系统等提供数据源服务和异构数据全量或增量迁移，并可接收它们的入湖数据。
- 数据湖远大于数据池[①]，具备足够大的数据存储能力，同时具备对大数据的处理能力，支持数据处理的高效性、高扩展性和可用性。

8.7.2　数据湖系统的基本功能

数据湖系统的基本功能可分为以下几部分。

---

① 数据池：一个项目的专用数据集合。

1）数据获取功能

大规模各种类型的数据可被迁移进数据湖。为提高入湖数据的质量，在数据迁入数据湖时应进行数据源定义和必要的数据清洗，确定数据安全访问策略，并编制数据目录等。

2）数据存储功能

一般情况下，可采用分布式文件存储、块存储和对象存储三种存储服务方式存储大数据。其中，块存储是面向操作系统物理层的数据存储模式，适用于计算机系统间进行的直接高效的数据交互。但因其应用逻辑较模糊，所以分布式文件存储和对象存储是目前数据湖系统存储服务的主流方式。

对象存储（Object Storage Service，OSS）是一种海量的、可弹性扩展的、低成本的、高可靠性的云计算系统的存储服务，它将数据和元数据封装到一个数据对象中，每个对象都会分配一个唯一标识符作为系统存取的依据。经常使用的云盘或网盘存储服务大多采用的是这种方式。

3）数据管理功能

数据湖系统不仅应具备有效管理数据目录、数据源、数据格式、数据处理流程、元数据和数据权限等功能，还应支持对数据的增加、删除、修改、查询等基本操作，支持数据索引和数据发布等功能。一些数据湖系统还支持数据的一致性管理和版本管理等。

4）数据服务功能

数据湖系统一方面可为其他数据库系统、数据仓库系统和大数据系统提供统一的数据支持，另一方面可为各类数据分析工具和计算框架系统提供统一的数据支持。

8.7.3 典型的数据湖系统

2015 年以后，许多技术领先的互联网高科技公司纷纷投入力量研发企业级的数据湖系统，并在近年陆续运行使用。例如，国外亚马逊的 AWS 数据湖系统和微软的 Azure 数据湖系统等，国内华为的 DAYU 数据湖系统和阿里巴巴的 DLA 数据湖系统等。同时，数据湖系统的开源项目和产品也不断被推出，如 HUDI、Iceberg 和 Spark Delta Lake 等。

本书以 AWS 数据湖系统、HUDI 数据湖系统为例来介绍数据湖系统的基本架构。

1. AWS 数据湖系统

亚马逊是较早开展云计算系统服务并在云计算系统上提供数据湖系统技术方案的互联网公司之一。亚马逊将其云计算系统命名为 AWS（Amazon Web Services）。AWS 数据湖系统整体架构示意图如图 8-35 所示。

由图 8-35 可知，AWS 数据湖系统具有如下功能。

（1）图 8-35 底层是 AWS 数据湖，其中 S3（Simple Storage Service）是亚马逊设计开发的一种对象存储系统。

（2）AWS 数据湖系统首先使用 Lake Formation 软件工具连接多种数据源并将其中各种格式的数据自动迁移到 S3 数据存储系统中。同时，Amazon Glue 配合进行数据预处理。

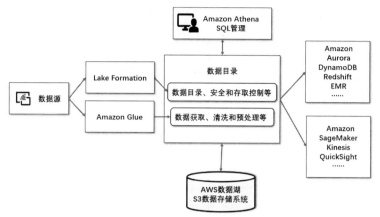

图 8-35　AWS 数据湖系统整体架构示意图

Amazon Glue 是一套用于数据集成管理的软件工具[①]，可通过图形界面和编程等方式，实现数据获取、模式分析、数据清洗、数据目录编制、数据安全配置、冗余与重复数据处理、数据存取控制等功能，从而提高数据湖系统中的数据质量服务。

（3）图 8-35 顶层的 Amazon Athena 可提供对数据湖的查询和管理。

Amazon Athena 是一个交互式数据湖管理工具，可使用标准 SQL 实现对 S3 数据存储系统中的各种非结构化数据、半结构化数据和结构化数据的查询和管理。

（4）图 8-35 右侧是 AWS 数据湖系统中的各种数据服务工具和数据分析工具。

数据存入 AWS 数据湖后，可利用 AWS 数据湖系统中的数据服务工具和数据分析工具进行各种应用开发与挖掘。

在数据服务工具方面，可使用 Aurora 和 DynamoDB 建立关系型数据库系统和非关系型数据库系统，实现 OLTP；使用 Redshift 建立数据仓库系统，实现 OLAP 和商业智能分析；使用 EMR（Elastic MapReduce）大数据云平台调用多种开源工具处理大数据。

在数据分析工具方面，可使用 SageMaker 进行机器学习的数据分析；使用 Kinesis 进行流数据处理，高效获取和处理视频、音频、应用程序日志和网站点击流等实时数据；使用 QuickSight 进行数据可视化展示和商业智能分析；等等。

总之，AWS 数据湖系统是基于云计算系统开发设计的，其中许多软件工具可以通过 SaaS 和 PaaS 的方式（详见 3.5.4 节）提供给用户。用户不必了解后台服务器系统的具体运行和资源配置等情况，因为它是高可用且免运维的。这种软件使用方式又被称为无服务器（Serverless）服务方式或开箱即用方式。

2. HUDI 数据湖系统

HUDI 数据湖系统于 2016 年由一家大型互联网科技公司开发和应用，并于 2019 年年初成为 Apache 的开源项目。HUDI 是 Hadoop Updates Deletes and Incrementals 的缩写，意思是高效

---

① 例如，使用 AWS Glue 数据目录能够轻松访问数据；使用 AWS Glue Studio 能够以可视化的方式创建、运行和监控数据清洗流程；使用 AWS Glue DataBrew 能够以可视化方式对数据进行清理和标准化，无须编写程序；使用 AWS Glue Elastic 能够利用 SQL 合并和复制数据；等等。

支持数据更新、删除和增量数据处理。

该互联网科技公司是一家国际化出行的信息服务公司，其开发的大数据系统应用需将各地不断产生的大量的线上出行订单数据快速收集起来，统一存储到一个数据中心，之后需及时提示分布在各城市的运营服务商进行接单处理，以及后续的大数据分析。由于这套应用系统的数据处理流程比较复杂，为有效解决增量数据的快速更新并实现系统的低成本扩展，该公司提出了 HUDI 数据湖系统技术方案。

HUDI 数据湖系统整体架构示意图如图 8-36 所示。

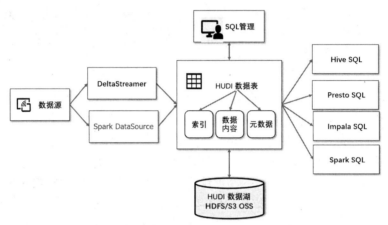

图 8-36　HUDI 数据湖系统整体架构示意图

由图 8-36 可知，HUDI 数据湖系统具有如下功能。

- HUDI 数据湖系统采用 DeltaStreamer 系统对接数据源的流数据，采用 Spark DataSource 系统收集相关业务数据。
- HUDI 数据湖系统处理的数据主要是数据表，涉及数据表的索引、数据内容、元数据等。HUDI 数据湖系统将这些数据表作为文件统一存储在 HUDI 数据湖中，并支持 HDFS 和 S3 云存储。
- 可利用多种数据库系统和数据仓库系统提供的 SQL 工具，对 HUDI 数据湖中的数据表进行优化查询、增量查询、快照查询等，查询结果可服务于批数据的机器学习、增量和实时数据的流处理等。

至此，本章对数据存储与管理的讨论告一段落。数据存储与管理内容丰富，既涉及理论层面，也涉及技术层面，同时技术层面会快速更新和发展。尽管本章无法让读者成为数据存储与管理理论和技术上的专业人才，但会让读者弄清楚数据存储与管理在数据科学中的地位和作用，了解主流数据存储与管理的技术发展方向，为后续有针对性和选择性地深入学习奠定基础。

第 9 章

数据可视化

使用数据描述现实世界，是人类对现实世界进行的抽象认知。使用文字表示数据，是人类对现实世界进行的第二次抽象认知。英文的基本字母和数字仅有数十个，中文相对复杂，但常用的基本汉字在数千个之内。二进制数虽然只有两个基本符号，但可以表示所有数据，这属于数字化层次上的抽象。这套极简的符号系统非常适合计算机等机器系统进行数据识别和处理，并需要转换为具体文字。所以，人们迫切需要用一种反抽象的直观方式观察符号化的数据系统，以发现数据中的信息，揭示现实世界的规律，并对人类认知进行综合梳理和概括提升。数据只有被人们正确理解，才能发挥出应有的价值。数据可视化的目标就是理解数据，进而理解世界。

9.1 数据可视化概述

人类学的研究成果显示，与文字相比人们对图形的视觉敏感性更高，识别记忆速度更快，这就是常说的"一图胜过千言万语"的本质。

9.1.1 数据可视化起源和发展

数据可视化（Data Visualization）是指使用图形化的方式展示数据，旨在让人们在与图形的交互过程中形象直观地洞察数据蕴含的信息，进而发现现实世界的规律。

几何学通常被视为可视化的起源。随着测量方式和工具的进步，地图作为一种直观的图形化展示方式在航海、天文等领域得到广泛应用。进一步，笛卡儿提出的解析几何和坐标系为数据可视化历史增添了浓墨重彩的一笔。至此，人们得以在两个或三个维度上直观展示数据，用图形方式表示数据的思想不断成熟。例如，用一条曲线表示相同的高程（等高线图）被应用于测绘、工程和军事领域，用一个时间线图表示人的生命周期被应用于各类人群的生命跨度的对比，等等。

随着视觉表达方法的不断创新，19 世纪中叶，统计图形和专题绘图领域呈现爆发式发展，目前人们熟知的众多形式的统计图形都是在这个时期开始出现的。随着数据收集能力的提升，数据收集整理逐渐扩展到社会公共领域。人们开始基于数据的科学研究教育、犯罪等社会问题，并努力尝试使用可视化方式研究和解决更广泛领域的问题。其中，较为著名的案例之一就是伦敦霍乱疫情中的病亡人员分布图。

☞【案例】伦敦霍乱疫情中的病亡人员分布图

1854 年英国伦敦地区爆发了严重的霍乱疫情。受当时医学水平的限制，人们尚未了解霍乱传染的流行病学原理。当时主流观点认为霍乱是通过空气传播的，一些学者指出地势较低地区由于污染气体容易沉积成瘴气，所以患者较多；较高地势地区由于空气流动性较强，所以患者较少。为证明瘴气传染的观点，一些学者根据患者数量和居住地势高度进行计算分析，证明在观测数据上存在一定的相关性。

这时以约翰·斯诺医生（John Snow，1813—1858）为代表的另一方观点认为霍乱是通过水源传播的。支持这一观点的最有力证据就是找到水污染的源头。为此斯诺医生根据疫区每户病亡人数及其居住位置绘制了一份病亡人员统计分布图，如图 9-1 所示。

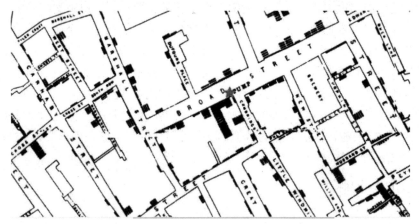

图 9-1　斯诺医生绘制的病亡人员统计分布图（局部）

根据如图 9-1 所示的分布图，斯诺医生发现，病亡人员集中地区在布劳德大街（BROAD STREET）一带，奇怪的是，距疫情高发区较近的位于波兰大街上的贫困救济院中的五百多位居民很少发病。这一线索不但有力否定了空气传播的观点，同时引导斯诺医生进一步调查了这些居民的饮用水情况。原来这些居民都使用自己的水井取水，几乎不使用布劳德大街的公共水泵（图 9-1 中★位置）取水。于是，管理部门关闭了该饮用水源，霍乱疫情很快得到了控制。

斯诺医生手绘的病亡人员统计分布图对疫情控制发挥了巨大的作用。它采用统计柱形图表示病亡数据，采用街区地图表示地理位置，从而发现了数据中的规律，准确地定位了现实世界中的疫情源头，是公共卫生与流行病学研究中的一个杰作。

20 世纪上半叶计算机系统的发明与应用让人类处理数据的能力有了跨越式提升，对于数据可视化具有划时代的意义。各研究机构逐渐开始使用计算机程序取代手绘图形。随着数据可视化从手工处理走向电子技术处理，很多能够直观表现数据间关联性的形式新颖的复杂可视化图形不断涌现，促进了许多优秀的图形算法与数据可视化开发工具的出现，数据可视化的开发效率、产品展示质量、应用领域等得以全面提升。

之后，动态交互式的数据可视化方式成为新的发展主题。计算机系统增加了亮度、动态、交互等全新的图形属性，支持图形按比例伸缩、按角度观察、按时间动态演化等。新一代虚拟现实技术与增强现实技术极大地丰富了数据可视化的创造性表现能力。在大数据时代，建立有效的可交互式的大数据可视化方案表达大规模、不同类型的实时数据，成为数据可视化研究的主要方向。

9.1.2　数据可视化元素

数据可视化是一种数据表达方式，它先建立图形与数据的映射关系，然后通过人类视觉系统获取图形传达的数据中的信息。

数据可视化使用的图形与数据表示方法通常涉及三个基本要素：图形元素、图形属性、数据映射。

1）图形元素

图形元素是数据可视化采用的图形素材和基本形状。常用的图形素材主要有点、线、面、体、场（指环境和背景等）；基本形状是由图形素材构成的图形，如矩形、圆形、三角形等。

2）图形属性

图形属性是抵达视觉系统的途径，又称视觉通道。常用的图形属性有大小、高低、粗细、颜色、长度、面积、体积、形状、位置、角度、密度、纹理、连接、包含等。

3）数据映射

数据映射是指建立有关数据与图形属性之间的对应关系。针对不同的数据应选择不同的图形元素和图形属性。例如，对于一组离散型的数值数据，可以使用相同的图形元素和不同的颜色属性等进行表示；对于一组连续型的数值数据，可以使用坐标轴或渐变颜色来表示。

人们在长期实践中逐步建立了一套数据和图形的映射关系的应用规范，这套规范成为数据可视化的相对通用方式。例如，以散点图、折线图、柱形图、直方图、面积图、饼图、箱线图、气泡图、雷达图、漏斗图、树形图、网状图、仪表盘等为代表的且被广泛应用的统计与商业图形。又如，以词云图（见图 9-2 左图）、社交网络关系图（见图 9-2 中图）、热力图（见图 9-2 右图）、主题河流图、电子地图等为代表的大数据图形。

 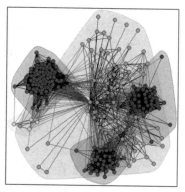 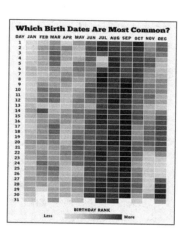

图 9-2　大数据图形示例

9.1.3 数据可视化步骤和原则

1. 数据可视化步骤

数据可视化一般应遵循以下基本步骤。

1）确定数据可视化目标

确定数据可视化目标，是指根据数据可视化的业务需求，确定要探索的问题，明确数据可视化针对的主要用户，明确数据可视化展示的基本内容，等等。数据可视化目标因业务需求不同有所不同。通过实践积累形成了一些常规性的应用目标。

- 通过数据可视化展现数据的整体形态和整体结构。
- 通过数据可视化展现数据的发生频率，观察事物的分布情况和集中程度。
- 通过数据可视化展现数据随时间的变化，观察事物的发展规律，预测未来的发展趋势。
- 通过数据可视化展现数据的极值和特例，揭示现实事物中可能隐藏的风险等。
- 通过数据可视化展现数据间的关系，发现多个变量的相关性和相关方式。

2）确定可视化数据

确定可视化数据，是指围绕数据可视化主题，搜集和整理相关数据，综合评估数据质量，对数进行加工清理，对大规模数据进行筛选、抽样、降维和格式转换等处理，汇总并生成更丰富的数据，得到可被直接可视化展示的数据集。

3）数据可视化设计

图形元素多种多样，图形属性丰富多彩，二者的组合设计可以产生层出不穷的视觉效果。数据可视化设计，是指根据可视化目标和数据集的实际情况，科学设计数据可视化的基本要素，正确建立图形元素、图形属性与数据间的映射关系。直观设计图形的基本表现形式和整体效果，设计与图形内涵具有一致性的艺术风格、色彩背景、显示示例、展现工具、动态交互技术等。数据可视化不是对原始数据的简单再现，而是对数据的全新设计与展现。

4）数据可视化开发与应用评估

数据可视化开发与应用评估，是指根据数据可视化设计，使用数据可视化开发工具及展示工具进行数据可视化开发，并将成果进行应用。数据可视化开发工具主要有计算机语言类、在线 JavaScript 方法库类、图形化用户界面应用工具类等。数据可视化展示工具主要有计算机显示器、智能终端显示设备、电子大屏幕显示设备等。此外，还需要对数据可视化的效果进行评估。

2. 数据可视化原则

数据可视化以图形视觉为核心，涉及观察者、领域知识、开发工具、图形技术、展示设备等多个要素。数据可视化要素示意图如图 9-3 所示。

只有围绕图形视觉，充分利用观察者、领域知识、图形技术、开发工具、展示设备，才能有效地实现数据

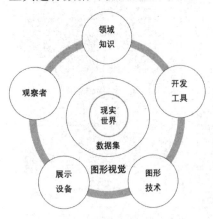

图 9-3　数据可视化要素示意图

可视化目标。

在进行数据可视化设计与应用时，应把握好以下主要原则。

1）准确、简洁和直观的原则

准确是数据可视化的首要原则，不准确的图形往往会表达错误的信息，从而误导人们。因此要使用有限的空间、简明的图形、精练的数据传达更多准确信息。数据可视化一定要以一种更加有助于理解的方式传达信息，并尽可能减少人们获取信息的成本。

2）重点突出的原则

减少冗余图形元素和图形属性，精准展示数据的主要差别、联系、趋势或规律等，准确传递核心信息。

3）内容与形式相互统一的原则

力求和谐展现数据本质和图形形式，不过分追求外在审美效果或艺术体验。

9.2　数据可视化一般方法

数据可视化方法有很多，涉及内容广。其中，经典的数据可视化方法是借助各种统计图展现单个变量数据的分布特征，以及两个或多个变量的相关性等。因统计图种类繁多（如柱形图、饼图、直方图、箱线图、散点图，以及由这些基本图形派生的各种图形等）且实现软件工具常见，操作步骤简单，所以本书不再对其进行专门介绍。

9.2.1　电子地图及地图图表

地图由来已久，是人类创造的具有应用价值的可视化图形系统之一。地图利用二维平面展现各个水平方向，利用比例尺表示距离，利用图例、标签和颜色等图形属性标识地物的位置和区域等，传达了丰富的空间地理信息。

电子地图（Electronic Map）是利用计算机技术，以数字化方式制作存储和查询应用的地图系统。电子地图种类较多，如数字栅格地图[①]、地形图、数字高程模型[②]、遥感影像地图[③]等。

1. 电子地图的特点

电子地图有以下特点。

（1）电子地图具有强大的交互性，能够展现更加丰富的信息。

电子地图具有强大的交互性，根据操作者的应用需求，电子地图可以动态地变化，输出不同的图层、指定不同的范围、设定不同的比例尺，可以方便地测度长度、角度、面积等。

---

① 数字栅格地图一般体现为栅格数据文件，通常为区域边界线的矢量格式。

② 数字高程模型是地形表面形态的数字化表达，其通过一组有序数值阵列来表示地面高程，也称数字地形模型。

③ 遥感影像地图由影像构成并辅助以一定地图符号表现或说明制图对象。与普通地图相比，遥感影像地图包含的地面信息更丰富，具有影像与地图的双重优势。

电子地图能够展现的信息更丰富。例如，在交通数据库系统支持下，电子地图可以实现属性到图的查询功能，可以根据使用者的查询条件显示符合条件的位置目标，并根据相关算法提供最佳通行方案。又如，在各种地理信息系统（Geographic Information Software，GIS）的支持下，电子地图可以实现三维实景地图显示；在卫星导航系统支持下，电子地图可以实现实时语音导航服务；等等。

（2）电子地图具有信息共享性。

电子地图的一个重要优势在于具有信息共享性。大量开源的基础电子地图库可以通过互联网进行数字化复制、传播和应用。人们基于这些成果，可以方便地派生和开发其他与地图有关的数据可视化软件工具，如 ECharts。

为呈现与地理位置有关数据的基本特征，最直接有效的途径是绘制基于电子地图的地图图表。一般应用场景可以借助 ECharts 实现。

2．ECharts

ECharts 是百度开发的前端可视化工具，提供了世界各国、中国各省、各省地区等基础电子地图库文件，可以方便地实现基于地图的图表展示。用户只需调用电子图形库，加载相关数据并设置一定参数，就可以绘制并输出美观的地图图表。

Python 调用 ECharts 的接口是 pyecharts。在 Windows 操作系统环境下，需要进入 Python 的 Scripts 子目录，使用 pip3 命令安装，对应语句：

```
pip3 install pyecharts
```

安装过程中的信息显示如下。

安装成功后，可在 Python 人机对话窗口中导入相关模块并使用。

下文给出一个利用 Python 调用 ECharts 并绘制电子地图图表的示例。

☞【示例】基于电子地图，绘制 2020 年我国部分省、自治区、直辖市 GDP 和人均 GDP 的热力图

首先，将 2020 年我国部分省、自治区、直辖市 GDP 数据存储在 .csv 格式的数据文件中，该文件包括 4 列，分别为地区、人口数、GDP、人均 GDP；其次，编写 Python 程序调用接口 pyecharts，绘制基于电子地图的 GDP 和人均 GDP 的热力图，程序如下（文件名：9-5ECharts 电子地图.py）：

```
import pandas as pd
from pyecharts.charts import Map
from pyecharts import options as opts
data = pd.read_csv('gdp2020.csv')                #读取数据，生成格式数据
dq = list(data["地区"])
gdp = list(data["GDP"])
sj1 = [list(z) for z in zip(dq,gdp)]             #部分省、自治区、直辖市 GDP
print(sj1)                                       #显示部分省、自治区、直辖市 GDP
```
[['北京', 36102.6], ['天津', 14083.73], ['河北', 36206.9], ['山西', 17651.93], ['内蒙古', 17360.0], ['辽宁', 25115.0], ['吉林', 12311.32], ['黑龙江', 13698.5], ['上海', 38700.58], ['江苏', 102719.0], ['浙江', 64613.0], ['安徽', 38680.6], ['福建', 43903.89], ['江西', 25691.5], ['山东', 73129.0], ['河南', 54997.07], ['湖北', 43443.46], ['湖南', 41781.49], ['广东', 110760.94], ['广西', 22156.69], ['海南', 5532.39], ['重庆', 25002.79], ['四川', 48598.8], ['贵州', 17826.56], ['云南', 24521.9], ['西藏', 1697.82], ['陕西', 26181.86], ['甘肃', 9016.7], ['青海', 3005.92], ['宁夏', 3920.55], ['新疆', 13797.58]]

```
rjgdp = list(data["人均 GDP"])
sj2 = [list(z) for z in zip(dq,rjgdp)]           #部分省、自治区、直辖市人均 GDP
print(sj2)                                       #显示部分省、自治区、直辖市人均 GDP
```
[['北京', 2.54], ['天津', 1.56], ['河北', 0.75], ['山西', 0.78], ['内蒙古', 1.11], ['辽宁', 0.91], ['吉林', 0.79], ['黑龙江', 0.66], ['上海', 2.39], ['江苏', 1.86], ['浙江', 1.54], ['安徽', 0.98], ['福建', 1.63], ['江西', 0.87], ['山东', 1.11], ['河南', 0.85], ['湖北', 1.16], ['湖南', 0.97], ['广东', 1.35], ['广西', 0.68], ['海南', 0.84], ['重庆', 1.2], ['四川', 0.89], ['贵州', 0.71], ['云南', 0.8], ['西藏', 0.72], ['陕西', 1.02], ['甘肃', 0.55], ['青海', 0.78], ['宁夏', 0.84], ['新疆', 0.82]]

```
#绘制部分省市自治区 GDP 热力图
m1 = (
    Map(init_opts=opts.InitOpts(width="1000px", height="600px"))        #地图大小
    .set_global_opts(
        #配置标题
        title_opts=opts.TitleOpts(title="2020 年部分省、自治区、直辖市 GDP 热力图(单位:亿元"),
        visualmap_opts=opts.VisualMapOpts(
        type_ = "scatter"                #仅在地图上标注样本观测点
        )
    )
    .add("GDP",sj1,maptype="china")      #数据加载，地图类型为"China"
    .render("GDPmap1.html")              #指定输出文件
)


#绘制部分省、自治区、直辖市人均 GDP 热力图
m2 = (
    Map(init_opts=opts.InitOpts(width="1000px", height="600px"))
    .set_global_opts(
        title_opts=opts.TitleOpts(title="2020 年部分省、自治区、直辖市人均 GDP 热力图(单位:万美元"),
        visualmap_opts=opts.VisualMapOpts(
            min_=0.50,
            max_=2.60,
            range_text = ['人均 GDP(万美元):', ''],      #分区间
            is_piecewise=True,                           #定义图例，默认为连续型图例
            pos_top= "middle",                           #设置图例位置
            pos_left="left",
            orient="vertical",
            split_number=20                              #将人均 GDP 分成 20 个组
        )
    )
    .add("GDP-AVG",sj2,maptype="china")
    .render("GDPmap2.html")
)
```

需要说明的内容如下。

（1）热力图通常用颜色的深浅和冷暖色调表示数值的大小。例如，在部分省、自治区、直辖市人均 GDP 热力图中，暖色调且颜色越深表示人均 GDP 值越高。

（2）程序的输出结果分别存储在一个 HTML 文件中，默认放置在程序文件所在目录下，可双击文件名使用浏览器软件查看。当鼠标指针在地图上移动时，会显示鼠标指针所指省份的数量标签。

9.2.2　高维数据的可视化展现

人类可以感知的现实世界是三维的，所以人们可以利用自然视觉直观审视和理解一维、二维和三维的图形对象。由于二维图形输出设备是目前计算机图形输出设备的主流，所以采用怎样的数据模型或怎样的表示策略将三维或更高维的图形展示在二维平面显示系统上，是高维数据可视化的关键。

1. 三维图形的展示

通常需经过透视、投影和旋转等几何变换，从主视图、俯视图和侧视图等不同观察视角，将三维图形对象有效地呈现在二维平面显示系统上。

以下给出一个利用 Python 编程实现三维图形的二维平面展示的示例（文件名：9-1 三维线框图.py）（程序输出图如图 9-4 所示）：

```python
import numpy as np
from mpl_toolkits.mplot3d import axes3d
import matplotlib.pyplot as plt
#生成数据
x = np.arange(-10, 10, 0.1)
y = np.arange(-10, 10, 0.1)
X, Y = np.meshgrid(x, y)
Z = np.add(-np.power(X, 3), np.power(Y, 4))
tx = plt.figure()
ax = tx.add_subplot(projection='3d')
ax.plot_wireframe(X, Y, Z, rstride=10, cstride=10)  #绘制三维线框图
plt.show()
```

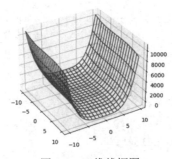

图 9-4　三维线框图

需要说明的是，在 Python 图形界面上，可通过鼠标拖曳旋转如图 9-4 所示的三维图形，以获得最佳的观察角度。plot_wireframe 函数的 rstride 和 cstride 参数分别用于指定行或列线条间的间隔，该参数值值越小呈现的线框越小，图形呈现度越高。

2．高维图形的展示

在实际应用中存在大量高维数据。在大数据应用蓬勃发展的形势下，成千上万维度的数据集合在图形、文本和互联网等数据处理场景中已经比较常见，这对数据可视化技术提出了挑战。基于此，人们提出了许多高维图形的二维抽象展示方法，如常见的雷达图等。下文以鸢尾花（见图 9-5）分类数据集（Iris）为例，介绍三种能够有效展现高维数据特点的高维图形的二维抽象图：**安德鲁斯曲线图**（Andrews Curves）、**平行坐标图**（Parallel Coordinates）、**瑞德维兹图**（Rad Viz）。

图 9-5　鸢尾花

☞【示例】鸢尾花分类数据集

鸢尾花分类数据集包含 5 个变量 150 个样本数据。每个样本数据都有 4 个描述鸢尾花形状的数值特征变量，分别为花萼长度（Sepal.Length）、花萼宽度（Sepal.Width）、花瓣长度（Petal.Length）、花瓣宽度（Petal.Width）。此外，还有 1 个类型变量，该变量用于表征鸢尾花的品种（Species）。鸢尾花分类数据集中有三个品种，分别是山鸢尾（setosa）、杂色鸢尾（versicolor）、弗吉尼亚鸢尾（virginica）。通常可依据 4 个特征变量判断鸢尾花的品种。

我们将采用以下几种高维图形的二维抽象展示方式，在二维平面上呈现各品种鸢尾花的不同特征。

1）安德鲁斯曲线图

安德鲁斯曲线图对每个样本数据的一组属性值进行傅立叶变换，并以此展示多维数据的整体效果。鸢尾花数据的安德鲁斯曲线图的 Python 程序如下（文件名：9-2 安德鲁斯曲线图.py）（程序输出图如图 9-6 所示）：

```
import pandas as pd
import matplotlib.pyplot as plt
from pandas.plotting import andrews_curves
data = pd.read_csv('iris.csv')          #读入鸢尾花数据文件
print(data)                             #显示数据情况
```

	Sepal.Length	Sepal.Width	Petal.Length	Petal.Width	Species
0	5.1	3.5	1.4	0.2	setosa
1	4.9	3.0	1.4	0.2	setosa
2	4.7	3.2	1.3	0.2	setosa
3	4.6	3.1	1.5	0.2	setosa
4	5.0	3.6	1.4	0.2	setosa
...	...	...	...	...	...
145	6.7	3.0	5.2	2.3	virginica
146	6.3	2.5	5.0	1.9	virginica
147	6.5	3.0	5.2	2.0	virginica
148	6.2	3.4	5.4	2.3	virginica
149	5.9	3.0	5.1	1.8	virginica

```
andrews_curves(data, 'Species', color=['b', 'y', 'g'])
plt.show()
```

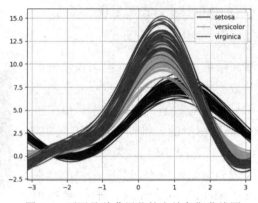

图 9-6　不同品种鸢尾花的安德鲁斯曲线图

　　需要说明的是，上述程序用三种不同颜色的曲线分别指代鸢尾花的三个不同品种。由图 9-6 可知，相同品种的鸢尾花尽管 4 个特征变量取值有差异，但其整体形态是很接近的。图 9-6 表明，弗吉尼亚鸢尾（virginica）和杂色鸢尾（versicolor）的形态相似性较高，山鸢尾（setosa）的形态与其他品种有较大差异。

　　2）平行坐标图

　　平行坐标图先为每一个变量设置一个纵向垂直坐标，并在坐标上标注对应数据值；然后将多个坐标轴上的对应样本观测点用直线连接起来，并以此展示多维数据的整体效果。鸢尾花数据的平行坐标图的 Python 程序如下（文件名：9-3 平行坐标图.py）（程序输出图如图 9-7 所示）：

```
import pandas as pd
import matplotlib.pyplot as plt
from pandas.plotting import parallel_coordinates
data = pd.read_csv('iris.csv')
parallel_coordinates(data, 'Species', color=['b', 'y', 'g'])
plt.show()
```

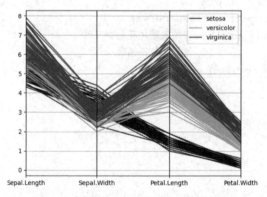

图 9-7　不同品种鸢尾花的平行坐标图

需要说明的是，上述程序用三种不同的颜色的曲线分别指代鸢尾花的三个不同品种。由图 9-7
可知，相同品种的鸢尾花尽管 4 个特征变量取值有差异，但各条曲线基本集中在一起，表示其整
体形态很接近。图 9-7 表明，弗吉尼亚鸢尾（virginica）和杂色鸢尾（versicolor）的形态相似性较
高，山鸢尾（setosa）的花瓣长度和宽度明显小于其他品种，整体形态与其他品种有较大差异。

　　3）瑞德维兹图

瑞德维兹图通过径向投影方式将高维数据映射到低维空间，并使具有相似特征的样本观测
点可以投影到相近的位置上。瑞德维兹图将一个维度视为一个维度锚点，多个维度就视为多个
维度锚点，因此可将一个样本数据视为多个维度锚点拉力合力作用下的结果。若将每个维度锚
点绘制在一个圆的圆周上，则样本观测点将会出现在圆内合力为 0 的位置上。各维度锚点的拉
力大小与样本观测点在对应维度上的取值成正比。鸢尾花数据的瑞德维兹图的 Python 程序如
下（文件名：9-4 瑞德维兹图.py）（程序输出图如图 9-8 所示）：

```
import pandas as pd
import matplotlib.pyplot as plt
from pandas.plotting import radviz
data = pd.read_csv('iris.csv')
radviz(data, 'Species', color=['b', 'y', 'g'])
plt.show()
```

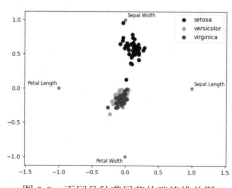

图 9-8　不同品种鸢尾花的瑞德维兹图

需要说明的是，上述程序用三种不同的颜色的曲线分别指代鸢尾花的三个不同品种。
图 9-8 中标出了 4 个锚点的位置依次为 $(1,0)$、$(0,1)$、$(-1,0)$、$(0,-1)$。由图 9-8 可知，相同品种
的鸢尾花尽管 4 个特征变量取值有差异，但基本集中在圆圈内距离相近的区域内，表示其整
体形态很接近。图 9-8 表明，弗吉尼亚鸢尾（virginica）和杂色鸢尾（versicolor）在圆圈内有
较多位置上的重合，因此它们的形态相似性较高；山鸢尾（setosa）的整体形态与其他品种有
较大差异。

9.3　数据可视化实现和 Tableau 应用

掌握一种主流的数据可视化工具，对数据可视化的实现和应用是至关重要的。计算机系统

及其相关技术非常适合数据可视化的图形表达方式，使用百花齐放和精彩纷呈形容数据可视化工具的发展是毫不过分的。

9.3.1 数据可视化实现方式

可以从不同角度对数据可视化工具进行分类，如是否开源、图形的种类、应用的领域等。这里仅从实现方式角度，对当前的数据可视化工具进行整体概述。

1. 需要编程的数据可视化

顾名思义，需要编程的数据可视化就是需要借助计算机语言编程来实现可视化。若从画点、线等基本图形元素开始编程并完成整个数据可视化编程至最后应用落地，无论实现难度还是实现效率都不具有可行性。因此计算机语言编程可视化都是通过调用已有的图形程序库实现的。我们只需按照一定规则，提供绘图数据并配置图形参数即可方便快捷地得到希望绘制的图形。就像 9.2 节那样，使用 Python 调用 ECharts 图形库，或者导入绘制安德鲁斯曲线图、平行坐标图、瑞德维兹图的模块。

通常可以使用 Python 语言调用 Matplotlib、Seaborn、Plotly 和 Pydot 等图形库，使用 R 语言调用 ggplot2、Plotly、GGally 和 Maps 等图形库等。

这里，需要补充说明的是，互联网的全球化普及为数据可视化实现开辟了一个全新方式。利用浏览器软件展示可视化图形，支持图形与用户的动态交互操作，高效完成可视化图形的互联共享，已成为数据可视化实现的必要元素。1995 年推出的 JavaScript 语言，简称 JS 语言，是目前开发网络图形系统的主流语言。JS 语言是一种支持 Web 页面开发的脚本语言，目前几乎所有浏览器软件都支持其技术标准。JS 语言通常用于为网页增添各种动态功能，并对捕捉到的用户输入事件做出响应，可以直接嵌入 HTML 页面中，也可以写在单独的 JS 文件中被 HTML 文件调用。JS 语言不仅支持各种浏览器软件，还支持多种操作系统。目前已有大量使用 JS 语言开发的 JS 图形库供我们下载使用，如 9.2 节的 ECharts 就是使用 JS 语言开发的。此外常见的 JS 图形库有 D3.js、Chart.js、FusionCharts、Flot 和 Google Charts 等。

2. 无须编程的数据可视化

无须编程的数据可视化，一般是指通过选用数据可视化工具软件，以菜单点选、鼠标拖曳和对话框参数配置等操作方式获得所需图形。这类工具软件一般具有较强的数据读取、存储、计算和管理功能，具备强大的数据可视化展现能力。例如，大家悉的 Excel 电子表格软件可以读取多种主流格式的数据，具有强大的数据处理和丰富的图形处理功能，支持 VBA 编程，可以实现图形的自动化生成，等等。

此外，还有许多类似的通用型的数据可视化工具软件，如 Tableau、Power BI、Qlik、Infogram，以及国内的 FineReport、DataV、AntV、数字冰雹、网易有数等；还有一些专门用于金融证券、空间地理、生物医学及大屏幕可视化的专用工具软件。读者可根据需要深入学习。

以下将对目前十分流行的通用型的数据可视化工具软件 Tableau 进行说明。

9.3.2　Tableau 及其应用

Tableau 是一款定位于可以理解数据的商业智能软件。Tableau 的主要特色如下。

- 简便高效地处理多种格式的海量数据。
- 无须编程，通过简单的鼠标拖曳、菜单点选和参数配置就可以实现数据可视化。
- 可以轻松完成动态图形和动态报表的自动化生成。
- 利用图形交互及仪表盘和数据故事等方式，表达商业智能内容。

以下通过案例操作的形式，展示 Tableau 强大功能的"冰山一角"。

☞【案例】奥运会数据的可视化实现

案例数据集（文件名：athlete_events.csv）是 Kaggle 网站发布的 120 届（1896—2016 年）奥运会（包括夏季奥运会和冬季奥运会）运动员及其参赛项目的基本信息数据。这些数据包括 15 个变量，135 571 名运动员的基本信息及 271 116 条参赛记数据，各变量具体含义如表 9-1 所示。

表 9-1　奥运会案例数据中各变量的具体含义

变　量　名	含　　义	变　量　名	含　　义
ID	运动员编号	Games	年份和季
Name	姓名	Year	年份
Sex	性别	Season	季（夏季奥运会或冬季奥运会）
Age	参赛年龄	City	主办城市
Height	身高（单位为 cm）	Sport	运动项目
Weight	体重（单位为 kg）	Event	比赛项目
Team	参赛队伍名称	Medal	奖牌〔金牌、银牌、铜牌或未获牌（用 NA 表示）〕
NOC	国家（地区）编码（国家奥林匹克委员会编码）	—	—

1．读取数据

启动 Tableau，读取数据。Tableau 的读取数据窗口如图 9-9 所示。

图 9-9 左侧"连接"栏用于提示用户数据可来自四种不同的数据源："搜索数据"、"到文件"、"到服务器"和"已保存数据源"。"搜索数据"表示登录到 Tableau 服务器或 Tableau 在线服务器系统读取数据；"到文件"表示到本地的多种格式的数据文件中读取数据；"到服务器"表示通过网络登录各种数据库系统、数据仓库系统或其他数据存储系统读取数据；"已保存数据源"表示读取 Tableau 自带的示例数据（Tableau 提供了针对示例数据的可视化示例文件）。

Tableau 的数据显示窗口如图 9-10 所示。

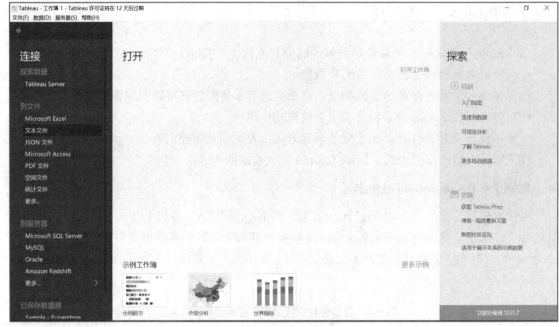

图 9-9　Tableau 的读取数据窗口

图 9-10　Tableau 的数据显示窗口

2. 利用折线图展示历届奥运会参赛运动员人数变化情况

进入当前默认的"工作表 1"界面开始制作图表。进入一个新建的工作表界面后可以看到界面左侧"数据"栏中将显示所有变量名。系统根据数据取值自动对变量进行类型预估，将变量划分为维度和度量两种类型。类型可通过右击变量名弹出的快捷菜单强行转换。**维度**通常是具有固定分类的离散型或分类型变量，一般包括文本、日期、时间、地理值和布尔等数据类型；**度量**通常是数值型变量，一般包括整数、小数、自动生成的计数、经度、纬度（数据中包含地理名称）等，可以进行总和、平均值、方差和计数等计算。

（1）绘制历届奥运会参赛运动员人数折线图。

将维度变量"Year"拖曳到"列"轴，将变量"ID"拖曳到"行"轴，并根据图 9-11 左图对变量"ID"进行设置，指定计算"计数(不同)"，得到如图 9-11 右图所示的折线图。

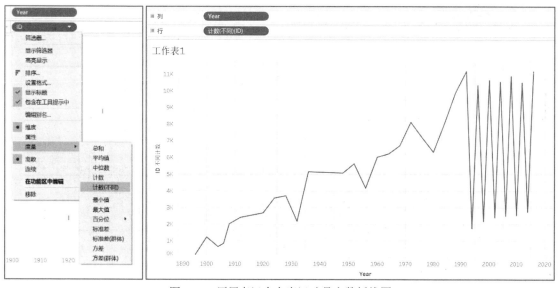

图 9-11　历届奥运会参赛运动员人数折线图

图 9-11 是历届奥运会参赛运动员人数按年份依次展示的结果。由于冬季奥运会相对于夏季奥运会来说规模较小，参赛运动员人数较少，因此折线图的后半部分出现了人数上下波动的情况。

（2）分别绘制历届夏季奥运会参赛运动员人数和冬季奥运会参赛运动员人数折线图。

在如图 9-12 所示窗口中的"标记"栏中进行设置，定义颜色、大小和标签等图形属性。拖曳一个变量到"颜色"选项上，即可根据该变量的不同取值采用不同的颜色画图；拖曳一个变量到"大小"选项上，即可根据该变量的不同取值采用不同的大小画图；拖曳一个或多个变量到"标签"选项上，即可指定在鼠标指针所在位置显示该变量值标签，即变量取值。

这里，将维度变量"Season"拖曳到"颜色"选项上，或直接拖曳到如图 9-11 的折线图上，将得到如图 9-12 所示的两条折线。

如果在"行"轴中增加变量"Event"和"NOC"，那么将进一步绘制历届奥运会设立的比赛项目数、参赛国家（地区）数的折线图，三组折线图会呈现在一幅图形中。将鼠标指针移动到折线的某位置，此处就会显示变量值标签，如图 9-13 所示。

将上述可视化图形保存起来，如将其保存为名为奥运会折线图，扩展名为.twb（Tableau 工作簿文件）的文件。

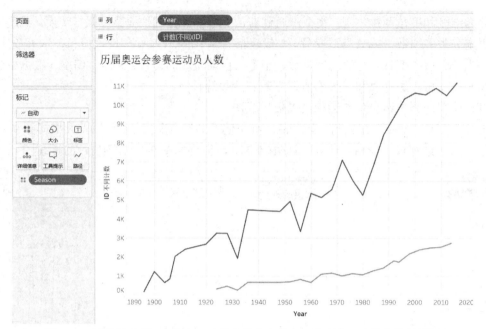

图 9-12　历届夏季奥运会参赛运动员人数和冬季奥运会参赛运动员人数折线图

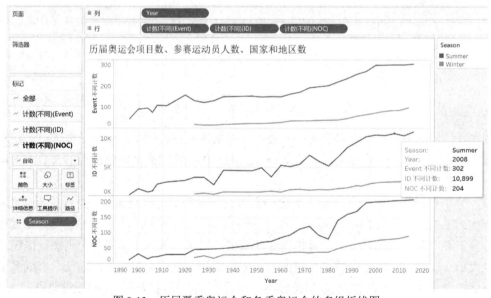

图 9-13　历届夏季奥运会和冬季奥运会的多组折线图

3. 利用堆叠柱形图展示各国家（地区）历届奥运会获奖牌的情况

新建名为"工作表 2"的工作表，开始制作图表。通过该示例重点展示 Tableau 筛选器的强大功能。

（1）利用堆叠柱形图展示各国家（地区）历届奥运会获得金牌、银牌、铜牌和未获奖牌的运动员总人数。

- 将变量"Medal"和"NOC"分别拖曳到"行"轴、"列"轴中。

- 将变量 "Medal" 的 "度量" 设置为 "计数"。
- 将变量 Medal 拖曳到 "标记" 卡的 "颜色" 选项上，并设置为 "维度"。

最终得到如图 9-14 所示的堆叠柱形图。

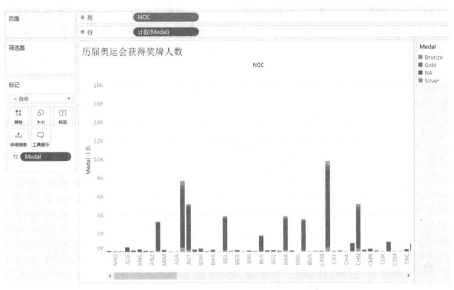

图 9-14　各国家（地区）获奖牌情况堆叠柱形图

图 9-14 中的每个堆叠柱形由四种颜色（图例显示在图形右上角）组成（本书黑白印刷，图片显示不明显，读者可自行上机操作观察效果），色条长短分别表征获得金牌、银牌、铜牌及未获奖牌的运动员总人数。

（2）利用堆叠柱形图展示各国家（地区）历届奥运会获得金牌、银牌、铜牌的运动员总人数。

Tableau 的 "筛选器" 栏可以对 "行" 栏、"列" 栏和 "标记" 栏中的全量数据进行筛选。筛选方式包括：常规、通配符、条件、顶部。

这里，将变量 "Medal" 拖曳到 "筛选器" 栏中，在 "筛选器" 对话框 "常规" 选项卡中取消对 "NA" 复选框的勾并单击 "确定" 按钮，如图 9-15 所示。

图 9-15　设置 "Medal" 变量的筛选器参数

最终得到的堆叠柱形图中每个堆叠柱形由三种颜色（图例显示在图形右上角）组成，色条长短分别表征获得金牌、银牌、铜牌的运动员总人数。

（3）利用堆叠柱形图展示奖牌总数排名前 20 的国家（地区）在历届奥运会中获得金牌、银牌、铜牌的运动员总人数。

将变量"NOC"拖曳到"筛选器"栏中，在"筛选器"对话框"顶部"选项卡中，选择"按字段"单选按钮，将第一行左侧的下拉列表设置为"顶部"，将第一行右侧的下拉列表设置为"20"，将第二行左侧的下拉列表设置为"Medal"，将第二行右侧的下拉列表设置为"计数"，如图 9-16 所示。

图 9-16　设置"NOC"变量的筛选器参数

单击"确定"按钮后得到如图 9-17 所示的堆叠柱形图。

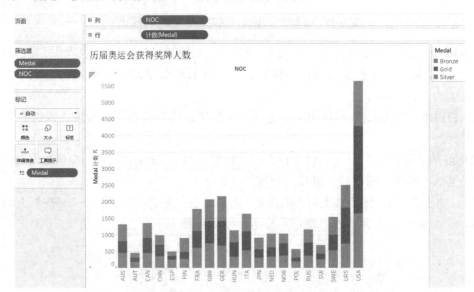

图 9-17　奖牌总数前 20 国家（地区）获奖牌情况堆叠柱形图

4．利用气泡图展示各运动项目参赛运动员人数

新建名为"工作表 3"的工作表，开始制作图表。通过该示例重点展示 Tableau 筛选器的图形交互功能。

（1）利用气泡图展示各运动项目参赛运动员总人数。

- 将变量"ID"和"Sport"分别拖曳到"行"轴和"列"轴中。
- 将变量 ID 的"度量"设置为"计数"。

- 打开右侧"智能推荐"栏，单击"气泡图"选项。

最终得到的图形如图 9-18 所示。

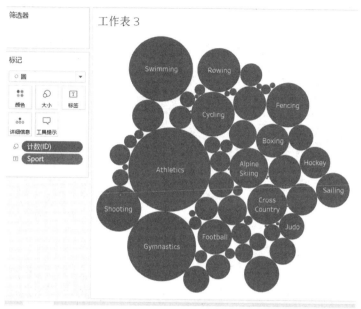

图 9-18　各运动项目参赛运动员总人数气泡图

图 9-18 中的各个圆圈称为气泡，其大小表示人数的多少。若希望用不同颜色表示各个运动项目，则可将变量"Sport"拖曳到"标记"栏的"颜色"选项上。

（2）利用气泡图展示各运动项目指定年的参赛运动员总人数。

需要对筛选器进行如下设置。

- 将变量"Year"拖曳到"筛选器"栏中。
- 在"筛选器"对话框的"常规"选项卡中设置初始默认显示的年份。这里，勾选"2008"
  复选框，如图 9-19 左图所示。
- 在"Year"下拉菜单中单击"显示筛选器"选项，如图 9-19 右图所示。

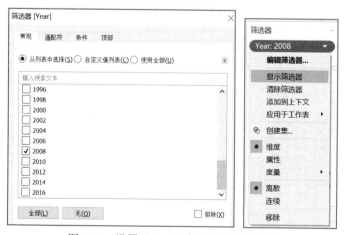

图 9-19　设置"Year"变量的筛选器参数

最终得到的图形如图 9-20 所示。

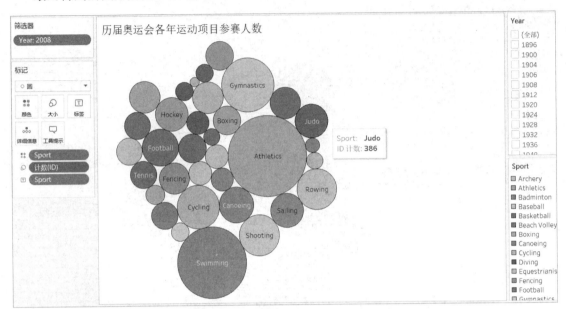

图 9-20　各运动项目指定年的参赛运动员总人数气泡图（带筛选器）

Tableau 会在窗口右侧显示年份选项。用户可以选择一个或若干个年份显示对应图形，从而实现动态交互的可视化效果。

5．利用仪表板展示历届奥运会综合情况

通过该示例重点展示 Tableau 仪表板的功能。围绕一定主题，Tableau 仪表板可以将多个相关的可视化图形编排组合起来，构建更加综合的图形系统，从而体现更加强大的可视化效果。仪表板不仅支持多个工作表的组合，还可以容纳文本、图像、网页、空白、导航、下载和扩展等可视化要素，并支持筛选器、突出显示等可视化构件，进一步增强了可交互性。

单击 Tableau "仪表板" 菜单中的 "新增仪表板" 选项，进入仪表板设计配置对话框（见图 9-21）。该对话框左侧显示了上述三个工作表，以及设计仪表板可使用的对象。

图 9-21　仪表板大小设置对话框

- 设置仪表板的大小，将仪表板的宽度从 "1000" 调整到 "1600"，使整个仪表板尽量开阔饱满。

- 设置仪表板的版面布局。"水平"和"垂直"是仪表板版面的两个排列布局方式,"水平"和"垂直"是两个版面构件。添加两个"水平"构件和一个"垂直"构件,将上文开发的三个工作表分别放入其中。三个工作表所带的筛选器会自动排列并显示在仪表板右侧,此时可再次设置相关参数。
- 设置仪表板中各对象的组合样式,有"平铺"和"浮动"两种样式,默认是"平铺"样式,即所选对象平面铺开且互不遮盖。"浮动"样式表示所选对象可在上层悬浮移动,遮盖下层对象。

历届奥运会综合情况仪表板如图 9-22 所示。

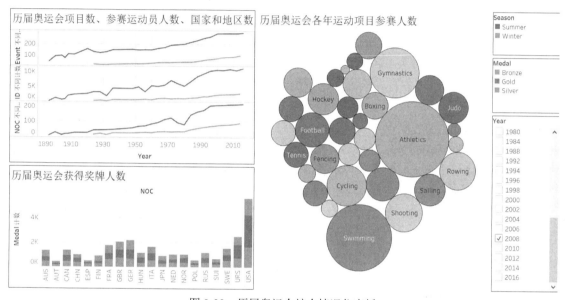

图 9-22　历届奥运会综合情况仪表板

　　总之,Tableau 是一款功能丰富,交互性强大的可视化工具软件。本节结合历届奥运会数据集仅对其基本应用进行了入门级介绍。有兴趣的读者可以结合 Tableau 自带的案例及 Tableau 的社区案例进一步学习。

9.4　数据可视化的新发展

　　正如上文指出的,大数据背景下的数据不再是传统意义上的数字,还包括文本、图形,以及更加生动的图像、动态视频及音频等。从这个角度看,数据可视化也应涉及图像和视频数据的可视化。由于图形、图像和视频数据本身就已经具备一般意义上的可视化特征,因此其可视化研究关注的是如何更灵活地实现动态交互,如何更好地提升人们的视觉体验,如何更广泛地将其应用于实际问题。数据可视化将超越传统意义上以统计图形制作为核心的狭义范畴,并进一步深入到更加生动多彩的现实和虚拟世界中。

　　本节将介绍与此有关的计算机图形学、虚拟现实技术和增强现实技术。

9.4.1 计算机图形学

计算机系统诞生以来，计算机图形学（Computer Graphics）一直是计算机科学的一个重点分支学科。计算机图形技术在经济发展和社会生活中得到广泛应用，并发挥着重要作用，如计算机辅助设计与制造、模拟与仿真、数据可视化、地理信息系统、虚拟现实等研究，以及游戏娱乐、影视动画、商业广告等众多方面的应用。

1. 什么是计算机图形学

ISO 将计算机图形学定义为**通过计算机系统将数据转换成图形，并在指定显示设备上进行展示的有关原理、方法和技术的学科。**

计算机图形学是建立在传统图形学理论、应用数学及计算机科学基础上的一门交叉学科。计算机图形学将图形定义为一种更加宽泛的概念，它们可以是现实中存在的，也可以是由计算机系统虚拟生成的。只要能够在人类视觉系统中产生视觉感知的客观对象均属于计算机图形学研究的范畴。

计算机图形学主要包括如下内容。

- 计算机图形处理的基本理论与方法。例如，图形描述的定义与输入、图形数据的压缩与存储、图形数据的绘制与输出、图形处理过程的交互控制等。
- 复杂图形对象的描述方法与算法。
- 动画与多媒体技术的处理方法。
- 计算机图形处理的软件工具与硬件设备。
- 制定与计算机图形有关的技术标准。例如，图形模型与格式、图形硬件、图形交互技术、图形算法等标准。典型的图形算法有光栅图形生成算法、基本图形元素生成算法、图形几何变换和裁剪算法、自由曲线和曲面生成算法、真实感图形生成算法等。这些算法在我们使用的计算机图形软件工具中都有体现。

2. 计算机图形技术

计算机图形技术要完成的任务和实现的目标包括：**图形的表示、交互和绘制**，其基本工作流程示意图如图 9-23 所示。

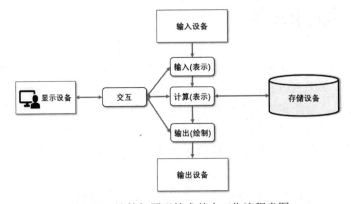

图 9-23　计算机图形技术基本工作流程意图

可结合图 9-23 理解图形的表示、交互、绘制及三者间的流程关系。

- 图形表示：包括输入和计算两个环节，即通过输入设备接收图形数据，然后通过计算机系统的计算分析为图形建立一个二维或高维数据模型。
- 图形绘制：将计算机系统中的图形数据模型生成为形象直观的图形或图像并输出。
- 图形交互：通过计算机系统的显示设备（输入/输出设备），对图形表示和绘制过程进行人机交互调整，以提高其效率和质量。该过程涉及图形对象的数据模型存取等。

完成上述任务的过程涉及建模、渲染、动画和人机交互等技术。

1）建模技术

建模技术的目的是让计算机系统能够更准确全面地表示图形对象。它可基于用户输入的有关图形对象数据生成图形对象的二维或高维数据模型。这些模型可以采用特定的数学函数表示，也可以采用连续曲面分片的线性逼近等方法表示。

2）渲染技术

渲染技术的目的是让计算机系统能够更生动逼真地表示图形对象，在计算机辅助设计、影视动漫制作及数据可视化中有普遍应用。目前已有非常丰富的渲染算法与模型，如二维图形对象的阴影效果和立体展现、三维图形对象的局部和全部光照模型、光线跟踪算法、辐射度算法，以及对不同图形材质的渲染处理等。

3）动画技术

动画技术的目的是让计算机系统能够更动态连续地展示图形对象。动画技术一般通过连续播放一组静止图形或图像的方式产生图形对象不断运动变化的效果。计算机动画技术还可以借助编程工具或动画制作软件自动生成一系列的对象画面，此过程涉及物理仿真、运动动画、脚本动画等许多方面。

4）人机交互技术

人机交互技术的目的是让计算机系统能够更主动有效地控制图形对象。人机交互技术使人与计算机系统之间以一定的交互方式进行通信交流，从而共同完成图形的输入、计算和输出任务。近年来许多创新性的人机交互技术不断涌现，在以传统键盘、鼠标、操作球/棒、显示器、打印机、扫描仪和绘图仪为支持设备的字符和图形交互界面技术的基础上，开发推出了许多以自然体感为核心的新一代交互技术，如触摸屏技术、光笔与数字化仪技术、视觉跟踪与头部跟踪技术、数据手套技术、体态姿势交互、自然语言交互、立体显示与三维交互、电子沙盘交互、人机脑波交互等。这些技术可以更轻松地表达交互意图，方便用户进行交互操作，极大改善了用户的交互体验，提高了交互效率。

9.4.2　虚拟现实及相关技术

三维图形的传统可视化处理技术根据透视、投影和旋转等几何变换算法将其转化为二维数据模型并呈现在平面显示系统上。这种计算变换算法充分利用人双眼的视距在画面上造成的视差，使人眼产生错觉进而产生三维立体感。事实上对此还有更优化的改进技术，即 3D（Dimensional）技术、全息技术和虚拟现实技术。

1．3D 技术和全息技术

3D 技术进一步改善了三维图形的数据质量。它充分利用双眼立体视觉原理，对一个图形对象同时生成两个互相重叠的图像，这两个互相重叠的图像分别作用于观察者的右眼和左眼，以增强观察者的图形深度感。尽管生成的图像仍然展现在二维平面上，但通过佩戴专用眼镜可获得立体效果。日常生活中的 3D 电影就是 3D 技术的具体应用。

全息技术进一步改善了三维图形的数据质量和展现方式，实现了在三维空间展示三维图形。全息技术利用光学干涉和衍射原理记录并再现物体。首先基于光学干涉原理，使用专业设备和制作技术生成全息图；其次基于光学衍射原理，采用专业设备对全息图进行三维展现。下文是一个全息技术的应用案例。

☞【案例】央视春晚节目《蜀绣》

2012 年以来我国中央电视台开始在春晚舞台应用各种可视化技术，以为观众打造视觉盛宴。其中，2015 年春晚节目《蜀绣》就全面采用了全息技术，让舞台上同时出现了多个歌手形象，如图 9-24 左图所示。

其实在图 9-24 左图中只有左侧第二个歌手是真实演员，另外三个歌手是预先制作的通过全息投影产生的影像。相应影像通过地面 LED 屏播放，再经过设置的 45°透明全息膜折射到观众眼中，最终形成三维裸眼视觉效果，如图 9-24 右图所示。歌手通过预先走位和动作排练等会与全息影像及舞台背景完美融合，从而呈现出美轮美奂的综合可视化效果。

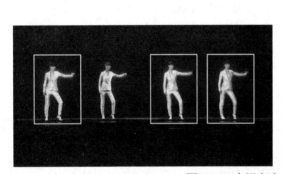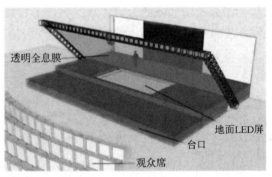

图 9-24　央视春晚节目中的全息技术

全息技术生成的图形与图像立体感强，形象清晰，可以长期数字化存储，并反复应用。它的不足之处是无法实现人与图形对象的交互。为此，全息交互技术受到广泛关注并取得了一定进展的同时，20 世纪 90 年代兴起的虚拟现实技术在三维图形交互应用方面获得了突出成果。

2．虚拟现实技术

虚拟现实技术利用计算机系统图形产生器、位置跟踪器、多功能传感器、控制器等，模拟或构造现实世界的三维场景空间，并使人们能够自然地与该空间进行交互，从而产生一种身临其境的感觉。

计算机系统通过软件工具展示虚拟的现实空间供用户通过 VR 眼镜观察。VR 眼镜由高清显示器、镜片及有关电子元件组成，能够采集观察者的瞳孔数据。同时，观察者头部佩戴、手持或身体佩戴的传感器设备将有关身体数据采集起来并反馈给计算机系统进行分析。算法通过观察者各种运动变化数据自动调整虚拟空间中的三维仿真画面，从而实现人与虚拟场景的相对运动感、交互感和沉浸感。算法是虚拟现实技术的核心内容。

虚拟现实技术在技术训练、科学研究、产品设计、教育培训、商业广告、文化娱乐等领域具有广泛的应用前景。例如，在技术训练方面，可以模拟培训飞行员和外科医生等，从而极大降低训练费用和风险。

☞【案例】Fundamental VR 眼科手术培训系统

传统手术教学通常包括课堂讲座、教学视频、手术室观察、实验室培训等。虚拟现实手术培训系统通过创建一套虚拟手术室环境，供医生在该虚拟空间中，在避免造成真实风险的条件下，放心进行更多与更复杂的手术操作。虚拟现实手术培训系统可基于人体组织动力学、内窥镜装置光学、移动流体等构建仿真模拟算法，为医生带来"手术对象"因手术动作而出现的流血、咳嗽等相关视觉和听觉反应，从而极大提升医生的手术水平。虚拟现实手术培训系统还能够根据采集的大量交互数据，对医生手术技能进行分析和评价。

2018 年，英国的一家专门研究医疗应用的公司 Fundamental VR 推出了眼科手术培训系统，设计开发了一套模拟眼球构造的传感器装置和算法，以辅助眼科手术操作培训。根据医生的操作力度，算法会形成触觉力反馈并将效果直观体现在虚拟现实画面上，从而让医生获得手术中必不可少的肌肉记忆。利用虚拟现实技术进行眼科手术培训的场景如图 9-25 所示。

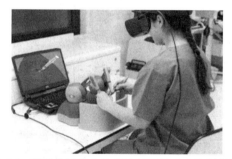

图 9-25　利用虚拟现实技术进行眼科手术培训的场景

9.4.3　增强现实技术

虚拟现实技术使用计算机系统仿真模拟了一个整体的全方位的虚拟空间，人们通过专业视觉设备"亲临"这个空间并与之进行交互。但是在大多可视化应用中，我们往往只关注与我们有关的局部或个体对象，仅希望构建局部虚拟对象并进行实时交互。

1. 什么是增强现实技术

增强现实技术先使用摄影摄像设备获得真实世界图景，同时捕捉人们感兴趣的特定的图形对象，确定其位置、方向等信息；然后使用计算机系统生成虚拟图形对象并将其合成进真实世界图景中；最后使用显示设备或投影设备等呈现出来，进而实现虚拟图形对象与真实世界图景的叠加与集成。例如，常见的游泳比赛视频中在泳道上显示选手代表的国家的国旗和名次的场景。增强现实技术的工作流程示意图如图 9-26 所示。

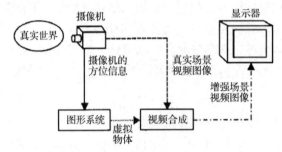

图 9-26　增强现实技术的工作流程示意图

2．增强现实技术的关键点

增强现实技术的关键点是准确且快速地确定虚拟图形的位置和方向，只有这样计算机图形对象生成系统生成的虚拟图形才不会与真实环境有违和感。基于标记的增强现实技术和无标记的增强现实技术是两类主要技术。基于标记的增强现实技术通过在真实环境中设置标志物（Marker）为计算机图形对象生成系统提供定位和定向等信息。标志物一般是含有特殊符号的卡片或者 QR（Quick Response，快速响应）二维码等。无标记增强现实技术一般利用移动设备的 GPS 系统获得地理位置信息，利用移动设备的数字罗盘、加速度计等获得方向和倾斜角度等信息。

目前增强现实系统不仅可以生成虚拟图形对象，还可以生成视觉文字、声音、视频，甚至气味等。这些新增信息呈现在现实世界中增强了人们对现实的感受和认知。

3．AR 眼镜和增强现实技术应用

AR 眼镜（见图 9-27）可为增强现实技术提供部分软件与硬件支持。

图 9-27　AR 眼镜

AR 眼镜一般配有微型摄像设备。微型摄像设备作为输入系统通过网络将现实图景传输给后台计算机系统进行增强现实技术计算处理，处理结果被呈现在输出系统上。输出系统可以是随身携带的移动显示设备，也可以是 AR 眼镜配置的虚拟视网膜显示系统，其可以让人们直接看到构成的增强场景。以下给出一个增强现实技术在物流仓储中的应用案例。

☞【案例】增强现实技术在物流仓储中的应用

增强现实技术在物流领域的仓库储存、订单选拣、货物配送与运输等环节得到普遍应用，尤其是在仓储订单选拣方面发挥出极大的效能。

订单选拣是仓储作业中比较艰辛且容易出错的环节。传统的选拣方式耗时费力，选拣人员

手持扫描设备识别、查找物品并履行订单。需要每天重复操作千次以上，双手被设备占用选拣货物非常不方便。利用增强现实技术的视觉拣货（Pick by Vision）能够有效简化订单选拣的处理过程。

选拣人员通过佩戴的 AR 眼镜，首先扫描获取订单的商品条码，通过网络将数据发送至后台计算机系统，计算机系统快速查询获得商品的名称、规格、货区、货盘和货位等信息，AR 眼镜完成这些信息的虚拟叠加显示，并给出箭头等指示取货方向，引导选拣人员找到相应的货位。进一步，AR 眼镜扫描货架上的 QR 二维码，获取仓储货物信息并与订单数据核对。其间，可通过触摸、手势或语音方式与系统进行交互，确认订单选拣处理完成，并触发物流信息系统自动更新有关数据。

目前，许多大型物流仓储公司和商业集团等都在大力推进增强现实技术应用。例如，可口可乐公司在仓储系统进行试验，选拣效率提高了 6%～8%，选拣准确率超过 99%。

智能手机也是增强现实技术实现的有效工具。智能手机系统具有摄像和扫描的输入功能，具有 CPU 和 App 的增强现实技术计算处理功能，具有 GPS、加速度计、数字罗盘等定位功能，以及高分辨率显示屏输出功能，适合轻型与移动式的增强现实技术应用。

第 10 章

数据分析

数据分析是数据处理的关键环节。数据分析是采用有效的量化分析方法对数据的特征及关系进行深入探究，以获得数据中有价值的信息，发现数据中隐藏的规律，从而支持科学决策的过程。数据分析方法异彩纷呈、各具特色，在数据科学中有着举足轻重的地位。

计算机系统及其相关技术具有超强的输入/输出、存取、并行计算和数据展现能力，是数据分析"大展拳脚"的地方。数据分析软件工具的开发与应用是数据处理中最活跃和最有价值的领域之一，它使得数据分析方法可以落地应用，从侧面体现出数据科学的技术发展水平。

10.1 数据分析方法、目标及软件工具

10.1.1 数据分析方法

数据分析（Data Analysis）通过有效的量化分析方法，努力探索数据的特征及内在关系，旨在发现其中隐藏的规律以支持科学决策。

1. 概述

在传统意义上，人们普遍将分析方法分为定性分析和定量分析两种类型。

定性分析，是指以管理经验、专家意见、集体讨论、有关报告资料等为支撑，更多依靠主观判断能力来分析推断事物的发展趋势，从而进行管理决策，如 SWOT[1]态势分析法、波特五力竞争分析法[2]、PEST 战略分析法[3]等。尽管目前许多定性分析方法也注重引进大批定量数据进行佐证，但由于缺乏深入的分析挖掘，仍属于定性分析范畴。

定量分析，是指以大量数据为基础，充分利用量化分析方法进行客观分析判断，辅助支持

---

[1] SWOT 是英文 Strength、Weakness、Opportunity、Threat 的首字母，即优势、劣势、机会、风险，通常用这四方面刻画研究对象所处的内部和外部竞争环境和竞争条件。

[2] 波特五力竞争分析法是 20 世纪 80 年代初麦克尔·波特提出的。波特认为行业中存在可综合影响行业吸引力和现有企业竞争战略决策的五种能力，即同行业内现有竞争者的竞争能力、潜在竞争者进入的能力、替代品的替代能力、供应商的讨价还价能力、购买者的议价能力。

[3] PEST 是英文 Politics、Economy、Society、Technology 的首字母，即政治、经济、社会、技术，通常用这四方面分析研究对象面临的宏观状况。

管理决策。本章讨论的数据分析属于定量分析范畴,因此更加强调**数据**和**分析方法**两方面。不同的数据需采用不同的分析方法,不同的分析方法适合于不同特点的数据,两者密切相关。

按照计算机系统处理模式的不同,数据可分为离线数据和在线数据。离线数据分析,是指对计算机存储系统中的大规模静态数据进行计算分析。虽然离线数据并不是对动态运行的计算机业务系统的实时刻画,但离线数据分析模型可以加载到业务系统中,辅助评价和决策。离线数据分析适用于数据量大、建模复杂且周期较长的数据分析任务。在线数据分析,是指对计算机存储系统中的大批动态数据进行计算分析。典型代表是 OLAP(详见 8.2.3 节)。流数据处理属于在线数据分析范畴,它对快速持续进入计算机系统中的数据进行实时计算分析,与动态运行的计算机业务系统紧密配合,可动态建立或调整数据分析模型。

按照数据类型的不同,数据可分为结构化数据、半结构化数据和非结构化数据。非结构化数据分析可分为文本、图像、音频和视频数据分析等。结构化数据的分析多采用来自统计学科的经典统计分析方法,而半结构化数据和非结构化数据的分析多采用来自计算机学科领域的机器学习及深度学习方法。

来自不同学科领域的各类数据分析方法,经过不断更新和发展、继承和扬弃、借鉴和融合,已经汇聚成当今数据科学最有活力的主流数据分析方法体系,其示意图如图 10-1 所示。

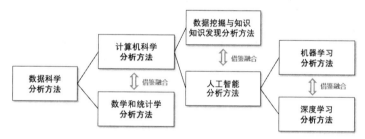

图 10-1 数据分析方法体系示意图

统计分析方法来自统计学,数据挖掘与知识发现分析方法来自计算机科学的数据库应用领域,机器学习分析方法及深度学习分析方法来自计算机科学的人工智能领域。数学作为基础性方法科学,对各类数据分析方法都有重要的支撑作用。对于应用者来说,不必纠结于这些方法学科发源,需要关注的是这些方法适用于解决哪些具体问题,并学会融会贯通地应用。

2.统计分析方法

1749 年,统计国势学派创始人之一德国学者戈特弗里德·阿亨瓦尔(Gottfried Achenwall,1719—1772)在《近代欧洲各国国势学纲要》一书中,首次提出了"统计学"一词。如果以此作为标志性起点,那么统计学已有近三百年历史。统计分析方法从应用实践中不断汲取营养,在理论方法上不断探索创新,已成为近现代主流数据分析方法之一,成为数据处理的代表性学说。

统计分析方法具有如下显著特点。

1)统计分析方法具有应用性

数学的处理对象是抽象符号,统计分析的处理对象是具体数据。由于统计分析方法是用来解决实际应用问题的,所以统计分析更多地采用以归纳为主的方法,而非以演绎为主的数学推理方法。

2）统计分析方法具有条件性

统计分析主要研究现实世界中的不确定性问题。基于概率论和数理统计，统计分析将研究对象视为服从一定概率分布的随机变量，并基于此采集样本数据，建立统计模型，对研究对象进行观测、推断、预测等。

例如，统计分析方法中的回归分析旨在建立被预测对象（又称因变量、被解释变量、输出变量）与诸多影响因素（又称自变量、解释变量、输入变量）间相互关系的统计模型。其基本思路是先假设一种统计模型，利用样本数据将统计模型中的未知参数估计出来，然后验证模型的合理性，从而将其应用于数据预测。回归分析对因变量的分布、模型的形式、未知参数的分布等有明确的假设条件。如果不考虑这些假设条件直接套用方法，那么建立的模型是经不起推敲的。

3．数据挖掘与知识发现

20 世纪 70 年代，计算机数据库系统蓬勃发展，人们希望利用数据分析方法从海量数据中发现和挖掘更有价值的信息，其中，数据挖掘与知识发现取得了积极进展并受到重视。通常可以将数据挖掘与知识发现视为数据分析在计算机科学及数据库系统方面的应用，是数据分析在一定学术范畴和应用领域取得的成果。

数据挖掘与知识发现更多的是结合数据库系统中的结构化数据特征进行分析研究，有一些有特色的分析方法，如关联规则 Apriori 算法、决策树算法、粗糙集等。由于这些分析方法有数据库应用背景，同时具有通用性，因此在数据库系统建设比较规范的市场营销、商品推荐、客户分析和风险控制等领域被广泛应用。

在之后的实践发展中，数据挖掘的内涵和外延呈现出宽泛且深入的特点。计算机科学界在数据库基础上利用先进的信息技术，将数据挖掘打造成一套完整而高效的数据分析系统，从而实现了数据分析的全面创新与落地应用。围绕数据挖掘，计算机科学界从理论上提出了一系列数据处理方法论和基本流程，如 CRISP-DM（详见 2.8.2 节）。所以一个时期以来，数据挖掘一直是计算机科学界数据分析的主流代表。

4．机器学习和深度学习

人类智能主要体现在感知、认知、学习、行为能力等方面。学习能力是人类智能最显著的特征，让机器具有学习能力进一步开拓了人类学习的途径，这也是人工智能领域研究的重点课题之一。

人们依据哲学、心理学、脑科学、神经生物学等领域知识，通过对学习本质的研究，建立了行为主义、认知主义、建构主义等学习理论。机器学习基于这些学习理论，利用人工智能和大数据技术，在计算机系统中构筑学习算法与模型。机器学习既是对人类学习的模拟和补充，也是对人类学习的提升和超越。21 世纪以来，以机器学习为代表的人工智能方法成为计算机科学界数据分析的主流方向之一。

人工智能的研究发展大致经历了符号主义人工智能（Symbolic AI）、机器学习（Machine Learning）、深度学习（Deep Learning）三个阶段。

1）符号主义人工智能

在符号主义人工智能阶段，人们先将人类的知识符号化和规则化，然后将其存储在计算机系统中，利用程序对输入数据进行规则推理后输出答案。

例如，对于垃圾邮件筛选系统，需要人工先对垃圾邮件进行分析识别，然后针对垃圾邮件的主题、发件邮箱和邮件正文挑选出具有一定特征的词汇或邮箱地址，并基于此建立筛选垃圾邮件的规则。后续计算机系统将依靠这些既有的规则鉴别垃圾邮件，从而代替人自动完成筛选工作。

符号主义人工智能的局限性在于，必须依靠人类输入或修改知识，机器系统无法自主获得并升级有关的规则内容。因此，在大型应用场景下，基于人工建立庞杂且动态的专业规则系统和常识规则系统的符号主义人工智能会面临很大困难。此阶段的人工智能更像一个高效的规则存储和推理系统，并不具备自主学习的能力。

2）机器学习

机器学习采取了与符号主义人工智能截然不同的策略，其基本出发点是让计算机系统借助一定的算法从数据中学习，自主发现并建立规则系统，并利用这些规则对新的数据进行分析，最后输出答案。

例如，对于垃圾邮件筛选系统，直接输入一批邮件，并注明哪些邮件是垃圾邮件，哪些邮件不是垃圾邮件。系统根据算法阅读分析邮件数据，自主建立识别垃圾邮件的规则和模型，并基于该模型对后续邮件进行判别。此阶段更多的数据和更快的算力成为提高机器学习质量与效率必不可少的基础条件。

（1）从计算机科学角度来看机器学习。

从计算机科学角度来看，符号主义人工智能和机器学习的本质差异示意图如图 10-2 所示。

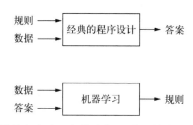

图 10-2　符号主义人工智能和机器学习的本质差异示意图

由图 10-2 可知，符号主义人工智能输入的是规则和数据，基于程序的计算机系统对规则和数据进行处理后输出答案；机器学习输入的是数据和答案，计算机系统对数据和答案进行处理后输出规则，后续依据规则给出新数据的答案。因此相对于符号主义人工智能来说，**机器学习是一种新型的程序处理范式**。

机器学习产生的规则是计算机系统基于大量数据借助算法深入解析数据的结果，通常不是通过人工预先提炼出来的。对于机器学习来说，如果输入的数据变化了，那么输出的规则也会随之变化，因此规则是动态的且可以进化的，是机器**自主学习**的成果。

从某种意义上来说，对数据勤奋好学的机器学习系统在某些方面可能比人类做得更好。

例如，Deep Mind 公司开发的人工智能围棋 Alpha Go 系统通过机器学习在高智商博弈领域完胜诸多世界顶尖棋手。Alpha Go 系统不仅可以对输入的大量棋谱数据进行学习，还可以与另外一套 Alpha Go 系统对弈。由于计算机系统具有高速输入/输出能力，Alpha Go 系统每天可以下一百万盘棋，远超人类职业棋手一年一千盘棋的实践学习水平。因此 Alpha Go 系统输出的一些对弈招法常出乎人类棋手的意料，却又在对弈大局的情理之中。最终人类棋手通过机器学习的实践获得了新知识，实现了人类学习的成长，这也是机器学习的重大意义所在。

所以，**人类学习和机器学习是互相补充的**，不是简单的谁取代谁的问题。机器学习是对人类学习的补充和增强，不需要完全复制人类的学习模式，而是要充分发挥机器学习的特长（如快速输入/输出、大规模记忆存储、超级算计力等），破解人类不擅长的学习难题。

（2）从数据分析方法角度来看机器学习。

从数据分析方法角度来看，机器学习是根据数据分析的任务（如预测、聚类等）在数据初步探索分析的基础上，选择适当的模型，依据一定的优化目标（如损失函数最小等），输入训练数据并使用有效的学习算法不断迭代求解模型参数，建立和应用模型的过程。

例如，决策树可用于分类数据分析任务，通过建立一个树形分支模型，根据不同的优化目标，选择使用 ID3、C4.5 和 CART 等算法予以实现。

按照对样本数据的使用方式，机器学习可分为有监督学习、无监督学习和半监督学习等。

有监督学习中的数据集包含多个输入变量和一个输出变量，输出变量含有标注答案。有监督学习抽取一部分数据作为模型的训练数据并以此建立模型；同时抽取另一部分数据作为模型的测试数据以评估模型的效果。决策树、回归分析和支持向量机等均为有监督学习。

无监督学习中的数据集仅包含多个输入变量且没有输出变量。无监督学习使用全部数据建立模型。常见的聚类分析、主成分分析、因子分析等均为无监督学习。

半监督学习中的数据集包含多个输入变量和一个输出变量，但是输出变量仅有少量样本带有标注。半监督学习可以利用少量标注的数据和大量未标注的数据来训练和建立模型，如半监督聚类、回归分析等。

图 10-3 人工智能、机器学习、深度学习的关系

3）深度学习

机器学习的最大突破是 2006 年提出的深度学习。深度学习是机器学习的重要分支，是从数据中学习"数据表示"的新方法。一般情况下认为，深度学习属于机器学习的范畴，而机器学习属于人工智能的范畴，如图 10-3 所示。

深度学习强调基于训练数据，通过众多连续的神经网络层（Layer）过滤和提取数据中服务于预测的重要特征。相对于拥有众多层的深度学习，机器学习有时也被称为浅层学习（Shallow Learning）。一般的机器学习或数据分析方法在具体使用时，需分步骤地人工参与其处理过程。例如，对数据进行预处理，进行特征选择和特征提取，进行训练数据建模、测试数据检验及模型参数调优。对于深度学习，这些步骤可由设定的神经网络层自动完成，数据分析人员只需在输入端提供数据并设置必要的参数，就可在输出端得到结果，因此可以认为深度学习是一种端到端的机器学习方法。

在大数据、超级计算机、云计算、GPU 并行计算等技术的共同加持下，深度学习的方法研究和应用实践获得了突破性进展，在图形识别、语音识别、语言翻译、自然语言理解等复杂智能应用中表现卓越。

需要补充说明的是，前面的章节已经涉及了一些数据分析，如第 1 章的统计表、第 4 章的描述统计、第 9 章的数据可视化一般方法等，但这些是远远不够的，大数据时代数据的 5V 特征对数据分析提出了更高的要求。因此，我们需要一类**以大规模数据为基础的、以计算机系统等为技术支撑的、可利用有效算法实现的、对数据进行全面和深入分析的基于模型的分析方法**。这类分析方法的核心是在数据集上建立一个可以体现数据内在特点和规律的抽象的数学结构，也称数学模型，之后基于这个数学模型再进行深入研究与应用。

基于模型的分析方法是一把打开数据分析之门的钥匙，是本章的重点讨论内容。

10.1.2 数据分析目标

采用各种分析方法对数据进行分析，要实现数据预测和数据聚类两大目标。

1. 数据预测

数据预测，简而言之就是基于已有数据集，归纳出输入变量和输出变量间的数量关系。基于这种数量关系，一方面可以发现对输出变量产生重要影响的输入变量；另一方面在数量关系具有普适性和未来不变性的假设下，可以用于预测新数据输出变量的取值。

数据预测可细分为回归预测和分类预测。对数值型输出变量的预测（对数值的预测）统称为回归预测，对分类型输出变量的预测（对类别的预测）统称为分类预测。当输出变量仅有两个类别时，称其为**二分类预测**；当输出变量有两个以上类别时，称其为**多分类预测**。数据预测通常可以采用的分析方法有统计分析方法和机器学习中的有监督学习方法。

例如，基于前面章节的空气质量监测数据，分析哪些污染物是影响 PM2.5 浓度的重要因素，哪些污染物的减少将有效降低空气质量等级，这两个问题属于数据预测范畴，前者为回归预测，后者为分类预测。

又如，基于收集到的关于顾客特征和其近 24 个月的消费记录的数据集（包含顾客的性别、年龄、职业、年收入等属性特征，以及顾客购买的商品、金额等消费行为），分析具有哪些特征的新顾客会购买某种商品，具有哪些特征和消费行为的顾客的平均年收入是多少，这两个问题属于数据预测的范畴，前者为分类预测，后者为回归预测。

2. 数据聚类

数据集中蕴含着非常多的信息，其中比较典型的是数据集可能由若干个小的数据子集组成。例如，上文提到的顾客特征和消费记录的数据集，依据经验通常具有相同特征（如相同性别、年龄、收入等）的顾客群消费偏好较相似，具有不同特征（如教师和 IT 人员等）的顾客群消费偏好可能有明显差异。客观上存在特征和消费偏好等差异较大的若干个顾客群，因此不同顾客群是实施精细化营销的前提。

各个顾客群将对应到数据集的各个数据子集上，通常称这些数据子集为子类或小类或簇等。**数据聚类的目的是发现数据中可能存在的小类，并通过小类刻画和揭示数据的内在组织结构。数据聚类的最终结果是为每个样本指派一个属于哪个小类的标签，称为聚类解。聚类解将被保存在一个新生成的分类型变量中。** 数据聚类通常采用的分析方法为统计分析方法和机器学习中的无监督学习方法。

需要说明的是，数据预处理服务于数据预测和数据聚类，在一定程度上决定着数据分析结论的可靠性。数据预处理包括较多方面，其中数据的标准化、数据缺失值和极端值的处理、特征选择和特征提取等尤为重要。

10.1.3　数据分析软件工具：sklearn 简介

数据分析方法的应用实践需要数据分析软件工具的支撑。数据分析软件工具的呈现或使用方式一般包括两类：以计算机语言为主体的实现和以软件工具为主体的实现。

1．以计算机语言为主体的实现

这类计算机语言主要有 Python、R、Go、Scala 和 Java 等。在一般情况下，可通过计算机语言直接调用预先开发好的分析算法库及程序包，在调用时需按照一定的标准提供具体的调用参数。例如，可通过 Python 语言调用 NumPy 和 Pandas 等进行数学运算（详见 6.4 节和 6.5 节）；调用 SciPy 和 sklearn 等进行科学计算和机器学习；调用 PyTorch 和 TensorFlow 进行深度学习，等等。以计算机语言为主体的实现需要使用者具备一定的编程能力，该方式因具有较大的自由度和灵活性，所以适合开展探索性和创意性的数据分析，可开发定制化的数据分析系统。

2．以软件工具为主体的实现

这类软件工具主要有 SPSS、SAS、MATLAB 和 STATA 等。使用者只需在图形界面的软件环境中利用菜单点选、鼠标拖曳、对话框参数配置等操作（有时需要简单程序辅助），即可轻松得到数据分析结果。该方式通常不需要进行编程，操作简单使用方便，可以快速入门上手。

这类软件一般具有较强的数据读取、存储、计算和管理功能，且囊括众多经典的统计分析和机器学习方法。例如，大家比较熟悉的 SPSS 系列软件，其中，SPSS Statistics 集成了主流的统计分析方法，侧重于各类统计建模和应用；SPSS Modeler 集成了较多数据挖掘和机器学习方法，在提供丰富的对结构化数据分析方法的同时，进一步扩展了对非结构化数据处理的能力，如提供了对文本和网络社交媒体数据的分析算法与模型等。这类软件工具大多提供了单机版和网络版。

需要强调的是，大数据时代的发展趋势要求数据分析必须建立在可靠的大数据存储、管理与应用的基础上，即数据分析需要依托集分布式数据资源环境和高效的数据管理为一体的大数据平台的支撑。这些大数据平台提供了许多基础数据分析工具，如 Hadoop 上的 Mahout 数据分析工具，Spark 上的 MLlib 和 PySpark 等，Flink 上的 FlinkML 和 Gelly 等。

我们可以将 Hadoop、Spark、Flink 等视为系统层级的大数据平台。许多实力较强的公司基于这些系统平台进一步开发了面向应用层面的大数据应用平台，以及面向敏捷技术开发层面的大数据中台等。这些平台系统一般都含有常用的数据分析工具，甚至包含建好的数据分析模型，供不同需求的用户使用。

例如，百度的飞桨（PaddlePaddle）就是一个开源的人工智能深度学习平台。它以机器学习、深度学习开发和业务应用为基础，具有机器学习和深度学习核心训练和推理框架、基础模型库、端到端开发套件等数据分析工具组件。

又如，阿里云计算的 PAI（Platform of Artificial Intelligence）是一个提供一站式人工智能机器学习工具。此外，阿里云计算还提供了机器翻译、自然语言处理、印刷文字识别、基因分析平台等诸多应用型数据分析工具，并集成在阿里云大数据平台 DataWorks 中，借助云计算系统的底层资源支持，全面发挥大数据分析的效能。

3. sklearn

scikit learn 简称为 sklearn，是 Python 语言中用于机器学习的主要程序包。因分析方法丰富和计算效率高受到广泛青睐。sklearn 原本是 Python 的科学计算程序包 SciPy Toolkits 的一部分，由于机器学习的快速发展和重要作用，逐渐从 SciPy 中独立出来，专门进行迭代升级并开发使用。

sklearn 能够有效实现数据预处理、降维、预测、聚类等数据分析目标。后续我们将采用 sklearn 进行有关数据分析方法的学习和应用，这里仅对 sklearn 的安装及数据集的导入进行简单说明。

1）sklearn 的安装

sklearn 的安装与 Python 的其他模块安装类似，只需使用 pip3 命令（参见 6.4 节）：

```
pip3 install scikit-learn
```

使用 sklearn 需要预先安装 NumPy、Pandas、SciPy 等配套程序包，在安装时系统会检查环境配置并自动按需安装。

2）sklearn 的数据集导入

sklearn 不仅包含常用的机器学习算法库，还提供了许多配套学习的数据集，如常用的鸢尾花数据集（load_iris）、波士顿房价数据集（load_boston）、手写体数字数据集（load_digits）、乳腺癌数据集（load_breast_cancer）、糖尿病数据集（load_diabetes）、体能训练数据集（load_linnerud）、葡萄酒数据集（load_wine）、入侵检测数据集（fetch_kddcup99）、物种分布数据集（fetch_species_distribution）、森林植被数据集（fetch_covtype）等。

这些数据集既可直接加载使用，也可在线下载后调用。下面以 9.2.2 节提及使用的鸢尾花数据集为例，说明 Python 数据集的直接调用方法（文件名：10-2 鸢尾花数据调用.py）：

```
import numpy as np
import pandas as pd
from sklearn.datasets import load_iris
sj = load_iris()                    #导入鸢尾花数据集
print(sj.feature_names)             #显示输入变量名
['sepal length (cm)', 'sepal width (cm)', 'petal length (cm)', 'petal width (cm)']
print(sj.data)                      #显示数据集中的输入变量数据
```

```
[[5.1 3.5 1.4 0.2]
 [4.9 3.  1.4 0.2]
 [4.7 3.2 1.3 0.2]
 [4.6 3.1 1.5 0.2]
 [5.  3.6 1.4 0.2]
 [5.4 3.9 1.7 0.4]
 [4.6 3.4 1.4 0.3]
 [5.  3.4 1.5 0.2]
 [4.4 2.9 1.4 0.2]
 [4.9 3.1 1.5 0.1]
 [5.4 3.7 1.5 0.2]
 [4.8 3.4 1.6 0.2]
 [4.8 3.  1.4 0.1]
 [4.3 3.  1.1 0.1]
 [5.8 4.  1.2 0.2]
```

```
print(sj.data.shape)          #显示输入变量数据的行数和列数（150 行 4 列）
(150, 4)
print(np.max(sj.data))        #显示输入变量数据中的最大值
7.9
print(np.min(sj.data))        #显示输入变量数据中的最小值
0.1
print(sj.target)              #显示输出变量的数据（鸢尾花的品种）
[0 0 0 0 0 0 0 0 0 0 0 0 0 0 0 0 0 0 0 0 0 0 0 0 0 0 0 0 0 0 0 0 0 0 0 0 0
 0 0 0 0 0 0 0 0 0 0 0 0 1 1 1 1 1 1 1 1 1 1 1 1 1 1 1 1 1 1 1 1 1 1 1 1 1
 1 1 1 1 1 1 1 1 1 1 1 1 1 1 1 1 1 1 1 1 1 1 1 1 1 2 2 2 2 2 2 2 2 2 2 2 2
 2 2 2 2 2 2 2 2 2 2 2 2 2 2 2 2 2 2 2 2 2 2 2 2 2 2 2 2 2 2 2 2 2 2 2 2 2
 2 2]
df = pd.DataFrame(sj.data, columns=sj.feature_names)  #将数据集转为数据框
df['FL'] = sj['target']       #在生成的数据框中增加输出变量列
df.to_csv('iris.csv', index=None)  #将数据框保存为 .csv 格式文件
```

需要说明的是，鸢尾花数据集包含 4 个输入变量，分别描述了鸢尾花的基本特征；1 个输出变量，存储了鸢尾花的 3 个品种；共有 150 个样本数据，每个品种有 50 个样本数据。

10.2 数据预处理

数据预处理是确保数据分析结论可靠性的基础，也是数据分析的首要任务。下文先讨论数据的标准化处理，缺失数据的一般处理方法，然后对特征选择与特征提取进行简单介绍。

10.2.1 数据标准化处理

数据标准化处理的核心是在保持数据分布特征的前提下消除不同数据量级的影响，使变换后的数据具有可比性。消除数据量级不仅便于展现数据可视化中不同量级变量在同一幅图形中的对比效果，更重要的是，可以确保聚类分析等方法给出的分析结论，是对数据特征的客观反映。此外，消除量级还可以一定程度上提高某些算法的计算精度和计算性能。

常见的数据标准化处理方法有极差法、计算 z 分数等。

1. 极差法

极差法也称最小-最大值法，可以消除量级，使变换后的数据取值介于 $[0,1]$ 或者 $[-1,+1]$，计算公式为

$$x_i' = \frac{x_i - \text{Min}(x)}{\text{Max}(x) - \text{Min}(x)} \tag{10.1}$$

式中，x_i 为原始数据，$\text{Min}(x)$ 和 $\text{Max}(x)$ 分别表示这组数据（记为 x）的最小值和最大值，将变换后的数据 x_i' 取值将限定在 $[0,1]$。若希望变换后的数据取值介于 $[-1,+1]$，则计算公式为

$$x_i' = \frac{x_i - \text{Mean}(x)}{\text{Max}(x) - \text{Min}(x)} \tag{10.2}$$

式中，$\text{Mean}(x)$ 表示这组数据（记为 x）的均值。

2. 计算 z 分数

计算 z 分数可以消除量级，并使变换后的数据均值为 0，标准差为 1，计算公式为

$$z_i = \frac{x_i - \mu}{\sigma} \tag{10.3}$$

式中，μ 和 σ 分别表示这组数据（记为 x）的均值和标准差。变换后一组 z_i 数据，其均值等于 0，标准差等于 1。若数据 x 原本服从均值为 μ，标准差为 σ 的正态分布，经过式（10.3）处理后将服从均值为 0，标准差为 1 的标准正态分布，常将其记为 z，因此又称该处理为计算 z 分数。

3. 计算示例

以下给出一个利用 Python 实现数据标准化的简单示例。

☞【示例】设有 4 名职工的员工号、年龄和月销售额的数据，现对该数据进行标准化处理

Python 程序（文件名：10-3 归一化标准化正则化.py）如下（为便于阅读，将输出结果直接放置在相应程序行下）：

```
from sklearn import preprocessing      #导入数据预处理模块
import pandas as pd
#建立数据字典存储 4 名员工的数据
mydict = {'ID': ['A1', 'A3', 'A4', 'A6'],
          'NL': [23, 56, 47, 36],
          'YXXE': [27500, 27900, 28100, 28600]}
df = pd.DataFrame(data=mydict )
print(df)
    ID  NL  YXXE
0   A1  23  27500
1   A3  56  27900
2   A4  47  28100
3   A6  36  28600
print(df.std())                        #显示年龄和月销售额的标准差
NL      14.247807
YXXE    457.347424
X = df[['NL','YXXE']]
Y = preprocessing.minmax_scale(X)      #采用极差法处理年龄和月销售额数据
print(Y)                               #显示极差法处理后的数据
```

```
[[0.          0.        ]
 [1.          0.36363636]
 [0.72727273 0.54545455]
 [0.39393939 1.        ]]
```
```
print(Y[:,0].std(),Y[:,1].std())          #显示极差法处理后的标准差
```
```
0.37390795997736564 0.36006771631261053
```
```
Z = preprocessing.scale(X)                #分别对年龄和月销售额计算 z 分数
```
```
print(Z)
[[-1.41827157 -1.32550825]
 [ 1.25618339 -0.3155972 ]
 [ 0.52678658  0.18935832]
 [-0.3646984   1.45174713]]
```
```
print(Z[:,0].std(),Z[:,1].std())          #显示 z 分数的标准差
```
```
1.0 1.0
```

需要说明的内容如下。

（1）原始数据中的年龄和月销售额数据存在量级差异，它们的标准差分别约为 14.2 和 457.3，量级差异也体现在了标准差中。

（2）采用极差法分别对年龄和月销售额数据进行标准化处理，年龄和月销售额数据中的最小值和最大值分别转换为 0 和 1，其他数据也变换为介于 0～1 的值。变换后的两组数据的标准差不再有量级差异。

（3）对原始数据计算 z 分数后，其标准差等于 1。

10.2.2　缺失值处理

由于各种原因数据集中可能会出现缺失值（Missing Value）。从数据的二维表来看，缺失值会使其所在行和列成为不完整的样本数据和不完整的变量列。大量不完整样本数据将严重影响数据质量。如果某变量列出现大量缺失值，那么这个变量将不再具有较好的分析价值。

通常需对数据中存在的少量缺失值进行预处理，一般有两种策略。第一种策略为删除缺失值所在行，即删除不完整数据。第二种策略为对缺失值进行插补处理，所谓缺失值的插补处理，是指在不影响数据主要分布特征的前提下，将缺失值替换为变量的均值或其他指定值。需要强调的是，缺失值的插补只适用于缺失值数量较少的情况，若对存在大量缺失值的数据进行插补，将无法保持数据原有的分布特征。

以下给出一个利用 Python 实现缺失值处理的简单示例（文件名：10-5 删除与补充缺失值.py），程序如下（为便于阅读，我们将输出结果直接放置在相应程序行下）：

```
import pandas as pd
import numpy as np
mydict = {'ID': ['A1', 'A3', np.NaN, 'A6'],
          'NL': [23, np.NaN, 47, 36],
          'YXXE': [27500, 27900, 28100, 28600]}
df1 = pd.DataFrame(data=mydict)          #建立包括员工号、年龄和月销售额的数据框
print(df1)                               #其中 NaN 为缺失值
```

```
     ID   NL   YXXE
 0   A1  23.0  27500
 1   A3  NaN   27900
 2  NaN  47.0  28100
 3   A6  36.0  28600
```

```
print(df1.isnull().sum().sum())        #显示各变量的缺失值个数
ID      1
NL      1
YXXE    0
dtype: int64
print(df1.isnull().sum().sum())        #显示不完整样本的个数
2
#剔除带有缺失值的行，即剔除不完整样本数据，等价写法为 df=df1.dropna(axis = 0)
df = df1.dropna()
print(df)                              #显示剔除不完整样本数据后的数据
     ID   NL   YXXE
 0   A1  23.0  27500
 3   A6  36.0  28600

df = df1.dropna(axis = 1)              #剔除带有缺失值的变量列
print(df)
      YXXE
 0   27500
 1   27900
 2   28100
 3   28600

fv = df1[:].mean()                     #计算年龄和月销售额剔除缺失值后的均值
print(fv)
 NL        35.333333
 YXXE   28025.000000
 dtype: float64

df = df1.fillna(fv)                    #将年龄中的缺失值插补为均值
print(df)
     ID      NL        YXXE
 0   A1  23.000000  27500
 1   A3  35.333333  27900
 2  NaN  47.000000  28100
 3   A6  36.000000  28600

from sklearn.impute import KNNImputer
imputer = KNNImputer(n_neighbors=1)
X = imputer.fit_transform(df1[['NL','YXXE']])      #采用 K-近邻分析进行缺失值插补
print(X)
[[2.30e+01 2.75e+04]
 [4.70e+01 2.79e+04]
 [4.70e+01 2.81e+04]
 [3.60e+01 2.86e+04]]
```

需要说明的内容如下。

（1）本示例人为指定第 2 名员工的年龄和第 3 名员工的员工号为缺失值。Python 的缺失值可用 Pandas 的 NaN 表示。

（2）对第 2 名员工的年龄进行插补，可以将其他员工年龄的平均值作为插补值，还可以将其他员工年龄的中位数等作为插补值，或采用其他插补方法对缺失值进行估计。

这里采用 K-近邻分析（详见 10.5.1 节）进行估计，即找到与第 2 名员工最相似的一个员工，并将该员工的年龄作为第 2 名员工年龄的估计值。在本示例中，第 3 名员工的月销售额与第 2 名员工最接近，因此用第 3 名员工的年龄作为第 2 名员工年龄的估计值。

需要补充说明的是，数据预处理还会涉及极端值的处理等问题。极端值是与数据集中的其他数据具有显著差异的数据。极端值有时是明显错误的数据，如年龄 333 岁，此类数据会对发现数据的内在规律产生负面影响，因此有必要像插补缺失值那样对其进行校正。极端值有时是事物发展突变的体现，如金融交易市场行情的急剧波动等，此类极端值本身具有分析价值，不能武断地进行插补处理。

10.2.3　特征选择与特征提取

针对一个数据分析任务，我们可能收集到包含多个变量和多个样本的大量数据。一般情况下，变量对应数据空间的维度，样本对应数据空间上的点。庞杂的高维度数据可能包含许多无用和重复相关的信息，会给数据分析带来诸多问题。因此，一方面，需对变量（或称数据特征）进行合理选取，保留那些对数据分析有用的变量去除那些对数据分析无用的变量，此处理被称为**特征选择**。另一方面，可以将多个相关特征综合成较少的新变量，降低变量的维度，此处理被称为**特征提取**。特征选择和特征提取，通常可以基于业务知识、数据过滤、模型处理等方式实现，其意义在于可以有效提升算法训练速度，提高模型的普适性，便于数据特征的可视化展现，降低模型的过度拟合风险等。

1．基于业务知识的特征选择

数据分析人员利用业务知识和专业经验对特征进行选择，属于直观定性的处理方法。例如，在研究儿童肥胖倾向的项目中，收集到某小学学生的基本情况（学号、姓名、性别、年龄、年级、班级等）、身体情况（体重、身高、胸围、腰围、臀围、腿长、臂长、腿围、臂围、肩宽等）、医学观测指标（血压、血糖、血脂、脉搏、体脂率等）和学习成绩（文化课、体育课）等数据，希望建立小学生体重的预测模型。对此，可将体重作为输出变量，但应将哪些变量作为输入变量呢？

从业务知识角度出发，学号、姓名、班级等变量是人为确定的，应该与体重无关；年级虽然与体重有关，但是可用年龄更确切地表征；文化课成绩与体重的相关性不高可以考虑去掉。基于业务知识，大致可以确定哪些变量可以作为输入变量。由于主观排除了一些特征，因此客观上实现了变量维度的降低，进而导致模型复杂度降低，这对建立预测模型是有利的。

2．基于数据过滤的特征选择

数据过滤，是指计算某些统计量并依据统计量值的大小过滤掉对数据预测不重要的变量。相对于基于业务知识的特征选择，数据过滤是一种客观定量的特征选择方法，主要包括低方差过滤法和高相关滤波法。

1）低方差过滤法

方差描述了一个数值型变量取值的差异性（详见 4.3.1 节）。从数据预测角度来看，变量的方差越大其包含的信息越丰富，对数据预测价值越大，应该保留；反之，则可以过滤剔除。对于上文提及的研究儿童肥胖倾向的项目，如果小学生血压的方差很小，那么其对体重预测的影响就有限。极端情况是血压的方差近似等于 0，这意味着无论小学生的体重是高还是低，他们的血压都相同或近似相同，所以血压对体重的预测是没有贡献的，是可以过滤掉的变量。

低方差过滤法，是指从变量自身出发计算其方差，将方差低于某个阈值的变量过滤掉，该变量不可作为输入变量进入预测模型。

2）高相关滤波法

从数据预测角度来看，某变量与输出变量的相关性越高，该变量与输出变量的相关性越强，对预测输出变量的贡献越大。反之，某变量与输出变量的相关性越低，该变量与输出变量的相关性越弱，对预测输出变量的贡献越小，是可以过滤掉的变量。

如果输出变量是数值型且待考察的特征也是数值型变量，那么相关性可采用简单相关系数度量。简单相关系数可体现两个数值型变量间的线性相关程度（详见 4.3.1 节），其绝对值越接近 1，线性相关性越强；绝对值越接近 0，线性相关性越弱。如果输出变量是数值型但待考察的特征是分类型变量，或者输出变量是分类型但待考察的特征是数值型变量，那么相关性可采用统计学中的 F 统计量来度量，F 统计量的观测值越大相关性越强。如果输出变量和待考察的特征均是分类型，那么相关性可采用统计学中的 χ^2 统计量度量，χ^2 统计量的观测值越大相关性越强。

总之，高相关滤波法从变量和输出变量相关性的角度度量相关性，应将相关性低于某个阈值的变量过滤掉，该变量不可作为输入变量进入预测模型。

3. 基于模型的特征选择和特征提取

大数据时代的数据分析任务会经常处理包含更多变量的复杂数据集，如文本分析和图像识别等应用场景中的数据分析，因此基于模型进行特征选择和特征提取尤为重要。

基于模型的特征选择的基本思想方法是，将特征选择与预测模型的建立有机结合起来，将变量选择工作嵌入一个指定的模型构建过程，通过对比某变量进入和未进入预测模型时模型的预测性能确定变量的重要性。在一般情况下，可采用迭代或递归算法逐步实现最不重要变量的依次去除或最重要变量的依次保留。

直接从众多变量中去除某些不重要的变量的特征选择是以丢失一定的数据信息为代价实现变量降维的；特征提取是一种既能有效减少变量个数，又尽可能减少数据信息丢失的降维策略。

特征提取的基本思想方法是，从众多具有相关性的变量中提取出较少的综合变量，用综合变量代替原有的输入变量，从而实现输入变量降维。例如，对小学生身体情况（身高、胸围、腰围、臀围、腿长、臂长、腿围、臂围、肩宽等）中的一组相关变量（如身高、腿长、臂长等）进行综合特征的构建及提取。特征提取一般采用空间变换的方法实现，常见的是主成分分析法（详见 4.2.3 节）。

这里给出利用 Python（文件名：10-4PCA 特征提取.py）实现对鸢尾花数据进行特征提取的示例。

如 9.2.2 节所述，鸢尾花数据集中有 150 个样本数据，每个样本数据都有 4 个描述鸢尾花形状的数值特征变量：花萼长度、花萼宽度、花瓣长度、花瓣宽度。此外还有 1 个类型变量表征鸢尾花的品种（数据集中有 3 个品种）。如果希望建立一个鸢尾花品种的预测模型，则需要将品种作为输出变量，那么花萼的长、宽及花瓣的长、宽是否均需作为输入变量进入预测模型呢？为此，可尝试采用主成分分析法进行特征提取，具体程序如下（程序输出图如图 10-4 所示）：

```
import numpy as np
import pandas as pd
from sklearn.decomposition import PCA      #加载主成分分析包
from sklearn.datasets import load_iris
import matplotlib.pyplot as plt
sj = load_iris()
model = PCA(n_components=2)               #指定提取 2 个主成分
Y = model.fit_transform(sj.data)          #拟合数据，提取的主成分存储在对象 Y 中
#显示各主成分的方差占比（第一、第二主成分分别可解释原始变量总方差的 92.5%和 5.3%）
print(model.explained_variance_ratio_)
[0.92461872 0.05306648]
print(Y[0:5])                             #显示主成分前 5 条个案的两个主成分
[[-2.68412563  0.31939725]
 [-2.71414169 -0.17700123]
 [-2.88899057 -0.14494943]
 [-2.74534286 -0.31829898]
 [-2.72871654  0.32675451]]
df = pd.DataFrame(Y)                      #建立关于两个主成分的数据框
df['FL'] = sj['target']
plt.scatter(df.loc[df['FL']==0,0],df.loc[df['FL']==0,1],marker='+')
plt.scatter(df.loc[df['FL']==1,0],df.loc[df['FL']==1,1],marker='.')
plt.scatter(df.loc[df['FL']==2,0],df.loc[df['FL']==2,1],marker='x')
plt.xlabel('F1')
plt.ylabel('F2')
plt.show()
```

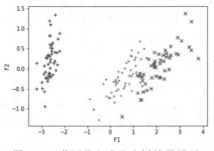

图 10-4　鸢尾花主成分分析结果展示

需要说明的内容如下。

（1）对 4 个原始变量进行特征提取，采用主成分分析法指定提取 2 个主成分（特征），并将其存储在对象 Y 中。

（2）检验提取 2 个主成分是否出现了较多信息丢失。由方差占比之和（0.92+0.05=0.97）可知，仅丢失了 1-0.97=0.03 的信息，结果比较理想，变量维度从四维降到了二维且信息丢失比

例较少。

（3）绘制 150 个样本数据在主成分空间（二维空间）中的散点图，如图 10-4 所示。图 10-4 中不同颜色和形状的点表示不同的鸢尾花品种（本书黑白印刷，图片显示不明显，读者可自行运行程序观察效果）。可见，三个不同品种的鸢尾花在 2 个主成分上的取值各有特点，不同品种尤其在第一个主成分（F1）上有明显差异。

后续可将提取的 2 个主成分作为输入变量进入鸢尾花品种的预测模型。此外，还可以看到特征选取的另外一个重要应用场景——数据可视化，即在保证一定信息总量的前提下，在低维空间中便可观察到原本无法直接观测到的高维空间中的数据特征。

数据预处理是服务于数据预测和数据聚类的，在一定程度上决定着数据分析结论的可靠性。下文将先讨论比较直观且易理解的数据聚类，再在 10.4 节和 10.5 节讨论数据预测。

10.3　经典聚类算法

在实际生产和生活中，对研究对象进行分类处理是一种常见且有效的分析手段。例如，根据顾客消费情况对顾客品质进行分类，根据生物基本特征对生物纲目进行分类，根据各国发展水平对国家竞争力进行分类等。正所谓"物以类聚，人以群分"。事物经分类处理后，再对类内共性进行深入探索，对类间差异进行总结比较，是人们认识世界、发现规律的一种重要方法。

随着人类研究对象的日益复杂化，仅凭业务经验和专业知识不再能满足科学准确地分类需求。需要基于描述对象的数据集，利用优秀的分析算法和计算机的强大算力，解决复杂的类型划分问题。聚类分析正是这种方式的具体体现。

10.3.1　聚类分析概述

聚类分析（Cluster Analysis）是一种对数据进行自然分类的数据分析算法，它能够按照数据间的距离远近或相似程度等指标，将数据集自动划分为若干个小类［也称群组、群簇（Cluster）］，使同一个小类内的个体间具有较高的相似性，不同小类的个体间具有较大的差异性。

1．聚类分析的特点

聚类分析的特点如下。
- 不以人为预定的规则分类，而依据数据的自然属性和内在结构进行分类。
- 小类的数量可以是任意的，可以是最大值 N（N 为样本量）和最小值 1 间的任意个类。

按照算法模型的不同，聚类分析算法包括基于层次的聚类、基于划分策略的聚类、基于密度的聚类、基于网格的聚类和基于统计分布的聚类等。聚类算法非常丰富，不同的聚类算法可能会给出不同的聚类结果，即聚类解。

2．聚类解的评价

从机器学习的角度观察，聚类分析是一种无监督学习方法。聚类分析不依赖预先定义的分类标签来训练数据，它将多个群组视为隐藏在数据集中的内部结构模式，通过计算分析自动发现群组，并输出群组的分类标签。由于聚类分析属于无监督学习，因此聚类解合理性的评价策略与有监督学习有所不同，通常可以采取**内部度量法**和**外部度量法**进行评估。

内部度量法的基本思路是，恰当的聚类解应使小类内部差异较小且小类间差异较大，一般有计算类内方差与类间方差、CH 指数或轮宽值等方法。外部度量法的基本思路是默认已知一个与聚类解高度相关但并不参与聚类分析的外部变量，计算聚类解与该外部变量间的一致性，并以此进行聚类效果评估。外部度量法主要用于评估某个新开发的聚类分析算法的有效性。

3. 聚类分析的距离定义

进行聚类分析的重要步骤是，确定数据间的距离远近，测度小类内部个体间或不同小类个体间的差异性。通常，先将参与聚类分析的 N 个样本数据视为 p 个聚类变量（参与聚类的变量）空间，即 p 维空间中的 N 个点；然后定义某种距离，并将其作为度量指标。

常见的距离有曼哈顿距离、欧氏距离、闵氏距离、切氏距离、夹角余弦距离。设 p 维空间中有两个样本观测点 X_i 和 X_j，X_{ik} 和 X_{jk} 分别是 X_i 和 X_j 的第 k 个聚类变量的值，则两个样本观测点 X_i 和 X_j 距离定义如下。

1）曼哈顿距离

曼哈顿距离（Manhattan Distance）的定义为两样本观测点 X_i 和 X_j 的 p 个变量值绝对差的总和，数学表达式为

$$d_{曼哈顿}(X_i, X_j) = \sum_{k=1}^{p} |X_{ik} - X_{jk}| \qquad (10.4)$$

2）欧氏距离

欧氏距离（Euclidean Distance）的定义为两样本观测点 X_i 和 X_j 的 p 个变量值之差的平方和的开方，数学表达式为

$$d_{欧氏}(X_i, X_j) = \sqrt{\sum_{k=1}^{p} (X_{ik} - X_{jk})^2} \qquad (10.5)$$

3）闵氏距离

闵氏距离（Minkowski Distance）的定义为两样本观测点 X_i 和 X_j 的 p 个变量值绝对差的 m 次方总和的 m 次方根（m 值可以任意指定），数学表达式为

$$d_{闵氏}(X_i, X_j) = \sqrt[m]{\sum_{k=1}^{p} |X_{ik} - X_{jk}|^m} \qquad (10.6)$$

曼哈顿距离是闵氏距离 $m = 1$ 时的特例，欧氏距离是闵氏距离 $m = 2$ 时的特例。

4）切氏距离

切氏距离（Chebychev Distance）的定义为两样本观测点 X_i 和 X_j 的 p 个变量值绝对差的最大值，数学表达式为

$$d_{切氏}(X_i, X_j) = \text{Max}(|X_{ik} - X_{jk}|), \quad k = 1, 2, \cdots, p \qquad (10.7)$$

5）夹角余弦距离

夹角余弦距离（Cosine Distance）的定义为两样本观测点 X_i 和 X_j 间的夹角余弦，数学表达

式为

$$d_{夹角余弦}\left(\boldsymbol{X}_i, \boldsymbol{X}_j\right) = \frac{\sum_{k=1}^{p} X_{ik} X_{jk}}{\sqrt{\left(\sum_{k=1}^{p} X_{ik}^2\right)\left(\sum_{k=1}^{p} X_{jk}^2\right)}} \qquad (10.8)$$

夹角余弦距离从两个向量的整体结构相似性角度测度距离。夹角余弦距离值越大，结构相似度越高。

上述计算适合连续型数值变量的距离计算。当数据量纲存在较大差别时，可进行数据标准化的预处理。离散型的定类或定序尺度数据可在数据转换及数据预处理后再参与距离计算。

妥善定义距离后，聚类分析的另一个重要方面是采用怎样的策略，即聚类算法进行聚类。有很多来自统计学科的聚类算法，如层次聚类、K-均值聚类等；也有许多来自计算机学科的算法，如基于密度的 DBSCAN 聚类等，下文将分别进行简要讨论。

10.3.2　层次聚类

层次聚类又称系统聚类，其基本思路是先将每一个样本观测点视为一类，此时样本数据被划分成最多的 N 个小类，然后计算所有小类两两之间的距离，并将距离最近的两个类归并为一个类。如此往复，最终可将样本数据并为一个类。层次聚类过程示意图如图 10-5 所示，可根据需要选择较为合理的小类数目。

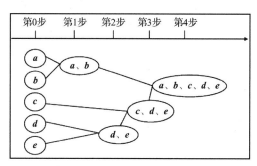

图 10-5　层次聚类过程示意图

在图 10-5 中，初始时 5 个样本观测点自成一类，共 5 类；之后，a 和 b 的距离最近被归并在一起成为一个类 (a,b)；然后，d 和 e 的距离最近被归并成一类 (d,e)；c 和 (d,e) 距离最近又被归并成一类 (c,d,e)；最后，5 个样本观测点归并为一个大类 (a,b,c,d,e)。这种聚类算法使得各个类间存在层次包含关系，因此被称为层次聚类。

1．层次聚类的具体实现步骤

层次聚类的具体实现步骤如下。

（1）每个样本观测点自成一类。

（2）计算所有样本观测点彼此间的距离，并将其中距离最近的样本观测点归并为一个小类。

（3）计算剩余样本观测点和所有小类的距离，并将当前距离最近的样本观测点或小类归并为一个类。

（4）重复（2）和（3），直到形成一个大类，算法结束。

上述步骤中的关键问题是，如何计算样本观测点与小类及小类与小类间的距离。层次聚类给出的计算策略有最近邻法、最远距离法、平均距离法、类内方差（ward）法等。在最近邻法中，样本观测点到一个小类的距离是该点到小类内所有点距离的最小值。

2. 层次聚类的 Python 示例

下文给出一个利用 Python 实现层次聚类的示例（文件名：10-6 层次聚类.py）。基本思路：先生成一个含有 2 个变量和 100 个样本数据的数据集 X，以及一个已知的聚类解（分类标签）变量 Y。生成该数据集的目的是采用外部度量法评价聚类算法的效果，进而对不同算法进行对比。然后采用层次聚类对数据集 X 进行聚类。

生成数据集 X 的具体程序如下（为便于阅读，我们将输出结果直接放置在相应程序行下）（程序输出图如图 10-6 所示）：

```
from sklearn.datasets import make_classification
import numpy as np
from matplotlib import pyplot as plt
#生成数据集
np.random.seed(10)
X, Y = make_classification(n_samples=100, n_features=2, n_informative=2, class_sep=0.5,
n_redundant=0, n_clusters_per_class=1, random_state=1)
print(X[0:5],Y[0:5])
  [[-0.54948638  0.3786438 ]
   [ 0.3780991   0.39551051]
   [ 0.45928819  0.53967316]
   [-0.68013412  0.62062155]
   [-0.40731836  0.56040861]] [1 0 0 1 1]
#绘制散点图
plt.scatter(X[np.where(Y == 0), 0], X[np.where(Y == 0), 1],marker='o')
plt.scatter(X[np.where(Y == 1), 0], X[np.where(Y == 1), 1],marker='>')
plt.show()
```

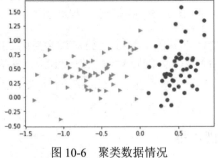

图 10-6　聚类数据情况

需要说明的内容如下。

- 图 10-6 中的散点图中的不同颜色和形状的点表示不同小类（本书黑白印刷，图片显示不明显，读者可自行运行程序观察效果）。
- 使用 sklearn 中的函数生成模拟分类数据，其中 class_sep 参数刻画不同小类数据间的分离程度，参数值越大，数据离得越远；参数值越小，数据离得越近，数据越交错混杂。

调用 sklearn 聚类方法库中的 Agglomerative 层次聚类进行聚类，采用外部度量评价聚类效果，具体程序如下（程序输出图如图 10-7 所示）：

```
from sklearn.cluster import AgglomerativeClustering
model = AgglomerativeClustering(n_clusters=2)          #指定聚成 2 类
Yhat= model.fit_predict(X)                             #聚类解保存在 Yhat 中
print((Y==Yhat).sum()/100)                             #度量聚类解和已知解的一致性
0.91
#绘制基于聚类解的散点图
plt.scatter(X[np.where(Yhat == 0), 0], X[np.where(Yhat == 0), 1],marker='o')
plt.scatter(X[np.where(Yhat == 1), 0], X[np.where(Yhat == 1), 1],marker='>')
plt.show()
```

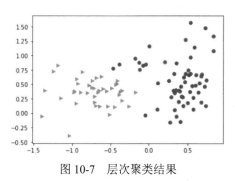

图 10-7　层次聚类结果

需要说明的是，聚类解与已知聚类标签比较，一致性为 91%。基于聚类解绘制散点图（见图 10-7）（不同颜色和形状分别表示不同的聚类解），与图 10-6 对比发现，聚类解和已知解不一致的样本观测点均分布在两个小类的交界处。

10.3.3　K-均值聚类

K-均值聚类（K-Means）是一种基于划分策略的聚类分析算法，其划分策略是选择 K 个小类质心，并围绕这些质心进行聚类，本质上实现了对聚类变量空间的划分。K-均值聚类可以有效减少层次聚类中的距离计算量，因此也称快速聚类。其基本思想方法是，先将聚类变量空间随意分割成 K 个区域，对应 K 个小类，并确定 K 个小类的中心位置，即质心点；然后计算各个样本观测点与 K 个质心点间的距离，将所有样本观测点指派到与之距离最近的小类中，形成初始聚类结果；然后重新计算质心点，反复迭代，直到聚类稳定。

1. K-均值聚类的具体实现步骤

K-均值聚类的具体实现步骤如下。

（1）指定聚类数目 K。

（2）确定 K 个小类的初始质心点。常用的初始质心点的指定方法有经验选择法、随机选择法、最远点法等。

（3）依次计算每个样本观测点到 K 个质心的距离，并将所有点归并到距离最近的小类中，形成 K 个新的小类。

（4）重新确定 K 个小类的质心点。方法是将小类中所有样本观测点的均值点作为新的质心点，并视为完成一次迭代。

（5）重复（3）和（4），直到满足聚类的终止条件。终止条件一般是指达到了设定的迭代次数，或者达到小类质心点几乎不再偏移等。

由此可见，K-均值聚类是一个反复迭代的过程，样本观测点的聚类结果会不断动态调整，直到最终小类基本不变，聚类基本稳定。

2．K-均值聚类的 Python 示例

下文给出一个利用 Python 实现 K-均值聚类的示例（文件名：10-7Means 聚类.py）。基本思路与前述的层次聚类相同。为与层次聚类进行比较，数据集仍采用上文生成的含有 2 个变量和 100 个样本数据的数据集 X，且聚类解（分类标签）变量 Y 已知。采用 K-均值聚类对数据集 X 进行聚类，程序如下（为便于阅读，我们将输出结果直接放置在相应程序行下）（程序输出图如图 10-8 所示）：

```
from sklearn.datasets import make_classification
import numpy as np
from matplotlib import pyplot as plt
#生成数据集
np.random.seed(10)
X, Y = make_classification(n_samples=100, n_features=2, n_informative=2, class_sep=0.5,
n_redundant=0, n_clusters_per_class=1, random_state=1)


from sklearn.cluster import KMeans
model = KMeans(n_clusters=2)    #聚成 2 类
Yhat= model.fit_predict(X)
0.93
print((Y==Yhat).sum()/100)      #度量聚类解和已知解的一致性
plt.scatter(X[np.where(Yhat == 0), 0], X[np.where(Yhat == 0), 1],marker='o')
plt.scatter(X[np.where(Yhat == 1), 0], X[np.where(Yhat == 1), 1],marker='>')
#绘制基于聚类解的散点图
plt.show()
```

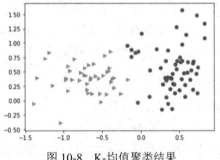

图 10-8　K-均值聚类结果

需要说明的是，本示例采用 K-均值聚类，聚类解与已知聚类标签比较，一致性为 93%；确定初始小类质心采用的方法是随机选择法。

10.3.4　DBSCAN 聚类

与基于质心和连通性的聚类算法类似，DBSCAN 聚类也将样本观测点视为聚类变量空间中的点。DBSCAN 聚类的特色在于：将任意样本观测点 O 的邻域内的邻居个数作为 O 所在区域的密度测度。其中，有两个重要参数：第一，邻域半径 ε；第二，邻域半径 ε 范围内包含样本观测点的最少个数，记为 minPts。基于这两个参数，DBSCAN 聚类将样本观测点分成 4 类。

1．DBSCAN 聚类中的 4 类点

1）核心点 P

若任意样本观测点 O 的邻域半径 ε 内的邻居个数不小于 minPts，则称样本观测点 O 为核心点，记作 P。若样本观测点 O 的邻域半径 ε 内的邻居个数小于 minPts，且位于核心点 P 邻域半径 ε 的边缘线上，则称样本观测点 O 是核心点 P 的边缘点。

在图 10-9 中，假设虚线圆为单位圆，在指定邻域半径 $\varepsilon = 1$，$\mathrm{minPts} = 6$ 时，p_1 和 p_2 均为核心点 P，o_1 是 p_1 的边缘点（o_1 不是核心点）。

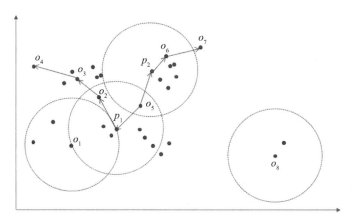

图 10-9　DBSCAN 聚类中的各类点

2）核心点 P 的直接密度可达点 Q

若任意样本观测点 Q 在核心点 P 的邻域半径 ε 范围内，则称样本观测点 Q 为核心点 P 的直接密度可达点。也称从核心点 P 直接密度可达点 Q。在图 10-9 中，在 $\varepsilon = 1$，$\mathrm{minPts} = 6$ 时，o_5 是核心点 p_1 和 p_2 的直接密度可达点，o_3 既不是核心点 p_1 的直接密度可达点，也不是核心点 p_2 的直接密度可达点。

3）核心点 P 的密度可达点 Q

若存在一系列样本观测点 $o_1, o_2, \cdots, o_n$，且 o_{i+1}（$i = 1, 2, \ldots, n-1$）是 o_i 的直接密度可达点，且 $o_1 = P, o_n = Q$，则称点 Q 是核心点 P 的密度可达点，也称从核心点 P 密度可达点 Q。可见，直接密度可达的传递性会导致密度可达。但这种关系不具有对称性，即核心点 P 不一定是点 Q 的密

度可达点，因为点 Q 不一定是核心点。

在图 10-9 中，在 $\varepsilon = 1$，minPts $= 6$ 时，点 o_4 是点 p_1 的密度可达点。由于点 p_1 与点 o_4 间的多条连线距离均小于 ε，且路径上的点 o_2 和点 o_3 间均为核心点，因此，点 p_1 直接密度可达点 o_2，点 o_2 直接密度可达点 o_3，点 o_3 直接密度可达点 o_4，即点 p_1 密度可达点 o_4。应注意的是，点 p_1 不是点 o_4 的密度可达点，因为点 o_4 不是核心点。

进一步，若存在任意样本观测点 O，同时密度可达点 o_1 和点 o_2，则称点 o_1 和点 o_2 是密度相连的，此时样本观测点 O 是一个"桥梁"点。在图 10-9 中，在 $\varepsilon = 1$，minPts $= 6$ 时，点 o_4 和点 o_7 是密度相连的，点 o_5 就是"桥梁"点之一。可见，尽管聚类变量在空间上点 o_4 和点 o_7 相距较远，但它们之间存在"畅通的连接通道"，在基于密度的聚类中可聚成一个小类。

4）噪声点

除上述类型点外的其他样本观测点均定义为噪声点。在图 10-9 中，在 $\varepsilon = 1$，minPts $= 6$ 时，点 o_8 是噪声点。可见，DBSCAN 聚类的噪声点是在邻域半径 ε 范围内没有足够邻居，且无法通过其他样本观测点实现直接密度可达或密度可达或密度相连的样本观测点。

2．DBSCAN 聚类的具体实现步骤

基于上述定义的 4 类点，DBSCAN 聚类按以下两大步骤进行聚类。

1）形成小类

从任意一个样本观测点开始，根据设定的参数判断该点是否为核心点。若该点是核心点，则对该点进行标记，并找到该点的所有直接密度可达点，从而形成一个以该点为核心的小类。若该点不是核心点，则该点可能是其他核心点的直接密度可达点或密度可达点，抑或是噪声点。若该点是直接密度可达点或密度可达点，则一定会在后续处理中被归并到某个小类，并获得小类标签。若该点是噪声点，则不会被归并到任何小类中，始终不带有小类标签。之后，读取下一个没有小类标签的样本观测点，判断是否为核心点，并进行与上述处理相同的处理。如此不断重复，直到所有样本观测点均被处理。最后，除噪声点外的样本观测点将均带有小类标签。

2）合并小类

判断带有核心点标签的所有核心点之间是否存在密度可达或密度相连关系。若存在，则将对应的小类合并，并修改相应的小类标签。

总之，核心点的直接密度可达点形成的小类形状通常是超球体。依据核心点的密度可达点和核心点的密度相连点，若干个超球体小类将被归并在一起，形成任意形状的小类。另外，DBSCAN 聚类能够发现数据集中的极端值或噪声点，即始终没有小类标签的样本观测点。这是 DBSCAN 聚类的重要特征。

3．DBSCAN 聚类的 Python 示例

以下给出一个利用 Python 实现 DBSCAN 聚类的示例（文件名：10-8DBSCAN 聚类.py），基本思路与上文叙述的层次聚类相同。为与层次聚类和 K-均值聚类进行比较，数据集仍采用前面生成的含有 2 个变量和 100 个样本观测数据的数据集 X，且聚类解（分类标签）变量 Y 已知。采用 DBSCAN 聚类对数据集 X 进行聚类，程序如下（为便于阅读，将输出结果直接放置在相应程序行下）（程序输出图如图 10-10 所示）：

```
from sklearn.datasets import make_classification
import numpy as np
from matplotlib import pyplot as plt
#生成数据集
np.random.seed(10)
X, Y = make_classification(n_samples=100, n_features=2, n_informative=2, class_sep=0.5,
n_redundant=0, n_clusters_per_class=1, random_state=1)
from sklearn.cluster import DBSCAN
model = DBSCAN(eps=0.30, min_samples=6)   #设置 DBSCAN 聚类的两个参数
Yhat = model.fit_predict(X)
plt.scatter(X[np.where(Yhat == 0), 0], X[np.where(Yhat == 0), 1],marker='o')
plt.scatter(X[np.where(Yhat == 1), 0], X[np.where(Yhat == 1), 1],marker='>')
#-1 为噪声点
plt.scatter(X[np.where(Yhat == -1), 0], X[np.where(Yhat == -1), 1],marker='+')
#绘制基于聚类结果的散点图
plt.show()
```

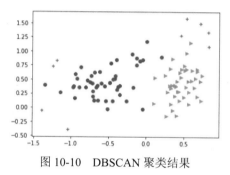

图 10-10　DBSCAN 聚类结果

　　需要说明的是，本示例中设置 $\varepsilon = 0.3$，$minPts = 6$。聚类解情况通过图 10-10 直观显示，其中，+对应的样本观测点为算法找到的噪声点。由于聚类解 0 和 1 分别对应已知聚类标签 0 和 1，因此图 10-10 所示散点图的图例与图 10-6 至图 10-9 所示散点图的图例是不同的。

10.3.5　聚类分析应用实例

　　本节将通过一个应用示例完整展示聚类分析过程，旨在使读者对聚类分析应用有整体把握。

　　本实例希望对我国各地区环境污染情况进行客观分类，从而为不同的污染群组提出有针对性的治理对策。实例数据（文件名：环境数据.txt）为某年我国部分省、市环境污染的基本情况数据，具体包括省、市名，生活污水排放量 x1，生活二氧化硫排放量 x2，生活烟尘排放量 x3，工业固体废物排放量 x4，工业废气排放总量 x5，工业废水排放量 x6 等变量。

　　这里将利用 Python（文件名：10-9 聚类分析实例.py）分别采用层次聚类和 K-均值聚类对示例数据进行分析，在展示聚类分析实际应用的同时帮助读者理解两种聚类算法的特点。整体分析步骤如下。

　　第一，使用 SciPy 程序包的层次聚类算法绘制聚类树形图，得到所有可能的聚类结果。

第二，根据聚类树形图，确定合理的聚类数目 K，并得到其对应的层次聚类结果。

第三，根据确定的聚类数目 K，采用 K-均值聚类得到对应的聚类结果。

第四，通过描述性分析，直观对比层次聚类结果中各地区环境污染的不同特征。

下文将分步骤给出 Python 程序。为便于阅读，将输出结果直接放置在相应程序行下。

（1）使用 SciPy 程序包的层次聚类算法，绘制层次聚类树形图，得到所有可能的聚类结果（程序输出图如图 10-11 所示）：

```python
import numpy as np
import pandas as pd
import matplotlib.pyplot as plt
plt.rcParams['font.sans-serif']=['SimHei']      #便于图形中的中文显示
plt.rcParams['axes.unicode_minus']=False
from sklearn import decomposition
from sklearn.cluster import KMeans,AgglomerativeClustering
import scipy.cluster.hierarchy as sch
df = pd.read_csv('环境数据.txt',header=0)
df.head(5)
```

	province	x1	x2	x3	x4	x5	x6	gdp	geo
0	北京	21.76	15.01	12.23	0.02	10.69	3.09	2	1
1	天津	7.47	4.19	4.80	0.00	11.44	7.68	3	1
2	河北	21.92	43.49	69.43	9.40	100.00	45.79	2	1
3	山西	13.79	58.94	93.45	100.00	44.60	15.04	3	1
4	内蒙古	7.44	37.97	69.87	2.16	37.87	9.02	3	1

```python
X = df[['x1','x2','x3','x4','x5','x6']]         #指定参与聚类的聚类变量
#绘制层次聚类树形图
fig = plt.figure(figsize=(15,6))
sch.dendrogram(sch.linkage(X, method='ward'),
leaf_font_size=15,leaf_rotation=False)          #小类间的聚类用 ward 法度量
plt.axhline(y=120, linestyle='-.',label='聚类数目 K 的参考线')
plt.title('层次聚类树形图')
plt.legend()
plt.show()
```

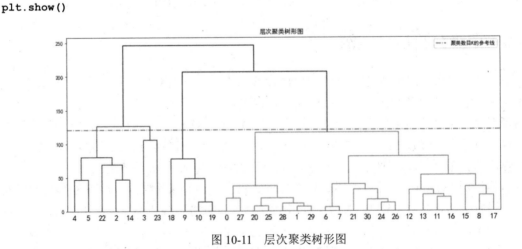

图 10-11　层次聚类树形图

需要说明的内容如下。

- 如图 10-11 所示，层次聚类树形图由下至上形象刻画了每步聚类解的具体情况。
- 由层次聚类的原理可知，聚类过程中的每一步都会计算样本观测点与小类或小类与小类间的距离，该距离越大意味着将它们合并起来的合理性越低。层次聚类树形图的纵坐标为二者的距离。由图 10-11 可知，6 和 7、20 和 25、1 和 29 间的距离较小，在聚类的早期就被分别合并在一起。后续依次进行。至图 10-11 中的虚线处，已得到 4 个小类（对应 4 条树枝）。其中最左侧的小类包含{4,5,22,2,14}共 5 个样本观测点，左侧数第二个小类包含{2, 23}共 2 个样本观测点，其他类似。从小类间的距离来看，若将 4 个小类继续合并成 3 个小类会进一步增大小类内部的差异性，目前聚成 4 类是比较适合的，即 $K = 4$。

（2）根据聚类树形图，确定合理的聚类数目 K，并得到其对应的层次聚类结果（程序输出图如图 10-12 所示）：

```
K=4
AC = AgglomerativeClustering(linkage='ward',n_clusters = K)   #指定得到聚成 4 类时的聚类解
lables = AC.fit_predict(X)                                     #将层次聚类解保存在 lables 中
pca = decomposition.PCA(n_components=2,random_state=1)         #进行主成分分析，得到 2 个主成分
y = pca.fit_transform(X)
fig = plt.figure(figsize=(8,6))
markers = ['o','*','+','>']
for k, m in zip(range(K),markers):
    plt.scatter(y[lables == k, 0], y[lables == k,1],marker=m,s=80)
plt.title('层次聚类结果')
plt.xlabel("F1")
plt.ylabel("F2")
plt.show()
```

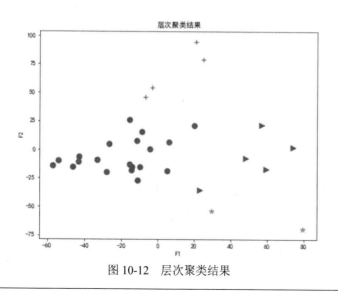

图 10-12　层次聚类结果

需要说明的内容如下。

- 本实例包含 x1、x2、x3、x4、x5、x6，六个聚类变量。由于在六维空间中无法直观地展

示 4 个小类的特征，因此这里采用主成分分析法对 6 个聚类变量进行组合，生成 2 个主成分的新变量 F1 和 F2，并在 F1 和 F2 组成的二维空间中展示 4 个小类的特征，如图 10-12 所示。

- 在 4 个小类中，有一个小类包含较多省、市，还有一个最小类仅包含 2 个省、市。后续将具体观测这些省、市的具体情况。

（3）根据确定的聚类数目 K，采用 K-均值聚类得到对应的聚类结果（程序输出图如图 10-13 所示）：

```
KM = KMeans(n_clusters=K,random_state=1)        #K=4
lables = KM.fit_predict(X)                       #K-均值聚类结果保存在 lables 中
fig = plt.figure(figsize=(8,6))
markers = ['o','*','+','>']
for k, m in zip(range(K),markers):
    plt.scatter(y[lables == k, 0], y[lables == k,1],marker=m,s=80)
plt.title('K-均值聚类结果')
plt.xlabel("F1")
plt.ylabel("F2")
plt.show()
```

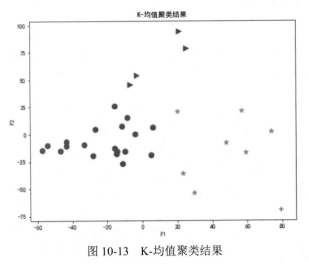

图 10-13　K-均值聚类结果

需要说明的是，上述程序采用 K-均值聚类将数据聚成 4 类。在由 F1 和 F2 组成的二维空间中展示 4 个小类的特征，如图 10-13 所示。与图 10-12 对比发现，K-均值聚类结果与层次聚类结果存在一定差异，主要体现在层次聚类结果中的最小类，其中一个省、市被归到其他小类中了，这是两个算法的原理不同导致的。

（4）通过描述性分析，直观对比层次聚类结果中各地区环境污染的不同特征，具体程序如下（程序输出图如图 10-14 所示）：

```
groupMean = X.iloc[:,:].groupby(AC.labels_).mean()
labels = ["x1","x2","x3","x4","x5","x6"]
```

```
plt.figure(figsize=(12,10))
for i in np.arange(4):
    plt.subplot(2,2,i+1)
    plt.bar(range(0,6),groupMean.iloc[i],tick_label = labels)
    j = AC.labels_.tolist().count(i)
    plt.title("第"+str(i)+"类的环境污染指标均值(包含"+str(j)+"个省、市)")
    plt.ylabel("排放量(均值)")
    plt.ylim([0,90])
plt.show()
```

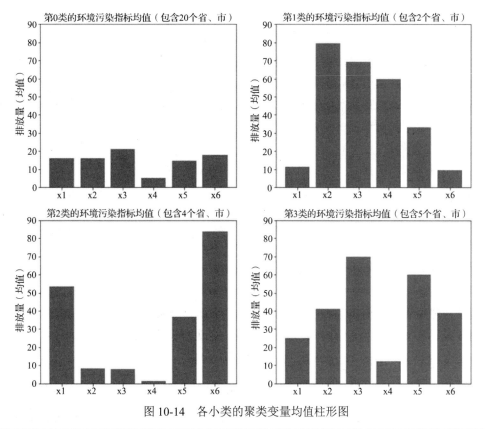

图 10-14　各小类的聚类变量均值柱形图

需要说明的内容如下。

- 对层次聚类给出的 4 个小类，分别计算每个小类各污染物排放量的均值，以及各小类的成员数，即包含的省、市个数。需要说明的是，这里各小类的类号对应的是 Python 的索引（从 0 开始）。
- 绘制各小类污染物均值的柱形图（见图 10-14），以直观展现 4 个小类环境污染来源的结构性特征。

例如，第 0 类 20 个省、市的各类污染物排放均较低；第 1 类中的 2 个省、市 x2～x5 变量对应指标的排放量较高，x1 和 x6 变量对应指标较低；第 2 类中的 4 个省、市中间 x2～x4 变量对应指标较低，x1、x5、x6 变量对应指标较高；第 3 类中的 5 个省、市的各类污染物排放均中等偏高，其中 x4 变量对应指标相对也不低。

进一步观察聚类解可知，第 1 类中的 2 个省、市为山西和贵州，第 2 类中的 4 个省、市为江苏、浙江、广东、广西，第 3 类中的 5 个省、市为河北、内蒙古、辽宁、四川、山东。x1 和 x6 变量对应指标涉及水资源方面的污染物排放，x2、x3 和 x5 变量对应指标涉及大气方面的污染物排放，x4 变量对应指标涉及固体资源方面的污染物排放。结合图形可以认为该聚类分析具有一定的合理性与实际价值。

10.4 数据预测：经典统计方法

正如 10.1.2 节所述，数据预测的目的是基于已有数据集，归纳出输入变量和输出变量间的数量关系，从而发现对输出变量产生重要影响的输入变量，并进一步在数量关系具有普适性和未来不变性的假设下，对新数据输出变量的取值进行预测。数据预测可细分为对数值型输出变量的**回归预测**和对分类型输出变量的**分类预测**。分类预测可进一步分为二分类（通常是 0 和 1 两个分类）预测和多分类预测。

数据预测可以采用经典统计方法，如实现回归预测的一般线性回归分析、实现二分类预测的二项逻辑回归分析等；也可以采用机器学习中的有监督学习方法，如 K-近邻分析、决策树算法、支持向量机等。

下文将先对数据预测中的一般问题进行说明，然后分别讨论数据预测中的经典统计方法。

10.4.1 数据预测中的一般问题

在数据预测中有很多值得关注的问题，其中一个重要问题就是应采用哪些指标评价预测模型的预测效果。下文将分别介绍回归预测模型和分类预测模型的常用评价指标。

1. 回归预测模型的常用评价指标

回归预测模型的评价可从模型的误差入手。第 i 个样本的误差定义为其输出变量预测值 $\hat{y}_i$ 和实际值 y_i 的差，即 $y_i - \hat{y}_i$。因此总误差定义为 $\sum_{i=1}^{N}(y_i - \hat{y}_i)^2$，即所有样本（样本量为 N）的平方误差之和。取二次方的目的是消除误差中正负相抵的情况。在此基础上，为消除样本量 N 对总误差数值的影响，进一步定义**均方误差**（Mean Squared Error，MSE）为

$$\text{MSE} = \frac{1}{N}\sum_{i=1}^{N}(y_i - \hat{y}_i)^2 \tag{10.9}$$

均方误差是误差总和的平均值，均方误差值越大表明模型的误差越大，均方误差值越小表明模型的误差越小。

此外，回归预测模型的常用评价指标还有平均绝对误差、平均绝对误差百分比等。

2. 分类预测模型的常用评价指标

分类预测模型的评价指标通常是基于混淆矩阵定义的。**混淆矩阵通过矩阵表格形式展**

示预测类别值与实际类别值的差异程度或一致程度。表 10-1 所示为二分类预测问题的混淆矩阵。

表 10-1　二分类预测问题的混淆矩阵

	预测类别 1	预测类别 0
实际类别 1	N_{1_1}	N_{1_0}
实际类别 0	N_{0_1}	N_{0_0}

表 10-1 中，N_{1_1} 和 N_{1_0} 分别为实际类别为 1 预测类别分别为 1 和 0 的样本数；N_{0_1} 和 N_{0_0} 分别为实际类别为 0 预测类别分别为 1 和 0 的样本数。基于这个混淆矩阵，可定义如下评估指标。

- **总正确率**：$\dfrac{N_{1\_1} + N_{0\_0}}{N}$，是模型正判（预测正确）的比例，数值越大预测模型的预测效果越好。

- **总错判率**：$\dfrac{N_{0\_1} + N_{1\_0}}{N}$，是模型误判或错判（预测错误）的比例，数值越小预测模型的预测效果越好。

- **敏感性**：$\dfrac{N_{1\_1}}{N_{1\_1} + N_{1\_0}}$，是模型在类别 1 上的预测正确率，记为 TPR（True Positive Ratio），数值越大预测模型的预测效果越好。敏感性又称为是**查全率**，记为 R（Recall）。

- **特异性**：$\dfrac{N_{0\_0}}{N_{0\_0} + N_{0\_1}}$，是模型在类别 0 上的预测正确率，记为 TNR（True Negative Ratio），数值越大预测模型的预测效果越好。

- **查准率**：$\dfrac{N_{1\_1}}{N_{1\_1} + N_{0\_1}}$，是模型预测为类别 1 的准确率，记为 P（Precision），数值越大预测模型的预测效果越好。

- **F1 分数**：$\dfrac{2 \times P \times R}{P + R}$，是查准率 P 和敏感性 R 的调和平均值，数值越大预测模型的预测效果越好。

除上述评价指标外，还有一个更直观的常用图形化评价工具，即 ROC（Receiver Operating Characteristic，接受者操作特征）曲线。ROC 曲线示例如图 10-15 所示。ROC 曲线的横轴为 1-TNR，记为 FPR，是特异性的反向指标，其值越小越好；纵轴为 TPR，横轴和纵轴取值范围均为 [0,1]。

在图 10-15 中 45° 虚线为基准线，剩余两条不同颜色的虚线分别代表两个不同预测模型的 ROC 曲线。离基准线越远的模型的整体评价效果越理想。原因很简单，若两个预测模型的 FPR 都等于 0.4，TPR 高的模型一定优于 TPR 低的模型。当两条 ROC 曲线出现了交错的情形时，可计算曲线下的面积，即 AUC（Area Under Curve），AUC 大的模型的预测效果更优。

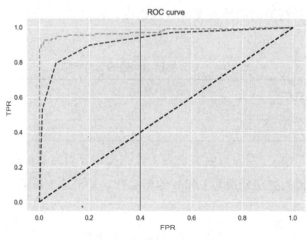

图 10-15　ROC 曲线示例

10.4.2　一般线性回归分析

一般线性回归分析是一个被广泛应用的经典数据预测方法。

1855 年，英国生物学家弗朗西斯·高尔顿（Francis Galton，1822—1911）在研究人类遗传进化问题时，搜集了 1078 对父母平均身高（x）及其成年子辈身高（y）的数据，希望通过分析二者的数量关系预测成年子辈身高。他从绘制的散点图中发现，这些数据的相关特征可大致用一条直线描述，并计算建立了相应的线性形式的预测方程：$y=0.8567+0.516x$。将父母平均身高 x 代入预测方程便可计算出对应的成年子辈的平均身高 y。

在研究过程中高尔顿发现，当父母平均身高高于一般平均水平时，子辈比父母矮的可能性大；当父母平均身高低于一般平均水平时，子辈比父母高的可能性大。他在论文中将此趋势称为向平均数的回归（Regression）。之后人们将对多个变量建立方程进行预测的数据分析方法统称为回归分析。现代意义上的回归分析的内容更丰富。

1．什么是回归分析

回归分析是在一组被称为输入变量或自变量$(X_1, X_2, \cdots, X_p)$的变量与另一组被称为输出变量或因变量$(y_1, y_2, \cdots, y_p)$的变量存在线性关系的基础上建立数学方程，并利用采集到的样本数据求解方程系数，进而对新样本数据的输出变量取值进行预测的分析方法。回归分析的重要意义在于，可以展现出输入变量和输出变量间的内在关系，且能体现出多个输入变量对输出变量的影响强度并进行预测，在众多行业领域具有巨大的应用价值。

常见的回归分析是包含一个输出变量（y）和多个输入变量$(X_1, X_2, \cdots, X_p)$的回归分析，且预测方程为线性形式即

$$y = \beta_0 + \beta_1 X_1 + \beta_2 X_2 + \cdots + \beta_p X_p \tag{10.10}$$

式中，$\beta_0, \beta_1, \cdots, \beta_p$ 为未知的回归系数，该式子被称为多元线性回归方程，对应的回归分析被称为**多元一般线性回归分析**。

2．回归分析的一般实现步骤

回归分析一般实现步骤如下。

（1）根据业务问题和研究目标确定输入变量和输出变量。

（2）根据收集到的数据确定输入变量和输出变量间的关系是线性还是非线性（见图 10-16），并确定预测方程的数学形式，通常采用多元线性回归方程。

图 10-16 的横轴为输入变量，纵轴为输出变量。图 10-16 左图显示的曲线表明输入变量和输出变量间存在线性关系，右图显示的曲线表明输入变量和输出变量间存在非线性关系。

（3）基于收集到的数据，根据一定的策略（通常采用最小二乘法）计算未知系数 $\beta_0, \beta_1, \cdots, \beta_p$ 的估计值 $\hat{\beta}_0, \hat{\beta}_1, \cdots, \hat{\beta}_p$。

（4）对回归方程进行检验以验证模型选择的合理性，具体包括回归方程的显著性 F 检验、输入变量系数的显著性 t 检验、输入变量的共线性检验等。

（5）利用回归方程进行数据预测，评价模型的预测效果。

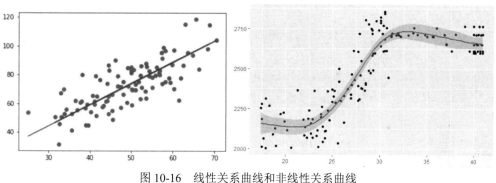

图 10-16　线性关系曲线和非线性关系曲线

回归预测的常用评价指标，除上文提及的 MSE 外，还有 R^2 等。R^2 取值介于 $[0,1]$，越接近 1 说明模型预测效果越理想。

3．一般线性回归分析的 Python 示例

这里给出利用 Python 实现一般线性回归分析，即回归预测的示例（文件名：10-10 线性回归.py）。我们将直接调用 sklearn 线性模型方法库中的 LinearRegression 来实现。分析目标为基于收集到的女生身高和体重的数据，建立一般线性回归方程，对给定的身高 x 预测女生的体重 y。具体程序如下（为便于阅读，将输出结果直接放置在相应程序行下）（程序输出图如图 10-17 所示）：

```
import pandas as pd
import matplotlib.pyplot as plt
from sklearn.linear_model import LinearRegression
sg = [1.65, 1.61, 1.68, 1.74, 1.62, 1.61, 1.65, 1.71, 1.66]   #身高 x(米)
tz = [54.5, 49.3, 57.5, 60.2, 53.8, 55.8, 52.6, 57.8, 54.6]   #体重 y(千克)
data = pd.DataFrame({'SG': sg, 'TZ': tz})
x = data[['SG']]
```

```
y = data['TZ']
model = LinearRegression()         #确定采用一般线性回归分析
model.fit(x, y)                    #拟合数据,计算未知参数的估计值
print(model.coef_)                 #显示 β₁的估计值
[57.75552486]
print(model.intercept_)            #显示 β₀的估计值
-40.68777624309413
print(model.score(x, y))           #计算 R² 值
0.6566018520702135
#绘图
plt.scatter(x,y)
plt.plot(x, model.predict(x))
plt.xlabel("身高")
plt.ylabel("体重")
plt.show()
```

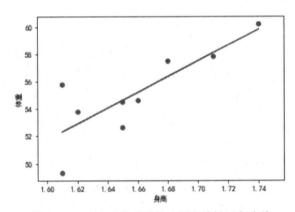

图 10-17　身高和体重的散点图和线性回归直线

```
yc = model.predict([[1.60]])       #预测身高为 1.60 米的女生的平均体重
print(yc)
[51.72106354]
```

需要说明的内容如下。

（1）由输出结果可知，本示例算得的一般线性回归方程为 $y = -40.69 + 57.76x$，含义是假设其他条件不变，女生身高每增加 1 厘米，平均体重增加 0.5776 千克。

（2）本示例的 R^2 约为 0.66，预测效果不是很理想，究其原因可能是仅利用身高数据预测体重是不充分的。体重除受身高影响外还受其他（如体脂率等）因素影响，但这里没有考虑其他因素。图 10-17 中的样本观测点并未较紧密地集中在直线上或直线周围也是预测效果不理想的直观表现，此外，图中有 2 个样本观测点离直线较远，这 2 个样本观测点对应的身高近似，但体重差异较大，可能是异常点。

（3）利用回归方程对身高为 1.60 米的女生的平均体重进行预测，预测结果约为 51.7 千克。

（4）本示例没有涉及回归方程的检验。因相关内容相对复杂，有兴趣的读者可参考其他书目学习。

10.4.3　二项逻辑回归分析

现实生活中的二分类预测问题极为普遍。例如，搜集客户消费和家庭收入等多个变量数据，希望预测某客户是否购买某个商品（1 表示购买，0 表示不购买）。又如，采集患者的一系列检测与化验数据，希望预测某患者是否患病（1 表示患病，0 表示未患病）。

当然，也有许多多分类的预测问题。例如，某客户购买哪个品牌的商品，患病疼痛的级别。在一般情况下，可将多分类预测问题转换为多个二分类的预测问题。例如，（0、1、2）三分类问题可转化为（0、非 0）、（1、非 1）和（2、非 2）三个二分类问题处理。由此可知，二分类预测方法更具普遍应用性。

1．二项逻辑回归分析的基本思路

二项逻辑回归分析是一种经典的二分类预测方法，其主要思路如下。

（1）建立一个多元一般线性回归方程：

$$y = \beta_0 + \beta_1 X_1 + \beta_2 X_2 + \cdots + \beta_p X_p$$

式中，输出变量 y 为 1 或 0。可见，该回归方程是给定输入变量 X 时的 $p(y=1|X)$，即对 $y=1$ 的概率 p 进行预测，且假设概率 p 和输入变量间存在线性关系。这通常是不合理的，需要进行调整。

（2）由于概率 p 和输入变量间存在非线性关系，因此将这种非线性关系假设为如下形式：

$$p(y=1|X) = \frac{1}{1 + \exp\left[-\left(\beta_0 + \beta_1 X_1 + \beta_2 X_2 + \ldots + \beta_p X_p\right)\right]} \tag{10.11}$$

（3）在上述假设下，基于收集到的数据，可以采用一定策略（通常为极大似然估计法）得到式（10.11）中的未知系数 $\beta_0, \beta_1, \cdots, \beta_p$ 的估计值 $\hat{\beta}_0, \hat{\beta}_1, \cdots, \hat{\beta}_p$。

（4）利用式（10.11）进行二分类预测。

在一般情况下，当 $p(y=1|X) > 0.5$ 时，预测输出变量 y 为 1；当 $p(y=1|X) < 0.5$ 时，预测输出变量 y 为 0。

2．二项逻辑回归分析的 Python 示例

这里利用 Python 实现二项逻辑回归分析（二分类预测）（文件名：10-11 逻辑回归.py）。我们将直接调用 sklearn 线性模型方法库中的 LogisticRegression 实现。分析目标为基于收集到的驾车练习时间（x 小时）和是否通过驾照考试 y 的数据进行二项逻辑回归分析，预测给定的练习时间 x 是否可以顺利通过驾照考试。具体程序如下（为便于阅读，我们将输出结果直接放置在相应程序行下方）（程序输出图如图 10-18 所示）：

```python
import pandas as pd
import matplotlib.pyplot as plt
from sklearn.linear_model import LogisticRegression
l = [11,15,16,19,20,25,30,35,37,39,45,56]        #输入变量 x
k = [ 0, 0, 0, 1, 0, 1, 0, 1, 1, 1, 1, 1]        #输出变量 y
data = pd.DataFrame({'LX': l, 'KS': k})
x = data[['LX']]
y = data['KS']
```

```
model = LogisticRegression()                    #进行二项逻辑回归分析
model.fit(x, y)                                 #拟合模型，估计模型中的参数
print(model.coef_)                              #显示 β₁ 的估计值
[[0.19764263]]
print(model.intercept_)                         #显示 β₀ 的估计值
[-4.77596466]
print(model.score(x,y))                         #显示预测准确率
0.8333333333333334
#绘图练习时间与是否通过驾照考试的散点图
plt.scatter(x,y)
plt.plot(x, model.predict_proba(x)[:,1])        #绘制练习时间与通过驾照考试概率的曲线图
plt.xlabel("练习时间")
plt.ylabel("通过驾照考试的概率")
plt.show()
```

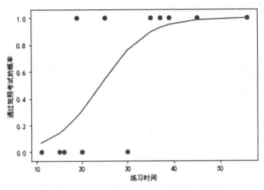

图 10-18　练习时间和通过驾照考试的概率曲线图

```
yc = model.predict_proba ([[22]])               #预测练习时间为 22 小时通过驾照考试的概率
print(yc)
[[0.60535462 0.39464538]]
yc = model.predict([[22]])                      #预测练习时间为 22 小时是否通过驾照考试
print(yc)
[0]
```

需要说明的内容如下。

（1）本示例的二分类预测模型为

$$p(y=1\,|\,X)=\frac{1}{1+\exp[-(-4.776+0.198x)]}$$

$\exp(0.198)=1.22$，其含义是练习时间每增加 1 小时，通过驾照考试的概率将提高至原来的 1.22 倍。

（2）绘制练习时间和通过驾照考试的概率的曲线图，如图 10-18 所示，该曲线体现了一个典型的非线性特征。图 10-18 显示：当练习时间为 25 小时左右时，通过考试的概率约为 0.5；当练习时间大于 25 小时后，通过考试的概率快速提高；当练习时间大于 45 小时后，通过考试的概率接近于 1；而当练习时间小于 25 小时时，通过考试的概率快速下降，并逐渐接近于 0。

（3）预测在练习时间为 22 小时时通过驾照考试的概率，程序给出两个概率值，依次为不通过考试的概率（0.605 354 62）和通过考试的概率（0.394 645 38）。由于通过考试的概率小于 0.5，因此预测为不通过，即类别预测值为 0。

10.4.4　数据预测应用实例

本节将通过一个应用实例完整展示数据预测过程，旨在使读者对数据预测应用有一个整体把握。

实例数据为空气质量监测数据（文件名：空气质量数据.csv），包含 9 个变量、2154 个样本（详见 6.7 节）。

这里将编写 Python 程序（文件名：10-12 回归分析实例.py）实现如下目标。

第一，采用一般线性回归分析，基于空气中的 CO 浓度和 SO_2 浓度，对 PM2.5 值进行回归预测。

第二，采用二项逻辑回归分析，基于 PM2.5 值、PM10 值、SO_2 浓度、CO 浓度、NO_2 浓度、O_3 浓度，对是否出现空气污染进行二分类预测，并对预测模型的预测效果进行评价。

以下将分步骤给出程序。为便于阅读，将输出结果直接放置在相应程序行下方。

（1）采用一般线性回归分析，基于空气中 CO 浓度和 SO_2 浓度，对 PM2.5 值进行回归预测，具体程序如下（程序输出图如图 10-19 所示）：

```python
import numpy as np
import pandas as pd
import matplotlib.pyplot as plt
from mpl_toolkits.mplot3d import axes3d
from sklearn.metrics import confusion_matrix
import sklearn.linear_model as LM
df = pd.read_csv('空气质量数据.csv')        #读取数据
df = df.replace(0,np.NaN)                  #缺失值预处理
df = df.dropna()                           #剔除不完整样本
#绘制SO2浓度、CO浓度和PM2.5值的三维散点图
tx = plt.figure()
ax = tx.add_subplot(projection='3d')
ax.scatter(df['SO2'], df['CO'], df['PM2.5'],marker='.')
plt.show()
```

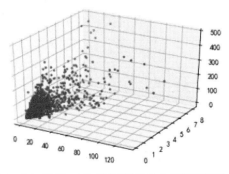

图 10-19　SO_2 浓度、CO 浓度和 PM2.5 值的三维散点图

```
print(df[['SO2','CO','PM2.5']].corr())  #计算并显示两两变量间的相关系数矩阵
              SO2          CO       PM2.5
SO2      1.000000    0.629358    0.553142
CO       0.629358    1.000000    0.846619
PM2.5    0.553142    0.846619    1.000000
```

```
X= df[['SO2','CO']]                    #输入变量
y = df['PM2.5']                        #输出变量
model = LM.LinearRegression()          #建立一般线性回归方程
model.fit(X,y)                         #拟合数据
print(model.intercept_)                #显示 β₀ 的估计值
2.408376908452375
print(model.coef_)                     #显示 β₁,β₂ 的估计值
[ 0.14510643 58.35044703]
print(model.score(X,y))                #显示 R² 值
0.7174478005909026
```

需要说明的内容如下。

- 本示例建立的一般线性回归方程：$PM2.5 = 2.4 + 0.15SO_2 + 58.35CO$，表明在 SO_2 浓度不变的条件下，CO 浓度每增加 1 个单位，PM2.5 值增加 58.35 个单位。从系数上看，CO 浓度对 PM2.5 值的影响远大于 SO_2 浓度。
- 三个变量的相关系数矩阵也是上述结论的一个佐证。CO 浓度、SO_2 浓度与 PM2.5 值的简单相关系数分别约为 0.85 和 0.55。

利用三维立体图展示上述回归平面的情况，具体程序如下（程序输出图如图 10-20 所示）：

```
fig = plt.figure(figsize=(9, 6))
ax = Axes3D(fig)
ax.scatter(X[['SO2']],X[['CO']],y,marker='.',s=100)
X1 = np.arange(X[['SO2']].values.min(), X[['SO2']].values.max(), 0.1)
X2 = np.arange(X[['CO']].values.min(), X[['CO']].values.max(), 0.1)
X1,X2 = np.meshgrid(X1, X2)
Z =(model.intercept_+model.coef_[0]*X1 + model.coef_[1]*X2)
ax.plot_surface(X1,X2,Z, rstride=1, cstride=1,color = 'skyblue')
ax.set_xlabel('SO2')
ax.set_ylabel('CO')
ax.set_zlabel('PM2.5')
```

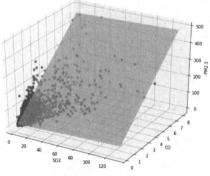

图 10-20　PM2.5 值的回归预测平面

需要说明的内容如下。

- 先绘制三个变量的三维散点图，然后绘制 PM2.5 值的回归预测平面，如图 10-20 所示。
- 为绘制 PM2.5 值的回归预测平面，需计算 CO 浓度和 SO₂ 浓度在不同取值下的 PM2.5 的预测值。对 CO 浓度和 SO₂ 浓度在各自最小值和最大值范围内以 0.1 为步长分别取值，并将取值代入回归方程计算 PM2.5 的预测值。

（2）采用二项逻辑回归分析，基于 PM2.5 值、PM10 值、SO₂ 浓度、CO 浓度、NO₂ 浓度、O₃ 浓度，对是否出现空气污染进行二分类预测，并对预测模型的预测效果进行评价，具体程序如下：

```
#数据预处理
df['有无污染'] = df['质量等级'].map({'优':0,'良':0,'轻度污染':1,'中度污染':1,'重度污染':1,'
严重污染':1})
print(df['有无污染'].value_counts())                         #显示有无污染的天数
 0    1204
 1     892
 Name: 有无污染, dtype: int64
X = df.loc[:,['PM2.5','PM10','SO2','CO','NO2','O3']]          #指定输入变量
Y = df.loc[:,'有无污染']                                      #指定输出变量
print(df[0:5])
       日期  质量等级   AQI  PM2.5  PM10  SO2   CO  NO2    O3  有无污染
 0  2014/1/1    良   81.0   45.0  111.0  28.0  1.5  62.0  52.0     0
 1  2014/1/2  轻度污染  145.0  111.0  168.0  69.0  3.4  93.0  14.0     1
 2  2014/1/3    良   74.0   47.0   98.0  29.0  1.3  52.0  56.0     0
 3  2014/1/4  轻度污染  149.0  114.0  147.0  40.0  2.8  75.0  14.0     1
 4  2014/1/5  轻度污染  119.0   91.0  117.0  36.0  2.3  67.0  44.0     1
model = LM.LogisticRegression()                              #进行二项逻辑回归分析
model.fit(X,Y)                                               #拟合模型
print(model.intercept_)                                      #显示 β₀ 的估计值
[-12.94002259]
print(model.coef_)                                           #显示 β₁,…,β₆ 的估计值
[[0.07419654 0.02764226 0.02040551 0.668826    0.00719501 0.04423915]]
print(model.score(X,Y))                                      #显示预测准确率
0.9217557251908397
print(confusion_matrix(Y,model.predict(X)))                  #显示混淆矩阵
[[1128   76]
 [  88  804]]
```

需要说明的内容如下。

- 利用“质量等级”变量对数据进行二分类预处理，将其分为有污染（用 1 表示）和无污染（用 0 表示）两类，结果保存在新变量“有无污染”中。
- 对有无污染的天数进行计数统计：无污染天数为 1204，有污染天数为 892。
- 建立的二项逻辑回归方程：

$$p(有污染) = \frac{1}{\exp\left(-[-12.9 + 0.07\text{PM2.5} + 0.03\text{PM10} + 0.02\text{SO}_2 + 0.67\text{CO} + 0.01\text{NO}_2 + 0.04\text{O}_3]\right)}$$

该式表明在其他污染物浓度不变的条件下，CO 浓度每增加 1 个单位，出现污染的概率将

是原来的 $\exp(0.67)=1.95$ 倍。

- 计算预测精度约为 92%。为观察预测正确或错误的具体情况生成空气污染预测的混淆矩阵，如表 10-2 所示。

表 10-2　空气污染预测的混淆矩阵

	预测类别 0	预测类别 1
实际类别 0	1128	76
实际类别 1	88	804

从混淆矩阵来看，实际有污染预测为无污染的天数为 88（预测错误），实际有污染预测为有污染的天数为 804。同理，实际无污染预测为污染的天数为 76（预测错误），实际无污染预测为无污染的天数为 1128。计算可得总的预测准确率约为 92%，模型分类预测效果总体较好。

上文讨论了数据预测的两个经典统计分析方法：一般线性回归分析和二项逻辑回归分析。不难发现一般线性回归分析和二项逻辑回归分析具有较强的应用假定。当假定无法满足时，就需要采用一类无须严格假定的较为"宽松"的数据预测方法，下文将讨论来自机器学习的这类方法。

10.5　数据预测：经典机器学习方法

机器学习中的数据预测方法包括 K-近邻分析、决策树算法、支持向量机等经典方法。本节将对这些方法的核心原理进行简要介绍，并给出相应的 Python 程序。

10.5.1　K-近邻分析

K-近邻（K-Nearest Neighbor，KNN）是一个无须假定且简明有效的数据预测算法。

1．K-近邻分析的核心原理

K-近邻分析的核心原理是，对于一个待预测的样本观测点 X_0，为预测其输出变量的值，可先依据距离找到距其最近的 K 个样本观测点，然后由 K 个邻近点的输出变量值共同决定 X_0 的预测值。对于回归预测，可将 K 个邻近输出变量的均值作为 X_0 的预测值；对于分类预测，按照少数服从多数的原则，将 K 个邻近输出变量的众数类（多数类别）作为 X_0 的预测类别。可通俗地理解为"近朱者赤，近墨者黑"。

K-近邻分析的重点在于：样本观测点间距离的计算及近邻数 K 的确定。

距离的计算在 10.3.1 节中已介绍，这里不再赘述。

近邻数 K 对算法结果有关键影响。K 值过小，模型复杂度过高，很可能出现模型过度拟合样本数据（包括其中的噪声信息）导致未来预测效果不理想的过度拟合问题；K 值过大，模型相对简单，很可能出现模型没有较好捕捉到样本数据中输入变量和输出变量取值的规律导致预测效果不理想的欠拟合问题。在实际应用中，可借助旁置法或 K 折交叉验证法寻找使模型未来

预测误差最小的 K 值。旁置法和 K 折交叉验证法是模拟未来预测数据的两种策略。

1）旁置法

旁置法：将整个数据集随机划分为两个部分，一部分作为训练数据（通常包含原有数据集 60%~70%的样本），用于建立预测模型；另一部分作为测试数据，用于计算测试误差以估计模型的未来预测效果。

2）K 折交叉验证法

K 折交叉验证法：先将数据集随机近似等分为不相交的 K 份，称为 K 折；然后令其中 $K-1$ 份为训练数据，用于建立预测模型；剩余 1 份为测试数据，用于计算误差；如此轮转计算 K 次，最终估计测试误差。

可借助这两种方法找到 K-近邻分析中使测试误差最小的 K 值。

2．K-近邻分析的 Python 示例

下文将基于空气质量数据集，编写 Python 程序（文件名：10-13KNN 分类.py）建立二分类预测模型，对是否出现空气污染进行预测。先采用 K 折交叉验证法确定近邻数 K；然后基于确定的 K 值进行分类预测。具体程序如下（为便于阅读，我们将输出结果直接放置在相应程序行下方）。

（1）采用 K 折交叉验证法确定近邻数 K，具体程序如下（程序输出图如图 10-21 所示）：

```
import numpy as np
import pandas as pd
import matplotlib.pyplot as plt
from sklearn.neighbors import KNeighborsClassifier      #导入 KNN 模块
from sklearn.model_selection import cross_val_score     #导入 K 折交叉验证模块
from sklearn.metrics import roc_curve,auc               #导入 ROC 曲线模块
plt.rcParams['font.sans-serif']=['SimHei']              #便于图形中的中文显示
plt.rcParams['axes.unicode_minus']=False
df = pd.read_csv('空气质量数据.csv')
df = df.replace(0,np.NaN)
df = df.dropna()
df['有无污染'] = df['质量等级'].map({'优':0,'良':0,'轻度污染':1,'中度污染':1,'重度污染':1,
'严重污染':1})
x = df.loc[:,['PM2.5','PM10','SO2','CO','NO2','O3']]
y = df.loc[:,'有无污染']
K = range(1,20)
err = []
for k in K:
    knn = KNeighborsClassifier(n_neighbors=k)           #K-近邻分析
    #使用 10 折交叉验证法计算模型预测准确率
    cvs = cross_val_score(knn,x,y,cv=10,scoring='accuracy')
    err.append(1-cvs.mean())                                   #得到测试误差
plt.grid(True, linestyle='-.')
plt.plot(K, err,marker='o')                             #绘制测试误差随 K 变化的折线图
plt.xlim(0, 20)
plt.xlabel('近邻 K')
plt.ylabel('测试误差')
```

```
plt.show()
```

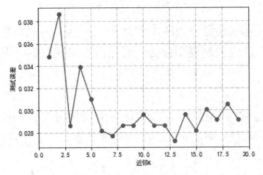

图 10-21　近邻数 K 与测试误差

需要说明的内容如下。

- 指定近邻数 K 的取值范围为[1,19]，在其中找到最恰当的 K 值。
- 利用 cross_val_score 指定进行 10 折交叉验证。由图 10-21 可知，当 $K=13$ 时模型的测试误差最小，因此采用此值进行 K-近邻分析。

（2）基于确定的 K 值进行分类预测，具体程序如下（程序输出图如图 10-22 所示）：

```
K = 13
knn = KNeighborsClassifier(n_neighbors=K)
knn.fit(x, y)
print('预测正确率：%f'%knn.score(x,y))
预测正确率：0.981393
#绘制 ROC 曲线
y_score = knn.predict_proba(x)
fpr, tpr, Pc = roc_curve(y,y_score[:,1])  #计算 ROC 曲线中各点的横坐标值（fpr）和纵坐标值（tpr）
roc_auc = auc(fpr, tpr)                    #计算 AUC 值
print('AUC 值：%f'%roc_auc)
AUC 值：0.998868
plt.plot(fpr, tpr)
plt.plot([0,1],[0,1])
plt.show()
```

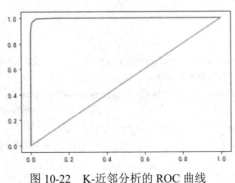

图 10-22　K-近邻分析的 ROC 曲线

需要说明的内容如下。

（1）$K=13$ 时的 K-近邻分析模型的整体预测精度约为 98.14%。

（2）图 10-22 所示的 ROC 曲线表明模型整体预测效果理想。AUC 值约为 0.999，接近于 1，同样说明模型较为理想。

10.5.2　决策树算法

决策树（Decision Tree）是一个直观而高效的预测算法，可分为分类决策树和回归决策树。分类决策树和回归决策树分别用于实现分类预测和回归预测。

1．决策树算法的核心原理

决策树算法的核心目标是找到输入变量和输出变量取值间的内在关系或逻辑规则，并将其体现在一棵倒置的决策树中。

决策树是数据反复分组的图形化体现，由节点和连线构成。分类决策树的示意图如图 10-23 所示。

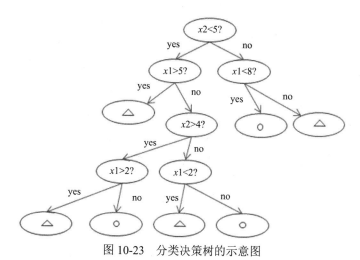

图 10-23　分类决策树的示意图

图 10-23 中的由上至下的节点依次分为根节点、中间节点和叶节点。根节点是唯一的没有父节点的节点，包含训练数据中的全部样本数据；中间节点是既有父节点又有子节点的节点，子节点是其父节点中样本数据的一个分组结果；叶节点是仅有父节点没有子节点的节点，也是其父节点中样本数据的一个分组结果。各节点间的连线指明了节点间推理规则的逻辑走向。

决策树是推理规则不断深化的图形化体现。在决策树中越靠近根节点，数据分组越粗放，对应的推理规则越简单；越靠近叶节点，数据分组越细致，对应的推理规则越复杂。决策树的树深度越大，层次越多且分支越多，模型误差越小，但决策树的树深度过大会造成对训练数据的过度拟合。为避免过度拟合，决策树算法通常需要预设最大树深度等参数，以限制树的过度生长。

建立预测模型的过程可视为树的生长过程。之后便可利用这棵决策树进行回归预测或分类预测。对于一个待预测的样本数据 X_0，为预测其输出变量的值，可先根据其输入变量的取值，沿着树的分支找到相应的叶节点。对于回归预测，可将叶节点中所有输出变量的均值作为 X_0 输出变量的预测值。对于分类预测，可将叶节点中所有输出变量的众数类作为 X_0 输出变量的预测类别。

决策树算法的关键点在于：如何确定当前节点的最佳分组变量及树深度。

从数据预测角度来看，最佳分组变量应是使节点内部输出变量取值的异质性下降最快的变量。可利用基尼（Gini）系数或熵度量输出变量取值的异质性并进行计算选择。决策树算法有许多，CART（Classification And Regression Tree）算法是其中的经典，它采用基尼系数度量异质性。

树深度对算法结果有关键影响。若树深度过大，模型复杂度过高，则很可能出现过度拟合；若树深度过小，模型相对简单，则很可能出现欠拟合。在实际应用中，可借助旁置法或 K 折交叉验证法，寻找使模型未来预测误差最小的树深度。

2．决策树算法的 Python 示例

下文将基于鸢尾花数据集，编写 Python 程序（文件名：10-15 决策树分类.py）建立决策树。先采用 K 折交叉验证法确定树深度；然后基于确定的树深度进行分类预测。具体程序如下（为便于阅读，我们将输出结果直接放置在相应程序行下方）（程序输出图如图 10-24 所示）：

```
import numpy as np
import matplotlib.pyplot as plt
from sklearn.datasets import load_iris
from sklearn.tree import DecisionTreeClassifier          #导入决策树模块
from sklearn.tree import plot_tree,export_text           #导入决策树可视化模块
from sklearn.model_selection import cross_val_score
from sklearn.metrics import classification_report
plt.rcParams['font.sans-serif']=['SimHei']               #便于图形中的中文显示
plt.rcParams['axes.unicode_minus']=False


iris = load_iris()
x = iris['data']
y = iris['target']
Err=[]
K = range(2,10)
for k in K:
    DTC = DecisionTreeClassifier(max_depth=k,random_state=123)    #建立决策树
    DTC.fit(x,y)
    cvs = cross_val_score(DTC,x,y,cv=10,scoring='accuracy')
    Err.append(1-cvs.mean())
bestK = K[Err.index(np.min(Err))]                        #得到最佳树深度
print(bestK)
3
#绘制树深度与测试误差曲线
plt.grid(True, linestyle='-.')
plt.plot(K,Err,marker='o')
```

```
plt.xlim(2, 9)
plt.xlabel('树深度')
plt.ylabel('测试误差')
plt.show()
```

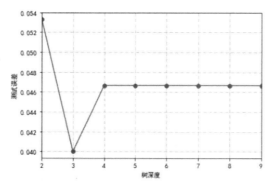

图 10-24　树深度与测试误差曲线

需要说明的内容如下。

（1）指定树深度的取值范围为[2,9]，在其中找到最恰当树深度。

（2）利用 cross_val_score 指定进行 10 折交叉验证。由图 10-24 可知，当树深度等于 3 时模型的测试误差最小，因此采用此值进行基于决策树的分类预测。

程序输出图如图 10-25～图 10-26 所示。

```
DTC = DecisionTreeClassifier(max_depth=bestK,random_state=123)
DTC.fit(x,y)
fn = iris.feature_names
tn = iris.target_names
plot_tree(DTC,feature_names=fn, class_names=tn)  #绘制鸢尾花数据集的决策树
plt.show()
```

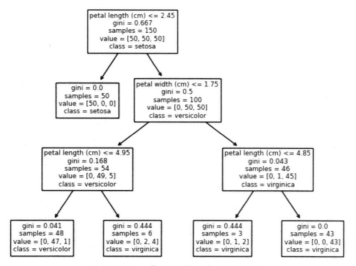

图 10-25　鸢尾花数据集的决策树

```
print(export_text(DTC))                                    #显示推理规则
|--- feature_2 <= 2.45
|   |--- class: 0
|--- feature_2 >  2.45
|   |--- feature_3 <= 1.75
|   |   |--- feature_2 <= 4.95
|   |   |   |--- class: 1
|   |   |--- feature_2 >  4.95
|   |   |   |--- class: 2
|   |--- feature_3 >  1.75
|   |   |--- feature_2 <= 4.85
|   |   |   |--- class: 2
|   |   |--- feature_2 >  4.85
|   |   |   |--- class: 2
```

```
print(classification_report(y,DTC.predict(x)))             #显示模型评价报告
             precision    recall  f1-score   support

          0       1.00      1.00      1.00        50
          1       0.98      0.94      0.96        50
          2       0.94      0.98      0.96        50

   accuracy                           0.97       150
  macro avg       0.97      0.97      0.97       150
weighted avg       0.97      0.97      0.97       150
```

```
plt.bar(fn,DTC.feature_importances_)                       #绘制决策树中的输入变量重要性的柱形图
plt.show()
```

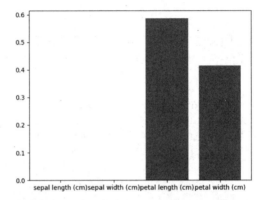

图 10-26　决策树中的输入变量重要性的柱形图

需要说明的内容如下。

（1）建立树深度为 3 的决策树，如图 10-25 所示。

（2）由推理规则可知，预测鸢尾花的品种时，应先依据特征 2，即花瓣长度（petal length）进行分类。当花瓣长度小于或等于 2.45 时为品种 0（山鸢尾 setosa），否则需再根据特征 3，即花瓣宽度（petal width）进行分类。当花瓣宽度小于 1.75 且花瓣长度小于或等于 4.95 时为品种 1（杂色鸢尾 versicolor），等等。

（3）由模型评价报告可知多分类预测模型的整体预测精度为 97%，还可得到各个类别的预测精度及 F1 分数等信息。

（4）决策树还可以给出各输入变量对预测模型的重要性评价指标（是相对指标，且各输入变量评价指标之和等于 1）。相应的柱形图（见图 10-26）显示，最重要的输入变量是花瓣长度，其在决策树中距根节点最近；其次是花瓣宽度；花萼的长度和宽度对鸢尾花品种的影响很小。

10.5.3　支持向量机

支持向量机（Support Vector Machine，SVM）是一类功能强大的数据预测算法，**在小样本、高纬度和非线性的数据分析中具有一定优势**。支持向量机可解决回归预测和分类预测问题，本节仅针对分类预测问题进行讨论。

1. 支持向量机分类的核心原理

支持向量机分类的核心原理是以最优化数学求解为基本手段，寻找分类边界区域中的若干样本观测点，构成支持向量，并以支持向量为基础得到使两类边界间隔最大的分类模型。

我们可以在如图 10-27 所示的二维平面上进行直观观察。图 10-27 中不同形状的点对应输出变量的两个不同类别，建立分类模型的目标是找到两个类别的分类边界。采用不同的分类模型和模型配置参数，会得到不同的分类边界。例如，图 10-27 左图是利用二项逻辑回归算法得到的分类边界，右图是利用支持向量机得到的具有最大边界间隔的分类边界。

虽然其他算法也可以实现有效分类，但支持向量机的优势在于：①可以获得较高的预测置信度；②由于最大分类间隔取决于两类数据边缘上的样本观测点，即支持向量，因此模型主要依赖于这些数量较少的支持向量，能够有效克服模型的过度拟合问题，即如果训练数据的随机变动没有涉及支持向量，分类边界就不会随之移动，基于分类边界的预测结果就不会改变，模型具有很强的预测稳定性。

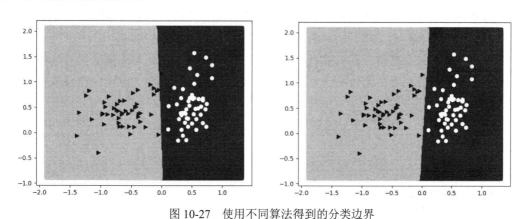

图 10-27　使用不同算法得到的分类边界

在复杂的非线性分类应用中，支持向量机利用核函数对数据进行空间映射变换，基于线性分类模型间接实现非线性分类。

图 10-28 左图是一个典型的非线性分类问题，不同形状的点对应输出变量的两个不同类别，图中三角形点位于中心区域，圆形点分布在周围区域，因此很难在二维平面上直接使用一条直线有效地对二者进行分类。对此，支持向量机可以利用特定的空间变换，将二维数据映射到三维数据空间中，使得二维数据在三维空间上能够线性可分。图 10-28 左图的数据经过空间映射变换到图 10-28 右图后，就可以找到一个线性分类边界将上下两类数据分开，进而找到二维空间内的非线性分类边界（对应图 10-28 左图中的圆）。

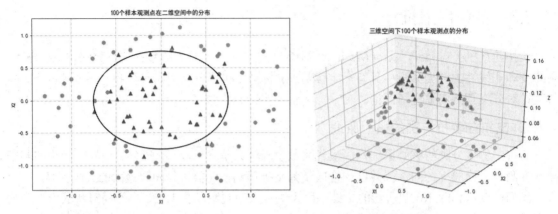

图 10-28　线性不可分的二维空间和线性可分的三维空间

为避免低维空间中的数据映射到高维空间后，确定分类边界需要估计大量参数的问题，支持向量机通过核函数以"隐形"方式完成空间变换，使原本线性不可分的问题转化为线性可分的问题。支持向量机常用的核函数有径向基核（Radial Basis Function，RBF）、多项式核（Polynomial，Poly）、二分类核（Sigmoid）、线性核（Linear）等。采用哪种核函数及相应的参数是实现支持向量机的关键点，可通过旁置法或 K 折交叉验证法确定。

2. 支持向量机分类的 Python 示例

下文将基于空气质量数据集，编写 Python 程序（文件名：10-16 支持向量机分类.py）建立基于支持向量机的分类预测模型，对是否出现空气污染进行二分类预测。

先分别采用 4 种核函数建立分类建模，用旁置法估计测试误差，对比测试误差确定最优核函数；然后在确定的核函数的基础上建立分类模型。为便于阅读，将输出结果直接放置在相应程序行下方。

（1）分别采用 4 种核函数建立分类建模，对比测试误差确定最优核函数，具体程序如下（程序输出图如图 10-29 所示）：

```
import numpy as np
import pandas as pd
import matplotlib.pyplot as plt
from sklearn.svm import SVC                          #导入支持向量机模块
from sklearn.model_selection import train_test_split
plt.rcParams['font.sans-serif']=['SimHei']          #中文显示
plt.rcParams['axes.unicode_minus']=False
df = pd.read_csv('空气质量数据.csv')
df = df.replace(0,np.NaN)
df = df.dropna()
df['有无污染'] = df['质量等级'].map({'优':0,'良':0,'轻度污染':1,'中度污染':1,'重度污染':1,'严重污染':1})
x = df.loc[:,['PM2.5','PM10','SO2','CO','NO2','O3']]
y = df.loc[:,'有无污染']
x_train,x_test,y_train, y_test = train_test_split(x,y,test_size=0.2,random_state=123)
```

```
#旁置法
KNL = ['linear','poly','rbf','sigmoid']          #4 种待选核函数
score = []
for knl in KNL:
    SVM = SVC(kernel=knl)
    SVM.fit(x_train, y_train)
    score.append(SVM.score(x_test,y_test))
plt.grid(True, linestyle='-.')
plt.bar(range(0,4),score,tick_label = KNL)
plt.ylabel("测试精度（1-测试误差）")
plt.show()
```

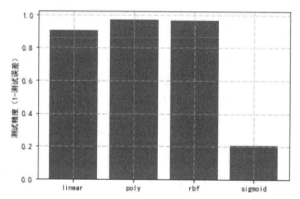

图 10-29　4 种核函数对应模型的测试精度柱形图

```
bestK = KNL[score.index(np.max(score))]
print("最优核函数：%s(测试误差=%f)"%(bestK,1-np.max(score)))
最优核函数：poly(测试误差=0.028571)
```

需要说明的内容如下。

- 利用旁置法估计测试误差，训练数据和测试数据的占比为 8：2。
- 4 种核函数对应模型的测试精度柱形图（见图 10-29）显示，poly（默认为三项式）核函数的测试精度最高，测试误差约为 2.8%。

（2）在所确定的核函数基础上建立分类模型，具体程序如下：

```
SVM = SVC(kernel=bestK)
SVM.fit(x, y)
print("预测精度=%f"%SVM.score(x,y))
预测精度=0.970897
```

10.5.4　分类算法的对比

目前已经讲解和使用了 4 种分类预测算法：二项逻辑回归分析、K-近邻分析、决策树算法和支持向量机。为厘清各个算法的特性及差异，本节将通过编写 Python 程序（文件名：10-17

分类算法决策边界.py）绘制不同算法的分类边界，并通过边界对比，让读者对这 4 种算法有更深入的理解。为便于阅读，将输出结果直接放置在相应程序行下方。

（1）模拟生成仅包含 2 个输入变量和 1 个二分类输出变量的数据集。为确定最优模型参数，采用旁置法和 10 折交叉验证法估计测试误差，具体程序如下：

```
x, y = make_classification(n_samples=100, n_features=2,n_informative=2,class_sep=0.2,
n_redundant=0,n_clusters_per_class=1, random_state=1)  #模拟生成数据集
#旁置法划分数据集
x_train,x_test,y_train,y_test=train_test_split(x,y,test_size=0.2,random_state=123)
```

需要说明的是，上述程序使用与聚类分析类似的方式生成模拟分类数据，其中 class_sep 参数表示不同类数据间的分离程度，该值越大，不同类的数据离得越远；该值越小，不同类的数据离得越近，数据越交错混杂，模型的分类难度越大，预测准确率越低。读者可自行尝试将上述程序中的 class_sep=0.2 改为 class_sep=0.1，并进一步对比验证 4 种算法的分类性能。

（2）编写绘制分类边界的用户自定义函数 jcbj，供 4 种算法分别调用。函数 jcbj 中包括三个参数，即输入变量数据集、输出变量、使用的分类算法名称，具体程序如下：

```
def jcbj(X,Y,model):
    x1_min = X[:,0].min()-0.5;x1_max = X[:,0].max()+0.5
    x2_min = X[:,1].min()-0.5;x2_max = X[:,1].max()+0.5
    xx1 = np.arange(x1_min,x1_max,0.01)
    xx2 = np.arange(x2_min,x2_max,0.01)
    xx1,xx2 = np.meshgrid(xx1,xx2)
    xx12 = np.stack((xx1.flat,xx2.flat),axis=1)
    yy = model.predict(xx12)
    yy = yy.reshape(xx1.shape)
    #绘制分类边界
    plt.scatter(xx1[where(yy == 0)], xx2[where(yy == 0)],marker='s',color='blue')
    #绘制分类边界
    plt.scatter(xx1[where(yy == 1)], xx2[where(yy == 1)],marker='s',color='silver')
    #在图中添加原始样本观测点
    plt.scatter(X[where(Y == 0), 0], X[where(Y == 0), 1],marker='o',color='w')
    #在图中添加原始样本观测点
    plt.scatter(X[where(Y == 1), 0], X[where(Y == 1), 1],marker='>',color='k')
    plt.title(model)
    plt.show()
    return
```

（3）分别采用 4 种算法对数据集进行二分类预测，并绘制分类边界，具体程序如下（程序输出图如图 10-30～图 10-33 所示）：

```
#二项逻辑回归分析
LR = LogisticRegression()
LR.fit(x,y)
jcbj(x,y,LR)  #调用用户自定义函数 jcbj
```

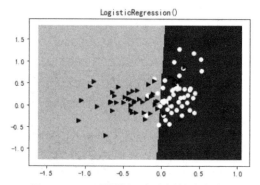

图 10-30　二项逻辑回归分析的分类边界

```
#K-近邻分析
K = range(1,8)
score = []
for k in K:
    knn = KNeighborsClassifier(n_neighbors=k)
    cvs = cross_val_score(knn,x,y,cv=10,scoring='accuracy')  #10 折交叉验证
    score.append(cvs.mean())
bestK = K[score.index(np.max(score))]        #最优近邻数 K
KNN = KNeighborsClassifier(n_neighbors=bestK)
KNN.fit(x, y)
jcbj(x,y,KNN)                                #调用用户自定义函数 jcbj
```

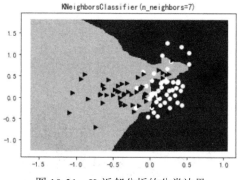

图 10-31　K-近邻分析的分类边界

```
#决策树算法
K = range(2,8)
score = []
for k in K:
    DTC = DecisionTreeClassifier(max_depth=k)
    DTC.fit(x,y)
    cvs = cross_val_score(DTC,x,y,cv=10,scoring='accuracy')      #10 折交叉验证
    score.append(cvs.mean())
bestK = K[score.index(np.max(score))]                           #最优树深度
print('DTC:',bestK)
DTC = DecisionTreeClassifier(max_depth=bestK)
```

```
DTC.fit(x, y)
jcbj(x,y,DTC) #调用用户自定义函数 jcbj
```

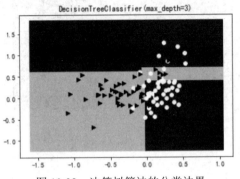

图 10-32　决策树算法的分类边界

```
#支持向量机
KNL = ['linear','poly','rbf','sigmoid']
score = []
for knl in KNL:
    SVM = SVC(kernel=knl,gamma='auto')
    SVM.fit(x_train, y_train)
    score.append(SVM.score(x_test,y_test))      #用旁置法估计测试精度
bestK = KNL[score.index(np.max(score))]         #最优核函数
SVM = SVC(kernel=bestK)
SVM.fit(x, y)
jcbj(x,y,SVM)                                    #调用用户自定义函数 jcbj
```

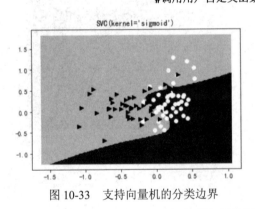

图 10-33　支持向量机的分类边界

　　需要说明的是，为便于对比 4 种算法，将各个分类边界图集中显示在图 10-34 中。观察图 10-34，可以得到如下结论。

　　二项逻辑回归分析是一种典型的线性分类算法，无论何种数据集合，只能采取一刀切的线性分类方式进行处理；K-近邻分析是一种非线性分类算法，能够更灵活地划分数据间的分类边界；决策树算法也是一种非线性分类算法，其通过对数据集进行条块分割来实现更细致地分类；支持向量机可以根据实际情况有效地处理线性分类与非线性分类问题，分类方式更加多元化，更灵活。

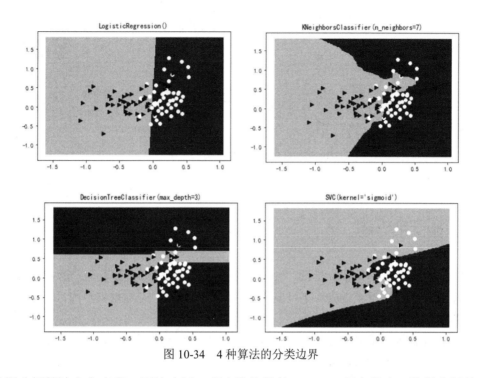

图 10-34　4 种算法的分类边界

数据分析算法丰富多彩，用途广泛。著名咨询机构 Gartner 研究指出，数据分析具有四个层次：一是描述性分析，展示发生了什么；二是诊断性分析，展示为什么会发生；三是预测性分析，展示可能会发生什么；四是处方性分析，展示该做些什么。通过数据分析，我们能够从事后经验总结逐步上升到事中监控到位，再到事前远见卓识。不同的数据分析算法和模型是我们解决不同问题的可靠工具。

除本章介绍的数据分析算法外，常用的数据分析算法还有很多，如关联规则与推荐算法、深度学习中的神经网络算法、图计算算法等，读者可以根据实际需求，利用可以获取的数据资源和计算资源，结合机器学习与人工智能知识，以及数学和统计学知识等继续学习探索，创造开发出更优秀的数据分析算法。

第 11 章

数据安全与伦理

11.1 数据安全概述

数据是一种具有普遍性、共享性、价值性的资源，长期以来数据利用与数据安全如同鸟之两翼、车之双轮，它们相辅相成，不可偏废。有效的数据利用是数据安全的目标，可靠的数据安全是数据利用的保障。

在使用计算机等技术系统进行数据处理以来，数据安全问题始终困扰着人们。由于计算机等技术系统具有运行速度快、自动化程度高及透明的内部处理等特性，数据安全问题一直具有高度技术化和隐蔽性的特征。随着互联网和物联网技术的全球化应用，各种数据攻击变得更具私密性、跨地域性、频繁性。随着大数据浪潮和数字化经济的发展，数据的价值受到越来越高重视，数据的开发利用与国家稳定、企业竞争和个人生活越来越紧密相关，数据安全问题受到全方位的关注。因此，建立一个切实可行的数据安全的管理系统、法律法规系统、技术系统，已经成为一项必要而紧迫的重大任务。

11.1.1 什么是数据安全

狭义的数据安全是针对数据资源本身的安全，而广义的数据安全是针对整个数据体系的安全。

1. 基本概念

数据安全是指数据资源系统及相关技术支撑系统和管理运营系统得到保护、避免损害、正常运行的各种技术与方法。

- 数据资源系统的安全问题主要涉及数据的篡改、伪造、窃取、泄露、贩卖、滥用、破坏等。
- 技术支撑系统的安全问题主要涉及事故中断、意外灾害、恶意技术攻击与干扰等。
- 管理运营系统的安全问题主要涉及建立完善的法律法规、人员岗位、教育培训、监控审计制度等。

数据安全就是要妥善地解决上述问题，实现数据体系的保密性、完整性、可用性。保密性、完整性、可用性（Confidentiality、Integrity、Availability，CIA）是数据安全的三个基本要素。

- 保密性：是指保障数据不被未授权的用户获得或泄露。具体来说就是让未授权用户不知道被保护数据的存在，即使知道数据存在也无法识别数据的语义内容。
- 完整性：是指保障数据不被未授权的用户篡改或破坏。具体来说就是防止未授权用户修改数据，检测被保护数据是否正确更新，以及检测数据序列中是否有数据丢失。
- 可用性：是指在保证数据具有正确来源的前提下，保障已授权用户合法合规地访问和使用数据，并形成不可否认的数据服务。

2．数据安全面临的问题

数据安全问题有不同的表现方式，常见的威胁来自以下几种类型。

1）计算机病毒

计算机病毒是一种嵌入正常软件中的可以自我复制传播且具有一定破坏性的程序段。恶性的计算机病毒会影响计算机软硬件系统的正常运行，破坏数据资源，甚至造成运行系统的崩溃等严重后果。一些木马病毒等可以通过网络远程控制目标计算机系统，非法盗取数据资源。目前随着反病毒软件的普及应用，计算机病毒引发的数据安全问题受到较大的遏制。

2）黑客攻击

在数据安全领域，黑客（Hacker）是指利用数据体系的安全漏洞，对数据体系进行攻击的人员或组织。这些人员或组织往往具有一定的专业技术，他们通常采取隐蔽的方式寻找存在漏洞的目标系统，在对其进行分析之后设法侵入系统，并进一步控制系统，窃取数据。黑客攻击中的有组织、有目标的恶意攻击对数据体系的危害最大，往往具有一定的政治和经济犯罪性质。

黑客常用的入侵手段有口令入侵、植入木马、Web 欺骗、软件后门、电子邮件攻击、节点跳转攻击、网络监听、利用黑客软件攻击、主机端口扫描等。可以采取针对性的策略来有效应对黑客攻击，如设置防火墙和入侵检测的软硬件系统、强化身份认证、网络隔离、及时升级软件补丁、监控审计、定期查杀病毒和更换密码等。

3）数据资源系统损坏

数据资源系统损坏带来的数据安全可能面临的威胁：①自然灾害的威胁，如地震、火灾、洪水、雷电等；②设备物理破损，如磁盘损坏、设备老旧、外力损坏等；③设备出现故障，如停电、断电、电磁辐射干扰等；④操作失误，如删除文件、格式化硬盘、线缆施工受损等。

对于这类数据安全问题，重要数据系统应采取异地灾备数据中心、网络和主机热备系统、数据冗余存储与数据备份及不间断电力系统等策略。

11.1.2　数据安全的分类

按照数据安全的主体，数据安全可分为国家数据安全、企业或机构数据安全、个人数据安全；按照数据安全的问题性质，数据安全可分为技术性数据安全问题、管理性数据安全问题；按照数据安全的问题来源，数据安全可分为外部攻击型数据安全问题、内部自盗型数据安全问题等。本节对第一种分类进一步展开阐述并举例说明。

1. 国家数据安全

对于国家而言，数据，特别是大数据，已成为国家的基础性战略资源，对国家的政治、经济、军事、科研等重大领域及人民生活和社会舆情具有重要影响，因此数据安全直接关系到国家发展和社会稳定。根据大数据的性质、地位和作用，需要明确大数据是国家主权的重要组成部分，应由国家和各级政府部门按权责进行管理。下文给出一个国家数据安全的案例。

☞【案例】孟加拉国中央银行 SWIFT 系统黑客攻击事件

SWIFT 系统是环球银行金融电信协会（Society for Worldwide Interbank Financial Telecommunications，SWIFT）建立的世界各国银行及金融机构间电子支付结算系统。自 1973 年开始运作以来，为全球众多国家的银行及金融机构提供了安全可靠、方便高效和统一标准的自动化电子结算服务。

2016 年 2 月 5 日，孟加拉国中央银行被黑客攻击并造成巨大损失。黑客通过网络攻击等方式获取了孟加拉国中央银行 SWIFT 系统的操作权限，并使用该系统向纽约联邦储备银行发送虚假的 SWIFT 转账指令。纽约联邦储备银行共计收到 35 笔，总计 9.51 亿美元的转账要求，其中 8100 万美元被黑客转移盗取。

由于涉及各国金融数据，且 SWIFT 系统素来以安全可靠著称，因此孟加拉国中央银行 SWIFT 系统数据攻击案表明黑客网络犯罪技术在不断提高，各国金融机构只有持续加强网络安全和数据保护，并形成各金融机构、各国政府与国际组织间的管理协同和技术联动，才能有效保障数据安全和金融安全。

2. 企业或机构数据安全

对于企业或机构而言，数据既是一种生产技术，也是一种生产要素。数据是互联网和人工智能等高科技企业赖以创新发展的命脉，也是传统企业进行数字化转型和产业化升级的根基。面对更加激烈的国际国内市场竞争，以及网络化和数字化生产经营方式的改变，企业拥有的客户数据、供应链及营销渠道数据、人事及财务数据、知识产权和商业机密数据等，对于企业的生产、营销、管理和服务等具有重大作用。国防军工、航空航天、电信通信、银行金融、地理测绘等涉密企业，同时承担着企业和国家数据安全的双重责任。网络攻击和数据安全问题会给企业或机构的生存发展带来巨大冲击，保证企业或机构数据安全是一个不容忽视的任务。下文给出一个企业数据安全的案例。

☞【案例】国内酒店入住数据泄露

2013 年 10 月，国内安全漏洞监测平台披露，为全国 4500 多家酒店提供 Wi-Fi 电子客房数据服务的浙江某技术公司，因为系统存在数据安全漏洞，造成与之有合作关系的酒店入住数据被泄露。数日后，一个名为"2000W 开房数据"的文件在网上被倒卖，该数据文件中含有 2000 万条客人在各个酒店入住的个人信息，包括入住者姓名、身份证号、地址、手机等 14 个字段信息，时间跨度为 2010 年下半年至 2013 年上半年。由于涉及大量个人隐私，该数据泄露事件引起了社会广泛关注。

该事件一方面说明，涉事酒店企业缺乏个人隐私保护意识和管理措施，未能制定严格的数据保密制度，使得技术服务商可以掌握大量客户详细数据；另一方面说明，技术服务商的网络安全和数据保护能力不足，在密码验证过程中未对传输数据加密，导致系统管理账户失窃，造成大量个人隐私数据泄露。

3. 个人数据安全

对于个人而言，人们随时随地都在产生数据流。随身携带的手机、手环等智能穿戴设备，将人们的一举一动及生理状态记录下来；各种 App 可以详细记录人们的交通出行、外卖餐饮、电商购物、旅游住宿、游戏观影、银行账目、搜索内容、阅读偏好等信息；各种社会媒体可以全面记录个人的生活细节、发帖与转发、朋友圈关系和点赞评论等信息；网络支付在实现便捷消费的同时，将个人支付、个人理财、个人信贷等金融信息收集下来；一些游走于灰色地带的数据采集系统可以暗自扫描通讯录，获取图库图片，获取位置信息，控制摄像头，自动录音，查看聊天记录、电子邮件、记事本、剪贴板，以及读取个人浏览网站的痕迹信息，等等。所以一个人的衣食住行、社会关系、个人财产、情绪状态、习惯偏好等隐私信息均可被记录和分析，特别是在这些数据被横向打通之后，个人隐私将完全被数据垄断企业掌握。这些数据的权属、使用、保护等问题将全方位影响人们的生活品质与财产安全。下文给出一个个人数据安全的案例。

☞【案例】希拉里"邮件门"事件

希拉里在任职美国国务卿期间，在没有事先通知协同有关管理部门的情况下，使用个人建立的电子邮件服务器系统发送并接收公务信息，其中未加密邮件涉及大量国家机密信息。此外，希拉里并没有在离任前及时移交所有涉及公务内容的邮件记录，这违反了美国国务院关于联邦信息记录保存的规定。

个人建立的电子邮件服务器系统由于缺乏必要的安全保护，无法应对高水平的黑客攻击，这些邮件均被黑客获取。2016 年 7 月，在美国司法部宣布不指控希拉里之后，维基解密网站开始对外公布黑客提供的希拉里等人发送的邮件，促使美国联邦调查局重启调查。这一事件不仅造成了重要数据的泄露，还被竞争对手利用导致了希拉里个人及民主党大选计划的失败。

根据近年来国内外重大数据安全事件的综合分析，数据安全问题正呈现如下趋势特征。

第一，数据安全风险成因更加复杂：既有外部攻击，也有内部泄露；既有技术漏洞，也有管理缺陷；既有新技术新模式带来的新风险，也有传统数据安全问题的持续触发。

第二，数据安全威胁更加广泛：数据安全问题涉及数据采集、存储、传输、分析、共享、交易和应用整个链条，各个环节的数据处理主体都可能存在一定数据安全风险。

第三，数据安全事件后果更加严峻：互联网、物联网、大数据、云计算等技术导致数据资源产生集聚效应和集中风险，一旦发生数据安全事件，其涉及的数据资源往往超越单一的组织边界和单纯的技术范畴，将对政治、经济、社会等领域产生严重影响，甚至改变国家政治进程、造成企业重大财产损失、威胁个人生命财产安全等。因此，必须树立牢固的数据安全意识，建立可靠的数据安全体系。

11.2 数据安全体系

从宏观角度来看，数据安全体系一般由数据资源系统、数据安全管理系统、数据安全法律法规系统、数据安全技术系统和数据安全应用系统构成。数据安全体系结构示意图如图 11-1 所示。

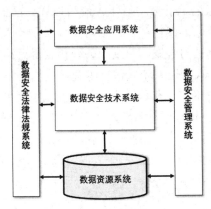

图 11-1 数据安全体系结构示意图

在图 11-1 中，数据安全管理系统、数据安全法律法规系统和数据安全技术系统是数据安全的基本保障系统，它们以数据资源系统为对象，支持数据安全应用系统开展安全的数据处理。

11.2.1 数据安全管理系统

数据安全管理系统主要是指为实现数据安全目标而建立的一套管理制度、流程和办法，涉及数据处理的各个重点环节、责任主体、管理对象、技术设备、人员岗位等方面。不断完善数据安全管理系统，并针对新技术、新情况不断升级提高是一项细致而长期的工作任务。数据安全管理系统的建设目标是明确数据各种权限和程序，落实相关部门和人员的职责，积极做好常态化的监测和监督，既要保证数据的互联互通和有效利用，又要保证数据的权责分明和安全可靠，最终实现事前有培训预防，事中有监控审计，事后有应急预案和问责处理。

建立数据安全管理系统的步骤如下。

第一，对组织内的数据资源进行分类分级，分别提出管理策略。

数据资源的分类分级是首要和重要的安全建设步骤。该步骤通过对数据资源的梳理和分析，将数据划分为不同安全类别和安全级别，实现对数据有针对性和有差别性的安全保护，具体操作包括：数据源梳理、数据识别与标注、生成数据分类和分级结果等。

对于数据分类，可以从数据来源、数据类型、数据管理部门、数据技术、数据服务对象等角度划分。对于数据分级，如国家政府机关数据一般可分级为绝密、机密、保密、内部传阅、公开等类型；企业或机构数据可分级为机密、保密、内部、公开等类型；个人数据可分级为保密（如银行卡和医疗健康信息等）、敏感（如收入和家庭生活关系等）、自用（如家庭住址和亲友电话等）、公开（如昵称和邮箱）等类型。

应根据组织的实际数据情况，对数据进行划分，关键是数据边界应清楚且覆盖全面，同时提出不同的分类分级管理策略，从而建立完整的分类分级数据管理目录。

第二，将分类分级数据的管理任务分配给组织内的有关部门或人员。

数据安全问题的背后往往是人的问题，在数据安全事件中内部人员的问题远多于外部黑客的攻击，所以数据安全管理要在以人为本、以我为主，在加强内部人员培养教育的基础上，注重分类分级的责任制管理。

第三，围绕分类分级数据的权责，制定有关管理制度、流程和办法等。

具体的管理措施主要有注重入职人员管理，在与员工签订劳动合同时进一步签订数据安全和信息保密协议；考察数据安全人员背景、能力和品行；对数据安全人员或团队定期进行专业培训和技能考核，不断提高其安全意识，明确岗位职责，磨炼岗位能力；注重常态化和动态化管理，通过岗位轮调、权限管理、绩效考核等方法，降低人员风险的不确定性；完善数据安全人员的离职程序，对其在职期间接触的数据安全内容进行清理，启动岗位剥离，取消工作账号，更改系统保密字，实施离职审计评估；落实问责制度，对于违反数据安全管理制度的人员要及时按规定处理，保证数据安全工作的严肃性，同时通过应急预案制度努力排除隐患、挽回数据、补救损失，指导有关人员吸取教训。

11.2.2 数据安全法律法规系统

数据安全对于国家、企业和个人都非常重要。随着数据技术与数据管理的复杂化，数据主体、数据权责与数据收益分配的复杂化，数据安全体系建设必须做到有法可依，国家数据安全管理、企业或机构数据安全管理和个人数据安全管理才能有章可循，数据生态中的公民权利、企业利益和国家稳定发展才能得到可靠保障。

数据安全法律法规系统护航我国经济社会行稳致远。2021 年 6 月，我国第一部关于数据安全的法律《中华人民共和国数据安全法》颁布，并于 2021 年 9 月正式施行。它与 2021 年 8 月通过的《中华人民共和国个人信息保护法》、2017 年 6 月实施的《中华人民共和国网络安全法》等，有效构筑起我国数据安全法律法规的系统框架。

作为我国数据安全方面的基础性法律，《中华人民共和国数据安全法》分别从数据安全与发展、数据安全制度、数据安全保护义务、政务数据安全与开放、法律责任等方面，对数据处理活动提出了具体要求。从国家安全、公共利益和个人隐私保护出发，确立了我国数据安全立法的基本架构，标志着我国数据安全保护已纳入法律法规系统。《中华人民共和国数据安全法》核心要点总结如下。

1. 明确适用范围

《中华人民共和国数据安全法》适用于在我国境内开展的数据处理活动，也具有必要的境外适用效力，即对于在我国境外开展的、损害我国国家安全、公共利益或者公民、组织合法权益的数据处理活动，我国也会依法追究其法律责任。此举符合当前数据竞争背景下数据安全管辖权的国际潮流，有利于提高我国对数据安全的掌控力和话语权，能够有力维护我国的数据主权和数据利益。

2．确定数据安全的各方职责

《中华人民共和国数据安全法》明确了国家各级机构对数据安全工作的职责，并细化了相关的法律责任和处罚办法，为各行业和各部门的数据安全工作指明了方向。

3．建立数据安全管理制度

《中华人民共和国数据安全法》确定了国家建立数据分类分级保护制度，提出了数据分类分级的基本原则，同时要求制定重要数据目录，并首次提出了国家核心数据的概念与管理要求，将关系国家安全、国民经济命脉、重要民生、重大公共利益的数据认定为国家核心数据。

4．确定重要数据的监管要求

《中华人民共和国数据安全法》提出了各行各业应结合各自数据安全的特征，确定安全数据中的重要数据及其管理要求，并出台有关的地方性法规和部门规章制度。

5．确保政务数据安全

《中华人民共和国数据安全法》明确了大力推进电子政务建设，提高政务数据的科学性、准确性、时效性，提升运用数据服务经济社会发展的能力以及加强政务数据安全使用。

6．建立健全的数据交易管理制度

《中华人民共和国数据安全法》提出了建立健全的数据交易管理制度，体现了国家对合法数据交易的支持，有利于数据的流通和利用，最大限度地开发数据的商业价值。同时对数据交易服务机构提出了具体的管理要求。

7．确定跨境数据流动的监管要求

《中华人民共和国数据安全法》对跨境数据流动进行了规制，进一步明确了对跨境数据的监管要求，并建议企业根据监管尽早做出数据业务筹划和合规安排。

8．提出相对严格的行政处罚标准

《中华人民共和国数据安全法》进一步细化了违规法律责任，并对直接责任人等的处罚进行了细化规制，进一步加大了处罚力度。

其他数字化经济发展较快的国家或组织在数据安全方面的法律法规建设对我们也有一定的参考借鉴作用。其中具有代表性的是欧盟于 2018 年 5 月正式生效的《通用数据保护条例》（General Data Protection Regulation，GDPR）是与我国的《中华人民共和国个人信息保护法》相对应的条例。

GDPR 从个人数据（Personal Data）安全保护出发，对涉及个人隐私的数据安全提出了一套比较严格的法律规制。例如，对个人数据的处理，GDPR 规定了如下基本原则。

- 合法、公平和透明的原则。
- 目的限定的原则。限于特定、明确和合法的目的收集个人数据，除非符合公共利益、科学研究等正当目的，否则不得有悖于上述目的。

- 数据最小化的原则。所收集、处理的个人数据对于其处理目的应当准确、相关和必要。
- 准确原则。确保个人数据准确和更新。
- 有限留存原则。除非符合公共利益、科学研究等正当目的，否则对个人数据的留存期限不能超过其处理目的所限定的期限。
- 完整、机密原则。用技术手段确保个人数据安全，不被非法处理、窃取和损坏等。
- 责任的原则。数据控制者应当遵守上述原则并承担责任。

此外，GDPR 还赋予数据主体更多的数据控制权，在原有法规的知情权、访问权和修改权的基础上，增加了被遗忘权和可携带权。被遗忘权，是指在注销账户或超过时间期限等情况下，数据主体可以行使该权利，该权利使得数据控制者及合作方允许删除相关个人数据。可携带权，是指数据主体可以将其个人数据从一个数据控制者转移至其他数据控制者处，前者需配合完成。

11.2.3　数据安全技术系统

数据安全问题往往带有技术攻击的特征，从技术出发，建立数据安全技术系统显得尤为重要。数据安全技术系统旨在综合利用各项数据安全方法，努力实现"能预防，进不来，早预警，拿不走，打不开，读不懂，自销毁，会追踪，保证据"的安全目标。

这里按照数据采集、数据存储、数据访问服务、数据共享、数据分析等数据处理基本流程，对各项数据安全技术进行简要梳理。

1．数据采集安全技术

数据采集安全技术涉及数据来源验证技术、数据智能分类分级技术、数据内容安全检测技术等。

- 数据来源验证技术采用可信身份认证及生物认证等方法，保证采集到的数据的来源是真实可信的。
- 数据智能分类分级技术可以对各种数据按照内容属性、安全属性、用户属性等进行自动化或半自动化的识别和标注，并可以生成数据登记标签、数字水印等，为后续数据安全存储、检索、脱敏显示、追踪溯源等提供依据。
- 数据内容安全检测技术采用规则监测、机器学习、有限状态机等方法，对采集到的数据进行扫描检测，确保数据中不含病毒程序或其他安全隐患。

2．数据存储安全技术

数据安全存储技术，特别是大数据安全存储技术，将基于多用户、大规模异构的云计算环境，利用分布式冗余存储、存储隔离、访问控制、密码技术等方法，实现数据的安全存储。此外，数据存储安全涉及数据备份和恢复技术，即使用数据同步、数据复制、数据镜像、冗余备份、灾难恢复等方法实现数据安全保护。

3．数据访问服务安全技术

数据访问服务安全技术涉及细粒度访问控制、数据脱敏等。

传统的访问控制一般基于权限规则和数据安全分类分级等访问控制策略，数据资源系统通常以整个数据表或批量数据等粗粒度方式提供给用户，可能导致一些数据安全问题。因此，可采用细粒度访问控制策略，即基于任务和数据属性，灵活设定用户对数据资源的使用权限，实现细粒度的数据访问。例如，仅仅输出符合安全要求的某行、某列或某几个数据等。

数据脱敏技术根据数据的不同应用场景，采用脱敏算法对敏感数据进行变换处理，既能够保证数据的安全性，也能够保持数据的可用性，后续将进一步进行介绍。

4．数据共享安全技术

目前主流的数据共享安全技术之一是区块链。区块链包括分布式数据存储、点对点传输、共识机制和加密算法等多种技术，具有去中心化、去信任、集体维护、防篡改等综合技术特征，是一种创新的技术应用模式，适用于多种数据安全应用场景，后续将进一步进行介绍。

除此之外，还有跨网跨域数据交换技术。该技术利用数据加密、可信计算、身份认证、电子签名和摘要、内容识别等方法支持数据跨网跨域环境中的多源的、异构的、海量数据的安全共享，实现对数据交换内容、交换行为、交换过程的可见与可控。

5．数据分析安全技术

数据分析安全技术涉及同态加密、安全多方计算、联邦学习、可验证计算等。
- 同态加密技术使用多项式函数对数据进行高可靠性的加密运算，分为有限同态加密和全同态加密。
- 安全多方计算技术利用零知识证明、可验证计算、门限密码学等方法，与区块链相结合，以确保安全多方计算的高效应用和模型设计。
- 联邦学习在保证各自数据隐私的前提下，支持多参与方或多计算节点间开展的高效的机器学习。根据数据集的不同，联邦学习分为横向联邦学习、纵向联邦学习、联邦迁移学习。联邦学习将发展为下一代人工智能协同算法和协作网络的基础，后续将进一步说明。
- 可验证计算技术，数据所有者将数据及计算分析的算法和规范提供给一个可靠的第三方证明者，此证明者输出指定计算的结果及相关信息，证明该输出是正确可靠的。

6．数据安全技术的其他方面

除上述内容外，数据安全技术还涉及数据销毁、数据运维等安全技术。

数据销毁通常采用残留数据粉碎技术，通过元数据删除、缓存数据删除、回收站数据删除、磁盘残留信息删除及销毁流程完整性验证等，来确保被删除的数据不存在残留信息且不具有可恢复性，从而避免数据泄露。

数据运维安全包括安全监管和安全审计。在安全监管过程中，可通过数据安全态势感知技术，对数据资源的安全状态进行探测、分析和可视化呈现；也可进一步通过监测预警技术，进行威胁监测识别、威胁入侵预警，实现威胁预报的目标。在安全审计过程中，可采用关联分析、数字取证、事件追踪溯源、异常行为监控、数据血缘分析等方法，对各种数据操作日志和元数据等进行检测与分析，实现日常数据的实时安全监控，异常或违规问题的跟踪溯源和查漏补缺。

11.3　传统数据安全技术

数据安全技术内容丰富、应用多样，涉及计算机科学、网络通信技术、密码学、应用数学、数论、信息论等众多学科知识，本节将主要讨论传统的数据加密和数据脱敏技术。

11.3.1　数据加密

在众多数据安全技术中，如数据存储安全、数据传输安全、数据访问控制等，数据加密是最基础且被广泛应用的安全技术，是实现数据保密性、完整性、可用性的核心方法。

简单来讲，**数据加密（Data Encryption）就是按照一定的加密算法，把敏感的明文数据转换成难以识别的密文数据。**

数据加密技术可以分为不同的类型。数据加密技术按照加密工具可分为硬件加密和软件加密；按照加密方法可分为哈希加密（包括 MD5 和 SHA 等）、同态加密、差分隐私、混淆电路等；按照网络传输方式可分为链路层加密、节点加密、端对端加密；按照密钥类型可分为对称加密、非对称加密。下文仅对对称加密和非对称加密进行讲解。

对称加密和非对称加密是一种使用密钥加密软件进行加密的技术，也是一种涉及发送方加密和接收方解密的数据安全技术。这种加密技术包含四个基本要素：未加密的明文数据、经过加密的密文数据、加密和解密算法、加密和解密的密钥。对称加密与非对称加密的根本不同在于密钥和算法的不同。

1．对称加密

对称加密的发送方和接收方使用相同密钥进行加密和解密，也就是说加密密钥和解密密钥是完全对称的，具体步骤如下。

- 发送方确定未加密明文数据 X。
- 发送方使用加密算法 E 对明文数据 X 和密钥 K 进行加密处理，生成密文数据 Y，可表示为 $E(X,K)=Y$。
- 发送方通过安全通道将密钥 K 传递给接收方，接收方收到密钥后可长期使用。
- 接收方收到密文数据 Y 后，使用解密算法 D 对密文数据 Y 和密钥 K 进行解密处理，获得明文数据 X，可表示为 $D(Y,K)=X$。

对称加密常用的算法有数据加密标准算法（Data Encryption Standard，DES）、三重 DES 算法（Triple DES，3DES）、高级数据加密标准算法（Advanced Encryption Standard，AES），以及 DESX 算法、Blowfish 算法、RC4 算法、RC5 算法、RC6 算法等。

对称加密的优势在于，算法计算处理效率高、密文数据保密性较强；不足之处在于，由于加密和解密使用的密钥相同，且发送方必须将其传递给接收方，增大了密钥失窃的风险。此外，在发送方与接收方较多的情况下，为避免密钥撞码破解，需设置很多不同的密钥。例如，某个发送方有 100 个接收方，发送方需要管理 100 个密钥，这将加重管理负担。非对称加密对此进行了改进。

2．非对称加密

非对称加密的发送方和接收方使用不同密钥进行加密和解密，也就是说加密密钥和解密密钥是不对称的。其中，加密密钥称为公钥，解密密钥称为私钥。非对称加密具体步骤如下。

- 接收方将公钥 PK 发送给自己的多个发送方，或者将其公布在授权认证机构中。发送方获取公钥 PK，并可长期使用。
- 发送方确定未加密的明文数据 X。
- 发送方使用加密算法 E 对明文数据 X 和公钥 PK 进行加密处理，生成密文数据 Y，可表示为 $E(X,\text{PK})=Y$。
- 接收方收到密文数据 Y 后，使用解密算法 D 对密文数据 Y 和私钥 SK 进行处理，获得明文数据 X，可表示为 $D(Y,\text{SK})=X$。

非对称加密算法中最著名的是 RSA（Rivest Shamir Adleman）算法，它以三位创建学者的姓氏命名，基于数论中素数的计算性质设计开发。在非对称加密中，公钥是可以公开发布和传输的，即使泄露也不会影响数据的安全性，私钥需要接收方保存并保密。这样，在具有多个发送方和接收方的应用环境中，每个发送方只需查阅各个接收方的公钥信息即可。同时，为提高保密强度，RSA 算法要求密钥至少长达 500 位，一般推荐使用 1024 位，所以其加密、解密的计算量很大，几乎不可能由已知的公钥推导出私钥。其他常用的非对称加密算法还有 DSA 算法、ElGamal 算法、背包算法、D-H 算法和 ECC 椭圆曲线算法等。

11.3.2　数据脱敏

数据可分为敏感数据和非敏感数据。对于不同应用场景的不同应用人员，敏感数据不尽相同。为保证数据安全，必须对敏感数据进行有效处理，以使无关应用人员无法看到或获取敏感数据。例如，客服人员可以查看客户的姓名、地区等信息，但不能查看客户的身份证号等信息；快递人员可以获得客户的手机号码、住址等信息，但不能获得客户的银行卡号等信息；数据应用系统的技术开发人员可以批量使用敏感数据，看到数据的类型、长度，以及有关数据内容，但这些数据内容是经过算法变换的，原始的真实数据已经被脱敏处理。

1．数据脱敏技术

数据脱敏技术，是指按照一定方法对敏感数据进行变换处理的技术。实际上，可将数据脱敏视为一种解决数据利用与数据安全的平衡策略。数据脱敏技术在保证数据可使用的前提下，通过数据去隐私化降低数据的敏感程度，从而扩大数据的共享与应用范围。

数据脱敏技术一般有两种应用场景：静态数据脱敏和动态数据脱敏。

1）静态数据脱敏

静态数据脱敏（Static Data Masking，SDM）是将实际运行环境中的敏感数据一次性导出到非实际运行环境中进行脱敏处理。非实际运行环境一般是指内部开发环境、外包开发环境、测试环境、培训环境、数据交易流通环境或其他共享应用环境等。静态数据脱敏具有一次性、批量性、自动化的特点。一般经过静态脱敏的数据会转移到其他数据存储系统，并可被反复使用。

2）动态数据脱敏

动态数据脱敏（Dynamic Data Masking，DDM）是在访问实际运行环境的过程中对敏感数据进行即时脱敏处理。动态数据脱敏具有实时交互性、小批量、自动化和对不同角色权限的针对性。经过动态脱敏的数据的存储位置一般没有变化。动态数据脱敏通常应用于数据系统的运维管理、前端业务系统的访问、API 的调用、消息队列的对接等场景。

2．脱敏算法

数据脱敏主要包括确定脱敏目标数据、确定脱敏算法等。其中，脱敏目标数据是指需要进行脱敏处理的敏感数据；脱敏算法是指对敏感数据进行数据变换以实现脱敏处理的程序。常用的脱敏算法在开发完成后会体现在具体的数据脱敏软件工具中。操作人员通过配置相关参数，即可对确定的脱敏目标数据进行计算处理，生成脱敏数据。

常用的脱敏算法有加密、掩码、替换、偏移取整等类型。一般情况下，可对数据集的不同变量进行不同的安全处理。

1）加密

所谓加密，是指根据加密算法重新对数据进行计算，新生成的数据类型和长度均可发生变换，如 MD5 算法、AES 算法、FPE 算法、SHA 算法等。

2）掩码

所谓掩码，是指保持数据长度不变遮盖部分字符，在实现数据脱敏的同时便于数据拥有者辨别，如快递单上的手机号为 138****5678。

3）替换

所谓替换，是指按一定规则替换敏感数据的内容，经脱敏处理的数据的格式与原始数据格式相同或相似，但实际内容完全无关，如姓名中字的替换和数值中数字的替换等。

4）偏移取整

所谓偏移取整，是指对数值或日期型数据进行固定运算并对结果取整。这种算法在保证数据格式不变的同时可以保持数据整体的分布形态。

在大数据应用场景中，由于数据的规模呈爆发式增长，数据脱敏处理已从原始的手工配置向自动化处理进化。智能化的数据脱敏工具已经开始普及。利用人工智能技术自动分析各种数据类型并匹配脱敏算法，对算法参数（如数据范围、脱敏强度、失真程度等）自动配置并展示数据脱敏的效果成为数据脱敏工具的必备功能。另外，大数据应用场景中的数据类型更加多样化，数据脱敏技术需要面对大量非结构化数据和半结构化数据。将图片、视频、音频等数据的脱敏处理与人工智能技术相结合成为数据脱敏技术的重要发展方向。

3．数据脱敏技术产品

国内外许多数据安全公司均有成熟可靠的数据脱敏技术产品，如国内的腾讯云 T-SEC 和百度安全等公司推出的有关数据安全的产品。这些数据脱敏技术产品可有效地适用于静态数据脱敏和动态数据脱敏的应用环境。同时，一些数据安全公司有一些较可靠的开源软件工具包含数据脱敏子系统，如 Apache ShardingSphere 数据库中间件系统。

数据脱敏技术产品一般具有以下特点。

- 具备数据脱敏对象的管理功能，包括数据源管理、数据用户管理、数据日志管理、脱敏算法管理等。
- 具备数据脱敏处理功能，包括敏感数据的识别发现、敏感数据的脱敏规则定义、敏感行为审计等。其中，敏感数据的识别发现，是指通过主动探测和被动感知快速发现数据源中的敏感数据，并对敏感数据进行分类分级处理；脱敏规则定义，是指对数据进行扫描，自动选择和配置多样化的脱敏算法和参数；敏感行为审计，是指根据数据日志等操作记录信息，实现对敏感数据安全问题的反向追溯。
- 支持多种数据源的处理，如主流的数据库和数据仓库系统、常见格式的数据文件、半结构化数据（XML 和 JSON 等）、大数据系统（Hive 和 HBase 等）、消息队列实时数据等。

11.4 大数据时代的数据安全技术

随着大数据时代的快速发展，数据安全面临着严峻的挑战，一些针对大数据的数据安全技术被不断研究开发出来，成为捍卫大数据安全的有效方法。本节将主要对区块链和联邦学习进行讨论。

11.4.1 区块链

互联网极大提高了各种交易活动的连接效率，决定交易活动的一个重要的因素是交易双方的信任。

例如，在电商购物的交易中，用户看到的一个商家的某件商品及价格数据真实吗？商家看到的一个用户的商品订单和支付行为可靠吗？基于此，可以引进一个第三方权威机构并建立一个电商平台作为信用背书，用户和商家经过注册和验证才可以登录和使用这个平台，然后才能进行交易。这个平台成为连接用户和商家的大数据中心平台。

这种中心式的应用架构的最大优势在于可集中高效地管理数据；不足之处在于数据集中存储增加了数据安全风险和运营开销，且第三方机构的引进增加了交易成本。

20 世纪 90 年代初，人们提出一种去中心化的创新应用架构——区块链。区块链从数据的完整性、可用性和保密性出发，以数据安全为基础，建立互联网信任体系。

区块链（Block Chain）是采用点对点（Peer to Peer，P2P）网络、分布式数据存储、共识算法机制、数据加密等技术，对数据区块进行有序连接与存储的一种新型应用模式。区块链在本质上是一个去中心化的数据存储系统，能够保证其中存储的数据不被篡改和不被伪造。作为一种基础性技术，区块链可以有效地解决交易信任问题，实现交易价值的自由传递。

1. 什么是区块链

区块链本身是一种数据结构，主要由区块和链构成。其中，区块（Block）是存储一批数据记录的一个数据块；链（Chain）是顺序连接区块的一个数据指针，可以将一批区块串联起来，构成一个数据存储体系。人们将这个数据存储体系比喻为交易活动中使用的账本，区块相当于账本中的一页，链相当于账本的页码。

具体而言，一个区块主要由区块头和区块体组成。区块头存储的是前一区块指针 H_i、本区块指针 H_j 及区块创建时间等信息；区块体根据具体需求存储的是一批基本数据记录，这样所有区块就连接为一条有逻辑顺序的区块链。区块链结构示意图如图 11-2 所示。

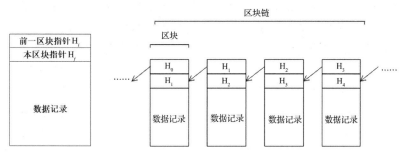

图 11-2　区块链结构示意图

区块指针 H_i 或 H_j 的具体值又称为区块链的哈希值，是依据哈希算法生成的具有唯一性的字符串。它有两个作用：一是指针，二是加密。每个哈希值是根据每个区块的区块头和区块体的数据内容计算生成的，因此可以认为它是每个区块数据的基因标识。一旦黑客恶意攻击某区块，试图非法修改数据，哈希值就会改变，使指向这个区块的哈希值出现问题并触发连锁反应，此时只有破解并修改整个区块链的所有哈希值才能解决这些问题。在一般资源和技术条件下，修改区块中的数据几乎是不可能实现的，从而保证了区块链中存储的数据的不可篡改和不可伪造性，也就保证了区块链中存储的数据的安全可靠性。

2．区块链的特点

1）采用点对点网络进行分布式数据存储

在数据存储的网络架构上，区块链采用点对点网络进行分布式数据存储。所谓点对点，是指区块链网络中没有设定中心节点，网络中的各个节点都是对等的，可以平等地进行数据访问和数据交互。这里的分布式数据存储与 8.3.2 节的分布式数据库等概念有所不同。分布式数据库是指在物理层面采用分布式存储技术，但在应用逻辑层面仍然是中心式的；区块链的分布式存储技术特色是将区块链数据储存在网络所有（或大部分）节点上。通俗地讲就是把一份账本复印了多份，保存在不同的地方。这就是去中心化。

这种去中心化的优势体现在：区块链网络中的某个节点出现故障不会导致整个区块链系统崩溃，众多独立节点可以继续支持完成数据应用任务。因为区块链网络中没有相对单一薄弱的中心节点，所以黑客攻击只有突破几乎所有节点的安全防线，才能使得区块链系统停止运作，因此区块链具有天然的安全容错和防范攻击等能力，极大地提升了数据系统的安全可用性。

2）采用共识算法机制

区块链还有一项关键技术是共识算法机制。某个节点在需要增加一个区块或者需要向区块中增加数据记录时，会向网络中其他节点进行广播。各个节点根据共识算法机制，对新增数据进行审核评估，达成一致性共识之后，才能将数据记录存储在各自节点中。

共识算法有不同种类，如工作量证明算法（Proof of Work，PoW）、权益证明算法（Proof of

Stake，PoS）、权益委任证明算法（Delegated Proof of Stake，DPoS）等。这些算法能够保证网络中多数节点的意见得到整个网络的认可，并将数据记录下来，形成全部节点同步一致的数据存储体系。

区块链通过综合应用一系列技术，保证了数据的完整性，提高了数据的可用性，加强了数据的保密性。在一个非信任的网络应用环境中，区块链或许是当前解决信任问题的有效方案之一，在国家、企业和个人之间的商业贸易、多方合作、数字货币支付结算、电子商务、电子合约等领域有广泛的应用前景。作为不可被篡改和不可伪造的数据证明，区块链可以有效解决可靠存证等问题，在知识产权、产品溯源、保险理赔、数字身份、政务审核审批、信息共享等领域有极大的应用价值。

国内外一些领先的技术公司已推出了区块链技术平台或技术产品，许多创新型的小微企业踊跃投入区块链开发的行列。区块链已经成为互联网应用的一个新方向和新热点。

11.4.2　联邦学习

人工智能中的机器学习或深度学习的一个重要特征是需要大规模的数据支持。大规模数据意味着更多的数据变量（列）和更多的数据记录（行）。数据量的增大可有效提升数据模型的性能。在缺乏大量数据支持的条件下得到高性能的模型是非常困难的，因此人们希望将尽量多的来自不同数据源（或参与方）的数据整合在一起，并进行高效处理集中分析，以打造理想模型。

在实际生活中由于各个部门、企业、行业或地区间的竞争、管理与利益关系，以及基于数据安全的法律法规要求，大量相关数据分散在"数据孤岛"中，难以统一整合。这导致绝大多数企业面临数据规模不足、数据质量不高的困境，很难形成人工智能应用落地发展的局面。

是否有一种应用解决方案在保证数据安全的前提下，能够支持多个参与方贡献自己的数据资源，打造更高水平的机器学习模型并实现模型共享呢？答案是肯定的。联邦学习就是这样一个应用解决方案。联邦学习始于 2016 年谷歌的一项针对安卓手机用户数据的联合建模和模型分享的研究项目。

1．什么是联邦学习

联邦学习（Federated Learning）又称联邦机器学习、联合学习或联盟学习，是一个新型的分布式机器学习应用方案。在满足政府法律法规、组织数据安全、用户隐私保护的条件下，联邦学习无须将多个参与方的数据进行集中或交换，只需通过加密的模型参数信息的交互处理，以及协作数据训练，就能构建一个多方共享的全局机器学习模型。

联邦学习常用的机器学习应用架构有两种：一种是对等网络架构，另一种是客户端/服务器架构。对等网络架构适用于若干个参与方，两两之间直接通信并进行联邦学习。但当参与方较多时构建多方的对等网络架构的联邦学习会相对烦琐。客户端/服务器架构适用于较多参与方共同建立机器学习模型。客户端/服务器架构设置了一个可信的第三方中心节点，该节点由联邦学习的软硬件构成的服务器系统管理，并由其负责协同各参与方与服务器系统间的通信交互，安全性和处理效率都比较理想。客户端/服务器架构是得到普遍应用的联邦学习应用架构，示意图如图 11-3 所示。

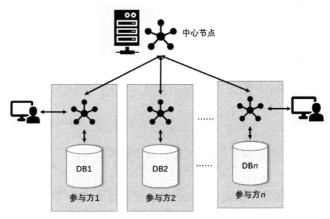

图 11-3　联邦学习的客户端/服务器架构示意图

下文将以如图 11-3 所示的架构为基础，讨论联邦学习的一般处理流程。

2．联邦学习的一般处理流程

联邦学习的多个参与方拥有本地各自的数据资源，但其数据规模并不足以支撑建立一个优质的机器学习模型，因此需要其他参与方在如图 11-3 所示的架构下共同合作，具体步骤如下。

1）系统初始化

首先由中心服务器系统（图 11-3 中的中心节点）发送建模任务，寻求参与方。各参与方根据自身建模需求，与其他参与方达成协议后进入联邦学习建模过程。中心服务器系统向参与方发布初始模型参数。

2）本地局部计算

各参与方获取初始模型参数后，利用本地数据资源进行局部计算，并对本地局部计算结果进行加密处理后上传至中心服务器系统。

3）中心聚合计算

中心服务器系统收到各参与方的本地局部计算结果后，对这些信息进行聚合计算。

4）模型更新

中心服务器系统根据聚合计算结果对全局模型进行更新，并评估模型性能。之后对更新后的模型参数进行加密处理后返回给各参与方。各参与方更新本地模型，并进行下一轮的本地局部计算。

上述步骤反复进行，直到满足终止条件结束联邦学习。通常终止条件可以是模型性能标准或是重复次数或是总的训练时间等。最终建立的全局模型将被保存在中心服务器系统中供各参与方应用及后续优化升级。

以上流程是一个典型的客户端/服务器应用架构下的联邦学习过程。在实践中，一些联邦学习过程会针对不同应用场景和应用需求对流程进行改动。例如，增加信息加密处理环节以提高安全性，适当减少通信次数以提高联邦学习效率。

基于这样一种数据资源和机器学习的合作机制，联邦学习在数据资源隔离条件下，仍能训练出高性能的模型。由于各参与方保持独立且付出和收获对等，身份和作用相同，因此称之为联邦学习。

3．联邦学习的类型

根据数据资源参与模型计算的方式，联邦学习一般分为横向联邦学习、纵向联邦学习、联邦迁移学习三大类。

1）横向联邦学习

横向联邦学习，是指将两个或多个参与方的数据按照横向记录的方式进行配合，实现联邦学习。

以如图 11-4 所示的数据表（包括 ID 及多个用户特征）为例说明。

ID	X1	X2	……	X10	Xa	Xb	Y
id1							
id2							
……							
id10							
id11							

ID	X1	X2	……	X10	Xc	Xd	Y
id11							
id12							
……							
id20							
id21							

图 11-4　横向联邦学习的数据结构示意图

基于横向联邦学习，图 11-4 中的两张表分别是来自两个参与方的数据表，其中 X1 至 X10 和 Y 是两张数据表的共同字段，Xa、Xb、Xc、Xd 是两张数据表的非共同字段。非共同字段后续不会参与模型训练，原因是其他参与方没有对应变量会导致大量缺失值，进而影响模型质量。进一步观察图 11-4 可知，记录 id11 是存在于两张数据表中的重复记录。如果两张数据表中重复记录的内容基本一致，那么仅使用其中一张数据表中的数据即可。图 11-4 所示数据表中的灰色区域的数据将以横向记录方式，分别参与各自的本地局部计算。因此横向联邦学习又称**特征对齐的联邦学习**。

横向联邦学习比较适用于数据集合中很多字段相同但很少记录重合的应用场景，如某电信运营商在不同地区的分公司数据、某地不同小区的业主数据等。

2）纵向联邦学习

纵向联邦学习，是指将两个或多个参与方的数据按照列向变量的方式进行配合，实现联邦学习。

将图 11-4 中的数据表调整为如图 11-5 所示形式，并以此为例说明。

用户 ID	X1	X2	……	X10	Xa	Xb	Y
id1							
id2							
……							
id10							
id11							

用户 ID	X11	X12	……	X20	Xa	Xb	Y
id1							
id2							
……							
id10							
id21							

图 11-5　列向联邦学习的数据结构示意图

基于列向联邦学习，如图 11-5 所示的两张数据表中不重复出现的记录 id11、id21 将不参与模型训练，因为其他参与方没有对应的记录会导致较多缺失值，进而影响模型质量。对于重复出现的 Xa、Xb、Y 字段，如果两张数据表的记录内容基本一致，那么仅使用其中一张数据表中的数据即可。图 11-5 所示数据表中的灰色区域的数据将以列向变量的方式，分别参与各自的本地局部计算。因此列向联邦学习又称**样本对齐的联邦学习**。

列向联邦学习适用于数据集中有很多记录相同但很少字段相同的应用场景，如同一区域的电信运营商用户数据与该区域的电力公司用户数据、某家公司的员工业务销售数据（属于市场部）与员工人事数据（属于人力资源部）等。

3）联邦迁移学习

若两个或多个参与方的数据记录和字段重复部分都比较少，对应场景如一家书店的相关数据与不同区域的一家花店的相关数据，某家医院的患者数据与某家影院的观众数据等，其示意图如图 11-6 所示，则适合采用联邦迁移学习。

用户 ID	X1	X2	……	X10	Xa	Xb	Y
id1							
id2							
……							
id10							
id11							

用户 ID	X11	X12	……	X20	Xa	Xb	Y
id11							
Id12							
……							
Id20							
id21							

图 11-6　联邦迁移学习的数据结构示意图

联邦迁移学习是对横向联邦学习和纵向联邦学习的补充，由于各参与方的重叠数据较少，无法支撑构建优质模型，因此联邦迁移学习将与当前数据、目标模型或应用场景类似的模型迁移到当下环境中进行修正和使用。有兴趣的读者可参考与迁移学习有关的资料进行深入学习。

联邦学习在智慧城市、金融风控、电子政务和市场营销等诸多领域具有广阔的应用前景与价值。例如，在医疗卫生领域中，联邦学习能够在充分保证患者隐私的条件下整合多家医院的数据资源，极大地扩充了患者观察样本和观察变量，据此建立的机器学习模型，让众多中小医院的医生可以获得并使用高水平的医疗诊断模型，并基于此对患者病情进行更加科学准确的分析判断。

自 2016 年提出联邦学习之后，谷歌又发布了 TFF（TensorFlow Federated）联邦学习系统。目前我国微众银行开发的 FATE（Federated AI Technology Enabler）联邦学习系统、京东数科集团开发的联邦学习平台 FedLearn 等在国内、国际应用实践中也处于技术领先地位。

11.5 数据伦理和算法伦理

任何一门科学都是基于理性的，而科学理性又包含工具理性和价值理性两方面。数据伦理从价值理性的角度探讨数据科学的问题。

简而言之，伦理是受内在价值观影响而形成的外在行为规范。在现实世界中，伦理往往深刻影响并规范着人与人、人与社会、人与自然之间的关系与行为。在小的方面，如在乘坐公交出行时应该排队上车，先下后上，为老幼病残孕让座等，这体现的是互相尊重、照顾弱者的社会伦理。在大的方面，如人类依靠生物工程技术已经突破并掌握了动物克隆，在激烈讨论后全球科技界基本一致达成"动物克隆试验处于封停状态，人体克隆成为禁区"的理念，这体现的是以人为本、生命尊严的科学价值理性（或称科技伦理）。科技伦理规范了科技组织、人员及活动应遵循的价值观、行为规范和社会责任等。

法律与伦理的本质不同在于，法律基于法理底线，是刚性的；伦理基于价值观念，是柔性的。伦理能够在一定程度上调节社会成员间的关系，约束社会组织的行为，其形成的行为规范具有维护规则稳定的保守性。伦理与改革创新是对立统一的辩证关系。随着社会经济的发展和科学技术的进步，传统伦理规范被打破后将建立新一代的伦理规范。从中文语义理解，"伦"是次序的意思，伦理是对多种价值排定次序的道理。由于国家、民族、信仰、立场和利益等不同，对于同一伦理问题人们有不同的价值判断，从而导致伦理困境，引发伦理冲突。

数据和算法是大数据的两大核心。通过这两大核心作用，大数据对人类社会产生了广泛而深刻的影响。大数据引发的伦理问题与这两大核心作用密不可分。有关专家学者从**数据伦理和算法伦理**两方面，对大数据伦理问题及其背后的人工智能哲学问题进行了探讨。普遍观点认为，数据和算法的伦理问题是通过数据滥用、数据孤岛、数据安全、算法陷阱、算法霸权、算法歧视等呈现出来的，其本质主要涉及隐私权、数据权、人类自由、社会公正等深层次问题。通过引入价值敏感设计、责任伦理和人本主义伦理等理论资源，重申被数据权力和算法权力挤压的个体权利，重建人与数据、人与算法的自由关系，并维护人类在大数据时代的主体性地位。

11.5.1 数据伦理与案例

20 世纪中叶计算机系统的发明创造为人类科技带来了里程碑式的进步,不仅推动了信息技术翻天覆地的变革,也引发了人们对信息技术的伦理思考。

1. 数据伦理的形成

在伦理学中,正当与善意是两个根本主题。以控制论创始人诺伯特·维纳(Norbert Wiener,1894—1964)为代表的学者提出了**信息伦理**的思想。信息伦理指出,信息技术发展应以公平、自由、善意等为价值导向,用"伟大的正义原则"指引信息技术的行为规范和实践活动,从而造福人类社会。

随着人工智能技术与机器人技术的发展,信息伦理更加关注人与智能机器的关系,以及机器人的主体地位和人工智能技术的道德风险等伦理问题。其中,阿西莫夫提出的**机器人三原则**[①]指出:一、机器人不得伤害人类,或看到人类受到伤害袖手旁观;二、机器人必须服从人类的命令,除非这条命令与第一条相矛盾;三、机器人必须保护自己,除非这种保护与以上两条相矛盾。之后阿西洛马人工智能原则和联合国教育、科学及文化组织发布的一系列关于自主机器人道德的原则草案等,也对人工智能技术和机器人伦理问题进行了有益的探讨和规范。

随着互联网和大数据技术的兴起,人们对数据的理解更加全面深入,对于数据伦理的认知也得到了提高。英国学者卢西亚诺·弗洛里迪(Luciano Floridi)于 2015 年提出了**数据伦理**的理念,他认为数据伦理及与数据、算法和实践有关的道德问题研究应从道德良善的价值观念出发,构建数据伦理行为规范,并提出了涉及价值观念的三个基本伦理问题:授权、用户隐私、知情同意下的数据再使用。

进一步,人们认识到,信息伦理及人工智能和机器人技术伦理的研讨本质上是数据、算法及其实践伦理形而上层面的问题,近年来对数据伦理的探索成为数据科学的一个重点领域。

2. 数据伦理涉及的主要方面

数据伦理涉及的主要方面如下。

1)知情

数据用户与数据服务商之间的数据处理往往是不透明的。数据服务商可能会在数据用户不知情的情况下,擅自收集用户更多信息,并分享给其他合作服务商,数据用户丧失了必要的知情同意权。

2)控制

数据用户与数据服务商之间对数据的控制权存在明显的不对等。数据服务商具有数据掌控的绝对权力而数据用户没有。数据用户如果想得到数据服务商提供的数据平台服务,需要将自己"数据化"并将数据出让。数据服务商在提供用户服务的同时可能造成数据用户权益被侵占。由于数据是生产要素之一,因此数据服务商拥有海量数据的控制权,将会逐步形成数据垄断并

---

① 机器人三原则是由科幻作家艾萨克·阿西莫夫(Isaac Asimov,1920—1992)在 1940 年提出的,阿西莫夫也因此被称为"机器人学之父"。

带来相关社会经济问题。此外，不合理的数据控制权会导致对用户的定位（基于移动通信 LBS 或卫星技术）和视频监控的滥用等。

3）公平

数据应该被广大公众公平地使用。受技术条件、应用能力、发展不平衡等限制，先进的数据技术成果无法被公平地分享，这将形成强者越强，弱者越弱的马太效应，甚至造成区域或群体间的数字鸿沟现象等。

4）信任

信任问题涉及许多方面。首先，数据用户与数据服务商之间如何建立相互信任关系；其次，数据（特别是大数据）能够更加客观全面地描述一个组织或个人的信息，即所谓"大数据比你自己更懂你"，那么是否可以凭借数据建立新型社会信用系统和人际信任机制。当信任完全退化为一组冰冷的数据符号时，个人将进一步被物化，个人的主体地位将逐渐模糊，人类道德生活将进一步被挤压。

5）归属

数据用户在数据服务商提供的数据平台上产生的数据应归属于数据用户，还是数据服务商、数据采集方，抑或是数据服务器存储方、数据运营方、数据分析应用方呢？数据归属决定了数据的所有权，也决定了数据主体的权责，以及数据收益的分配等。

6）隐私

许多数据涉及个人隐私，因此未经个人允许，他人不得使用隐私数据。在某些情况下，一些公民愿意让渡部分隐私权以获得更大的公共利益和个人安全，这就涉及价值次序认同和信任关系建立等问题。

3．数据伦理的相关案例

数据资源的开发与利用不能忽视数据伦理的建设，由此引发的事件与案例将长久地引发人们的思考。

☞【案例】谷歌数字图书馆项目

2010 年 8 月，谷歌发布的研究文章指出，截至当时世界上约有 1.2986 亿本图书。该研究数据与谷歌 2004 年启动的开发项目有关，谷歌计划投资数亿美元建立一个世界级数字图书馆，将这些纸质图书扫描成数字化图书，并通过互联网的谷歌图书搜索引擎为全球广大读者提供阅读服务。

对于谷歌该项目无疑具有巨大的发展前景和商业价值。它打破了阅读的时空限制，让更多人能够更方便地查询和阅读图书；实现了图书资源共享，一本书可以被多人同时阅读；有利于图书，特别是孤本和绝版图书等的保存和保护，可避免纸质图书的阅读损坏；减少了传统图书馆的场地、人员和管理成本；提高了阅读的关联性，可高效地发现更多知识，等等。

为此，谷歌建立了数十人的技术团队开发专门的技术和设备，实现了每人每小时 1000 页的高质量扫描处理。与此同时，谷歌与欧美各大学图书馆、图书出版社、图书作者等进行沟通，商定协议，开展合作，建立图书版权登记处等机构，积极协调解决图书版权事宜。包含 165 页内容条款，超过 12 页附录，涉及读者、作者、出版商、图书馆和谷歌之间的复杂关系的谷歌图书搜索修正协议，历时两年半才基本商定。经过 8 年的努力，数字图书馆扫描保存了约 2500 万册图书，占用存储容量 50～60 PB，总投入达 4 亿美元。

该项目涉及知情同意、垄断、归属和利益分配等数据伦理，甚至相关法律问题，引起了有关领域的激烈争议，并引发若干备受关注的集体诉讼。例如，亚马逊、微软、雅虎对谷歌项目提起的涉嫌市场垄断和数据垄断方面的诉讼；美国作家协会提起的侵犯图书版权方面的诉讼；中国文字著作权协会代表 570 位权利人（涉及 17 922 部作品）提出的诉讼；等等。

谷歌数字图书馆项目在巨大的争议中陷入困境，最终法律和解协议失败，项目停止运作，并支付相关赔偿费用约 1.25 亿美元。

针对数字化经济社会的发展和不断呈现出的数据伦理问题，许多国家和组织积极应对，提出价值主张，引导行为规范，寻求公正合理的数据伦理决策平衡点。例如，2018 年，德国专门成立了数据伦理委员会，该委员会负责为政府制定数字化社会的道德伦理准则和政策指导意见，2019 年 10 月，该委员会发布了《针对数据和算法的建议》。《针对数据和算法的建议》围绕数据和算法系统的广泛应用和各种影响，提出人格尊严、自我决策、隐私、安全、民主、正义、团结、可持续发展等价值观念，并作为国家数字化社会的行为规范，在数据和算法系统的监管系统中加以贯彻落实。

11.5.2　算法伦理与案例

大数据与人工智能技术的蓬勃发展使得以大数据为基础的人工智能算法在商品推荐、新闻推荐、人员招聘、金融风控、教育培训、无人驾驶、司法判决、智能诊疗、婚介交友等领域得到广泛应用，同时使算法以其独特的运行逻辑，日益显著地对社会经济产生影响。可以说我们正在步入一个算法时代。

算法时代的重要标志是，在许多应用场景中算法的自动化决策逐步取代了人的决策。算法不仅会影响人们的生活，还会引发更多社会和经济结构性的变革。由于算法在带来决策效率提高和决策成本降低的同时，可能导致个人权利与算法权力失衡，因此算法伦理研究极为必要。

1. 算法的特点

在前面的章节，我们将算法定义为一种有限、确定、有效并适合用计算机程序实现的解决问题的方法，是面向应用领域某个特定目标的基于数据建立模型的一套指令方案。

算法将人们的实践经验、逻辑和规则从数据中总结提炼后固化在程序中，在后续实践活动中无须人工干预就可以自动执行。算法独特的运行逻辑一般体现在以下几方面。

1）具有一定的透明性

算法具有一定的透明性。算法最终是以大量程序的方式表示的，具体的业务规则和处理方法隐含在成千上万行的符号化程序系统中。由于算法对一般用户具有不可见的"黑箱"性质，因此人们倾向于默认计算机系统可以公平公正地处理好用户的各种需求。而且目前许多算法，尤其是人工智能算法通过吸纳更多数据资源，借助机器的自主学习，不断升级进化，可以长期发挥作用。

2）具有一定的选择性

算法具有一定的选择性。目前的主流算法都是以数据为基础的。数据作为原材料确定了算法的性能，也确定了算法的边界。无论大数据还是小数据总存在一定的信息缺失与偏颇，这使得算法具有一定选择性。此外，许多算法以效益最大或损失最小为优化目标，这在一定程度上体现了业务效率与利益目标，造成了算法在客观和主观上可能出现业务逐利选择性的倾向。

3）具有广泛的连接性

算法具有广泛的连接性，包含许多复杂的联系。例如，在社交媒体应用中，算法在向用户推荐好友时是人与人的连接；在搜索引擎应用中，算法是人与知识的连接；在电商购物应用中，算法是人与商品的连接；在人力资源招聘应用中，算法是人与岗位的连接；在生产经营应用中，算法是供应链、营销渠道及客户的连接。算法成为人与万物连接的一种中介，人们开始更多地通过它来自动地或半自动地与这个世界进行交互。

综上所述，算法正在潜移默化地影响着人类的认知和思维，调节着人们的关系和行为。

2. 算法伦理和相关案例

算法伦理主要涉及以下几方面。

1）算法与人的主体性伦理

现代社会是一个以人的主体性为基础的社会。与封建宗教社会不同，现代社会强调尊重个人、崇尚理性、发扬人道主义精神。以人为本的主体地位是人类文明和现代伦理的根基，深刻影响着人类社会的生存与发展。在算法时代如何确保人的主体性是需要慎重审视的，这里通过一个研究案例来进行说明。

☞【案例】信息茧房

信息茧房是 2006 年由哈佛大学学者凯斯·桑斯坦（Cass Sunstein）由提出的。信息茧房形象地说明了在现代互联网信息传播中算法选择性对个人影响和塑造的负面影响。

许多内容网站或 App（如新闻门户、短视频、文学博客等）为提高用户体验和产品黏性，纷纷采用人工智能的个性化推荐算法，旨在获得流量的稳定增长。个性化推荐算法不断搜集用户产生的数据并分析用户的偏好，并在用户再次进入内容服务系统时，根据用户的偏好给出不同推荐不同内容。这个过程不断循环强化，在提高用户体验的同时会导致用户自我封闭，不自觉地深陷于自我编制的偏好信息中。久而久之用户将成为算法精心喂养的"蚕宝宝"被桎梏在算法构筑的"信息茧房"中。

2）算法与正义性伦理

现代社会是一个追求正义的社会。这种正义社会建立在以人的权利和人的福祉为先的伦理基础上，体现着人类对自由、平等、公正等伦理价值的追求。使算法在其透明性、选择性和广泛连接性的基础上体现公平和公正，是我们无法回避的重要问题。这里通过一个研究案例来进行说明。

☞ 【案例】大数据杀熟

近年来互联网电商平台频现的大数据杀熟现象引起网络消费者和有关管理部门的关注。大数据杀熟是个性化推荐算法带来的问题。根据互联网个性化服务的特点，算法可以搜集用户数据，并进行用户画像，从而实现千人千面的服务内容呈现。

例如，在线上消费场景中推送不同价格的商品销售方案等。通过大数据，算法可对老顾客的消费水平和个人信息进行深入了解。算法推送的优惠价格通常仅是落在顾客可接受范围内的价格，相对于算法推荐给新客的优惠价格，这个价格并不一定是真正的优惠价格，而新客获得优惠是"低价吸引新人"的策略所致。这就出现了线上大数据频繁杀熟的现象。

例如，某航班的正常票价为 1000 元，因处于飞行淡季票价可最低至五折。算法通过分析历史数据发现，某位经常乘坐此航班的老顾客上次收到的推送的优惠价格为 800 元且其欣然接受了该价格，因此本次仅需有针对性地推送低于 800 元的优惠价格，不必推送最低的五折价格。

这种杀熟算法是以效益为导向的，直接损害了用户权益，因是千人千面的个性化推荐，所以用户不易察觉。

针对算法伦理问题，许多组织与个人提出了建设性的方案和意见。其中，耶鲁大学学者杰克·巴尔金（Jack Balkin）指出，在算法时代，规制的核心不是算法和机器，而是使用算法的人及允许自己被算法支配的人。巴尔金提出了算法时代的三个算法法则：一是算法操作者作为算法委托人和终端用户的受托人负有诚信义务、非支配义务和非操纵义务；二是算法操作者对公众负有责任；三是算法操作者负有不参与算法妨害公共义务。

我国学者指出，算法伦理建设要突出算法操作者的自我控制义务；应在算法设计者中倡导技术理性和价值理性相融合的算法伦理；应加强政府、平台和社会三方的联合监管，完善算法责任分担机制，建立算法安全风险的保险制度等。

第 12 章

数据科学的应用与案例

数据科学的应用是数据科学理论与实践相结合的产物。数据具有广泛性，各种应用案例既有成功的，也有失败的，不胜枚举。理论来源于实践又进一步指导实践，并在这个过程中不断接受检验且不断提升。

作为一门新兴科学，数据科学的实践超前于数据科学的理论，所以从数据科学的应用中发现问题并总结提高是分析实际应用案例的基本思路。基于这个思路，本章提供了有关商业客户价值、海关抽样稽查和企业数字化转型三个应用案例，并围绕业务知识作用、数据治理策略和数字化建设评估标准等应用问题进行了深入探讨。

12.1　数据科学的商业应用：RFM 分析与客户终身价值

客户是商业之源，也是商家之本。无论提供日用百货零售的商品超市，还是提供金融理财服务的银行机构；无论提供面对面经营的线下实体店，还是提供虚拟互联网服务的线上电商，无一例外都十分重视客户和客户购买行为数据。商家通过分析这些数据可以发现客户的消费规律、消费习惯和消费需求，并可以将客户划分为不同类型，从而进行有针对性的服务，开展市场营销活动，与供应商对接议价。

12.1.1　客户购买行为的 RFM 分析

为对客户进行分类，进而发现有价值的客户群组，商业研究人员提出了 RFM 模型。RFM 模型是目前被广泛使用的经典且易用的客户分类数据模型。该模型从商家的日常销售台账入手，针对不同客户计算三个指标，即 R、F、M。其中，R（Recency）表示观测期内某客户最近一次消费距离现在的时间，又称近度，反映此客户对商家的活跃度，该值越小越好；F（Frequency）表示观测期内某客户的总消费次数，又称频度，反映此客户对商家的忠诚度，该值越大越好；M（Monetary）表示观测期内某客户的总消费金额，又称值度，反映此客户对于商家的消费能力，该值越大越好。

对于某商家，通常认为，近期有过购买行为的客户再次购买的可能性高于近期没有购买行为的客户；购买频率较高的客户比购买频率较低的客户更有可能再次购买；购买金额合计较高的客户再次购买的可能性较高，并且客户消费水平较高。这三个指标可以作为描述客户购买行为及进行客户分类的重要依据。

通过 RFM 分析，可以区分并发现最有价值的客户，进而通过营销活动影响和转化客户群组。一般可分别将 R、F、M 三个指标按常见的二八原则分为两组：针对 R 指标将客户按降序排序，前 80%客户和后 20%客户分属 R 的 1 组和 2 组；根据 F 指标将客户按升序排序，前 80%客户和后 20%客户分属 F 的 1 组和 2 组；根据 M 指标将客户按升序排序，前 80%客户和后 20%客户分属 M 的 1 组和 2 组。根据 R、F、M 指标对客户进行分组会形成 8 个不同的客户组。RFM 模型示意图如图 12-1 所示。

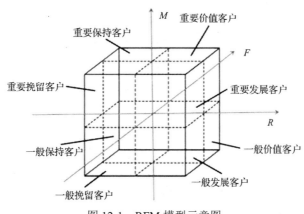

图 12-1　RFM 模型示意图

图 12-1 中的箭头所指方向为 2 组，反方向为 1 组。根据图 12-1 可得到如表 12-1 所示的 8 个客户群组。

表 12-1　RFM 模型客户分类表

R	F	M	客 户 分 类	描　　述
高	高	高	重要价值客户	优质客户
低	高	高	重要保持客户	高价值客户，需要营销触达
高	低	高	重要发展客户	近期重点客户，需要加大营销
低	低	高	重要挽留客户	潜在高价值客户，需要挽留
高	高	低	一般价值客户	老客户，需要提高消费
高	低	低	一般发展客户	新客户，有营销推广价值
低	高	低	一般保持客户	贡献有限，一般维系
低	低	低	一般挽留客户	价值有限，可以流失

RFM 分析只需通过简单计算，就可以有效发现有价值的客户分类，有助于指导商家制定相对准确的营销推广策略，控制营销成本，高效开拓销售前景，形成可靠的业务增长战略。总体来说，RFM 分析比较适用于高频复购的商业应用场景。

12.1.2　客户终身价值

随着商业实践快速与深入地发展，商业竞争日趋激烈，人们认识到 RFM 分析得到的 RFM

模型总体上是一个相对简单的客户分类模型，无法从未来发展的角度预测客户对于商家的长期价值，无法更有前瞻性地引导商家的决策行为。因此针对实践中产生的新问题，商业研究人员进一步提出了客户终身价值的概念和测度方法。

1．客户终身价值概述

客户终身价值（Customer Lifetime Value，CLV）**是客户在某个商家的整个生命周期中为其带来的价值（或净现值）**。商家拥有的人员、场地、货物等是有形资产，可以通过会计或统计方法进行直接核算；客户是商家重要的无形资产，有效地度量客户终身价值是商家评估自身整体价值的基础，也是商家进行客户关系管理的有效依据。

对于某个商家，客户在其整个生命周期中的消费行为是不断变化的。度量客户终身价值的难点在于如何准确量化客户的消费行为，为此需重点考虑以下几方面。

（1）从应用场景来看，客户终身价值的应用场景可分为**合约型场景**和**非合约型场景**。

在合约型场景中，商家与客户的关系随着合约的开始而开始，随着合约的结束而结束。典型的合约型场景有电信、银行、保险、网络服务订阅、水电气服务等。在非合约型场景中，商家与客户的关系随着客户的首次消费行为而开始，客户每次可自由选择商家进行购买，客户长期无消费行为可能是客户流失也可能是消费间隔较长，商家与客户关系存在不确定性。典型的非合约型消费场景是线上电商与线下实体零售业等。在客户终身价值的实际应用中，由于商家与客户关系具有复杂性，以及消费产品与服务具有多样性，因此需要采取针对性的模型和算法进行分析计算。

（2）从消费行为来看，在客户与商家的生命周期中存在交易时间、交易支出和不再购买三个决策过程，这三个决策决定了 R、F、M。交易时间决定了客户何时购买，交易支出决定了客户消费水平，不再购买决定了客户何时流失。

（3）从数据粒度来看，基于客户个体的单笔历史消费数据而非历史消费合计数据预测其未来购买行为和剩余生命周期价值，是目前计算客户终身价值的主流方法。

2．客户终身价值的计算策略

根据客户终身价值的概念和理论，可以构建客户终身价值的计算策略。总体来说，目前对客户终身价值的计算策略分为确定性计算方法和随机性预测模型两大类。

1）确定性计算方法

顾名思义，确定性计算方法不包含任何随机影响因素。同时该计算方法不考虑客户的个体差异，一般根据商家内部的营销成本、客户获取率、维系率、边际贡献等直接给出比较简单的计算公式进行计算。确定性计算方法常应用于合约型消费场景，且基于客户整体的数据粒度，适合直接计算客户整体的客户终身价值。

2）随机性预测模型

随机性预测模型将客户消费行为视为随机过程，强调客户个体间的消费差异。通常可以根据随机性预测模型对客户个体的客户终身价值进行预测，并将客户个体的客户终身价值总和视为客户整体的客户终身价值。随机性预测模型常应用于零售、电商等非合约型消费场景，且基于客户个体的数据粒度，因计算结果更为准确而得到普遍应用。

进一步，随机性预测模型可基于统计模型和机器学习算法构建。统计模型利用传统的概率模型、计量模型和时序模型进行预测。其中，概率模型一般根据理论前提假设客户的消费行为服从某种概率分布，经典的客户终身价值概率模型有 Pareto/NBD 模型、BG/NBD 模型、Pareto/GGG 模型等；计量模型使用一系列解释变量解释客户的消费行为，重点关注影响客户终身价值的关键因素，常用的客户终身价值计量模型有逻辑回归模型、生存分析模型等；时序模型的核心在于量化有关自变量对客户终身价值的长期动态影响并进行建模预测，常采用向量自回归模型等。

随着大数据技术的发展，客户数据呈爆发式增长，越来越多的商业研究人员开始将支持向量机、决策树、梯度提升树（GBDT）、随机森林（RF）等机器学习算法纳入客户终身价值计算模型，旨在充分发挥这类算法不受限于理论前提和分布假设的优势，以期获得更准确和更稳健的预测效果。

12.1.3　客户终身价值的计算和应用案例

下文给出一个基于某线下连锁超市的客户消费数据估计该超市的客户终身价值和进行优质客户识别的案例。数据为该超市 2017 年 7 月 25 日至 2018 年 5 月 20 日共 43 周 25 800 名客户的 114 973 笔交易台账数据。整体计算思路：首先，基于经典的客户终身价值概率模型 Pareto/NBD 和 Pareto/GGG 估计每个客户的客户终身价值；其次，采用机器学习中的 GBDT 算法和 RF 算法估计每个客户的客户终身价值；最后，基于四种估计结果识别优质客户。估计客户终身价值的关键是客户未来购买次数的预测。

1．数据概况

在对数据进行清洗处理后，随机抽取存活期为 43 周的客户数据，观察相应客户以周为单位的购买次数和重复购买次数的变化情况，如图 12-2 所示。

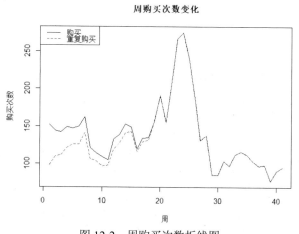

图 12-2　周购买次数折线图

图 12-2 中的实线为购买次数，虚线为重复购买次数。前 20 周客户购买次数逐步增加。整

体上在 22～25 周的年底商家促销频繁时段出现了高峰；2018 年 5 月，即第 38 周左右购买次数下降至较低水平。

将数据按周分为两部分或两个阶段，第一阶段（2017 年 7 月 25 日至 2018 年 1 月 1 日，即 1～23 周）的数据于建模预测模型，第二阶段（2018 年 1 月 2 日至 2018 年 5 月 20 日，即 24～43 周）的数据用于验证预测模型。

2. 基于概率模型——Pareto/NBD 模型和 Pareto/GGG 模型的预测

以 Pareto/NBD 模型和 Pareto/GGG 模型为代表的经典统计概率模型的基本出发点是，客户历史消费行为服从某种统计分布，且消费行为的统计分布在未来保持不变。因此，可基于历史数据估计客户以往消费行为的分布参数，并基于估计出的分布参数预测客户未来的消费行为。可见，客户消费行为的分布假设对于建模至关重要。例如，Pareto/NBD 模型从客户购买和客户流失两方面建模，认为客户购买次数服从一定消费率的泊松分布，客户存活周期服从一定流失率的指数分布，而客户个体消费率和流失率均服从伽马分布，可采用蒙特卡罗方法进行参数估计。对于客户终身价值概率模型来说，仅需要 R、F、M 和 T（观测期时长）等较少数据就可以实现建模。

分别绘制 Pareto/NBD 模型和 Pareto/GGG 模型的评价折线图，如图 12-3 所示。

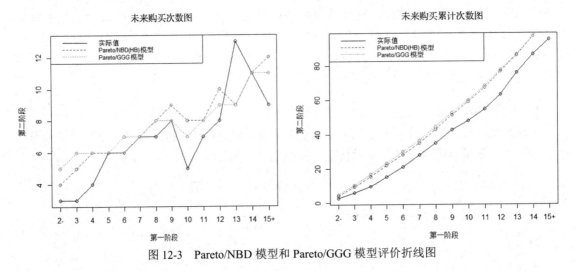

图 12-3　Pareto/NBD 模型和 Pareto/GGG 模型评价折线图

图 12-3 中的两幅折线图的横纵坐标均为平均购买次数。图 12-3 左图显示，在第一阶段平均购买次数为 4 的客户在第二阶段的平均购买次数仍为 4，在第一阶段平均购买次数为 5 和 6 的客户在第二阶段的平均购买次数约为 6，整体上平均购买次数在第一阶段与第二阶段具有一定的正相关性；但在第一阶段平均购买次数为 10、13 及以上的客户在第二阶段出现了购买次数下降的情况，这意味着这类客户群的购买行为存在一定的不稳定性，其在第一阶段的高频次购买可能是季节、节假日或商家打折等因素所致。由图 12-3 左图可知，Pareto/NBD 模型和 Pareto/GGG 模型没有很好地捕捉到这两个异常点，给出的预测值总体上均较为平稳，这是该类模型的无监督特性造成的。为便于直观对比模型对实际值的拟合效果，进一步绘制了未来购买累计次数图，如图 12-3 右图所示。由图 12-3 右图可知，Pareto/NBD 模型和

Pareto/GGG 模型给出了非常接近的预测值，均出现了高估，两模型的均方误差（见 10.4.1 节）依次为 3.05 和 3.23。

3. 基于机器学习算法——GBDT 和 RF 的预测

与经典统计概率模型相比，机器学习模型没有关于购买行为的分布假定，模型的参数估计都是在客户购买数据的"实际监督"下获得的，属有监督学习范畴。机器学习模型可直接刻画客户历史购买次数与未来购买次数、购买金额之间的非线性关系，并能够准确捕捉购买数据的非常规变化。

对于基于机器学习算法构建模型来说，取得更多的解释变量是至关重要的。可在 R、F、M 和 T 的基础上增加更加丰富的变量信息，具体如表 12-2 所示。

表 12-2　客户终身价值机器学习中的解释变量

变量名及描述	说　明
购买次数	经典变量
最近一次购买	
购买金额	
观测期长	
最近第三次购买间隔：最近第三次购买是当前几周前发生的	刻画客户近期历史购买间隔
最近第二次购买间隔：最近第二次购买是当前几周前发生的	
最近一次购买间隔：最近一次购买是当前几周前发生的	
最近第三次购买金额	刻画客户近期历史购买力
最近第二次购买金额	
最近一次购买金额	
最近三次购买累计金额	刻画客户一段时间的历史购买力
最近二次购买累计金额	
购买时间间隔均值	刻画客户一段时间的购买间隔特征
购买时间间隔标准差	
购买时间间隔最大值	
购买时间间隔对数和	

分别绘制基于 GBDT 算法的模型和基于 RF 算法的模型的评价折线图，如图 12-4 所示。

由图 12-4 可知，基于 GBTD 算法的模型和基于 RF 算法的模型能够较好地发现数据中的异常波动，两个模型对于第一阶段购买次数为 10～13 的预测拟合效果明显优于 Pareto/NBD 模型和 Pareto/GGG 模型。由图 12-4 右图可知，基于 GBDT 算法的模型和基于 RF 算法的模型的预测值曲线与实际值曲线基本重合，基于 GBDT 算法的模型的预测结果略低于基于 RF 算法的模型。模型预测拟合效果较好，基于 GBDT 算法的模型和基于 RF 算法的模型的均方误差分别为 0.65 和 0.34。

基于 GBDT 算法的模型和基于 RF 算法的模型给出了解释变量的重要性得分，其中排在前 7 位的位置变量如表 12-3 所示。

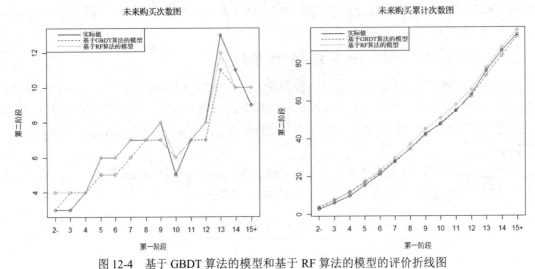

图 12-4 基于 GBDT 算法的模型和基于 RF 算法的模型的评价折线图

表 12-3 解释变量重要性得分

基于 GBDT 算法的模型		基于 RF 算法的模型	
变 量 名	重要性得分	变 量 名	重要性得分
最近第三次购买间隔	28.72	观测期长	12.17
观测期长	14.44	最近一次购买间隔	10.41
购买时间间隔最大值	9.59	最近第三次购买间隔	10.06
购买次数	9.35	购买时间间隔对数和	9.13
购买时间间隔均值	7.97	购买时间间隔最大值	8.56
最近一次购买间隔	7.17	购买次数	8.25
最近三次购买累计金额	5.75	最近三次购买累计金额	7.82

表 12-3 显示，排在前 7 位的重要变量中有 6 个变量是基于 GBDT 算法的模型和基于 RF 算法的模型共同给出的，说明这个变量是影响未来一段时间（这里是 20 周）购买行为的重要因素。

4．基于客户终身价值识别优质客户和劣质客户

根据上述四种模型计算得到的客户终身价值预测结果，可分别得到四份优质客户候选名单。为得到较为稳健客户识别结果，从 4 份优质客户候选名单中选出同时出现三次及以上的客户作为最终优质客户。同理，也可得到劣质客户。

进一步，可通过可视化图形观察优质客户与劣质客户购买行为的差异性。随机抽取若干名优质客户和劣质客户，绘制其在第一阶段和第二阶段购买行为示意图，如图 12-5 所示。

在图 12-5 中，横轴表示周，纵轴表示客户 ID，每个点表示某客户在该周有购买行为，竖线是第一阶段和第二阶段的时间分割线。由图 12-5 左图可以看出优质客户中有一部分是进入比较早的老客户，他们大多有持续和较为规律的购买行为；有一部分是进入相对较晚的新客户，他们的近期购买行为较活跃并具有一定规律。由图 12-5 右图可以看出，劣质客户的明显特点

是前期进入较早，后续持续购买快速减少并出现长时间无购买行为的情况，有较大概率处于流失状态。

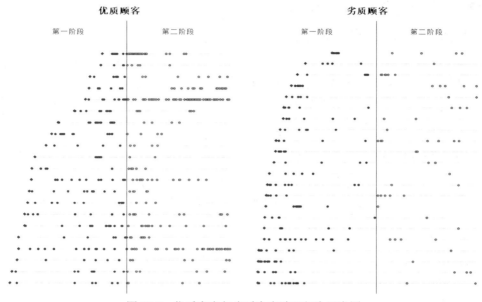

图 12-5　优质客户与劣质客户购买行为示意图

　　由于不同模型很可能给出不一致的结论，因此依据某一个模型的客户终身价值预测结果识别客户质量会存在一定偏差。利用不同模型的不同建模优势进行组合预测，有利于有效降低客户识别偏差，是提高客户识别稳健性的有效途径，这一点在本案例中得到了验证。

12.1.4　应用启示：理解业务才能做好分析

　　在千姿百态的数据科学应用场景中一般都包含**业务**和**技术**两大基本要素。

　　业务泛指一个组织中与客户及盈利直接相关的经营活动，如供应链对接、产品生产与客户服务、市场营销、运营与管理、战略决策、客户售后服务等；所谓技术，泛指在上述业务活动中采用的数据处理和分析技术方法与工具等。

　　我们认为数据资源是连接业务与技术的重要纽带，数据应用本质上包括两个任务，一个任务是**业务数据化**，也就是数据资源从业务流向技术的过程；另一个任务是**数据业务化**，也就是数据资源从技术流向业务的过程。业务通过数据引导技术发展，同时技术通过数据指导业务实践。

　　在常规的教育体系下，一般数据应用人员大多是从技术角色出发进入一个具体业务应用场景的，经常存在重方法工具、轻业务知识的现象。数据应用人员认为只要有过硬的技术绝活，就能轻松解决大多数业务难题。而在实际的数据应用中，业务和技术是不可偏废的，是同等重要的，有时业务知识与业务理解（包括有关行业与领域经验等）比单纯的通用技术更重要。

　　例如，对于 12.1.3 节中的应用案例，单纯的技术视角聚焦在数据预测的范畴。如果没有业务指导，就不可能将数据预测与客户终身价值联系在一起，更无法领会数据预测在客户营销管理中的深层意义。如果没有业务指导，就不可能关注数据预测方法在合约型场景和非合约型场景中的不同，更无法触发客户消费和流失的一体化建模灵感并进行方法创新等。

业务对数据应用的重要性可总结为如下几方面。

1．业务能够确定数据应用问题

只有全面深入了解业务、理解业务，才能有效发现业务热点、难点和痛点，精准定位并剖析问题。例如，业务属于战略层还是属于管理层抑或是属于操作层，业务属于事前预测还是事中监控抑或是事后总结，业务是头部企业还是腰部企业抑或是草根创业企业的问题。对业务进行精准定位能使数据应用更有针对性，也更有价值。

2．业务能够确定数据应用方向

只有全面深入了解业务、理解业务，才能建立科学的应用方案及战略方针，避免数据应用因受到碎片化知识和单纯技术路线等影响而偏离正确轨道，使数据应用更有保证。

3．业务能够确定数据应用效率

只有全面深入了解业务、理解业务，才能有效获得各方面人员和资源的支持配合，数据应用项目才能得以高效推动，数据应用才能执行完成。

4．业务能够确定数据应用效果

只有全面深入了解业务、理解业务，才能有效评估和解释数据应用的成果，使之符合实际需求和客观环境，数据应用才能落地推广。

数据应用中的技术人员可从业务流、资金流、管理流、知识流和数据流入手，结合产品和服务的处理进程，结合商业模式和财务管理，结合组织决策过程、部门与人员 KPI 等考核评价指标，结合客户需求、组织业务发展目标和技术变化方向，结合组织核心要素及其数据处理环节，全面深入地了解并理解业务。

学习掌握有关业务并非轻而易举。许多业务涉及大量行业和领域知识与经验，甚至需要经过长期专业教育（如医疗、生物和金融知识等），因此一个具有一定规模的数据应用项目一般需要一个数据应用研发团队共同实施完成。目前比较常见的理想配置是，数据科学家管理协调整个团队，负责制定数据应用方案；业务专家负责提供专业知识；数据产品经理负责数据产品设计与开发；数据分析工程师负责建模调优；数据工程师负责数据资源管理；程序员负责数据产品程序的编写等。

12.2 数据科学的海关应用：抽样方案升级

随着大数据技术的快速发展，人们采集与获取数据的能力不断提高，在一些应用场景中大批量的样本数据已逐步逼近总体规模，基于此数据抽样技术是否仍然有用在业界引起一定技术争议。从应用层面来看，决定抽样方法是否有用的关键要素在于业务需求，若业务需求存在，则技术方法必定有价值。

本节将基于一个海关稽查案例，讨论数据抽样的业务需求点，并借助该案例进一步探讨数据科学应用中的数据治理问题。

12.2.1　海关稽查案例

20 世纪 90 年代我国逐步建立起有效的海关稽查制度。海关稽查制度在监管企业进出口行为、发现企业违法违规问题等方面日益发挥着不可替代的作用，并成为我国海关综合管理的重要环节。全球经济一体化的发展趋势极大促进了我国对外贸易量的快速增长，同时伴随我国加入 WTO 的重大进程，海关通关业务量也在持续攀升，这使得通关业务量与相对不足的海关稽查资源的矛盾日趋突出。如何在新形势下合理进行海关稽查资源配置，优化改进业务流程与方式，是海关稽查工作面临的重要挑战。

1．目标

D 海关业务种类繁多，下属口岸位置比较分散，海关稽查任务尤为艰巨。例如，D 海关报关单数量已突破每月 3 万票，而海关稽查资源仅支持每月 1000～1500 票的查验，查验率为 3%～5%，采用的稽查方案是简单随机抽样并辅助业务经验判断，但整体效果不甚理想。

为实现"不仅通得快，而且管得住"的总体稽查业务目标，D 海关课题研究组以报关单的抽样稽查优化为突破口，通过论证研究以期发现查验率和查获率之间的数量关系，旨在有效评估海关高风险报关单的总体水平，并在较低查验率水平获得更高的查获率。

2．方案设计

课题方案设计包括以下两方面。

（1）针对报关单稽查业务中的简单随机抽样加业务经验判断的方式，课题组提出了改进方案，重点解决海关高风险报关单的总体水平评估问题，建议将简单随机抽样改进为广义分层随机抽样。

原因在于，简单随机抽样虽然操作简单，但由于受到海关稽查资源的限制，无法将查验率定位在一个较高水平上。尽管较低的查验率可以较好地落实"通得快"的方针，但是对于简单随机抽样而言，查验率较低，查获率也相对较低，只有不断提高查验率才能准确估计查获率，这是不现实的。此外，海关稽查业务的特点决定了简单随机抽样的抽样误差较大，即简单随机抽样下的查获率的数值波动较大且不稳定，无法有效评估海关高风险报关单的总体水平。

作为海关稽查的优化抽样方案，广义分层随机抽样能够在一定程度上解决上述问题。主要思路：首先，将每月报关单总体划分为高风险报关单子总体和低风险报关单子总体；其次，按照一定加权比例，分别从两个子总体中随机抽样稽查。

对此，可利用统计学的抽样原理对方案进行理论证明，并结合 D 海关总体指标数据进行初步推导计算。与此同时，对于如何建立高风险报关单子总体的问题，课题组认为，业务经验判断高风险报关单可能存在不够全面和不够稳定的问题，建议基于报关单等大数据采用机器学习算法建立分类预测模型，在建模初期可暂时将业务经验作为高风险报关单的分层依据。通过理论推导和数据检验证明，在保证一定预测准确率的前提下，在较低查验率水平下，广义分层抽样方案的高风险样本的抽样比率可以更稳定地趋于总体高风险水平，所以评估结果更可靠。

（2）各种随机抽样方法可以从不同角度估计总体参数，但它们不是提高查获率的根本途径。课题组认为可以利用大数据技术建立机器学习预测模型，直接抽取预测的高风险报关单以提高查获率。

基于大数据建立高风险报关单预测模型的前提是具备大数据基础，关键是确定预测模型的输入变量。D 海关借力互联网、物联网、云计算、人工智能技术，全面夯实网络化、信息化和自动化的数字建设根基，规范电子报关单、仓单、物流单等各种标准化信息，初步建立了货物通关申报各类单据的大数据池，并为更多地引入相关外部数据资源进行不懈努力。同时，D 海关在海关风险布控方案研究、风险水平测度及查验率和查获率关系等方面持续积累经验不断创新实践，为大数据开发和机器学习建模等综合应用奠定了扎实的基础。

12.2.2　海关稽查抽样的数据模拟

本节给出一个利用 Python 编写的数据模拟程序（文件名：12-1 海关抽样模拟.py），从数据出发对以下两个问题进行论证。

第一，报关单总体的非平衡性将导致低查验率下通过简单随机抽样得到的查获率具有高方差的特点。

第二，广义分层抽样可有效改进上述问题。

1. 低查验率下通过简单随机抽样得到的查获率具有高方差性

依据统计学理论，D 海关一段时间内的报关单全体可视为一个总体。将该总体包含的报关单票数称为总体单位数，记为 N。在该报关单总体中，实际高风险报关单票数显著小于低风险（或无风险）报关票数，统计学视具有这类特征的总体为非平衡总体。这里的少数类是高风险报关单（记为 1 类），多数类是低风险（或无风险）报关单（记为 0 类）。1 类一般是人们关注的类。对于非平衡总体，在查验率 r 不高的客观条件下，直接将通过简单随机查验方案获得的查获率 P 作为非平衡总体的风险水平 π 的估计值 $\hat{\pi}$ 必然存在较大估计偏差，且具有较大波动不确定性。可从数据模拟角度对该问题加以直观印证，具体思路如下。

（1）设 $N = 30000$，$\pi = 0.05$，模拟生成报关单数据。

（2）查验率 r 从 0.01 开始以 0.02 的步长依次取到 0.99，分别计算不同查验率 r 下的查获率 P，并将 P 作为非平衡总体的风险水平 π 的估计值 $\hat{\pi}$。为防止随机性误差，在每个查验率 r 下反复实验 10 次，并计算 $\hat{\pi}$ 的均值、方差、最大值、最小值。

（3）绘制可视化图形，观察在不同查验率 r 下 $\hat{\pi}$ 的变化情况。

具体程序如下（为便于阅读，将输出结果直接放置在相应程序行下方）（程序输出图如图 12-6～图 12-8 所示）：

```
import numpy as np
import pandas as pd
import matplotlib.pyplot as plt
```

```
from random import seed,random
plt.rcParams['font.sans-serif']=['SimHei']      #便于图中中文的显示
plt.rcParams['axes.unicode_minus']=False
#生成报关单数据集
N = 30000                                        #报关单总体票数
PI = 0.05                                         #总体风险水平
N1 =int(N * PI)                                    #高风险报关单票数
CS = 10
np.random.seed(111)
dd = np.zeros([N])
for i in range(N1):                               #模拟生成高风险报关单
    dd[i] = 1

yv = []                                           #风险水平估计值的方差
ym = []                                           #风险水平估计值的均值
ymax = []                                         #风险水平估计值的最大值
ymin = []                                         #风险水平估计值的最小值
x = np.arange(0.01,1,0.02)
for sp in x:
    sn = int(N * sp)
    bl = []
    for i in range(CS):
        np.random.shuffle(dd)                     #随机打乱次序
        snd = dd[0:sn]                            #抽取前 sn 个报关单
        bl.append((snd == 1).sum()/sn)
    yv.append(np.var(bl)); ym.append(np.mean(bl))
    ymax.append(np.max(bl)); ymin.append(np.min(bl))
#画图
plt.plot(x,ym)
plt.axhline(y=PI)                                 #绘制总体风险水平 π 的水平直线
plt.xlabel("查验率 r")
plt.ylabel("查获率 P")
plt.show()
```

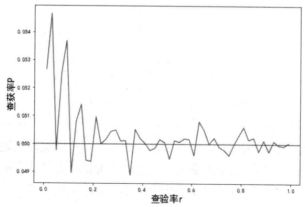

图 12-6　查验率与查获率均值的关系

```
plt.plot(x,ymax,label="查获率 P 最大值")
plt.plot(x,ymin,label="查获率 P 最小值")
plt.axhline(y=PI)    #绘制总体风险水平 π 的水平直线
plt.xlabel("查验率 r")
plt.ylabel("查获率 P")
plt.legend()
plt.show()
```

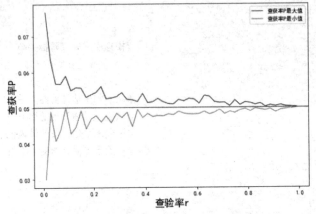

图 12-7　查验率与查获率最大值、最小值的关系

```
plt.plot(x,yv)
plt.xlabel("查验率 r")
plt.ylabel("查获率 P 的方差")
plt.show()
```

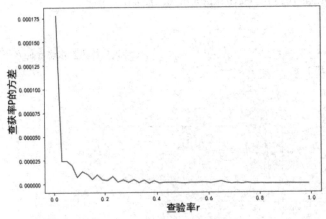

图 12-8　查验率与查获率方差的关系

需要说明的是，图 12-6～图 12-8 均显示随着查验率 r 的增加，风险水平估计值 $\hat{\pi}$ 逐渐逼近总体风险水平 π。在查验率 r 较低的情况下，简单随机抽样方法给出的风险水平估计值 $\hat{\pi}$ 波动性较大，此时将 $\hat{\pi}$ 作为总体风险水平 π 的估计存在较大问题。

2. 广义分层抽样可有效改进低查验率下查获率的高方差性问题

通过数据模拟验证广义分层抽样方法的有效性的具体思路如下。

（1）将报关单总体 $N = 30000$ 划分为高风险层（包含报关单 1800 票）和低风险（或无风险）层，两层的报关单占比分别为 6% 和 94%。

（2）查验率 r 从 0.01 开始以 0.02 步长依次取到 0.99 计算得到多个查验样本量 Nr。按照 6% 和 94% 的比例，分别从高风险层和低风险（或无风险）层随机抽取 $0.06Nr$ 票和 $0.94Nr$ 票报关单。

（3）观察良好的广义分层是否有助于改善低查验率 r 下总体风险水平估计值的高方差性问题。设高风险层的风险水平依次为 0.65、0.75、0.85、0.95，值越大说明分层越理想。

在高风险层的不同风险水平下，计算不同查验率 r 下的查获率 P 作为非平衡总体的风险水平 π 的估计值 $\hat{\pi}$。为防止随机性误差，在每个查验率 r 下反复实验 10 次，并计算 $\hat{\pi}$ 的均值、方差、最大值、最小值。

（4）绘制可视化图形，观察在高风险层的不同风险水平下，不同查验率 r 下 $\hat{\pi}$ 的变化情况。

具体程序如下（为便于阅读，将输出结果直接放置在相应程序行下方）（程序输出图如图 12-9～图 12-11 所示）：

```
CN1 = 1800                        #高风险层报关单数
CBL = CN1/N                       #高风险层占比(分层结构)
YCL = 0.95                        #高风险层的风险水平：0.65、0.75、0.85、0.95
Nyc = int(N1 * YCL)               #高风险层中的高风险报关单

cc = np.zeros([N])                #分层标志
hj1 = 0;hj0 = 0
np.random.seed(111)
for i in range(N):
    if dd[i] == 1 and hj1 < Nyc:  #高风险层中的高风险报关单
        cc[i] = 1
        hj1 = hj1 + 1
for i in range(N):
    if dd[i] == 0 and hj0 < CN1 - Nyc:    #高风险层中的低风险报关单
        cc[i] = 1
        hj0 = hj0 + 1
df = pd.DataFrame(data={'ID':dd,'FC':cc})
df1 = df.loc[df['FC']==1,:]       #高风险层
df0 = df.loc[df['FC']==0,:]       #低风险（或无风险）层

#分层随机抽样
ycv = []                          #风险水平的方差
ycm = []                          #风险水平的均值
ycmax = []                        #风险水平的最大值
ycmin = []                        #风险水平的最小值
for sp in x:
    sn = int(N * sp)
```

```
    sn1 = int(sn * CBL)
    sn0 = sn - sn1
    bl = []

    for i in range(CS):
        df1s = df1.sample(n=sn1)              #高风险层抽样
        fl1 = df1s.loc[df1s['ID']==1,:].sum().ID
        df0s = df0.sample(n=sn0)              #低风险层抽样
        fl0 = df0s.loc[df0s['ID']==1,:].sum().ID
        bl.append((fl1+fl0)/sn)
    ycv.append(np.var(bl)); ycm.append(np.mean(bl))
    ycmax.append(np.max(bl)); ycmin.append( np.min(bl))
plt.plot(x,ycm,'r--',label='分层抽样')
plt.plot(x,ym,label='简单随机抽样')
plt.axhline(y=PI)
plt.title(YCL)
plt.xlabel("查验率 r")
plt.ylabel("查获率 P")
plt.legend()
plt.show()
```

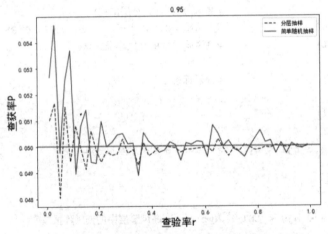

图 12-9　不同抽样方案下查验率与查获率均值的关系

```
plt.plot(x,ymax,label='查获率 P 最大值(简单随机抽样)')
plt.plot(x,ymin,label='查获率 P 最小值(简单随机抽样)')
plt.plot(x,ycmax,'--',label='查获率 P 最大值(分层抽样)')
plt.plot(x,ycmin,'--',label='查获率 P 最小值(分层抽样)')
plt.title(YCL)
plt.axhline(y=PI)
plt.xlabel("查验率 r")
plt.ylabel("查获率 P")
plt.legend()
plt.show()
```

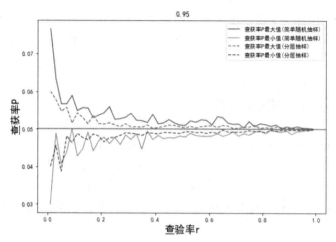

图 12-10　不同抽样方案下查验率与查获率最大值、最小值的关系

```
plt.plot(x,ycv,'r--',label='查获率 P 方差(分层抽样)')
plt.plot(x,yv,label='查获率 P 方差(简单随机抽样)')
plt.title(YCL)
plt.xlabel("查验率 r")
plt.ylabel("查获率 P 的方差")
plt.legend()
plt.show()
```

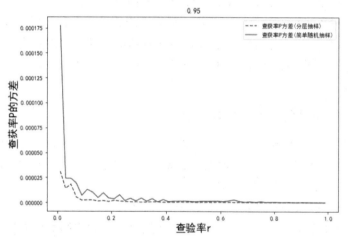

图 12-11　不同抽样方案下查验率与查获率方差的关系

需要说明的内容如下。

（1）图 12-9～图 12-11 是将高风险层的风险水平设为 0.95 时，不同查验率 r 依次增加时查获率的变化的情况。读者可自行修改该设置值。

（2）图 12-9 显示，在良好的分层下，虽然查验率 r 较低水平下的分层抽样给出的风险水平估计值 $\hat{\pi}$ 波动性大于查验率 r 较高水平时，但与简单随机抽样相比，风险水平估计值的波动性小了很多。

（3）图 12-10 和图 12-11 显示了相同的结论。尤其是图 12-11 表明，良好的分层可使风险水平估计值 $\hat{\pi}$ 的方差在查验率 r 较低时就显著下降。此时将 $\hat{\pi}$ 作为总体风险水平 π 估计就会比较可靠。

12.2.3　应用启示：数据治理体系

在数据科学的应用中，算法、算力和算料（数据）是三个基本要素。其中，算法和算力通过增加人力、财力和物力投入可以在短期内得到有效提高，但是获得一定规模和一定质量的数据资源（算料），并且符合一定应用规格，往往不是一朝一夕可以完成的，需要应用主体的长期积累和不懈努力。如上述海关稽查案例所示，若没有长期的数据积累根本无法进行该项目研究。

许多传统企业或组织机构基于信息技术的信息化建设大多是以业务流程为驱动的，其通过自动化和网络化实现效益增加的目标。它们对数据资源及其价值的认识不够，没有将数据作为一种生产要素和战略资源来对待，因此在后续数据科学应用中，经常会面临数据不完整、来源不可靠、采集不及时、定义不规范、标准不一致、使用不安全等问题，这使得数据难以有效发挥其价值。

面对数据应用常态化、数据内容复杂化、数据处理智能化、数据管理生态化等发展趋势，数据必将成为企业的战略资产。利用数据资产管理的策略，让数据资源转化为数据资产并提升企业的核心竞争力已逐渐成为共识。对此，专家学者们针对数据应用的基本业务需求，结合多种数据管理技术，提出了许多数据管理架构、数据资产管理方案和数据治理体系。

这里以安永（中国）企业咨询有限公司的《企业级数据资产管理解决方案》为例，简要介绍企业在数据科学应用中解决数据来源和数据质量等问题的数据治理方法。这个方案相对简明，便于直观理解。

1．企业级数据资产管理整体解决方案

企业级数据资产管理解决方案的核心是立足于企业数据资产管理，从企业数据战略目标出发，通过数据资产管理技术平台，实现数据资源的可视化、资源管理及治理评估，最终实现共建、共治、共享的企业顶层数据战略目标。

企业级数据资产管理解决方案示意图如图 12-12 所示。

图 12-12 底层是数据资产管理技术平台，其作用是统一存储和管理上层的数据管理能力建设过程中产生的数据与信息，支持数据与信息的可视化展示，为应用者提供数据质量评估、数据架构评估、数据能力评估等多样化的服务。如果说数据资产管理技术平台是企业级数据资产管理的一种"硬"支撑，那么图 12-12 中的数据资产管理工作机制就是一种"软"支撑。数据资产管理工作机制需要企业领导及各部门共同参与，统筹协调。首先，要明确常态化的数据资产管理组织机构与职责机制，大力推进数据资产管理工作；其次，要建立数据认责机制，真正落实数据资产管理的责权利；再次，要确立高效的制度流程机制，以保障各职能部门数据工作有序开展；最后，要建立稳定的数据运营机制，以保证数据资产管理日常运行及数据管理能力的落地实施。

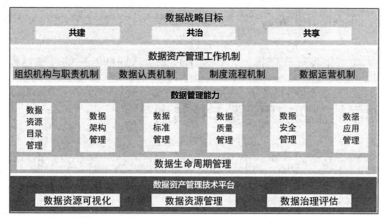

图 12-12　企业级数据资产管理解决方案示意图

数据管理工作机制是实现数据管理能力的前提和保证。

2. 数据管理能力

数据管理能力是如图 12-12 所示的方案的核心部分，这里单独阐述。数据管理能力主要包括如下六个专业维度。

1）数据资源目录管理

数据资源目录管理是指从企业全局视角建立数据资源的全景视图与数据字典。结合业务、技术和数据三大主题，对各类数据资源进行统一规划管理，为应用者提供数据资源服务。

2）数据架构管理

数据架构管理包括企业数据模型、数据分布、数据集成与共享三部分内容。企业数据模型是企业内部所有应用系统的基础模型，为应用系统的规划、设计和实施提供了可视化的总体框架；数据分布是指通过明确核心数据在业务部门、应用系统的分布关系，识别可信数据源和数据归属管理部门，为履行数据管理相关工作职责提供依据；数据集成与共享是指建立信息系统之间的数据交换标准，为数据共享应用提供依据。

3）数据标准管理

数据标准管理是指建立统一数据描述语言，保证数据在各业务领域和各应用系统间的一致性，为数据共享与交流提供保障。同时，数据标准管理是数据质量管理的可靠保证，需要建立清晰明确的数据标准定义。

4）数据质量管理

数据质量管理是实现对数据质量需求、检查、分析与提升的闭环管理，通过定期出具各应用系统、各业务部门数据质量报告，来促进数据质量管理水平的不断提升。

5）数据安全管理

数据安全管理是指通过制定和执行相关数据安全策略，确保数据资产在使用过程中有恰当的认证、授权、访问和审计措施，确保合适的人员以正确的方式使用和更新数据。

6）数据应用管理

数据应用管理是指基于数据应用系统开展数据处理工作，并对数据应用成果进行管理，同时促进数据资源在不同行业或企业间的流通，推动构建以核心企业为主体的大数据生态服务体系。

上述六大能力按一定发展次序排列，体现了数据生命周期管理的逻辑过程。

12.3 数据科学的企业应用：数字化转型

数据科学的应用不是单纯的"数据+算法=模型"的方式，而是一个相对复杂的系统工程。数据科学的应用往往是各种数字化技术的综合应用，与应用目标、应用环境、应用能力和应用条件等密切相关。

目前，数字化技术引领全球化经济趋势快速而深入发展，正成为决定企业未来命运的关键因素，将全面影响企业发展的战略布局、战术部署与操作运营。通过数字化转型实现企业升级已成为国家、产业和企业的共识。

12.3.1 数字化转型概述

企业尤其是传统企业应深刻认识到数字化转型的必要性和紧迫性。

企业的发展有其内在的客观规律。欧洲管理思想学者弗雷德蒙德·马利克（Fredmund Malik）曾提出一个企业颠覆性变革曲线，如图 12-13 所示，该曲线表明企业管理者对未来的决策取决于今天，如果错失当前的正确决策，企业就可能会错失未来关键发展契机。

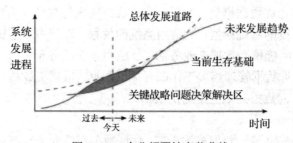

图 12-13　企业颠覆性变革曲线

图 12-13 中的两条相互交错的"S"形曲线，分别代表企业的当前生存基础和未来发展趋势，两条曲线重叠区域（图中阴影部分）是关键战略问题决策解决区，即企业做出未来决策的窗口期。如果企业能够在窗口期洞察机遇并进行创新改革，就有机会向上蓬勃发展；如果企业在窗口期继续采取保守策略，没有进行面向未来的积极改革，那么在窗口期消失后企业将会逐渐走向没落。下文通过一个案例进行说明。

☞【案例】美国航空公司的创新改革

20 世纪 60 年代初，美国航空公司率先投入巨资采用 IBM 开发的机票自动预定系统 Sabre。当时仅有较少有实力的金融机构有能力尝试使用大型复杂的计算机信息系统，处于窗口期的美国航空公司的决策承担着巨大的财务压力和业务风险。系统的成功运行将美国航空公司在各地的机票代理商及旅行社等有效地连接了起来，创建了全新的企业业务流程，为旅客带来了全新的便捷服务体验。之后在很短的一段时间内，整个航空行业都纷纷采用了自动订票系统。没有及时跟进的航空公司在全新的市场竞争中失利乃至被淘汰。

一项关键的信息化技术应用不仅改善了航空公司的工作效率，还改变了整个航空行业的竞争格局，这时处于同一技术能力的企业间又将面临新一轮的机遇与挑战。

我国许多企业正处在数字化转型的窗口期。

所谓**数字化转型**，是指充分利用各种数字化技术，以数据资源为驱动要素，通过数字化应用对企业进行系统性的变革，旨在提升企业能力，重构企业价值的发展途径与过程。

从数据科学应用的角度看，企业数字化转型的具体任务主要包括以下几方面，这些方面体现了企业在数字化转型中的主要任务及推动方向。

- 数字化：利用数字化方式与技术全面描述并定义企业要素。
- 云化：利用云计算技术构筑企业 IT 基础设施系统，提供可靠与可伸缩的 SaaS、PaaS 和 IaaS 支撑。
- 网络化：利用网络通信技术连接并调度企业资源。
- 数据化：利用数据资源和数据技术驱动企业战略决策、运营管理和业务流程，实现数据在企业中的高效流转和安全共享。
- 智能化：利用数据资源和数据分析技术支持企业各项决策，并快速迭代升级决策模型。
- 平台化：利用数字化的云计算、大数据和互联网等技术打造企业经营平台。
- 生态化：利用数字化技术和平台化经营与供投资商、供应商、企业员工、合作伙伴、行业机构、政府管理部门，以及客户和相关社群等共生与共享，构造协同发展的和谐产业生态，夯实生存基础，扩大生长空间。
- 差异化：利用数字化技术并结合企业自身实际情况，创造个性化的产品与服务、商业模式和营销策略等，实现差异化竞争。

各企业条件千差万别，所处环境千变万化，数字化转型虽然具有普遍的发展方向，却没有标准化的万用模板。所以既要学习模仿，也要开拓创新。

12.3.2　数字化转型案例

我国数字化转型案例中的 D 集团的实例一直被作为大型企业数字化转型的样板。D 集团长期以来一直被外界视为一家有实力的家电头部企业，在 D 集团内部，以家电为主要业务的智能家居板块只是其五大事业群之一。除了智能家居，D 集团还有机电、暖通与楼宇、机器人与自动化、数字化创新业务四大板块。如今 D 集团已经成功转型为一个数字化与智能化驱动的科技集团，拥有数据化驱动的全价值链及柔性化智能制造能力。

D 集团的数字化转型始于 2012 年，可以分为五个阶段三次跨越。其中，每个阶段的数字化转型的目的都是解决一个重大的具体问题。如今 D 集团正在走向工业互联网和数智驱动的发展道路。这里可将 D 集团数字化转型的三次跨越分别称为数字化 1.0、数字化 2.0 和数字化 3.0，具体发展历程如图 12-14 所示。

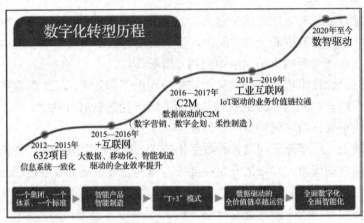

图 12-14　D 集团数字化转型发展历程

1. 数字化 1.0：信息系统一致化

2012 年对 D 集团来说是压力很大的一年。

从外部环境来看，消费者对家电的个性化要求越来越高，整个家电行业都需要变革升级，D 集团也面临着严酷的竞争压力。与此同时，天猫、京东等电子商务平台快速发展，这给像 D 集团这样以自建销售渠道为主的企业带来了巨大的营销压力。

从内部发展来看，当时 D 集团共有 10 个事业部，彼此相对独立，每个事业部都有自己的 IT 系统、数据资源和处理流程，仅企业资源规划系统就有 6 套不同的选型在运行，事业部间的数据没有打通共享。D 集团当时准备整体上市，在完成整体财务报表时遇到了艰巨挑战。

为实现集团上市目标和总体发展战略，需先打破事业部间孤立分散的困境。于是 D 集团决定整合所有事业部的信息系统，制定了"一个集团、一个体系、一个标准"的变革目标，并将其落实为"632 项目"，即统一打造 6 个运营系统、3 个管理平台、2 个技术支撑平台。

"632 项目"不仅是更换 IT 系统，更重要的是引发了一次企业内部变革，实现了集团的 3 个一致性。首先是流程一致性，整个集团采用统一的流程，一个流程适用于每个事业部；其次是数据一致性，D 集团的客户、供应商、物料等所有数据资源在集团层面是统一的；最后是系统一致性，原本散落在各个事业部的 IT 系统，在变革后均在集团层面统一运营管控。

伴随着"632 项目"的实施，D 集团的组织架构也随之迭代升级，各个业务部门根据需求不断地重组、拆分、融合。D 集团原来的 IT 系统职能具有三层组织架构：第一层是集团 IT，第二层是产业集团 IT，第三层是事业部 IT。成功实施"632 项目"后，所有 IT 系统职能都归属到集团层面，形成以产品/项目经理制为核心的 IT 系统组织架构。

2012—2015 年，D 集团将所有"632 项目"系统落地在各个事业部中。之后所有涉及数字化建设的项目均以此为依据进行优化升级，可以说"632 项目"为 D 集团的数字化转型奠定了坚实的基础。

2. 数字化 2.0：数据驱动的 C2M

在统一信息系统的基础上，2015 年 D 集团尝试了一段时间"+互联网"，利用新兴的互联网技术和大数据技术，实现"632 项目"系统的全面移动化及智能制造的改造。之后，D 集团决定在内部全面推行 C2M（客户订单到制造），从传统的"以产定销"转型为"以销定产"，让消费者数据驱动企业的经营生产。

这种以客户为导向的产销模式在集团内部被称为"T+3"模式，即把产品从下单到交付分为下单、备料、生产、发运 4 个阶段。每个阶段都需要一定的周期，T0 是指下单周期，T1 是指备料周期，T2 是指生产周期，T3 是指发运周期。

"T+3"模式要求所有订单来自一线，在订单产生后企业才组织备料、生产和发运等。这要求全价值链要打通，管理要精细化，产品要标准化，生产要敏捷化，交付流程要动态优化，最终实现柔性制造，缩短交货周期，降低库存成本。

2015 年，D 集团的洗衣机事业部先期试点"T+3"模式，获得了初步成效。例如，该模式能够极大地压缩库存，事业部的仓储面积在高峰期达到 120 万平方米，而改革后逐渐减少至 10 万平方米，基本上 3 天就能完成库存产品及物料的物流周转。2016 年"T+3"模式在整个集团全面推广。

3. 数字化 3.0：工业互联网

2018 年年初，D 集团在某南方空调制造工厂开始尝试使用工业互联网。D 集团通过智能网关技术，把 41 类 189 台设备连接起来，具备了工业互联网的硬件能力，同时依靠集团在数字化转型中积累的软件能力和制造业近 50 年的丰富经验，构成了 D 集团"硬件+软件+制造"三位一体的工业互联网平台。

引入工业互联网平台后，某南方空调制造工厂的劳动生产效率提高了 28%，单位成本降低了 14%，订单交付周期缩短了 56%，原材料和半成品库存减少了 80%，自主开发的自动配送系统让物流周转率提升了 2～4 倍，每月产能从 30 万套增长到 90 万套。D 集团也因此成为工业和信息化部第一批工业互联网试点单位。

2018 年 10 月，D 集团总结发布了工业互联网 1.0 解决方案，并通过旗下的数据专业公司对外输出三位一体的制造业数字化转型服务项目。2020 年 11 月，D 集团升级发布了工业互联网 2.0 解决方案。通过这次优化升级，D 集团工业互联网能力结构变得更加丰富且清晰，形成了制造业数字化转型的赋能体系。

D 集团数字化 3.0 阶段的另一个重点项目就是 5G 技术创新应用。2019 年，D 集团联合华为和中国电信，打造了国内首批 5G 工厂。由华为提供 5G 设备，中国电信作为 5G 运营商，D 集团负责在 7 个厂区试点"5G+智慧工厂网络项目"的应用落地。

5G 相对于 4G 的主要优势是网带宽、流量快、时滞短。5G 在手机上带给个人用户的体验差异并不明显，但给工业生产制造环境带来的变化却是革命性的。D 集团经过反复摸索提出了 20 多个 5G 创新应用场景，并初步落实了 11 个应用。5G 技术的一个优势应用场景是有效减少了网络布线。无线网络无法满足工业互联网数据传输速度、质量和距离等要求；有线网络虽然更可靠，但是面临工艺改造、生产线调整等问题；5G 技术提供的高速无线网络完全可以解决这个问题。

4. 数字化转型中的软实力

D 集团在数字化转型过程中充分认识到技术转型只是数字化转型的一个重要部分，而真正决定数字化转型成败的并不是技术，而是人思想的改变及组织的变革。

在数字化转型的大背景下，D 集团要求组织、文化和人才建设不断进化，互相促进，旨在构建一个适应变革的高效组织，打造一个用户导向和价值驱动的文化氛围，建立一套数字化核心人才的引入和培养机制。数字化人才既要掌握技术，也要理解业务，同时要对企业未来发展有敏锐的洞察力。数字化人才是一种复合型人才，既要竞争招聘，也要自主培养。

为了吸引数字化人才，D 集团在 2020 年 8 月发布了新的组织战略，成立了数字化创新业务，其与智能家居、机电、暖通与楼宇、机器人与自动化等事业部并列。数字化创新业务的组织架构更加扁平化和去中心化。进一步，D 集团在上海打造了全球创新园区，并计划在深圳、上海、北京和武汉建立软件基地，同时成立了高端人才招聘中心，以引入各种领军人才。为此，D 集团还配套构建了有竞争力的薪资福利体系，制定了职业发展规划和股权激励计划等。

2020 年，D 集团确定了新的数字化转型战略，即全面数字化、全面智能化。在内部，通过数字化技术提升企业效率，实现全价值链卓越管理；在外部，通过数字化技术紧紧抓住客户并直达用户。D 集团所有业务活动都以数据为核心，全价值链上的合作伙伴、供应商、销售渠道都以数字化技术为支撑，以数据与智能为驱动。目前，D 集团在订单预测、自动补货、生产排产、物流路径规划、全国仓储布局等方面都实现了算法加数据的智能化运营。

企业数字化建设是一个转型与赋能不断交替进化的过程，数字化转型之路是没有终点的。

12.3.3 应用启示：数字化转型的评估模型

通过以上案例可以看出，企业数字化转型实际上是一个复杂的系统工程。而传统企业与数字化技术创新企业不同，面临的局面更加错综复杂。因此，企业数字化转型的难点在于如何准确评估企业数字化发展的当前水平和现有条件，如何准确定位企业数字化转型的战略目标、发展途径、阶段性任务和行动计划，如何准确评价企业数字化转型的成败与得失等。

国内外许多著名咨询公司和研究机构通过调研与分析提出了一些企业数字化转型的评价标准及评估模型，这为企业数字化转型提供了有价值的指导方案。例如，中国信息通信研究院提出的企业 IT 数字化能力和运营效果成熟度模型（IOMM）、中国电子技术标准化研究院提出的制造业数字化转型路线图、普华永道会计师事务所提出的企业数字化成熟度评估架构、华为提出的开放数字化成熟度模型（ODMM）等。这里重点介绍中国信息通信研究院的 IOMM。

IOMM 总体上是企业数字化转型的参考模型、评价标准和评估方法论，核心内容包括两大部分、四大象限、五类成熟度、六大能力和六大价值。

1）两大部分

IOMM 是英文 Enterprise Digital Infrastructure Operation Maturity Module 的缩写。其中，I 代表企业数字化基础设施建设水平，是构成成熟度模型的第一部分；O 代表企业数字化基础设施的运营水平，是构成成熟度模型的第二部分。

2）四大象限

IOMM 从技术与平台、流程与规范、组织与人员、服务与运营四个象限出发，综合提炼评价要素并建立数字化转型的能力与价值模型。

3）五类成熟度

对于第一部分（企业数字化基础设施建设水平），IOMM 将企业划分为五类成熟度，分别是基础保障、业务支撑、平台服务、客户运营、创新引领；对于第二部分（企业数字化基础设施的运营水平），IOMM 将企业划分为五类成熟度，分别是电子化、线上化、协同化、智能化、生态化。

4）六大能力和六大价值

IOMM 以获得六大能力为转型目标，包括云智平台化、能力组件化、数据价值化、运营体系化、管理精益化、风控横贯化。同时，IOMM 以实现六大价值为评估效果，包括智能敏捷、效益提升、质量保障、业务创新、风控最优、客户满意，具体如图 12-15 所示。

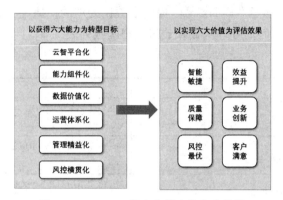

图 12-15　IOMM 的六大能力和六大价值

此外，IOMM 还考核了企业数字化技术现状（包括数值基础设施及生产设备系统、相关人员和资金等），以及企业经营全业务链（研发、采购、生产、物流、营销、人力资源和财务管理等）的通用业务场景，并根据 400 项指标得分进行评估定位和效果验证。

MySQL 函数列表

MySQL 提供了许多功能多样的函数，提高了数据处理的便捷性，提高了数据查询的效率。下文给出字符处理函数、时间处理函数和数值处理函数列表。

1. 字符处理函数

函 数 名	功 能	示 例
LEFT()	左取字符	SELECT LEFT('MySQL',2); My
RIGHT()	右取字符	SELECT RIGHT('MySQL',3); SQL
SUBSTR()	取子字符串	SELECT SUBSTR('MySQL',2,2); yS
LOWER()	转为小写	SELECT LOWER('MySQL'); mysql
UPPER()	转为大写	SELECT UPPER('MySQL'); MYSQL
LENGTH()	存储长度	SELECT LENGTH('数据'); 4
CHAR_LENGTH()	字符个数	SELECT CHAR_LENGTH('数据'); 2
CONCAT()	连接字符	SELECT CONCAT('My','S','QL'); MySQL
TRIM()	压缩空格	SELECT TRIM(' MySQL '); MySQL

2. 时间处理函数

函 数 名	功 能	示 例
NOW()	当前日期和时间	SELECT NOW(); 2021-01-20 09:35:18
CurDate()	当前日期	SELECT CurDate(); 2021-01-20

函　数　名	功　　能	示　　例
CurTime()	当前时间	SELECT CurTime(); 09:38:59
Date()	取得日期时间的日期	SELECT Date(NOW()); 2021-01-20
Time()	取得日期时间的时间	SELECT Time(NOW()); 09:44:27
DateDiff()	计算两个日期之差	SELECT DateDiff('2021-01-20','2020-01-20');　366
Year()	取得日期的年份	SELECT Year(NOW()); 2021
Month()	取得日期的月份	SELECT Month(NOW()); 1
Day()	取得日期的日	SELECT Day(NOW()); 20
Hour()	取得时间的小时	SELECT Hour(NOW()); 10
Minute()	取得时间的分钟	SELECT Minute(NOW()); 5
Second()	取得时间的秒	SELECT Second(NOW()); 53
DayOfWeek()	取得日期对应星期几	SELECT DayOfWeek('2021-01-20');　4(周日开始为1)

3．数值处理函数

函　数　名	功　　能	示　　例
PI()	圆周率	SELECT PI()*3*3; 28.274334
SIN()	正弦	SELECT SIN(PI()/2); 1
COS()	余弦	SELECT COS(PI()); −1
TAN()	正切	SELECT TAN(PI()/4); 0.9999999999999999
ABS()	绝对值	SELECT ABS(−123); 123
SQRT()	平方根	SELECT SQRT(9); 3
MOD()	余数	SELECT MOD(15,6); 3
EXP()	指数	SELECT EXP(2); 7.38905609893065

续表

函 数 名	功 能	示 例
POWER()	N 次方	SELECT POWER(9,1/2); 3
ROUND()	四舍五入	SELECT ROUND(123.456,2); 123.46
FLOOR()	向下取整	SELECT FLOOR(123.456); 123
CEILING()	向上取整	SELECT CEILING(123.456); 124
RAND()	随机数	SELECT FLOOR(RAND()*10); 9